长输管道计算和仿真手册

[美]E. 沙西·梅农　著

张文伟　　王学军　　朱坤锋　等译

石油工业出版社

内 容 提 要

本书主要介绍了与长输管道相关的工程知识,主要内容包括典型长输管道介绍、相关标准和规范、介质物理性质、管线应力设计、流体流动特性、管道水热力计算、管道站场设计、管道元件以及管线经济学等。本书列举了工程案例及习题,并且通过10个典型案例,强化加深读者对于本书内容的理解与掌握。

本书适用于从事石油、天然气和水等介质的长输管道工艺专业的工程师、技术人员和其他参与管道输送设计和操作人员作为实用手册使用,也可以作为大学管道水力学的课程教材。

图书在版编目(CIP)数据

长输管道计算和仿真手册/(美)E. 沙西·梅农
(E. Shashi Menon)著;张文伟等译. —北京:石油
工业出版社,2023. 10
书名原文:Transmission Pipeline Calculations
and Simulations Manual
ISBN 978 - 7 - 5183 - 6234 - 9

Ⅰ. ① 长… Ⅱ. ① E… ② 张… Ⅲ. ① 油气运输 - 长输
管道 - 管线设计 - 手册 ② 油气运输 - 长输管道 - 系统仿真
- 手册 Ⅳ. ① TE832 - 62

中国国家版本馆 CIP 数据核字(2023)第 168489 号

Transmission Pipeline Calculations and Simulations Manual
E. Shashi Menon
ISBN:9781856178303
Copyright © 2015 Elsevier Inc. All rights reserved.
Authorized Chinese translation published by Petroleum Industry Press.

长输管道计算和仿真手册/(张文伟等译)
ISBN:9787518362349
Copyright © Elsevier Inc. and Petroleum Industry Press. All rights reserved.

北京市版权局著作权合同登记号:01 - 2023 - 4074

出版发行:石油工业出版社
　　(北京安定门外安华里 2 区 1 号　100011)
网　　址:www. petropub. com
编辑部:(010)64523535　图书营销中心:(010)64523633
经　　销:全国新华书店
印　　刷:北京中石油彩色印刷有限责任公司
2023 年 10 月第 1 版　2023 年 10 月第 1 次印刷
787×1092 毫米　开本:1/16　印张:26. 25
字数:610 千字
定价:170. 00 元
(如出现印装质量问题,我社图书营销中心负责调换)
版权所有,翻印必究

《长输管道计算和仿真手册》翻译人员

张文伟　王学军　朱坤锋　孟凡鹏　康　焯　董平省

李　安　李广群　安云鹏　陆美彤　刘少山　毛平平

徐水莒　林宝辉　远双杰　王　帅　林敬民　朱　明

信　鹏　张世梅　耿晓梅　孙　宇　裴　娜　李　苗

梁　勇　曹书荣　蔡丽蕴　李　鑫　吴大可

译者前言

作者E. 沙西·梅农(E. Shashi Menon)是SYSTEK Technologies 有限公司的副总裁,曾在美国大型石油及天然气公司担任过设计工程师、项目工程师、项目经理以及首席工程师等职务。E. 沙西·梅农曾主编多部科技书籍,并非常善于结合以往工作中的工程实例阐述相关原理,使读者在工作中更好地理解并付诸应用。

中国石油天然气管道工程有限公司非常荣幸承担了本书的翻译工作,翻译组在翻译过程中以遵循原文为原则,希望尽可能完整地将作者关于管道设计的方法、思想、理念准确地传达给读者。然而,译文难免存在错误和欠妥之处,诚恳盼望广大读者给予批评指正。

中国石油天然气管道工程有限公司

2021 年 10 月

序 言

本书的目的旨在为刚进入油气长输管道领域的实习工程师以及工程师提供输液和输气管道的设计指导。

本书基于工程师们已熟知基本的流体力学知识,包括伯努利方程等,对泵和压缩机的知识也有一定了解。

本书研究了管道对液态和气态流体的单相稳态流体输送,是工程师、技术人员和其他参与管输设计和操作人员的实用手册。目前,涉及这一领域的书籍大多是理论性的,在实际应用方面比较欠缺。使用本书,可以在管输行业的日常工作中更好地理解和应用水力学原理,而无须借助于复杂的公式和定理。书中列举了笔者在实际生活中的众多实例,以更好地说明水力学在管输系统的具体应用。

运用水力学研究液态和气态流体管道输送问题,涉及对流体各种特性的了解,压力和摩擦的概念,以及利用管道将流体从 A 点输送到 B 点所需能量的计算。本书不涉及公式的严密数学推导过程,仅列出计算所必需的公式,并且不涉及微积分或复杂的数学方法。如果读者对公式和方程是如何推导出来的感兴趣,可以参考本书末尾参考文献列出的相关书籍和出版物。

本书内容涵盖管输流体特性分析,由摩擦引起的压降的计算,所需的管输能耗以及泵或压缩机站数量。书中还列出了管道设计所需的基本方程,以及计算摩擦压降和管输能耗的常用公式。本书还研究了使用减阻添加剂(用于输送液体的管道)改善管输参数的可行性以及功率优化,利用泵、压缩机和阀门等对管输参数进行必要的修改,以提高管输效率。经济性分析和运输价格计算也是本书研究的内容。本书还可用于管道集输系统、处理厂或终端管道,以及长距离干线管道的分析。本书适用于石油、水和工艺专业工程师与技术人员,也可以作为大学管道水力学的课程教材。

感谢 Elsevier 的 Ken McCombs 对完成本书给予的鼓励,感谢他耐心地等待了两年,让我们从容地完成本书的写作,当时我正从五次心脏旁路手术和脓毒症中康复。还要感谢 Katie Hammon 和 Kattie Washington,他们对本书的出版起到了非常重要的作用。最后,我想把这本书献给我的父亲和母亲,他们一直相信我可以写一本技术书籍,但遗憾的是,他们没有在有生之年看到这本书的完成。

我们诚邀读者对本书提出宝贵意见与建议,并指出任何错误和遗漏。真诚地希望本书能成为管道工程师们图书资料的一个极好补充。

E. Shashi Menon 博士、工程师

Pramila S. Menon 工商管理硕士

美国亚利桑那州哈瓦苏湖市

目　　录

第1章 输送管线介绍

长输管道是将油气（液态或气态）从源产地传输到用户端的管道系统。长输管道系统采用管径有各种尺寸，如较小的有4in❶，平均管径为24~32in，还有更大口径的。过去几年里，美国和许多国家已经建成了48~60in、甚至更大直径的管线。有些管线距离很短，比如只有几英里长的集输管线，有些是长达数千英里的主干线。长输管道系统除了必备的管道之外，还需要泵或压缩机来提供必要的压力，以及相关的附属设施，如阀门、调节阀和清管器。美国阿拉斯加管线是世界闻名的大口径管线，25年来耗资超过80亿美元。

本书主要介绍输送液态流体比如水、精炼石油产品以及液化天然气或液态丙烷和乙烷等可压缩流体的管线。还有更加复杂的管线，用来输送如乙烯或压缩后的高密度二氧化碳（CO_2）等罕见的气体或液体。考虑到CO_2的热力学性质，包括气—液平衡相图以及定义高密度CO_2行为特征的复杂公式。因此这类管线需要做大量的水力模拟试验或建模。

早在1866年，美国宾夕法尼亚州的企业家、科学家埃德温·德雷克（Edwin Drake）建成了第一条实用管线。自此美国的商用管线迎来飞速增长的阶段，从几英里到全球范围内的数万英里。

必须指出的是，虽然美国早在19世纪就率先使用管线来进行流体输送，但特别要称许的是那些为满足人类20世纪的发展需求而建造运输"黑金"（石油）管线的工程师、技术员和科学家们。特别是过去的几十年，需求已经达到了难以想象的水平。19世纪时每桶原油大约要20美元，近几年原油价格已飙升至每桶100~150美元。尽管工业化国家投巨资研发可替代石油的可再生能源，如太阳能和风能，但原油和成品油的消费并没有减少的迹象。公众对石油消费量最大的是机动车使用的柴油和汽油。尽管电动汽车的发展和压缩天然气、液化天然气、氢气等非油基燃料的开发取得了巨大的进步，但在未来很长时间内，石油及其衍生品还将是世界上最主要的能源。作为对比，如今原油价格为100~120美元/bbl❷，电的价格为0.15美元/（kW·h），天然气的价格为8~10美元/$10^3 m^3$。当然这些都只是近似值，且各国油价不尽相同，取决于石油输出国组织和其他天然气和原油价格的调控组织。

美国历史上钻探出的最重要的一口油井位于宾夕法尼亚州西北部一个叫特图斯维尔镇（Titusville）的安静农庄。1859年，新成立的塞内卡（Seneca）石油公司聘请已退休的铁路列车检票员埃德温·L. 德雷克（Edwin L. Drake）调查可能存在的石油矿藏。德雷克用一台旧的蒸汽发动机钻井，开始了石油的第一次大规模商业开采。这是以发现原油为唯一目的以来的首次成功钻井。到19世纪60年代早期，宾夕法尼亚州西部由于石油开采而发

---

❶ 1in=25.4mm。

❷ 1bbl=158.9873L。

生剧变，开启了国际上寻找石油的热潮，最终彻底改变了人们的生活方式。

德雷克选择在特图斯维尔钻探石油的原因是该地区有许多活跃的渗出石油的地层。后来发现，此前已有钻探井在该地区发现过石油，但唯一的问题是这些钻井者不是来开采石油的，他们的目的是寻找咸水或饮用水。当他们发现有黑色黏稠液体渗出时，认为这是阻碍，就此放弃了钻探。在当时没人认识到这些就是宝贵的石油。

后来，人们希望这种"岩油"可以大量开采并商业化，作为照明燃料使用。于是原油的副产品之———煤油一度被提炼、售卖和使用。后来有位叫比塞尔（Bissell）的人也试图通过钻井从地下提取这种岩油，采用的是在盐井中使用的相同技术。比塞尔只是想找到更好、更可靠、储量更丰富的原油资源。

表1.1列出了北美将天然气、原油和成品油从产地输送到消费区的部分长输管线。

表1.1 北美部分长输管线

项目	起始点	终点	直径，in	长度，km	容量（油：10^3 bbl/d 或者气：10^9 m^3）
—	贝克斯菲尔德	洛杉矶	—	—	—
—	芝加哥	库欣	2×12, 22	—	—
—	克利布鲁克	明尼阿波利斯	16	—	—
—	克利布鲁克	比斯马克	10	—	—
—	库欣	伍德河	22	703	275
—	达拉斯	利马	20	—	—
—	根西岛	芝加哥	8, 12, 20, 24	—	—
—	洛杉矶	圣胡安	16	—	—
—	洛杉矶	旧金山	34	—	—
—	路易斯安那	利马	22	—	—
—	米德兰	科珀斯克里斯蒂	10, 12	—	—
—	米德兰	库欣	2×16	—	—
—	米德兰	博格	12	—	—
—	米德兰	休斯顿	1, 24	742	310
—	明尼阿波利斯	圣路易斯	20	—	—
—	明尼阿波利斯	圣路易斯	24	—	—
—	新墨西哥	库欣	20, 24	—	—
—	亚瑟港米德兰港	米德兰	10	—	—
—	阿拉斯加普拉德霍湾	瓦尔迪兹	34	—	—
—	圣胡安	休斯顿	12, 16	—	—
—	圣巴巴拉	休斯顿	10	—	—
—	圣詹姆斯	帕托卡	40	1068	1175
—	威奇托	堪萨斯城	34	—	—

项目	起始点	终点	直径，in	长度，km	容量（油：10^3 bbl/d 或者气：10^9 m^3）
波特兰天然气输送	威斯布鲁克	科尔布鲁克	—	—	—
—	雨果顿	丹佛	2×20	—	—
—	洛杉矶	圣地亚哥	36	—	—
—	洛杉矶	休斯顿	36	—	—
—	路易斯安那	匹兹堡	—	—	—
—	路易斯安那	底特律	—	—	—
—	山家	里诺	16	—	—
—	新奥尔良	波特兰	42	—	—
—	盐湖城	彭德尔顿	22	—	—
—	盐湖城	贝克斯菲尔德	—	—	—
—	圣胡安	贝克斯菲尔德	24，30	—	—
—	圣胡安	埃尔帕索	2×30	—	—
—	C33	罗利	—	—	—
—	阿马里洛	埃尔帕索	6	—	—
—	巴吞鲁日	华盛顿	6，30	5081	550
—	比林斯	米诺特	8	—	—
—	比林斯	卡斯珀	6，12	1097	100
—	比斯马克	底特律	10	—	—
—	卡斯珀	拉皮德	12	—	—
—	芝加哥	格林贝	10，16	516	166
—	芝加哥	纽约	—	—	—
—	芝加哥	圣路易斯	—	—	—
—	丹佛	威奇塔	—	—	—
—	丹佛	休斯顿	6，8	—	—
—	丹佛	辛克莱	—	—	—
—	得梅因	库欣	—	—	—
—	埃尔帕索	米德兰	2×8	—	—
—	费尔代尔	尤金	16	—	—
—	休斯顿	伊莎贝尔港	—	—	—
—	休斯顿	费城	36，40	—	—
—	乔利埃特	托莱多	8，18	990	300

项目	起始点	终点	直径，in	长度，km	容量（油：10^3 bbl/d 或者气：10^9 m³）
—	堪萨斯	底特律	10, 16	—	—
—	查尔斯湖	哈蒙德	8, 28	516	166
—	洛杉矶	圣地亚哥	10	2248	283
—	洛杉矶	埃尔帕索	12	—	—
—	米德兰	罗克斯普林斯	8	—	—
—	米德兰	休斯顿	10	—	—
—	明尼阿波利斯/圣保罗	米德兰盆地	8, 10	—	—
—	明尼阿波利斯/圣保罗	图拉斯	8, 12, 20	—	—
—	贝尔维约山	罗利	6, 12	2097	100
—	奥马哈	芝加哥	—	—	—
—	奥马哈	新奥尔良	10	—	—
—	亚瑟港	阿比林	12	—	—
—	亚瑟港	奥尔巴尼	2×16, 20	—	—
—	盐湖城	斯波坎	8	—	—
—	圣贝纳迪诺	拉斯维加斯	8, 14	—	—
萨克拉曼多管线	旧金山	贝克斯菲尔德	8, 12, 14	—	—
—	斯波坎	比林斯	10	—	—
—	塔尔萨	底特律	2×10, 12, 14	566, 493	75, 100
—	埃德蒙顿	普吉特海湾	—	—	—
—	埃德蒙顿	根西岛	—	—	—
—	埃德蒙顿	底特律	—	—	—
—	蒙特利尔	芝加哥	—	—	—
—	里贾纳	根西岛	—	—	—
—	卡尔加里	巴斯托	—	—	—
—	纳尔逊堡	梅尔福德	—	—	—
魁北克市和东北部	戈尔兹伯勒	温莎	—	—	—
—	波特兰	蒙特利尔	—	—	—
—	波特兰	蒙特利尔	—	—	—
阿拉斯加天然气管线	普拉德德霍湾	埃德蒙顿	—	—	—

有些油田位于一国或某个大陆，但通过管线输送时，可穿越多国。

1.1　阿拉斯加原油管线（北美）

直径 48in 的钢质管线蜿蜒曲折地穿过 800mile❶ 长的阿拉斯加冻土，横跨阿拉斯加北部的普拉德霍湾到阿拉斯加威廉王子湾最北端的不冻港瓦尔迪兹（Valdez）。沿途穿过 3 个山脉、500 多条河流和小溪，以及 3 个不稳定的地震断层带，经过驯鹿和驼鹿的迁移路径。阿拉斯加管线的建设耗资 80 亿美元（是最昂贵的个体工程），该管线于 1977 年建成并投入商业使用。

阿拉斯加管线被特意建成曲线形状，是为了使管线在地震或温度波动的情况下更容易左右和纵向移动。2002 年该管线成功经受住了 7.9 级地震，这种设计的效果得以证明。在穿过断层线的地段管线建立在垂直的所谓的"滑块支撑"上，这种设计允许管线在地面存在运动的情况下发生相对滑动。由于常年冻土层不稳定的土壤条件，所以有 420mile 的管线铺设于地面，而 380mile 的管线埋于土壤中。为了保持原油在管线中的正常流动，管线沿途设有 11 个泵站，每个泵站包含 4 台电泵，根据流量，一般情况下这 44 台泵只需大约 28 台正常运行即可。

该管线项目的总投资费用还包括用于地质调查的 220 万美元和建设瓦尔迪兹终端的 14 亿美元，包括全部泵站、13 座桥梁、225 个公路入口、3 个发射/接收设施、超过 10×10^4 mile 直径 40ft❷ 的管线、14 个临时机场，以及建筑工人和项目运行期间所有雇员的薪水。

这个管道系统中最显著的创新是使用了热交换器，因为流经管道的流体温度可超过 120℉❸，热量会从油管传递到专门设计的支架上，从而融化周围的冻土，这将导致管线下沉到融化的冻土层里，给管线造成灾难性的破坏和油气泄漏。为了避免这种情况，在油管的顶端安置了热交换器，热量通过含有氨的导热管转移到热交换器上，再利用周围空气对流进行冷却。

监测管线的方法有很多，一种方法是卫星监测，每天进行数次，每次监测 2h 以上；另一种方法是往管线内发送检查测量仪，简称"清管器"，测量仪在管线内移动时进行中继雷达扫描和流体流量测量，并将数据输送给发送设备。

据统计，自 1977 年 6 月以来石油总产量远远超过 5000×10^8 bbl。产量最大的年份是 1988 年，当年输送原油大约 7.45×10^8 bbl，此后产量逐年下降，低至 2007 年仅有 270×10^4 bbl。

20 世纪 80 年代末，采用长输管道输送的原油总量不断攀升，通过利用减阻剂（DRA），实现了更高的原油输送量（增加 30%），并且减少了额外的管线建设成本，如增加管线或增设输送泵。DRA 是聚 α - 烯烃，或是氢原子和碳原子组成的非常大的长链分子。利用 DRA，粗略估计原油管线建设项目可节约投资 3 亿美元。

DRA 最早用于管线原油运输是在 1979 年 7 月 1 日，DRA 的缺点是当它通过泵站时其

---

❶ 1mile = 1609.344m。

❷ 1ft = 0.3048m。

❸ ℃ = $\dfrac{9}{5}$（℉ − 32）。

减阻特性会降低，因此，必须以特定时间间隔分批将减阻剂注入管线中，以保持原油流动顺畅。

DRA 的优点是，它减少了原油湍流流动并有助于形成层流，它对管道沿线的原油输送泵没有影响，也不会附着在管道内壁。另一重要的进展是 DRA 生产商成功地将这些减阻剂转换成可以凝固保护的水基泥浆物质，这些物质比原来的胶状物更容易输送、注入和清理。

如今，长输管道运行中仍在使用 DRA 来削减能源运输成本。在原油中注入 DRA 可使长输管道沿线关闭或减少 7~9 个泵站的使用，从而减少了电力消耗。只要 DRA 的使用费用比燃料费、泵站维护费和人力费用便宜，在原油长输管道运行中将继续使用该产品。

随着每一天近 40×10^4 gal 的原油流经阿拉斯加原油管线，以及该地区丰富的地下原油资源有待开发，美国对阿拉斯加在未来持续提供原油寄予厚望。

1.2 田纳西州天然气管线（北美）

田纳西州天然气管线从墨西哥湾沿岸的得克萨斯州和路易斯安那州穿越阿肯色州、密西西比州、亚拉巴马州、田纳西州、肯塔基州、俄亥俄州和宾夕法尼亚州向西弗吉尼亚州、新泽西州、纽约州和新英格兰提供天然气[1]。该管线是由田纳西州的天然气运输公司于1943年建成，现在由金德摩根（Kinder Morgan）所有，是美国最大的天然气管线系统之一。

该管线长 14000mile，直径 32in，为美国东部沿海地区提供天然气。

1.3 落基山快运管线（北美）

落基山快运管线全长 1679km，从科罗拉多州的落基山脉到俄亥俄州东部，是美国历史上建设的最大型管线之一，耗资 56 亿美元，天然气输送能力为 165×10^8 m³/a。该项目分 3 段建成：从科罗拉多州里奥布兰科县（Rio Blanco）米克（Meeker）中心到怀尔德县（Weld）夏延（Cheyenne）枢纽之间的 REX Entrega 管段，全长 528km；REX 西部管段，分 7 个机组，从怀尔德县到密苏里州的奥德县（Audrain），靠近圣路易斯，全长 1147km，管径为 1070mm；此外还有一段 8km 长、管径 610mm 的支线连接到怀俄明州威廉姆斯能源公司（Williams Energy）拥有的回声泉加工厂（Echo Springs）。管线的最后一段，REX 东段，全长 1027km，管径为 1070mm，从密苏里州的奥德县，通往俄亥俄州门罗县（Monroe）的克拉灵顿（Clarington）。于 2009 年 11 月完工。

1.4 横加管线（北美）

横加管线（Trans Canada）是天然气输送管线，管径达到 48in，穿过加拿大的艾伯塔、萨斯喀彻温、曼尼托巴、安大略和魁北克，由横加管线公司负责运营，是加拿大最长的管线。

横加管线的竣工是巨大的科技成就。在施工建设的前 3 年（1956—1958 年）敷设了3500km（2188mile）长的管线，从艾伯塔和萨斯喀彻温的边境一直延伸到多伦多和蒙特利尔。自 1957 年起，该管线向里贾纳和温尼伯输送天然气，该管线也于当年底前敷设至湖首地区。

建设地下支撑需要不断进行爆破作业。为了管线延伸 320m（1050ft），施工机组在岩石里钻了 3 个并列的 2.4m（7.9ft）大的孔，间隔 56cm，用炸药炸开，一次性打通 305m

（1001ft）的通道。

1958 年 10 月 10 日，管线的最后一道焊口焊接完工。1958 年 10 月 27 日，第一批来自艾伯塔的天然气输送到多伦多。其后 20 多年的时间里，横加管线一直是世界上最长的管线，直到 20 世纪 80 年代初被苏联从西伯利亚至西欧的管线超越，该管线全长约 4196km（2607mile）。

1.5 玻利维亚—巴西管线（南美）

玻利维亚—巴西管线是南美最长的天然气管线连接玻利维亚的天然气产区至巴西的东南部地区，全长 3150km（1960mile）。

该管线分两段建设：第一段管线长 1418km（881mile），管径 24～32in（610～810mm），1999 年 6 月开始投入运行。该管线从格兰德河（Rio Grand）通向马托格罗索州的科伦巴（Corumbá），到达圣保罗州的坎皮纳斯（Campinas），继续延伸到瓜拉雷马（Gurarema），在那里与巴西管网相连。第二段管线长 1165km（724mile），管径 16～24in（410～610mm），连接坎皮纳斯和卡诺阿斯（Canoas），邻近里奥格兰德州（Rio Grand do Sul）的阿雷格里（Alegre）港，于 2000 年 3 月建成。

该管线的最大天然气输送量为 $110 \times 10^8 m^3/a$（$3900 \times 10^8 ft^3/a$），总投资 21.5 亿美元，其中 17.2 亿美元花费在巴西段，4.35 亿美元花费在玻利维亚段。

1.6 安第斯天然气输气管线（南美）

安第斯天然气输气管线全长 463km（288mile），从阿根廷门多萨省的拉莫拉（La Mora）到智利圣地亚哥郊区的圣伯马多（San Bernardo）。管线直径为 610mm（24in），年输送量为 $3.3 \times 10^8 m^3$，它主要从内乌肯（Neuquén）气田供气。该项目总投资 14.6 亿美元。

1.7 巴克顿管线（欧洲）

巴克顿（Bacton）管线是荷兰和英国之间的第一条天然气管线，全长 235km（146mile），其中约 230km（140mile）是海底管线。管线直径为 36in（910mm），工作压力为 135atm❶（13700kPa）。管线初始输送能力为 $16 \times 10^8 m^3/a$，2010 年底在 Anna Paulowna 的压缩机站安装了第 4 台压缩机后，输量提高至 $19.2 \times 10^8 m^3/a$。天然气从荷兰输送到英国。项目总成本约 5 亿欧元。

1.8 跨地中海天然气管线（欧洲—非洲）

跨地中海天然气管线经过突尼斯和西西里岛，从阿尔及利亚向意大利输送天然气，全长 2475km，建于 1983 年，是最长的国际天然气管线之一，天然气输送量达到 $302 \times 10^8 m^3/a$。该管线始于阿尔及利亚，经过 550km 到达突尼斯边境。从突尼斯开始，该管线经过 370km 到达 Cap Bon 省的 El Haouaria，然后是 155km 的西西里管段，穿过西西里岛的马扎拉德尔瓦洛（Mazara del Vallo），管线从西西里岛再延伸 155km，到达到墨西拿

---

❶ 1atm = 101.325kPa。

(Messina) 海峡，从意大利本土通往北部还有 1055km，还有一条去往斯洛文尼亚的分支管线。该管线有 9 个压缩机站，其中 1 个在阿尔及利亚段，3 个在突尼斯管段，1 个在西西里岛，4 个在意大利本土。

1.9 亚马尔—欧洲天然气管线（欧洲—亚洲）

亚马尔—欧洲天然气管线全长 4196km（2607mile），连接西西伯利亚的气田，未来将通过俄罗斯的亚马尔半岛，与德国连接。

亚马尔—欧洲天然气管线的规划始于 1992 年。1993 年，俄罗斯、白俄罗斯和波兰签署了政府间协议。1994 年，德国化工企业巴斯夫的一家子公司，由俄罗斯天然气工业股份公司（简称俄气）和温特沙尔公司（Wintershall）联合出资的 Wingas 公司，开始施工建设该管线的德国段。1997 年，第一批天然气通过白俄罗斯—波兰走廊输送到德国境内。该管线的白俄罗斯和波兰段于 1999 年 9 月完工，在 31 个压缩机站全部竣工后，管线于 2005 年达到设计的年输送量，约 $330 \times 10^8 m^3$。

该管线包括俄罗斯境内的约 3000km（1900mile）的管段，白俄罗斯境内的 575km（357mile），以及波兰境内的 680km（420mile）。德国的天然气系统通过贾马尔（Jamal）天然气公司的管线连接到亚马尔—欧洲天然气管线。该管线最初是从俄罗斯秋明州纳德姆波塔茨（Nadym Pur Taz）地区的气田供气，在全长 1100km（700mile）的博瓦年科沃—乌赫塔（Bovanenkovo – Ukhta）管线（亚马尔管线的一段）建成后，最终是从亚马尔半岛的博瓦年科沃气田供气。

该管线的天然气输量为 $330 \times 10^8 m^3/a$，管径为 1420mm（56in）。管线内的输送压力通过全线 31 个压缩机站予以调控，总额定功率达到 2399MW。

该管线的俄罗斯段由俄罗斯天然气工业股份公司拥有并运营；白俄罗斯段由俄罗斯天然气工业股份公司拥有，白俄罗斯国家天然气公司运营；波兰段由欧洲—波兰天然气有限公司拥有并运营，这是一家由波兰的国家天然气有限公司和俄气（各控股 48%）以及波兰天然气贸易公司（控股 4%）合资成立的企业。

1.10 南高加索管线（亚洲）

南高加索管线也叫作巴库—第比利斯—埃尔祖鲁姆管线、BTE 管线或沙赫德尼兹（Shah Deniz）管线，是一条从阿塞拜疆境内靠近里海的沙赫德尼兹气田到土耳其的天然气管线。

该管线直径 42in（1070mm），经过和巴库（Baku）—第比利斯（Tbilisi）—杰伊汉（Ceyhan）港口管线相同的通道，全长 692km（430mile），其中 442km（275mile）在阿塞拜疆境内，248km（154mile）位于格鲁吉亚。管线的天然气初始输送能力为 $88 \times 10^8 m^3/a$（$3100 \times 10^8 ft^3/a$），2012 年后输送能力扩容到 $200 \times 10^8 m^3/a$（$7100 \times 10^8 ft^3/a$）。该管线可通过规划中的跨里海天然气管线连接到土库曼斯坦和哈萨克斯坦的天然气产区。阿塞拜疆提议通过建设该管线的复线将其输送能力扩容到 $600 \times 10^8 m^3/a$（$21000 \times 10^8 ft^3/a$）。

1.11 西气东输天然气管线（中国—亚洲）

西气东输天然气管线是一组从中国西部将天然气输送到东部的管线。

西气东输一线管线全长 4000km（2500mile），从新疆维吾尔自治区的轮南至上海。管线经过中国 10 个省区的 66 个城市。管线输送的天然气用于长江三角洲地区的电力生产。管线的天然气输送量为 $120 \times 10^8 m^3/a$（$4200 \times 10^8 ft^3/a$）。为确保输量，沿线新增了 10 个天然气压缩机站，原有的 8 个压缩机站也要进行升级改造。

西气东输一线管线通过 3 条支线和陕—京管线相连通。青山分输站和安平分输站之间 886km（551mile）长的冀宁联络线于 2005 年 12 月 30 日运行。

冀宁联络线可输送塔里木来气，也可输送长庆气田来气。未来，也可输送中亚来气。2009 年 9 月 15 日起，西气东输一线管线也开始输送山西省沁水盆地的煤层气。

西气东输二线于 2008 年 2 月 22 日开始施工建设。管线总长 9102km（5656mile），包括 4843km（3009mile）长的干线和 8 条支线，从新疆维吾尔自治区西北部的霍尔果斯口岸通往广东省广州市。在甘肃省境内，将和西气东输一线平行并相互连接。西气东输二线的西段于 2009 年试运行，东段于 2011 年 6 月试运行。

西气东输二线的天然气输送量为 $300 \times 10^8 m^3/a$（$11000 \times 10^8 ft^3/a$），主要由中亚天然气管线供气。管线预计耗资 200 亿美元。该管线由中国石油天然气集团有限公司和中国石油天然气股份有限公司的合资企业——中国国家石油天然气勘探开发公司运营管理。

西气东输三线的建设施工于 2012 年 10 月启动，于 2015 年竣工。管线从新疆维吾尔自治区西部的霍尔果斯通往福建省的福州市，穿过新疆维吾尔自治区、甘肃省、宁夏回族自治区、陕西省、河南省、湖北省、湖南省、江西省、福建省和广东省。

西气东输三线总长为 7378km（4584mile），包括 5220km（3240mile）长的主干线和 8 条支线。此外，该项目还包括 3 个储气库和 1 个液化天然气加工厂。该管线的天然气输送量为 $300 \times 10^8 m^3/a$（$11000 \times 10^8 ft^3/a$），运行压力为 10~12MPa（1500~1700psi）。该管线的气源为中亚天然气管线 C 线，此外还有塔里木盆地的气田气和新疆地区的煤层气。

1.12　里海管线（俄罗斯—亚洲）

里海管线将田吉兹（Tengiz）油田的石油输送到俄罗斯黑海海岸的诺沃西比尔斯克 2 号（Novorossiysk - 2）海上终端。该管线也是卡沙甘（Kashagan）油田和卡拉查甘纳克（Karachaganak）油田主要的外输线路。

该管线全长为 1510km（940mile），管径变化范围为 1016~1067mm（40~42in），沿线有 5 个泵站。海上终端包括 2 个单点系泊系统和由 4 个容量为 $10 \times 10^4 m^3$（$350 \times 10^4 ft^3$）的钢质储罐组成的罐区。管线的输送量从开始的 $35 \times 10^4 bbl/d$（$5.6 \times 10^4 m^3/d$）增加到 $70 \times 10^4 bbl/d$（$11 \times 10^4 m^3/d$）。

里海管线促成田吉兹油田可进行最大限度的开发，该油田可采收的油藏潜在储量为 60×10^8~$90 \times 10^8 bbl$。2011 年该油田的单日产量超过 $60 \times 10^4 bbl$，到 2015 年达到产量峰值，年采收量增加到约 $14 \times 10^8 bbl$。

参考文献

[1] Wikipedia – The Free encyclopedia

第2章 相关标准和规范

2.1 简介

在美国、欧洲和亚洲的许多地区，都成立了专门的组织编制和发布工程实践的规范、标准、指南和规定，如美国机械工程师学会（ASME）、美国土木工程师协会（ASCE）、电子电气工程师协会（IEEE）发布的与各自行业最新知识相关的设计、施工和维护标准和指南。这些标准由联邦、州或地方法律来保证实施，成为指定规范。同样，英国的设计和施工企业采用英国的标准。德国和法国遵循德国标准协会制定的标准。大多数国家的规范和标准都基于美国的标准。下面列出了负责制定美国标准的行业协会和组织。

AA	铝业协会，华盛顿特区（Aluminum Association, Washington, DC）
AASHTO	美国州公路及运输协会办公室，华盛顿特区（American Association of State Highway and Transportation Office, Washington, DC）
ABMA	美国锅炉制造商协会，弗吉尼亚州阿灵顿（American Boiler Manufacturers Association, Arlington, VA）
ACS	美国化学学会，华盛顿特区（American Chemical Society, Washington, DC）
ACI	美国混凝土协会，迈阿密州底特律（American Concrete Institute, Detroit, MI）
ACPA	美国混凝土管道协会，得克萨斯州欧文（American Concrete Pipe Association, Irving, TX）
AGA	美国天然气协会，弗吉尼亚州阿灵顿（American Gas Association, Arlington, VA）
AIChE	美国化学工程师协会，纽约州纽约市（American Institute of Chemical Engineers, New York, NY）
AIPE	美国工厂设备工程师学会，俄亥俄州辛辛那提（American Institute of Plant Engineers, Cincinnati, OH）
AISC	美国钢结构协会，伊利诺伊州芝加哥市（American Institute of Steel Construction, Chicago, IL）
AISI	美国钢铁协会，华盛顿特区（American Iron and Steel Institute, Washington, DC）
ANSI	美国国家标准协会，纽约州纽约市（American National Standards Institute, New York, NY）
ANS	美国核学会，伊利诺伊州拉格兰奇公园（American Nuclear Society, La Grange Park, IL）
API	美国石油学会，华盛顿特区（American Petroleum Institute, Washington, DC）
APFA	美国管子配件协会，弗吉尼亚州斯普林菲尔德（American Pipe Fitting Association, Springfield, VA）
ASCE	美国土木工程师学会，弗吉尼亚州雷斯顿（American Society of Civil Engineers, Reston, VA）
ASHRAE	美国采暖、制冷与空调工程师学会，乔治亚州亚特兰大（American Society of Heating, Refrigeration and Air Conditioning Engineers, Atlanta, GA）
ASME	美国机械工程师学会，纽约州纽约市（American Society of Mechanical Engineers, New York, NY）
ASNT	美国无损检测学会，俄亥俄州哥伦布（American Society of Non - Destructive Testing, Columbus, OH）
ASPE	美国水暖工程师学会，加利福尼亚州西湖（American Society of Plumbing Engineers, Westlake, CA）
ASQC	美国质量控制学会，威斯康星州密尔沃基（American Society for Quality Control, Milwaukee, WI）

ASTM	美国材料试验学会（American Society of Testing and Materials）
AWS	美国焊接学会，佛罗里达州迈阿密（American Welding Society, Miami, FL）
AWWA	美国水务协会，科罗拉多州丹佛（American Water Works Association, Denver, CO）
BOCA	国际建筑官员与规范管理者联合会，伊利诺伊州（Building Officials and Code Administration, International, Country Club Hills, IL）
CABO	美国建筑官员理事会，弗吉尼亚州福尔斯彻奇（Council of American Building Officials, Falls Church, VA）
CMA	化学制造商协会，华盛顿特区（Chemical Manufacturers Association, Washington, DC）
CAGI	压缩空气与压缩气体学会，俄亥俄州克利夫兰（Compressed Air and Gas Institute, Cleveland, OH）
CGA	压缩空气协会，弗吉尼亚州阿灵顿（Compressed Air Association, Arlington, VA）
CISPI	铸铁污水管学会，田纳西州查塔努加（Cast Iron Soil Pipe Institute, Chattanooga, TN）
CSI	施工规范协会，弗吉尼亚州亚历山大（Construction Specifications Institute, Alexandria, VA）
DIRA	球墨铸铁研究协会，亚拉巴马州伯明翰（Ductile Iron Research Association, Birmingham, AL）
EEI	爱迪生电气协会，华盛顿特区（Edison Electric Institute, Washington, DC）
EJMA	膨胀节制造商协会，纽约州塔里敦市（Expansion Joint Manufacturers Association, Tarrytown, NY）
EMC	设备维护委员会，得克萨斯州路易斯维尔（Equipment Maintenance Council, Lewisville, TX）
EPRI	电力研究院，加利福尼亚州帕洛阿尔托（Electric Power Research Institute, Palo Alto, CA）
EWI	爱迪生焊接研究所，俄亥俄州哥伦布（Edison Welding Institute, Columbus, OH）
FIA	锻造行业协会，俄亥俄州克利夫兰（Forging Industry Association, Cleveland, OH）
HI	液压协会，新泽西州帕西帕尼（Hydraulic Institute, Parsippany, NJ）
IAMPO	国际机械和管道工程协会，加利福尼亚州南核桃市（International Association of Mechanical and Plumbing Office, South Walnut, CA）
ICBO	国际建筑官员会议，加利福尼亚州惠提尔（International Conference of Building Officials, Whittier, CA）
ICRA	国际压缩机再制造商协会，密苏里州堪萨斯城（International Compressors Remanufacturers Association, Kansas City, MO）
IEEE	电气与电子工程师协会，纽约州纽约市（Institute of Electronics and Electrical engineers, New York, NY）
ISA	美国仪器学会，北卡罗莱纳州科研三角园区（Instrument Society of America, Research Triangle, NC）
MCA	制造化学协会，华盛顿特区（Manufacturing Chemical Association, Washington, DC）
NACE	美国防腐工程师协会，得克萨斯州休斯敦（National Association of Corrosion Engineers, Houston, TX）
	美国锅炉和压力容器检验师协会，俄亥俄州哥伦布（National Board of Boiler and Pressure Vessel Inspectors, Columbus, OH）
	国家认证的管道焊接局，马里兰州贝塞斯达（National Certified Pipe Welding Bureau, Bethesda, MD）
	美国波纹钢管协会，华盛顿特区（National Corrugated Steel Pipe Association, Washington, DC）
NCPI	美国黏土管研究所，威斯康星州日内瓦湖（National Clay Pipe Institute, Lake Geneva, WI）
NEMA	美国电气制造协会，华盛顿特区（NNational Electrical Manufacturers Association, Washington, DC）
NFPA	美国消防协会，马萨诸塞州昆西（National Fire Protection Association, Quincy, MA）
NFSA	国家消防喷头协会，纽约州帕特森（National Fire Sprinklers Association, Patterson, NY）

NIST	国家标准与技术研究所，马里兰州盖瑟斯堡（National Institute of Standards and Technology, Gaithersburg, MD）
NRC	核管理委员会，华盛顿特区（Nuclear Regulatory Commission, Washington, DC）
NTIAC	无损检测信息分析中心，得克萨斯州奥斯丁（Non-Destructive Testing Information Analysis Center, Austin, TX）
OSHA	职业安全与健康管理局，华盛顿特区（Occupational Safety and Health Administration, Washington, DC）
PEI	石油设备研究所，俄克拉何马州塔尔萨市（Petroleum Equipment Institute, Tulsa, OK）
PFI	钢管制造商协会，宾夕法尼亚州斯普林代尔（Pipe Fabricators Institute, Springdale, PA）
PLCA	管道承包商协会，得克萨斯州达拉斯（Pipe Line Contractors Association, Dallas, TX）
PPFA	塑料管道和配件协会，伊利诺伊州格伦艾林（Plastic Pipe and Fittings Association, Glen Ellyn, IL）
PMI	管道制造商协会，伊利诺伊州格伦艾尔文（Plumbing Manufacturers Institute, Glen Ellyn, IL）
PPI	塑料管研究所，华盛顿特区（Plastics Pipe Institute, Washington, DC）
RETA	制冷工程师与技师协会，伊利诺伊州芝加哥（Refrigeration Engineers and Technician Association, Chicago, IL）
RRF	制冷研究基金会，马里兰州北贝塞斯达（Refrigeration Research Foundation, North Bethesda, MD）
SBCCI	南方国际建筑规范大会，华盛顿特区（Southern Building Code Congress International, Washington, DC）
SES	标准工程学会，俄亥俄州代顿（Standards Engineering Society, Dayton, OH）
SFPE	消防工程师学会，马萨诸塞州波士顿（Society of Fire Protection Engineers, Boston, MA）
SME	制造工程师学会，密歇根州迪尔伯恩（Society of Manufacturing Engineers, Dearborn, MI）
SPE	石油工程师学会，得克萨斯州理查森（Society of Petroleum Engineers, Richardson, TX）
SPE	塑料工程师学会，康涅狄格州费尔菲尔德（Society of Plastics Engineers, Fairfield, CT）
SSFI	脚手架、支撑及模板学会，俄亥俄州克利夫兰（Scaffolding, Shoring and Forming Institute, Cleveland, OH）
SSPC	钢结构涂装协会，宾夕法尼亚州匹兹堡（Steel Structures Painting Council, Pittsburg, PA）
SMACNA	钣金与空气换热器承包商协会，弗吉尼亚州梅米菲尔德（Sheet Metal and Air Conditioning Contractors National Association, Merrifield, VA）
STI	钢制储罐学院，伊利诺伊州诺斯布鲁克（Steel Tank Institute, Northbrook, IL）
SWRJ	西南研究所，得克萨斯州圣安东尼奥（Southwest Research Institute, San Antonio, TX）
TEMA	管式换热器制造商协会，纽约州塔里敦（Tubular Exchanger Manufacturers Association, Tarrytown, NY）
TIMA	隔热材料制造商协会，纽约州基斯科山（Thermal Insulation Manufacturers Association, Mt. Kisco, NY）
TWI	焊接研究所，英国剑桥（The Welding Institute, Cambridge, UK）
UL	保险商实验室，伊利诺伊州诺斯布鲁克（Underwriters Laboratories, Northbrook, IL）
UNI	Uni-bell PVC 管协会，得克萨斯州达拉斯（Uni-bell PVC Pipe Association, Dallas, TX）
VMAA	美国阀门制造商协会，华盛顿特区（Valve Manufacturers Association of America, Washington, DC）
	振动研究所，伊利诺伊州威洛布鲁克（Vibration Institute, Willowbrook, IL）
	锌研究所，纽约州（Zinc Institute, New York, NY）

在美国，规范压力管线设计与施工的管理文件是 ASME B31。压力管线是指操作压力在 15psi（表）以上的管线系统。真空的管线系统和操作压力低于大气压力的管线也有对应的 ASME B31 标准。

下面列出了 ASME B31 的系列标准：

（1）ASME B31.1 电力管线。采用化石燃料的发电厂、核电站，其施工许可早于 1969 年前已颁发（B31.7 对应 1969—1971 年，ASME III 对应 1971 年之后）。

（2）ASME B31.12 氢气工艺管线和长输氢气管线。

国际管线规范。本规范适用于气液站内氢气管线和气态长输氢气管线。适用于管件和相关压力容器及设备间的接头，而非容器和设备本身。适用于支撑件的位置和类型，但不适用于支撑件所附着的结构件。本规范分为以下几部分内容：

① 一般要求。本部分包含对材料、焊接、钎焊、热处理、成型、试验、检验、检测、操作、维护的定义及要求。

② 工业管线。这部分包括对管线的组件、设计、制造、装配、搭建、检查、检测及试验的要求。

③ 长输管线。这部分规定了对氢气管线的组件、设计、安装和测试的要求。

这里每一部分都和总体通用要求相关，但彼此独立；且此版本的规范不可回溯应用于已有的氢气管线系统。

（3）ASME 31.2 燃气管线（已作废）。

（4）ASME B31.3 工艺管线。适用于输送碳氢化合物及其他的管线。碳氢化合物包括炼化产品。其他包括化学工艺、化学产品的制造、纸浆和造纸、制药、染料和色素、食品加工、实验室、海上平台油气分离等。

（5）ASME B31.4 液态石油输送管线。上游液体集输管线和罐区，下游危险液体（炼化产品、液体燃料、二氧化碳）的输送和分输。

（6）ASME B31.5 制冷管线。工业应用的加热、通风和空调（暖通）。

（7）ASME B31.6 化工厂工艺管线（已移到 B31.3 中）。

（8）ASME B31.7 核电站工艺管线（已移到 ASME III 中）。

（9）ASME B31.8 天然气输送和分输管线。包括上游集输管线、陆地和海洋管线、下游输送管线和分输管线。

（10）ASME B31.9 建筑内管线系统。包括低压蒸汽和给排水管线。

（11）ASME B31.10 低温管线（已移到 B31.3 中）。

（12）ASME B31.11 矿浆输送管线。适用于矿浆、泥浆、悬浮物的运输等。

2.2 锅炉和压力容器规范

ASME 锅炉和压力容器规范（B & PVC）是针对锅炉及压力容器的设计、制造和检验的一套规则。一个压力容器在设计和制造时，B & PVC 的使命是确保按照它的要求设计和制造出的压力容器安全、高效、使用寿命长。B & PVC 是由各领域专家编写的，专家按其专业领域和在写作、修订、翻译和管理方面的潜力，被提名进入各专业委员会。

ASME B & PVC 的构想始于 1911 年，旨在保护公众的安全。18 世纪晚期，蒸汽机出现后，保护公众安全的需求更加凸显。19 世纪的美国和欧洲，发生了数以千计的锅炉爆炸事故，造成大量伤亡。除个别案例引发了有限的国家或国际社会的关注之外，其他事故的影响都局限在当地。最重大的一起事故发生在 1905 年 3 月 10 日，马萨诸塞州布罗克顿格罗弗鞋厂的锅炉爆炸事故造成 58 人死亡，117 人受伤，将工厂夷为平地。毫无疑问，这起灾难事故更加证明了锅炉和压力容器立法的必要性，使得公众更为关注压力设备引起的安全问题。

第 1 版 B & PVC（1914 年版）出版于 1915 年。如今一共有 28 册书，其中包括专门应用于核电站部件的施工和检验的 12 册书和 2 册规范案例。这 28 册书是关于设备组件制造的标准，如材料（第 2 部分，A 至 D）、无损检测（第 5 部分）和焊接（第 9 部分）等的支持文件。规范中的案例提供目前的 B & PVC 尚未设计的关于材料使用许可和施工替代方法的规定。目前，加拿大的所有省份和美国 50 个州中的 49 个州都立法采用了 B & PVC。实际上，B & PVC 已成为国际性的标准。取得 ASME 规范和标准的认证，生产制造符合 B & PVC 标准的压力容器的公司，超过 25％ 是在美国和加拿大以外的地区。

2.3 联邦和州相关法律法规

在美国许多管线是州内管线，也就是说管线完全在州界之内。这类管线通常是由该州的主管部门监管，但更常见的是适用联邦法规，如针对天然气管线的美国交通部 DOT192 和针对液体管线的 DOT195。联邦和各州的规定，哪个更严格，就适用哪种。

州内管线必须得到公共事业委员会（如加利福尼亚州公共事业委员会）这样的州内机构的批准。某些郡县和地方政府，对管线的设计、施工、测试和运行，会要求采用更严格的规范。例如，在加利福尼亚州的洛杉矶郡某些地区人口密度非常高，这些地区就实行更加严格的规定：这些地区的液体管线最大允许操作压力（MAOP）为基于水压试验的最大允许操作压力的 67％，而 DOT 195 规定的比例是 72％。因此，举例来说，如果水压试验的压力是 1000psi（表），DOT 规定持续运行的管线压力不应超过 720psi（表），而郡县的要求会更严格，要求低于 670psi（表）。

另外，州际管线，就是跨越州界的管线。如起点位于得克萨斯州、途经新墨西哥州和亚利桑那州、终点在加利福尼亚州的管线。这类管线由联邦能源监管委员会（FERC）监管，执行 DOT 针对输送管线的规范。对于输气管线，管线运营商应提交 FERC 存档文件（7c），以获得具备公共必要性和便利性的证书。这种 FERC 申请有时可能漫长而复杂，FERC 可能要求提交大量的数据，来掌握更多的管线信息，如管线的设计、成本、经营理念以及管线业主和投资方回报率的计算。FERC 的要求意在确保公众不会因过高的运输关税而受到影响，同时也保证管线业主可以适当的速度收回投资。

2.4 ASME 规范和标准

2.4.1 ASME B16.20 管线法兰金属垫片：环形接头、螺旋缠绕和夹套❶

自 1922 年以来，ASME 一直引领管线敷设的安全研究。该标准涵盖金属环形连接垫片、螺旋缠绕垫片、金属夹套垫片及带覆盖层的坡口金属垫片。还涵盖了用于凸面和平面法兰的螺旋缠绕金属垫片和金属夹套垫片。

B16.20 应用于材料、尺寸、公差和标记，提供全面解决方案。它针对的是尺寸适用

---

❶ 原文 2.4.1.1 小节和 2.1.4.2 小节有重复，已整合。——译者

于 ASME B16.5、ASME B16.47、API – 6A、ISO 10423 及其他 ASME 标准（如锅炉和压力容器规范和 B31 管线规范）里面法兰参考标准提到的法兰的垫片。2012 年版有重要的修正，包括关于有覆盖层的坡口金属垫片的新的一章，并更新了材料表。

认真应用这些 B16 标准有助于用户在各自的司法管辖范围内遵守相关规定，通过这些标准和规范中详细描述给出的大量行业最佳实践，取得运营、成本及安全上的效益。

2.4.2 ASME B16.21 管线法兰用的非金属平垫片

应行业和政府的要求，ASME 自 1922 年以来就开展了管线安全研究。该标准针对非金属扁平垫片，对材料、尺寸、公差和标记提供了全面的解决方案。它针对的是在尺寸上适用于 ASME B16.5，ASME B16.47，API – 6A，ISO 10423 及其他 ASME 标准（如 B & PVC 和 B31 管线规范）里面法兰参考标准提到的法兰的垫片。

认真应用这些 B16 标准有助于用户在各自的司法管辖范围内遵守相关规定，通过这些标准和规范中的详细描述给出了大量行业最佳实践，取得运营、成本及安全上的效益。这些标准服务于制造商、业主、企业、用户和其他利益相关方，以及压力设备非金属垫片的购买、维护、培训、安全使用和所有潜在的管理机构。

2.4.3 ASME/ ANSI B16.5 管线法兰和法兰连接件

ASME B16.5 1996 管线法兰和法兰连接件标准包括压力—温度的评级、材料、尺寸、公差、标记、测试和管线法兰和法兰连接件指定开口的方法。标准包括法兰等级尺寸 Class150、Class300、Class400、Class600、Class900、Class1500 和 Class2500，外径壁厚从 NPS 1/2 到 NPS 24，按公制与美制单位分别给出了要求。标准仅限于由铸造或锻造材料做成的法兰和法兰连接件，以及由铸造、锻造或平板材料制成的盲板法兰和特定的异径法兰。本标准也包括对法兰螺栓、法兰垫片和法兰接头的要求和建议。

2.5 API 标准和推荐做法

美国石油学会，通常被称为 API（www. api. org），是美国最大的石油和天然气行业学会。代表了覆盖石油工业生产、炼制、分输及其他诸多领域的 400 多家公司。

API 成立于 1919 年 3 月 20 日，其业务涵盖：

（1）在相关领域的国家层面事务上与政府合作；

（2）促进美国石油产品的国内外贸易；

（3）整体促进石油工业各分支领域的利益；

（4）促进其会员的共同进步，研究与石油和天然气行业相关的领先科技。

API 制订了 500 多个文件，适用于石油和天然气行业的诸多领域，从钻头设备到环境保护。API 标准提倡的是久经考验的、可靠的工程和运营实践以及安全、可互换的设备和材料。API 的标准参考海洋管线的生产、钻井开采、结构管、管线、健康和环境问题、阀门、储罐等。其内容包括手册、标准、规范、建议、公告、指南和技术报告。

API 的刊物每年发行数千份。API 设计了出版物、技术标准、电子及在线产品等来帮助用户提高运营的效率及成本效益，遵守法律法规要求，守护健康，确保安全，保护环境。每种出版物都由行业的专业人士监管，多数是会员公司的工程师。

这些技术标准一般是没有争议的。例如，API 610 是有关离心泵的规范；API 675 是有关控量正容积泵的规范，充填式柱塞泵和隔膜泵都包括在内，但不包括直接机械驱动的隔膜泵；API 677 是有关齿轮的标准；API 682 是有关机械密封的标准。

API 提供船舶中压力容器设计和制造的规范和标准，保护世界各地人们的生命安全和生活环境。

API 已经涉及石油工业多个领域的术语，例如 API 重度，一个衡量石油密度的单位；API 数目，应用于美国境内石油勘探或油井钻探时的特殊标识符。

2.6　制造商标准化学会标准和规范

美国阀门及配件行业制造商标准化学会（MSS）（www.mss-hq.org）正式成立于 1924 年，是一个非营利的技术协会，致力于针对阀门、管件、法兰及密封件的行业标准、国家标准及国际标准和规范的编制和改进。

MSS 为其成员提供行业及产品用户所使用并从中获益的工程标准实践。该学会目前有 24 个技术委员会来编写、修订和重新确定行业标准。

MSS 也关注着全球范围内的标准研发。它与其他标准化机构合作，派代表去其他标准化组织的委员会，分享观点和目标。

目前 MSS 参与的标准组织包括（但不限于）美国机械工程师学会（ASME）、美国国家标准协会（ANSI）、美国材料试验学会（ASTM）、美国石油学会（API）、美国水务协会（AWWA）和美国消防协会（NFPA）。

MSS SP-44 钢制管道法兰标准包括压力温度评级、材料、尺寸、公差、标记和测试。对焊式法兰由锻钢材质制造，盲板法兰由锻钢或钢板材质制造均可。

对于 NPS 10 及更小的外径壁厚的尺寸和公差要求，ASME B16.5 提供了参考意见。当此类法兰的制造材料满足要求并满足本标准的所有其他规定，应当被视为符合标准。

2.7　钢管制造商协会标准

钢管制造商协会（PFI）成立于 1913 年，是美国历史最悠久、最受尊敬的行业协会之一。协会成立的唯一目的就是不折不扣地确保钢管制造行业的质量水平。

多年来，PFI 充分履行了其宪章内容，通过发起设计、学习和研究，倡导并坚持适用的标准、技术公告，组织会员间的会议、技术交流和演示，就材料和产品、生产和运营技术、检测及试验方法和其他主题展开研讨。

2.8　美国钢结构协会标准和规范

美国钢结构协会（AISC）是一家非营利的技术研究所和行业协会，成立于 1921 年，为美国的钢结构设计单位和施工行业提供服务。作为钢结构相关技术和市场培育方面的领导者，AISC 制定标准，使钢结构成为热门材料，其业务包括技术规格和规范的开发、研究、教育、技术支持、质量认证、标准化和市场开发。

90 年来，AISC 带着高度的公共责任感，开展了大量的活动。再加上协会有高素质的员工，协会与建筑师、工程师、规范的管理人员和教育机构的关系非常密切，这些人士都非常认可协会在规范的编写、结构研究、设计开发和性能标准上的专业水准。

AISC 集美国国内钢铁制造商、经销商和生产商整个行业的经验、判断、优点之大成。其业务范围之广及成就之大，不是行业任何个体成员能达到的。通过更好、更安全、更节约成本的建筑、桥梁和其他的钢结构工程，整个国家都受益于这些活动的成果。

2.9　美国混凝土协会标准和规范

美国混凝土协会（ACI）是一家非营利的技术和教育团体，成立于 1904 年，是全球混凝土技术方面的权威机构。ACI 论坛涉及所有与混凝土相关的问题及解决方案的议题，发行《ACI 结构》《ACI 材料》和《国际混凝土》等期刊及技术出版物，组织分会活动和技术委员会的工作等充分发挥论坛的作用。正如其使命所表述的，协会的目的是为最充分地利用混凝土提供知识和信息。

这就意味着协会的每个成员都愿意利用自己的培训和专业知识来造福大众。通过保持分委会成员高标准的专业和技术能力、论文和出版物的权威性和分会活动的高水平，ACI 形成了一套详细的混凝土知识体系和架构。

ACI 发布混凝土及其应用相关的权威信息、举办行业取证培训、通过分会活动提供地区论坛，鼓励学生参与混凝土研究。委员会成员一年举办两次此类活动。

2.10　美国防腐工程师协会标准和规范

美国防腐工程师协会（NACE）是全球最重要的腐蚀控制行业组织，成立于 1943 年，此前称为美国国家防腐工程师协会。协会的最初成员是 20 世纪 30 年代刚开始阴极保护研究时一个地方团体的工程师们。从那时起，NACE 就已成为全球领先的防腐和腐蚀控制标准编制、资格认证和教育的组织。NACE 的成员包括防腐工程师及在腐蚀控制相关领域进行研究的大量专业人士。

NACE 作为防腐专业协会，服务于 116 个国家的近 30000 名会员，是全球公认的腐蚀控制解决方案方面的最高权威。协会提供技术培训、取证、会议、行业标准、报告、出版物、技术期刊、政府沟通活动等服务。更多细节可访问 NACE 官网：http：∥www.nace.org。

NACE 的业务涉及所有行业和领域的腐蚀预防与控制，从化学处理和给排水系统，到交通和基础设施的保护。NACE 业务的主要关注点包括阴极保护、防腐层的行业应用和针对特定化学阻抗性能的材料选择。

2.11　流体控制协会标准

美国流体控制协会（FCI）是流体（液体或气体）控制和调节设备的制造商组成的协会。该协会按具体产品划分成不同部分，分别应对处理和特定产品和（或）技术相关的事项。

FCI 提供标准和其他材料，协助购买者和使用者理解和使用流体控制和调节设备。所有 FCI 标准都是志愿者自行编写的，大多数标准上报给美国国家标准协会（ANSI）审批。FCI 标准处理与特定产品相关的问题，如控制阀、仪表、管线过滤器、调节阀和电磁阀。

2.12　液压协会关于泵的标准

　　液压协会（HI）为北美的泵行业发布产品标准。它按 ANSI 建立的框架指南参与北美乃至全球的泵标准的编制。其成员通过若干技术委员会起草相关标准的草案。HI 标准有助于定义泵的产品及其安装、操作、性能、测试，泵的寿命和质量。ANSI/HI 标准被其他标准广泛参考引用，如 API，AWWA，ASME B73，在北美乃至全球广泛应用。

　　ANSI/HI 的泵标准是专门为用户、设备顾问、工程承包商、泵的制造商、泵的系统以及系统集成商设计的。

第3章 物 理 性 质

3.1 液体和气体的特性

在这一章，要讨论用于输送管线水力学中采用的不同度量单位，以及影响水力计算结果的液态和气态油气的重要特性。分析相对密度、纯液态油气的黏度、纯气态油气的黏度及气液混合态油气黏度的重要性，用范例来讲解概念。本章的内容为后续章节涉及的管线压降计算和功率计算打下基础。表 3.1 和表 3.2 列出了常用的液体（例如水）和气体，石油产品以及甲烷、乙烷、二氧化碳等可用泵加压通过管线输送的可压缩气体的特性。

表 3.1 石油产品的共同特性

产品		黏度（60℉） cSt	API 重度 °API	相对密度（60℉）	比里德蒸气压
普通汽油	夏季	0.70	62.0	0.7313	9.5
	季节间	0.70	63.0	0.7275	11.5
	冬季	0.70	65.0	0.7201	13.5
优质汽油	夏季	0.70	57.0	0.7467	9.5
	季节间	0.70	58.0	0.7165	11.5
	冬季	0.70	66.0	0.7711	13.5
1 号燃油		2.57	42.0	0.8155	
2 号燃油		3.90	37.0	0.8392	
煤油		2.17	50.0	0.7796	
喷气燃料 JP－4		1.40	52.0	0.7711	2.7
喷气燃料 JP－5		2.17	44.5	0.8040	

资料来源：美国石油学会（API）。

表 3.2 几种流体的相对密度和 API 重度

流体名称	相对密度（60℉）	API 重度（60℉），°API
丙烷	0.5118	—
丁烷	0.5908	—
汽油	0.7272	63.0
煤油	0.7796	50.0
柴油	0.8398	37.0
轻质原油	0.8348	38.0

续表

流体名称	相对密度（60℉）	API 重度（60℉），°API
重质原油	0.8927	27.0
非常重原油	0.9218	22.0
水	1.0000	10.0

3.2　计量单位

讨论液态流体之前，先认识一下在管线水力计算中使用的不同度量单位。

多年来，英语国家采用英制单位来计量，而其他大多数欧洲和亚洲国家及南美国家采用公制单位。

英制单位（在美国习惯上称为美制单位）来源于旧的英尺—磅—秒（FPS）系统和英尺—斯勒格—秒（FSS）系统，起源于英国。基本单位：长度用英尺（ft）、质量用斯勒格（slug）、时间用秒（s）来计量。在过去，FPS 系统的质量用磅为基本单位。因为力是导出单位，也是以磅（lb）来计量，显然这有些混乱。为了分清质量与力，引进了磅质量（lbm）和磅力（lbf）两个术语。数量上，1lb 的重量（由重力产生）等于 1lbf。然而，质量单位"斯勒格"的引入导致"磅"专门为"力"所用。因此，在美国现行的 FSS 系统中，质量单位是斯勒格。磅质量、磅力、斯勒格之间的关系，将在本章后面的内容中解释。

在公制体系中，最初称为厘米—克—秒（CGS）系统，相应的长度、质量、时间单位分别为厘米、克、秒。后来，公制单位进行了改进，米—千克—秒（MKS）系统出现了。在 MKS 系统中，长度的单位是米（m），质量的单位是千克（kg）。在所有系统中，秒（s）仍然是测量时间的单位。

过去 40 年间，科学界和工程界试图在全球范围内统一计量单位。国际标准化组织制定了国际单位制，也被称作 SI 单位制。

不同的国家，从旧的单位制到 SI 单位制的转换，其速度不尽相同。西欧的大多数国家和东欧所有国家、俄罗斯、印度、中国、日本、澳大利亚、新西兰和南美各国完全采用国际单位制。在北美，加拿大和墨西哥几乎所有单位都采用了国际单位制。然而，因为与美国有商业交易往来，这些国家的工程师和科学家们既使用国际单位制单位也使用英制单位。在美国，越来越多的高校、科学组织使用国际单位制单位。然而，大部分的工作仍然采用英制单位，也叫美制单位。

1975 年的公制转换法案加速了 SI 单位制在美国的采用。美国机械工程师学会（ASME）、美国土木工程师学会（ASCE）及其他专业协会和组织通过各自的出版物，在英制到国际单位制的转换过程中发挥了重要作用。例如，ASME 通过 ASME 度量研究委员会在《机械工程》杂志发表的系列文章，帮助工程师掌握 SI 单位制。

在美国，彻底转换到 SI 单位制的过程并不是很快。因此在过渡阶段，工程专业的学生、实习工程师、技术人员和科学家必须熟悉不同体系的单位制，如英制单位、CGS 系统、MKS 系统及 SI 单位等。本书中，将同时使用英制单位（美制单位）和 SI 单位。

度量单位通常分为以下 3 个类别：基本单位、辅助单位、导出单位。

根据定义，基本单位是在尺寸上独立的单位，如长度、质量、时间、电流、温度、物质的量、光的强度的单位。

辅助单位是用于测量平面角和立体角的单位，如弧度和立体弧度。

导出单位是那些由基本单位、辅助单位和其他导出单位组合起来的单位。如力、压力和能量的单位。

3.2.1 基本单位

英制（美制）基本单位见表 3.3。

表 3.3 英制（美制）基本单位表

物理量	单位	物理量	单位
长度	英尺（ft）	温度	华氏度（℉）
质量	斯勒格（slug）	物质的量	摩尔（mol）
时间	秒（s）	发光强度	坎德拉（cd）
电流	安培（A）		

国际单位制基本单位见表 3.4。

表 3.4 国际单位制基本单位表

物理量	单位	物理量	单位
长度	米（ft）	温度	开尔文（K）
质量	千克（kg）	物质的量	摩尔（mol）
时间	秒（s）	发光强度	坎德拉（cd）
电流	安培（A）		

3.2.2 辅助单位

辅助单位（英制和 SI 单位制）见表 3.5。

表 3.5 英制和 SI 单位制辅助单位表

物理量	单位	物理量	单位
平面角	弧度（rad）	立体角	球面度（sr）

弧度的定义是弧长等于半径时，圆周两个半径之间的平面角度。因此弧度代表弧长等于半径时一段圆周的角度。

立体弧度是顶点在球体中心的立体角，截出的球体面积等于和球面半径等长的边的平方。

3.2.3 导出单位

导出单位源于基本单位、辅助单位及其他导出单位的组合，如面积、体积等。英制导出单位见表 3.6。

表 3.6 英制导出单位表

物理量	单位
面积	英寸^2（in^2），英尺^2（ft^2）
体积	英寸^3（in^3），英尺^3（ft^3），加仑（gal），桶（bbl）
速度	英尺/秒（ft/s）
加速度	英尺/秒^2（ft/s^2）
密度	斯勒格/英尺^3（slug/ft^3）
重度	磅力/英尺^3（lbf/ft^3）
比体积	英尺^3/磅（ft^3/lb）
动力黏度	磅·秒/英尺^2（lb·s/ft^2）
运动黏度	英尺^2/秒（ft^2/s）
力	磅（lb）
压力	磅/英寸^2（lb/in^2）
能量/功	英尺·磅（ft·lb）
热量	英国热量单位（Btu）
功率	马力（hp）
比热容	Btu/（磅·华氏度）[Btu/（lb·℉）]
热导率	Btu/（小时·英尺·华氏度）[Btu/（h·ft·℉）]

SI 单位使用表 3.7 中的导出单位。

表 3.7 SI 单位表

物理量	单位	物理量	单位
面积	米^2（m^2）	力	牛（N）
体积	米^3（m^3）	压力	牛/米^2（Pa）
速度	米/秒（m/s）	能量/功	焦耳（J）
加速度	米/秒^2（m/s^2）	热量	焦耳（J）
密度	千克/米^3（kg/m^3）	功率	瓦特（W）
比体积	米^3/千克（m^3/kg）	比热容	焦耳/（千克·开尔文）[J/（kg·K）]
动力黏度	帕斯卡·秒（Pa·s）	热导率	焦耳/（秒·米·开尔文）[J/（s·m·K）]
运动黏度	米^2/秒（m^2/s）		

许多其他的导出单位既用于英制也用于 SI 单位制。液体管线流体力学中的常用单位及其转换见附录。

3.3 液体的质量、体积、密度和重度

这里要讨论影响输液管线流体力学的几个液体特性。在液体管线稳态力学计算中，以下几个属性较为重要。

3.3.1　质量

物体所含物质的数量叫质量。它独立于温度和压力。英制单位中质量的单位是斯勒格，SI 单位制中是千克（kg）。过去，质量与重量是同义词。严格来说，重量取决于特定地理位置的重力加速度，因此被认为是一种力。在旧的 FPS 系统中，质量和重量在数量上可以互换。例如，10lb 的质量相当于 10lbf 的重量。为避免混淆，英制单位一直采用斯勒格（slug）作为质量的单位。1slug 等于 32.17lb。因此，如果一个容器中有重 410lb 的55gal 的原油，油的质量在任何温度和压力下都是相同的。这就是"质量守恒定律"。

3.3.2　体积

体积是物件占有多少空间的量。前面提到的 55gal 的容器，410lb 的原油占据了该容器，则该原油的体积为 55gal。想象一个边长为 12in 的固体冰块，这个冰块的体积就是$12in \times 12in \times 12in$ 或 $1728in^3$ 或 $1ft^3$。某石油产品在一个半径为 100ft 的圆形储罐中，假定液体深度是 40ft，则该石油产品的体积（V）为：

$$V = (\pi/4) \times 100 \times 100 \times 40 = 314160ft^3$$

液体几乎不可压缩，它们的形状随容器的形状而改变，有自由表面。液体的体积随温度和压力而变化。然而对于几乎不可压缩的液体，压力对体积的影响可以忽略不计。因此，如果液体的体积在 50psi 时测量是 1000gal，那么它的体积在 1000psi 时不会有明显不同，但此时要保证液体温度恒定。然而，温度对体积影响非常大。例如，在 60℉ 时 55gal的液体，在温度增加到 100℉ 时，其体积略微升高，差不多为 56gal。每单位增加的体积数量取决于液体的膨胀系数。出于运输监控的目的，通常在一个固定的温度下测量液态石油的体积，例如在 60℉ 时，石油工业中经常使用美国石油学会（API）出版物中提出的体积校正系数。在石油行业中，通常用加仑（gal）或桶（bbl）来测量体积。1bbl 等于 42gal。在英国，"英国加仑"是一个更大的单位，大约比"美国加仑"大 20%。在 SI 单位制中，体积的单位通常是立方米（m^3）或升（L）。在输送原油或成品油的管线中，通常描述为"管线填充的体积"。想要计算管线中两个阀门之间液体的体积，只需知道管线内径和两个阀门之间的距离即可简略计算出。通过扩展到其他管域，即可计算出管线的总量或管线填充体积。

例如，如果管线外径为 16in，管线壁厚是 0.250in，两个阀门之间的距离为 5000ft，这段管线的填充体积（V_f）为：

$$V_f = (\pi/4) \times (16 - 2 \times 0.250)^2 \times 5000$$

$$= 943461.75ft^3 \text{ 或 } 168038bbl$$

本计算的转换因子取：$1728in^3/ft^3$，$231in^3/gal$，$42gal/bbl$。

下一章，将讨论确定管线填充体积的一个简单公式。

在英制单位中，管线的体积流量通常用立方英尺每秒（ft^3/s）、加仑每分钟（gal/min）、桶/小时（bbl/h）和桶/天（bbl/d）来表示。在国际单位制中，体积流量通常用立方米每小时（m^3/h）和升每秒（L/s）来表示。必须指出，在长距离管线中，液体的体积随温度、入口流量和出口体积流量可能不同，即使没有中间注入或分输的情况。这是因为进口流量为 5000bbl/h，可能以 70℉ 的入口温度进入管线。而进入 100mile 以外的终点站时，流量也为 5000bbl/h，但可能出口温度与入口温度不同。由于管线液体和周围的土壤环境间的温差造成了热量损失或热量吸收，而产生前后温度之间的差异。一般来说，在管线入口加压加热原油或其他产品时，可观察到温度的变化显著。在炼油管线和其他不加热的管线中，沿管线的温度变化是无关紧要的。如果在管线入口体积测量时的标准温度为 60℉，那么相应的出口体积也一样要在相同的温度下标定。温度校正时，可假定整个管线从入口到出口为相同的流量且没有中间注入站或分输站。

按照质量守恒的原理，管线入口与出口的质量流量相等，因为液体的质量不会随温度或压力的改变而改变。

3.3.3 密度

液体的密度是指单位体积的质量。英制单位中，密度的单位通常是 slug/ft³。国际单位制中，相应的单位是 kg/m³。这也被称为质量密度。重量密度是指物质单位体积的重量，术语为密度，接下来将对其讨论。

因为质量不随温度或压力改变而变化，但体积随温度改变而变化，可得出这样的结论：密度也将随温度改变而变化。密度和体积成反比，因为密度是指单位体积的质量。因此，增加温度后液体体积增加而密度减少。同样，温度降低，液体体积减小、密度增加。

3.3.4 重度

液体的重度定义为每单位体积的重量。英制单位中重度的单位是 lbf/ft³，国际单位制单位为 N/m³。

如果一个 55gal 的缓冲罐中有 410lb（不含罐重）原油，原油重度为：

$$（410/55）或 7.45lbf/gal$$

同样，回顾在 3.2 节讨论的 5000ft 的管线。计算出两个阀门之间的体积为 168038bbl。如果用重度计算，可估计管线中液体的重量为：

$$7.45 × 42 × 16838 = 527990lbf 或 26290 tf$$

重度类似于密度，也随温度改变而变化。因此，随着温度增加重度将下降。随着温度降低，液体体积减少，其重度增加。在英制单位中，通常重度的单位是 lbf/ft³ 和 lbf/gal。国际单位制中，重度的单位是 N/m³。例如，在 60℉ 时水的重度是 62.4lbf/ft³ 或 8.34lbf/gal。在 60℉ 时典型的汽油的重度为 46.2 lbf/ft³ 或 6.17 lbf/gal。虽然密度和重度在尺寸上不同，在计算液压液体的管线时，通常使用密度而不使用重度，反之亦然。因此，水的密度和重度都表示为 62.4 lbf/ft³。

3.4 液体的相对密度和 API 重度

液体相对密度是在相同的温度下，其密度与水的密度的比值，因此没有单位（无量纲）。表示与水比较它有多重。液体相对密度也可用来描述一种液体对比另一种液体（比如水）的密度。要指出的是，两种液体的密度必须在相同温度下测量才有意义。

在 60℉时，典型的原油密度为 7.45 lb/gal，水的密度为 8.34 lb/gal，60℉时原油的相对密度为：

$$7.45/8.34 \text{ 或 } 0.8933$$

根据定义，水的相对密度是 1，由于水的密度相比于其本身是相同的。与密度一样，相对密度随着温度的变化而变化。随着温度的升高，密度和相对密度下降。同样，温度降低，会导致密度和相对密度增加。与体积相比，压力对液体相对密度的影响非常小，只要压力处在正常管线的压力范围内都如此。

石油行业里，通常使用 API 重度作单位。API 重度是一种度量单位，取 API 重度为 10°API 作为低限，相当于水在 60℉时的相对密度；因此所有比水要轻的液体其 API 重度都大于 10°API。汽油的 API 重度是 60°API，典型的原油 API 重度可能是 35°API。

液体的 API 重度是在实验室对比该液体的密度和 60℉时水的密度得出的。如果该液体比水轻，则其 API 重度大于 10°API。

API 重度与相对密度的关系如下：

$$\text{相对密度 } \gamma_g = 141.5/(131.5 + API) \tag{3.1}$$

或

$$API \text{ 重度} = 141.5/\gamma_g - 131.5 \tag{3.2}$$

式（3.10）中 API 重度的值取 10°API，水的相对密度为 1。从此方程可看出，要想 API 重度为正值，液体的相对密度不能大于 1.076。

对于比水重的液体，其度量单位是波美度。波美度类似于 API 重度，只是式（3.10）和式（3.11）中分别使用 140 和 130，而不是 141.5 和 131.5。

再看一个例子，假设汽油在 60℉时的相对密度为 0.736，则汽油的 API 重度可由式（3.11）计算如下：

$$API \text{ 重度} = 141.5/0.736 - 131.5 = 60.76°API$$

如果柴油的 API 重度为 35°API，则其相对密度 $\gamma_{柴油}$ 可用式（3.1）计算，有：

$$\gamma_{柴油} = 141.5/(131.5 + 35) = 0.8498$$

API 重度说的是在 60℉温度下的数值。因此式（3.10）和式（3.11），也要取在 60℉测量出的值。如果说一种液体在 70℉时 API 重度是 35°API，这样的说法是没有意义的。

测量 API 重度可使用 ASTM D1298 中提到的方法。在实验室中，要把玻璃浮计校准后进行测量。同时要参考 API 石油测量手册中关于 API 重度的内容。

3.4.1 随温度变化的液体相对密度

前面提到过，液体的相对密度随温度的变化而变化，随着温度的降低而升高，反之亦然。

液体管线常见的温度范围内，液体的相对密度随温度呈线性变化。换言之，相对密度和温度的关系可用下面的方程表示。

$$\gamma_T = \gamma_{60\,℉} - a(T - 60)$$ (3.3)

式中　γ_T——T 温度下液体的相对密度；

　　　$\gamma_{60\,℉}$——60 ℉时液体的相对密度；

　　　T——温度，℉；

　　　a——取决于液体的常数。

式（3.12）中，T 温度下液体的相对密度 γ_T 和 60 ℉时的液体相对密度呈直线相关关系。由于 $\gamma_{60\,℉}$ 和 a 是不确定的数值，需要在两种温度下的两套相对密度来确定相对密度和温度的关系。如果已知温度 60 ℉和 70 ℉时的相对密度，可替代式（3.12）中的数值，得出未知常数 a；一旦 a 的数值确定了，用式（3.13）就能很容易地计算出液体在任何其他温度下的相对密度。下面来举例说明。

《水力研究所工程设计指南》和《起重机操作手册》等工具书里面有液体相对密度和温度的曲线关系，可以计算出任何温度下大多数液体的相对密度。

【例 3.1】汽油在 60 ℉时的相对密度是 0.736；70 ℉时相对密度是 0.729；那么 50 ℉时汽油的相对密度是多少？

解：

由式（3.12），可知：

$$0.729 = 0.736 - a(70 - 60)$$

求解 a，得到：

$$a = 0.0007$$

用式（3.12）可算出 50 ℉时汽油的相对密度为：

$$\gamma_{50\,℉} = 0.736 - 0.0007(50 - 60) = 0.743$$

3.4.2　混合液体的相对密度

假设某种原油在 70 ℉时的相对密度为 0.895，和另一种在 70 ℉时相对密度为 0.815 的轻质原油进行了同等比例的混合，则该混合物的相对密度是多少？根据常识，因为是同等比例的混合，混合物的相对密度应为这两种液体的平均数，即：

$$(0.895 + 0.815)/2 = 0.855$$

确实如此，因为一种液体的相对密度只与其质量和体积相关。

当两种或多种液体均匀混合后，可采用加权平均法算出混合液体的相对密度。那么，10% 的相对密度为 0.85 的 A 液体和 90% 的相对密度为 0.89 的 B 液体混合后，混合液体的相对密度为：

$$0.1 \times 0.85 + 0.9 \times 0.89 = 0.886$$

必须要注意，进行运算时，两种相对密度一定要在同一温度下进行测量。

采用此前的方法，两种或多种液体混合物的相对密度可由以下公式求出：

$$\gamma_m = [(V_1 \times \gamma_1) + (V_2 \times \gamma_2) + (V_3 \times \gamma_3) + \cdots]/(V_1 + V_2 + V_3 + \cdots) \quad (3.4)$$

式中　γ_m——混合液体的相对密度；

　　　V_1，V_2，V_3——每种液体的体积；

　　　γ_1，γ_2，γ_3——每种液体的相对密度。

当采用 API 重度时，不能直接用这种计算两种或多种液体混合物相对密度的方法，必须先把 API 重度转换为相对密度，再应用式（3.4）。

【例 3.2】 A，B 和 C 三种液体混合在一起，比例分别是 15%，20% 和 65%，如果这 3 种液体在 70 °F 时的相对密度分别为 0.815，0.850 和 0.895，计算混合液体的相对密度。

解：

用式（3.4），可求出混合液体的相对密度为：

$$\gamma_m = (15 \times 0.815 + 20 \times 0.850 + 65 \times 0.895)/100 = 0.874$$

3.5　液体的黏度

黏度是管线中流动液体连续层之间滑动摩擦的计量单位。想象几层液体在两块固定的平行水平板之间流动。靠近底板的薄薄一层流体速度几乎为零。其上的每一层相对于下一层而言都有不同的流速。如果距底板距离是 y 的那一层流速是 v，速度梯度大概是：

$$速度梯度 = v/y \quad (3.5)$$

如果速度随距离的变化不是线性的，利用微积分可以得到精确值。

$$速度梯度 = dv/dy \quad (3.6)$$

dv/dy 是速度随距离或速度梯度的变化率。

牛顿定律说明，剪切流动的液体相邻层间的应力与速度梯度成正比。比例常数称为液体的绝对（或动态）黏度。

$$剪切应力 = （黏度）（速度梯度）$$

液体的绝对黏度在英制单位下单位是 lb/ft^2，在国际单位制下单位是 $Pa \cdot s$。其他常用的绝对黏度单位是泊（P）和厘泊（cP）。运动黏度是液体在相同温度下的绝对黏度除以其密度，即：

$$\nu = \mu/\rho \quad (3.7)$$

式中　ν——运动黏度；

　　　μ——绝对黏度；

　　　ρ——密度。

运动黏度的英制单位是 ft^2/s，国际单位制单位是 m^2/s。其单位换算见附录 A。

其他常用的运动黏度的单位是斯托克斯（St）和厘斯（cSt）。石油行业中，运动黏度还使用了其他两个单位，它们是"赛波特通用秒（SSU）"和"赛波特糠醛秒（SSF）"。这些单位代表固定体积的液体通过固定大小的孔口所花费的时间。绝对黏度和运动黏度都随温度变化。随着温度的升高，液体的黏度降低，反之亦然。然而，不像相对密度，黏度随温度的变化并不是线性关系变化。后面会讨论这个问题。

黏度随压力变化也有所变化。当压力为几千磅力时，黏度显著变化，在大多数管线的应用中，液体的黏度随压力的变化不明显。

例如，阿拉斯加北坡原油的黏度据报告在60℉时为200SSU，在70℉时为175SSU。

黏度从SSU和SSF单位转化为厘斯（centistokes）使用下面的关系式：

从SSU转换为厘斯

$$\text{黏度}(cSt) = 0.226(SSU) - 195/(SSU) \qquad 32 \leqslant SSU \leqslant 100 \qquad (3.8)$$

$$\text{黏度}(cSt) = 0.220(SSU) - 135/(SSU) \qquad SSU > 100 \qquad (3.9)$$

从SSF转换为厘斯

$$\text{黏度}(cSt) = 2.24(SSF) - 184/(SSF) \qquad 25 \leqslant SSF \leqslant 40 \qquad (3.10)$$

$$\text{黏度}(cSt) = 2.16(SSF) - 60/(SSF) \qquad SSU > 40 \qquad (3.11)$$

【例3.3】用这些公式将阿拉斯加北坡原油的黏度从200SSU转换为以厘斯为单位。

解：

用式（3.9），有：

$$0.220 \times 200 - 135/200 = 43.33cSt$$

使用式（3.17）和式（3.18）逆推从厘斯（cSt）到SSU的方法不是那么直接。因为式（3.8）和式（3.9）只适用于一定范围内的SSU值，首先要确定使用这两个公式中的哪一个。这比较困难，因为用哪个公式取决于SSU值，而SSU值本身是未知的。因此，须假设要计算的SSU值在两个公式中其中一个的范围之内，再进行试错运算。对于给定的以厘斯（cSt）为单位的黏度值，需要解一个二次方程才能确定SSU值。下面举例说明。

【例3.4】黏度为15cSt的液体，计算对应的以SSU为单位的黏度值。

解：

先假定要计算的值约为$5 \times 15 = 75SSU$。这个近似值取得比较好，因为以SSU为单位的值一般是以cSt值的5倍。因为假定的值是75SSU，需要使用式（3.8）进行单位cSt和SSU之间的转换。

将以cSt为单位的值15（即75÷5）代入式（3.8），有：

$$15 = 0.226(SSU) - 195/(SSU)$$

用变量x代替SSU，转置后方程式变为：

$$15x = 0.226x^2 - 195$$

变形后：

$$0.226x^2 - 15x - 195 = 0$$

求 x，得到：

$$x = [15 + (15 \times 15 + 4 \times 0.226 \times 195)^{1/2}]/(2 \times 0.226) = 77.5$$

即黏度为 77.5SSU。

3.5.1 黏度随温度的变化

液体黏度随温度上升而下降，反之亦然。气体黏度随温度上升而上升。因此如果液体在 60℉时的黏度为 35cSt，当温度上升到 100℉时，黏度可以降到 15cSt。液体黏度随温度的变化不是线性的，不同于前面所说的相对密度随温度的变化关系。黏度随温度的变化呈对数关系。

数学上，可如下表示：

$$\ln\nu = A - B(T) \tag{3.12}$$

式中 ν——液体黏度，cSt；

T——绝对温度，°R 或 K；

A，B——常数，取决于是哪种液体。

如果温度 T 的单位是℉，有：

$$T = (T + 460)°\text{R} \tag{3.13}$$

如果温度 T 的单位是℃，有：

$$T = (T + 273)\text{K} \tag{3.14}$$

从式（3.21）可看出，平面图中 $\ln\nu$ 与温度 T 成斜率为 B 的直线关系。如果有两种温度的流体，可通过计算式（3.12）中的密度和温度来确定 A 和 B 的值。一旦 A 和 B 已知，可用式（3.12）计算任何温度下的黏度。举例说明：

【例 3.5】给定液体在 60℉和 100℉时的黏度分别为 43cSt 和 10cSt。使用式（3.12）计算常数 A 和 B 的值。

解：

根据式（3.12），有：

$$\ln 43 = A - B(60 + 460)$$

和

$$\ln 10 = A - B(60 + 460)$$

解两方程求得 A 和 B 的值：

$$A = 22.7232, B = 0.0365$$

有了 A 和 B，现在可以用式（3.12）计算出任何其他温度下该液体的黏度。来计算

80℉时的黏度：

$$\ln\nu = 22.7232 - 0.0365(80 + 460) = 3.0132$$

$$80℉ 时的黏度 \nu_{80℉} = 20.35cSt$$

除了式（3.12），有研究者提出各种其他方程来计算石油液体黏度与温度相关的变化趋势。

最流行和精确的一个公式是著名的 ASTM 方法。该方法也被称为 ASTM D341 绘图法，它是一个对数坐标纸，用来绘制某种液体在两个已知温度下黏度的变化。一旦两个点之间的线连接起来，中间任何温度的黏度都可以用插值法读出。某些情况下，黏度值也可从此图外推得到，如图3.1所示。

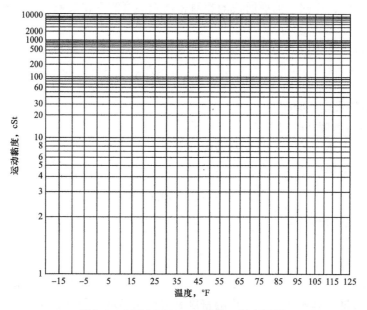

图3.1　ASTM D341——黏度—温度图版

下面来讨论黏度如何随温度而变化，使用 ASTM 方法，不使用特殊的对数坐标纸。

$$\lg\lg Z = A - B\lg T \tag{3.15}$$

式中　Z——取决于液体的黏度 ν（cSt）的常数；

T——绝对温度，℉R 或 K。

A，B——常数，取决于特定的液体。

变量 Z 的定义如下：

$$Z = \nu + 0.7 + C - D \tag{3.16}$$

其中 C 和 D 为：

$$C = \exp(1.14883 - 2.65868\nu) \tag{3.17}$$

$$D = \exp(0.0038138 - 12.5645\nu) \tag{3.18}$$

C，D 和 Z 都是运动黏度 ν 的函数。

给出两组温度和黏度（T_1，ν_1）和（T_2，ν_2），可以用式（3.16）至式（3.18）计算出相应的值 C，D 和 Z。

然后把（T_1，Z_1）和（T_2，Z_2）两组数据代入式（3.24）中，有：

$$lglgZ_1 = A - BlgT_1 \qquad\qquad (3.19)$$

$$lglgZ_2 = A - BlgT_2 \qquad\qquad (3.20)$$

从这些方程组中，A 和 B 这两个未知常数可以很容易地算出，因为 T_1 和 Z_1 及 T_2 和 Z_2 的值是已知的。

下面举例说明这种计算黏度随温度变化的方法。

【例 3.6】某液体温度和黏度的关系为：

温度，℉	60	180
黏度，cSt	750	25

（1）计算常数 A 和 B，用式（3.24）确定液体黏度—温度的关系。

（2）估计液体在 85℉时的黏度。

解：

（1）温度为 60℉时，C，D 和 Z 用式（3.16）至式（3.18）计算，有：

$$C_1 = \exp(-1.14883 - 2.65868 \times 750) = 0$$

$$D_1 = \exp(-0.0038138 - 12.5645 \times 750) = 0$$

$$Z_1 = 750 + 0.7 = 750.7$$

同样，温度为 180℉时，相应的 C，D 和 Z 值为：

$$C_2 = \exp(-1.14883 - 2.65868 \times 25) = 0$$

$$D_2 = \exp(-0.0038138 - 12.5645 \times 25) = 0$$

$$Z_2 = 25 + 0.7 = 25.7$$

代入式（3.19），得到：

$$lglg750.7 = A - Blg(60 + 460)$$

或

$$0.4587 = A - 2.716B$$

$$lglg25.7 = A - Blg(180 + 460)$$

或

$$0.1492 = A - 2.8062B$$

解上述方程，得到：

$$A = 9.778$$

$$B = 3.4313$$

（2）85℉的温度下使用式（3.1），得到：

$$\lg\lg Z = A - B\lg(85 + 460)$$

$$\lg\lg Z = 9.778 - 3.4313 \times 2.7364 = 0.3886$$

$$Z = 279.78$$

因此

$$85℉\ 时的黏度\ \nu_{85℉} = 279.78 - 0.7 = 279.08\text{cSt}$$

3.5.2 混合产品的黏度

假设温度为 60℉、黏度为 10cSt 的原油与温度为 60℉、黏度为 30cSt 的原油等体积混合。混合物的黏度是多少？不能像以前用平均法计算混合物的相对密度一样直接平均黏度。这是由于黏度与液体质量和体积为非线性关系。

此前的内容中已经证明，当混合两种或两种以上的液体时，可采用加权平均的方法对混合产品的比重进行直接计算。然而，两种或更多种液体混合物的黏度不能简单地通过各成分的比例计算。因此，如果比例为 20%、黏度为 10cSt 的液体与比例为 80%、黏度为 30cSt 的液体 B 混合后混合物的黏度并不是以下所示：

$$0.2 \times 10 + 0.8 \times 30 = 26\text{cSt}$$

事实上，实际的混合物黏度是 23.99cSt，下面是计算方法。

两个或更多个产品混合物的黏度可用如下公式估算：

$$\sqrt{\nu_m} = \frac{Q_1 + Q_2 + Q_3 + \cdots}{Q_1/\sqrt{\nu_1} + Q_2/\sqrt{\nu_2} + Q_3/\sqrt{\nu_3} + \cdots} \tag{3.21}$$

式中　ν_m——混合物黏度，SSU；

　　　Q_1，Q_2，Q_3——各组分体积；

　　　ν_1，ν_2，ν_3——各组分的黏度，SSU。

式（3.19）要求组分的黏度用 SSU 表示，所以当组分黏度小于 32SSU（1cSt）时，不能用此方程计算混合黏度。

另一种计算混合产品黏度的方法已在管道行业应用超过 40 年，被称为混合指数法。该方法中，每种液体都基于其黏度进行混合指数的计算，然后对组成混合物的各组分的混合指数进行加权平均，计算其混合指数。最后，用混合指数法计算混合物的黏度。

方程如下：

$$H = 40.073 - 46.414\lg\lg(\nu + B) \tag{3.22}$$

$$B = 0.931(1.72)^{\nu} \qquad (0.2 < \nu < 1.5) \tag{3.23}$$

$$B = 0.6 \qquad (\nu \geq 1.5) \tag{3.24}$$

$$H_{\mathrm{m}} = \left[H_1(\mathrm{pct}_1) + H_2(\mathrm{pct}_2) + H_3(\mathrm{pct}_3) + \cdots \right]/100 \qquad (3.25)$$

式中　　H，H_1，H_2——液体混合指数；

$\qquad$ H_{m}——混合物混合指数；

$\qquad$ B——混合指数方程常数；

$\qquad$ ν——黏度常数；

$\qquad$ pct_1，pct_2，pct_3——混合物中各组分的百分比。

【例3.7】计算在 70℉下含有 A 和 B 两种液体的混合物的黏度，A 和 B 两种液体黏度分别为 10cSt 和 30cSt，比例分别为 20% 和 80%。

解：

首先，用式（3.21）把给出的黏度换算成以 SSU 为单位的黏度。

使用式（3.8）和式（3.9）对液体 A 进行黏度的计算。

$$10 = 0.226\nu_{\mathrm{A}} - \frac{195}{\nu_{\mathrm{A}}}$$

变形该式：

$$0.226\nu_{\mathrm{A}}^2 - 10\nu_{\mathrm{A}} - 195 = 0$$

解二次方程式，得到：

$$\nu_{\mathrm{A}} = 58.90\mathrm{SSU}$$

同样，B 液体黏度有：

$$\nu_{\mathrm{B}} = 140.72\mathrm{SSU}$$

从式（3.21）可得，混合黏度是：

$$\sqrt{\nu_{\mathrm{m}}} = \frac{20 + 80}{(20/\sqrt{58.9}) + (80/\sqrt{140.72})} = 10.6953$$

因此，该混合物的黏度为：

$$\nu_{\mathrm{m}} = 114.39\mathrm{SSU}$$

或从 SSU 到 cSt 进行单位转换后，混合物黏度为 23.99cSt。

下面介绍一种图解法。ASTM D341-77 也可用于计算两种石油产品的混合黏度。该方法是查询一个在横坐标两边带有黏度范围的对数图。水平轴是用来选择每个部分的比例，如图 3.2 所示。在一些手册如《起重机操作手册》和《液压研究所工程数据手册》中也采用了此图版。但须注意这两种产品的黏度必须在同一温度下绘制。

使用这种方法，两种产品组成的混合物一次就能算出混合黏度，多种产品的混合物的混合黏度需要进行重复计算。因此，如果 3 种产品以 10%，20% 和 70% 的比例进行混合，首先对前两种液体 A 和 B 取 10% 和 20% 的比例进行计算，混合物中将有 1/3 的 A 和 2/3 的 B 混合的基础上计算混合物的黏度。然后用 30% 的混合液与 70% 的液体 C 进行计算最终混合物的黏度。

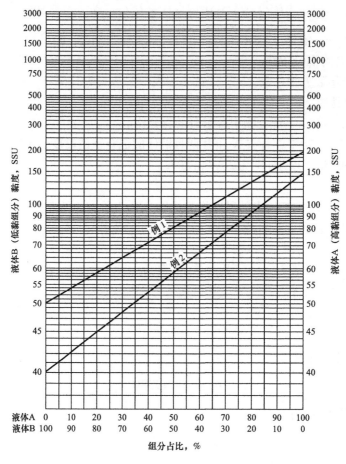

图3.2 混合物黏度图版

3.6 液体的蒸汽压力

液体的蒸汽压力被定义为：在给定的温度下液体和蒸汽相平衡时的压力。液体的沸点被定义为蒸汽压力等于大气压力时的温度。在实验室中，蒸汽压力固定在温度100℉时进行测量，然后用雷特蒸汽压力进行记录。液体的蒸汽压随温度的增加而增加。一旦雷特蒸汽压力已知，可用图版来确定液体在任何温度下的实际蒸汽压力。参考《起重机手册》。

当讨论管线离心泵时，蒸汽压力的重要性凸显。为了防止汽蚀，在计算泵的允许吸入水头时必须将流动温度下的液体蒸汽压力考虑在内。离心泵将在第9章进行讨论。

3.7 液体的体积弹性模量

液体的体积弹性模量是衡量液体的可压缩性的物理量。定义为产生体积上的单位变化而所需的压力。在数学上，体积模量表示为：

$$体积弹性模量\ K = V\mathrm{d}p/\mathrm{d}V \tag{3.26}$$

式中 $\mathrm{d}V$——体积变化量；

dp——压力变化。

体积弹性模量 K 的单位是磅每平方英寸（psi）或千帕（kPa）。对于大多数液体，体积弹性模量在 250000～300000psi 之间变动。即大多数的液体具有不可压缩性。

用体积弹性模量 K 进行计算，来证明液体的不可压缩性。假设一种石油产品的体积弹性模量为 250000psi。为了得出令给定的液体体积变化 1% 所需要的压力，进行如下计算。

根据式（3.35），稍作变形，可以得到：

$$K = \frac{\mathrm{d}p}{\mathrm{d}V/V}$$

因此

$$250000 = \frac{\mathrm{d}p}{0.01}$$

$$\mathrm{d}p = 2500\mathrm{psi}$$

可以看出，在相当大的压力下，液体仅能产生一个非常小的（1%）体积变化。由此可见液体具有不可压缩性。

体积弹性模量用于管线充填量的计算和瞬态流动分析。这里有两个体积弹性模量值用于实践：绝热体积弹性模量和等温体积弹性模量。液体的体积弹性模量大小取决于温度、压力和相对密度的大小。下面的经验方程，也被称为 ARCO 公式，可用于计算体积弹性模量。

3.7.1　绝热体积弹性模量

$$K_{\mathrm{a}} = A + B(p) - C(T)^{1/2} - D(\mathrm{API}) - E(\mathrm{API})^2 + F(T)(\mathrm{API}) \qquad (3.27)$$

式中　A，B，C，D，E，F——系数，$A = 1.286 \times 10^6$，$B = 13.55$，$C = 4.122 \times 10^4$，$D = 4.53 \times 10^3$，$E = 10.59$，$F = 3.228$；

　　　p——压力，psi；

　　　T——温度，°R；

　　　API——API 重度，°API。

3.7.2　等温体积弹性模量

$$K_{\mathrm{i}} = A + B(p) - C(T)^{1/2} + D(T)^{3/2} - E(\mathrm{API})^{3/2} \qquad (3.28)$$

式中　A，B，C，D，E——系数，$A = 2.619 \times 10^6$，$B = 9.203$，$C = 1.417 \times 10^5$，$D = 73.05$，$E = 341.0$；

　　　p——压力，psi；

　　　T——温度，°R；

　　　API——API 重度，°API。

对于一个典型的 35°API 原油，在 1000psi 的压力和 80℉ 的温度下，体积弹性模量分别根据式（3.36）和式（3.37）计算的结果是：

绝热体积弹性模量为 231426psi

等温体积弹性模量为 181616psi

70℉水的体积弹性模量为 320000psi。参阅附录 A 可以查询用于管线输送的各种液体的物理性质。

3.8 流体流动的基本概念

本节，讨论关于流体流动的一些基本概念，来为下一章的抛砖引玉。首先介绍连续性方程和能量方程这两个基本原理。

3.8.1 连续性方程

无论何种管流，都会满足水流连续原理。这一原理表明流体通过某一固定管线的任何部分，流体的总量是固定的。这也可视为质量守恒原理。意味着液体既不能被创造也不会因流经管线而被破坏。因为质量是由体积和密度决定的，连续性方程可以这样表达：

$$M = V\rho = 常数 \tag{3.29}$$

式中　M——在管线中任意一点的质量流量，slug/s；
　　　V——在管线中任意一点的体积流量，ft³/s；
　　　ρ——在管线中任意一点的液体密度，slug/ft³。

因为在管线中的任意一点的体积流量取决于管线的横截面面积和液体平均流动速度，可重写式（3.29）如下：

$$M = Av\rho = 常数 \tag{3.30}$$

式中　M——在管线中任意一点的质量流量，slug/s；
　　　ρ——在管线中任意一点的液体密度，slug/ft³；
　　　A——管线的横截面积，ft²；
　　　v——管流的平均流动速度，ft/s。

因为液体通常被认为是不可压缩的，因此密度没有明显变化，连续性方程简化为：

$$Av = 常数 \tag{3.31}$$

3.8.2 能量方程

在液体水力学中，节省输送能量的基本原理体现在伯努利方程中。此方程说明在管线中任意一点流体的总能量都是一个常数。显然，这是能量守恒原理的一种扩展，即能量既不能被创造也不能被破坏，只能从一种形式转化为另一种。

观察图3.3所示的管线，该图描绘在选定基准高程后，流体从 A 点（具有 Z_A 高程）到 B 点（具有 Z_B 高程）的流动。在 A 点的液体压力为 p_A，在 B 点时为 p_B。在一般情况下，同一条管线的直径可能不同，指定在 A 点和 B 点的速度分别为 v_A 和 v_B。假设在管线 A 点有重量为 W 的液体。该液体的总能量 E 由三部分构成：位置能量（潜在能量）WZ_A、压力能量（压能）Wp_A/γ、速度能量（动能）$W(v_A/2g)^2$。

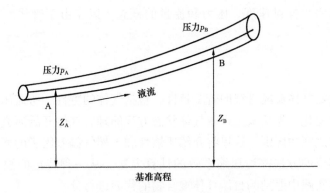

图 3.3 管线中液体能量示意图

可以这样理解：

$$E = WZ_A + Wp_A/\gamma + Wv_A^2/2g \qquad (3.32)$$

式中 γ——液体的相对密度。

除以 W 后，可得到每单位重量的液体的能量为：

$$H_A = Z_A + p_A/\gamma + v_A^2/2g \qquad (3.33)$$

式中 H_A——A 点每单位重量流体的能量。

当同一液体粒子到达 B 点时，每单位重量流体的能量为：

$$H_B = Z_B + p_B/\gamma + v_B^2/2g \qquad (3.34)$$

因为能量守恒，有：

$$H_A = H_B$$

因此：

$$Z_A + p_A/\gamma + v_A^2/2g = Z_B + p_B/\gamma + v_B^2/2g \qquad (3.35)$$

式（3.35）是流体流动的伯努利方程的一种形式。

在现实世界中的管线运输中，由于管路摩擦，在 A 点和 B 点之间存在能量损失。考虑到能量损失，修改式（3.7）如下：

$$Z_A + p_A/\gamma + v_A^2/2g = Z_B + p_B/\gamma + v_B^2/2g + \sum h_L \qquad (3.36)$$

式中 $\sum h_L$——A 点和 B 点之间由于摩擦产生的所有的水头损失。

在伯努利方程中，还须考虑对液体补充能量的项，如点 A 和点 B 之间的有泵。因此，方程的左边有正项添加，代表由泵产生的能量。

考虑到在 A 点有个泵，对液体会增加一定量的压头，式（3.36）将被变形如下：

$$Z_A + p_A/\gamma + v_A^2/2g + H_P = Z_B + p_B/\gamma + v_B^2/2g + \sum h_L \qquad (3.37)$$

式中 H_P——在 A 点处泵对液体加入的能头。

下一章，会进一步探讨速度、压力和流量的概念，以及由于管线摩擦而产生的能量损失。

3.9　气体特性

接下来讨论决定气体流经管线的若干特性，包括气体的特性、所需压力以及气体温度变化下气体性质的变化。先从满足理想气体状态方程的理想气体开始研究，然后再研究实际气体和理想气体之间的区别。这里将介绍压缩性和天然气偏差因子的概念，并使用几种流行的相关性和实证的方法探讨压缩系数的计算方法。从一种特定的混合气体的性质入手，将它作为日常实践中遇到的自然气体混合物的代表进行分析。

3.10　气体的质量

质量是物质本身的一种属性，有时与重量这一概念交替使用。严格地说，质量是一个标量，而重量是一种力，即是一个向量。质量与物体所处的地理位置无关，而重量取决于当地的重力加速度，因此物体的重量随着所处的地理位置变化而变化。质量在美制单位（USCS）中的单位是斯勒格（slug），在国际单位制（SI）中的单位是千克（kg）。

然而，多数情况下我们会说一个质量为 10 磅的物体有 10 磅重。英磅（lb）是更广泛使用、更方便的质量单位。磅质量（lbm）和磅力（lbf）这两个术语有时被用来区分质量和重量。1（US）slug 等于 32.2lb。

气体的体积、温度和压力会发生变化，但质量保持不变，除非将气体抽取出来或加入额外的气体到容器。这被称为质量守恒。

3.11　气体的体积

气体体积是一定质量的气体在特定压力和温度下所占据的空间大小的度量。由于气体的可压缩性，气体会充满所在空间，不同温度和压力下的气体体积各不相同。因此，一定质量的气体在某一温度和压力下，随着压力增加，体积会减小，反之会增加。假设一定量的气体储存在体积为 100ft^3 的容器中，温度为 80℉，压力为 200psi。若温度上升到 100℉，保持体积恒定，压力变化服从 Charles 定律，Charles 定律指恒定体积、恒定质量的气体，压力会随着温度的变化而变化；因此，若温度增加 20%，压力也会增加 20%；同理，若压力保持恒定，根据 Charles 定律，体积的变化与温度成正比。Charles 定律、Boyle 定律以及其他气体定律稍后会在本章中详细论述。

体积测量单位有 ft^3（USCS 单位）和 m^3（SI 单位），其他单位有 Mft^3 和 MMft^3，还有 km^3 和 mm^3。对于标准条件下的温度和压力（60℉ 和 14.7psi），标准体积为 ft^3 或 Mft^3。气体体积流量 USCS 单位为 ft^3/min，ft^3/h，ft^3/d 和 SCFD 等；SI 单位为 m^3/h，m^3/d。在 USCS 单位中采用 M 代表 10^3，MM 代表 10^6；在 SI 单位中，k 代表 10^3，M 代表 10^6。因此，在 USCS 单位中 500MSCFD 指 50×10^4ft^3/d；在 SI 单位中，15Mm^3/d 指的是 1500×10^4m^3/d。

3.12　气体的密度和比容

气体密度是指在单位体积下所能容纳的气体质量，计算就是质量与体积之比。比如，某一温度和压力下，5lb 的气体体积为 100ft³，密度就是 5/100 = 0.05lb/ft³。

表示可装在一个容器中的给定体积的气体量。因此，它是用每单位体积的质量来衡量的。如果气体中含有 5lb 100ft³ 的量，在一定的温度和压力下，那么气体密度为 5/100 = 0.05lb/ft³。在 USCS 单位中，密度要表示成单位 slug/ft³，密度计算公式为：

$$\rho = m/V \tag{3.38}$$

式中　ρ——气体密度，slug/ft³ 或 lb/ft³（USCS 单位），kg/m³（SI 单位）；

　　　m——气体质量；

　　　V——气体体积。

还有一个类似的术语来表示密度，即重度（γ），测量单位为 lbf/ft³（USCS 单位），与密度形成对比。在 SI 单位中，重度单位为 N/m³。

重度的倒数为比容，比容是指单位质量的气体所占的体积，单位为 ft³/lb（USCS 单位），m³/N（SI 单位）。

3.13　气体相对密度

相对密度是指特定温度下，气体重力与空气重力的比值，表示为气体密度和空气密度的比值，无量纲。

气体相对密度 = 气体密度 / 空气密度

比如，在 60℉ 下，天然气的相对密度为 0.60（空气为 1.00），表示天然气重量是空气的 60%。如果知道气体分子量，那么也能根据其与空气分子量的比值算出相对密度。

$$G = M_g/M_{air} \quad 或 \quad G = M_g/28.9625 \tag{3.39}$$

式中　G——气体相对密度；

　　　M_g——气体分子量；

　　　M_{air}——空气分子量。

空气分子量约为 29，可以简化气体相对密度为 $M_g/29$。由于天然气为混合气体，包括甲烷和乙烷等，式（3.39）里的 M_g 指的是其表观分子量。

若已知各组分分子量和含量，利用加权平均法能计算出混合气体分子量。因此，若天然气包含 90% 甲烷、8% 乙烷和 2% 丙烷，那么气体相对密度为：

$$G = (0.9M_1 + 0.08M_2 + 0.02M_3)/29$$

其中，M_1，M_2 和 M_3 分别为甲烷、乙烷和丙烷的分子量，29 为空气分子量。表 3.8 列出了一些碳氢化合物分子量和其他性质。以下是输送管线中出现的典型气体类型。

表 3.8 碳氢化合物分子量和其他性质

| 气体 | 分子式 | 分子量 | 蒸气压(100℉)psi(绝) | 关键常数 | | | 理想气体(14.696psi(绝),60℉) | | 比热容(理想气体)Btu/(lb·℉) |
				压力Pa	温度℉	比容ft³/lb	相对密度(空气为1.00)	比容(比体积)ft³/lb(气体)	
甲烷	CH₄	16.0430	5000	6660	−116.66	0.0988	0.5539	23.654	0.52676
乙烷	C₂H₆	30.0700	800	707	90.07	0.0783	1.0382	12.62	0.40789
丙烷	C₃H₈	44.097	188.65	617	205.93	0.0727	1.5226	8.6059	0.38847
异丁烷	C₄H₁₀	58.123	72.581	527.9	274.4	0.0714	2.0068	6.5291	0.38669
正丁烷	C₄H₁₀	58.123	51.706	548.8	305.52	0.0703	2.0068	6.5291	0.39500
异戊烷	C₅H₁₂	72.15	20.43	490.4	368.96	0.0684	2.4912	5.2596	0.38448
正戊烷	C₅H₁₂	72.15	15.575	488.1	385.7	0.0695	2.4912	5.2596	0.38831
新戊烷	C₅H₁₂	72.15	36.72	464	321.01	0.0673	2.4912	5.2596	0.39038
正己烷	C₆H₁₄	86.1770	4.9596	436.9	453.8	0.0688	2.9755	4.4035	0.38631
2-甲基戊烷	C₆H₁₄	86.1770	6.769	436.6	135.76	0.0682	2.9755	4.4035	0.38526
3-甲基戊烷	C₆H₁₄	86.1770	6.103	452.5	448.2	0.0682	2.9755	4.4035	0.37902
正己烷	C₆H₁₄	86.1770	9.859	446.7	419.92	0.0667	2.9755	4.4035	0.38231
2,3-二甲基丁烷	C₆H₁₄	86.1770	7.406	454	440.08	0.0665	2.9755	4.4035	0.37762
正庚烷	C₇H₁₆	100.204	1.621	396.8	512.8	0.0682	3.4598	3.7872	0.38449
2-甲基己烷	C₇H₁₆	100.204	2273	396	494.4	0.0673	3.4598	3.7872	0.3817
3-甲基己烷	C₇H₁₆	100.204	2.13	407.6	503.62	0.0646	3.4598	3.7872	0.37882
3-乙基戊烷	C₇H₁₆	100.204	2012	419.2	513.16	0.0665	3.4598	3.7872	0.38646
2,2-二甲基戊烷	C₇H₁₆	100.204	3.494	401.8	476.98	0.0665	3.4598	3.7872	0.38651
2,4-二甲基戊烷	C₇H₁₆	100.204	3.294	397.4	475.72	0.0667	3.4598	3.7872	0.39627
3,3-二甲基戊烷	C₇H₁₆	100.204	2.775	427.9	505.6	0.0662	3.4598	3.7872	0.38306
三甲基丁烷	C₇H₁₆	100.204	3.376	427.9	496.24	0.0636	3.4598	3.7872	0.37724
正辛烷	C₈H₁₈	114.231	0.5371	360.7	564.15	0.0673	3.9441	3.322	0.38334
二异丁基	C₈H₁₈	114.231	1.102	361.1	530.26	0.0676	3.9441	3.322	0.37571
异辛烷	C₈H₁₈	114.231	1.709	372.7	519.28	0.0657	3.9441	3.322	0.38222
正壬烷	C₉H₂₀	128.258	0.17155	330.7	610.72	0.0693	4.4284	2.9588	0.38248
正癸烷	C₁₀H₂₂	142.285	0.06088	304.6	652.1	0.0702	4.9127	2.6671	0.38181
环戊烷	C₅H₁₀	70.134	9.917	653.8	461.1	0.0594	2.4215	5.411	0.27122
甲基环戊烷	C₆H₁₂	84.161	4.491	548.8	499.28	0.0607	2.9059	4.509	0.30027
环己烷	C₇H₁₄	84.161	3.267	590.7	536.6	0.0586	2.9059	4.509	0.29012
甲基环己烷	C₂H₄	98.188	1.609	503.4	570.2	0.06	3.3902	3.8649	0.31902
乙烯	C₃H₆	28.054	1400	731	48.54	0.0746	0.9686	13.527	0.35789
丙烯	C₄H₈	42.081	2328	676.6	198.31	0.0717	1.4529	9.0179	0.35683

续表

气体	分子式	分子量	蒸气压 （100℉） （绝） psi	关键常数			理想气体（14.696psi（绝），60℉）		比热容 （理想气体） Btu/（lb·℉）
				压力 Pa	温度 ℉	比容 ft³/lb	相对密度 （空气为1.00）	比容（比体积） ft³/lb（气体）	
丁烯	C_4H_8	56.108	62.55	586.4	296.18	0.0683	1.9373	6.7636	0.35535
顺式-2-丁烯	C_4H_8	56.108	45.97	615.4	324.31	0.0667	1.9373	6.7636	0.33275
反式-2-丁烯	C_4H_8	56.1080	49.88	574.9	311.8	0.0679	1.9373	6.7636	0.35574
异丁烯	C_4H_8	56.1080	64.95	580.2	292.49	0.0681	1.9373	6.7636	0.36636
1-戊烯	C_4H_8	70.134	19.12	509.5	376.86	0.0674	2.4215	5.411	0.35944
1,2-丁二烯	C_5H_{10}	54.092	36.53	656	354	0.07	1.8677	7.0156	0.34347
1,3-丁二烯	C_4H_6	54.092	59.46	620.3	306	0.0653	1.8677	7.0156	0.34223
异戊二烯	C_5H_8	68.119	16.68	582	403	0.066	2.352	5.571	0.35072
乙炔	C_2H_2	26.038		890.4	95.29	0.0693	0.899	14.574	0.39754
苯	C_6H_6	78.114	3.225	710.4	552.15	0.0531	2.6971	4.8581	0.24295
甲苯	C_7H_8	92.141	1.033	595.5	605.5	0.0549	3.1814	4.1184	0.26005
乙苯	C_8H_{10}	106.167	0.3716	523	651.22	0.0564	3.6657	3.5744	0.277
邻二甲苯	C_8H_{10}	106.167	0.2643	541.6	674.85	0.0557	3.6657	3.5744	0.28964
二甲苯	C_8H_{10}	106.167	0.3265	512.9	650.95	0.0567	3.6657	3.5744	0.27427
对二甲苯	C_8H_{10}	106.167	0.3424	509.2	649.47	0.0572	3.6657	3.5744	0.2747
苯乙烯	C_8H_8	104.152	0.2582	587.8	703	0.0534	3.5961	3.6435	0.26682
异丙苯	C_9H_{12}	120.194	0.188	465.4	676.2	0.0569	4.15	3.1573	0.30704
甲基醇	CH_4O	32.042	4.631	1174	463.01	0.059	1.1063	11.843	0.32429
乙醇	C_2H_6O	46.069	2.313	891.7	465.31	0.0581	1.5906	8.2372	0.33074
一氧化碳	CO	28.01		506.8	-220.51	0.0527	0.9671	13.548	0.24847
二氧化碳	CO_2	44.01		1071	87.73	0.0342	1.5196	8.6229	0.19909
硫化氢	H_2S	34.082	394.59	1306	212.4	0.0461	1.1768	11.134	0.23838
二氧化硫	SO_2	64.065	85.46	1143	315.7	0.0305	2.2120	5.9235	0.14802
氨	NH_3	17.0305	211.9	1647	270.2	0.0681	0.588	22.2	0.49678
空气	N_2+O_2	28.9625		546.9	-221.29	0.0517	1	13.103	0.2398
氢	H_2	2.0159		187.5	-400.3	0.5101	0.0696	188.25	3.4066
氧	O_2	31.9988		731.4	-181.4	0.0367	1.1048	11.859	0.21897
氮	N_2	28.0134		493	-232.48	0.051	0.9672	13.546	0.24833
氯	Cl_2	70.9054	157.3	1157	290.69	0.028	2.4482	5.3519	0.11375
水	H_2O	18.0153	0.95	3200.1	705.1	0.04975	0.62202	21.065	0.44469
氦	He	4.0026		32.99	-450.31	0.23	0.138	94.814	1.2404
氯化氢	HCl	36.4606	906.71	1205	124.75	0.0356	1.2589	10.408	0.19086

3.14 气体的黏度

流体的黏度是流动阻力的量度，黏度越高，流动阻力越大。低黏度流体在管线中容易流动，且造成的压降较小。液体黏度比气体黏度大很多，例如水的黏度为1cP，而天然气黏度为约0.0008cP，但即使气体黏度很小，在评估其对管线流动形态的影响时也不可忽略。雷诺数是用来划分管线流态的无量纲参数，雷诺数取决于气体黏度、流动速率、管线直径、温度和压力。绝对黏度，也称动力黏度，USCS单位为lb/（ft·s），SI单位为P；还有个术语是运动黏度，为动态黏度与密度的比值。两种黏度关系式如下：

$$\nu = \mu/\rho \tag{3.40}$$

式中 ν——运动黏度；

μ——动态黏度；

ρ——密度。

运动黏度USCS单位为ft^2/s，SI单位为St，其他黏度单位为cP和cSt。气体的黏度与温度和压力相关。

如表3.9为管线中常见的气体黏度；图3.4为气体黏度随温度变化曲线。

表3.9　常见气体黏度

气体	黏度，cP	气体	黏度，cP
甲烷	0.0107	壬烷	0.0048
乙烷	0.0089	癸烷	0.0045
丙烷	0.0075	乙烯	0.0098
异丁烷	0.0071	一氧化碳	0.018
正丁烷	0.0073	二氧化碳	0.0147
异戊烷	0.0066	硫化氢	0.0122
正戊烷	0.0066	空气	0.0178
正己烷	0.0063	氮	0.0173
庚烷	0.0059	氢	0.0193
辛烷	0.005		

由于天然气为甲烷和乙烷等气体的混合物，可通过各组分的黏度计算混合气体的黏度，公式为：

$$\mu = \frac{\sum'(\mu_i y_i \sqrt{M_i})}{\sum(y_i \sqrt{M_i})} \tag{3.41}$$

式中 μ——混合气体的动力黏度；

μ_i——组分i的动态黏度；

y_i——组分i所占的分子百分比；

M_i——组分i的分子质量。

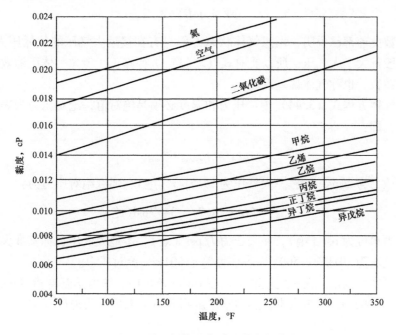

图 3.4 常用气体黏度随温度变化曲线

3.15 理想气体

理想气体的定义为，相对于气体所占据的体积，气体分子的体积可忽略不计，且分子与分子或容器壁之间的吸引和排斥效应可忽略。对于理想气体，分子是完全弹性的，分子碰撞不会引起内能损失。理想气体服从几种典型定律，如 Boyle 定律、Charles 定律，还有理想气体状态方程。首先，研究理想气体状态与真实气体状态之间的区别。

用 M 表示气体分子量，m 表示气体质量，气体的物质的量就是：

$$n = m/M \tag{3.42}$$

例如，甲烷分子量为 16.043，那么 50lb 的甲烷约有 3mol。

理想气体定律，通常是指理想气体方程，气体分子数与压力、体积和温度相关，方程式为：

$$pV = nRT \tag{3.43}$$

式中 p——绝对压力，psi（绝）；

V——气体体积，ft^3；

n——气体的物质的量，mol；

R——通用气体常数；

T——气体温度，°R（°F + 460）。

通用气体常数 R 的值为 10.732psi（绝）·ft^3/（lb·mol·°R）（USCS 单位），结合式（3.42）和式（3.43）可得出：

$$pV = mRT/M \qquad (3.44)$$

所有参数此前都已说明，理想气体状态方程只有在接近大气压的较低压力下才适用，管线压力一般都大于大气压，所以要对式（3.44）进行修正，考虑气体压缩效应，引入一个气体压缩系数，也称气体偏差系数。

在理想气体方程式（3.44）中，压力和温度必须是绝对值，绝对压力为表压力与本地大气压相加，即：

$$p_{abs} = p_{gauge} + p_{atm} \qquad (3.45)$$

若气体压力为20psi（表），大气压为14.7psi（绝），那么绝对压力为：

$$p_{abs} = 20 + 14.7 = 34.7psi(绝)$$

绝对压力单位为psi（绝），而表压力为psi（表），本地大气压也称基准大气压，在SI单位中，大气压为101kPa，500kPa表压力等于601kPa绝对压力。

热力学温度的测量压在一定基准上，在USCS单位中，热力学温度指Rankin温度，为温度（℉）+460；在SI单位中，热力学温度指Kelvin温度，为温度（℃）+ 273。

所以

$$热力学温度(°R) = 温度(℉) + 460$$

$$热力学温度(K) = 温度(℃) + 460$$

习惯上采用Kelvin温度下降值来表征热力学温度变化。

理想气体服从Boyle定律和Charles定律。Boyle定律用于研究恒定温度下，给定质量的气体压力和体积的变化关系。恒定温度也称为等温条件，Boyle定律表述如下：

$$p_1/p_2 = V_2/V_1 \qquad (3.46a)$$

或

$$p_1 V_1 = p_2 V_2 \qquad (3.46b)$$

其中，p_1 和 V_1 条件1下的压力和温度，相应的 p_2 和 V_2 为相同温度下的条件2下的压力和温度。Charles定律为恒压条件下，气体体积与温度成正比；若体积恒定不变，压力与温度成正比。因此，其关系可表述如下：

$$V_1/V_2 = T_1/T_2 \qquad （恒压） \qquad (3.47)$$

$$p_1/p_2 = T_1/T_2 \qquad （恒容） \qquad (3.48)$$

【例3.8】一定质量的气体，在压力为60psi（表）时体积为1000ft³。大气压力是14.7psi。如果温度不变，而压力增加到120psi（表），那么现在该气体的体积是多少？

解：

由于温度恒定，可应用Boyle定律。利用式（3.46），可得到：

$$V_2 = p_1 V_1/p_2$$

或

$$V_2 = (60 + 14.7) \times 1000/(120 + 14.1) = 554.57\text{ft}^3$$

【例 3.9】 在 75psi（表）的压力和 70℉的温度下，有 1000ft³ 的气体。

（1）如果气体体积保持恒定，气体温度升高到 120℉，最终气体压力是多少？

（2）保持压力 75psi（表）恒定，如果温度升高到 120℉，最终气体体积是多少？

基础压力为 14.7psi。

解：

（1）体积恒定，Charles 定律适用。有：

$$(75 + 14.7)/p_2 = (70 + 460)/(120 + 460)$$

求得 p_2：

$$p_2 = 98.16\text{psi}(\text{绝})\quad 或\quad 88.46\text{psi}(\text{表})$$

（2）压力恒定，可用 Charles 定律。

$$V_1/V_2 = T_1/T_2$$

$$1000/V_2 = (70 + 460)/(120 + 460)$$

解得 V_2：

$$V_2 = 1094.34\text{ft}^3$$

【例 3.10】 一个罐中有 250ft³ 的理想气体，压力为 80psi（表），温度为 110℉。

（1）在 14.73psi（绝）和 60℉的标准条件下，罐中气体为多少体积？假设大气压力为 14.6psi（绝）。

（2）如果温度冷却到 90℉，气体的压力是多少？

解：

（1）应用理想气体方程的式（3.43），可得到：

$$p_1 V_1/T_1 = p_2 V_2/T_2$$

$$p_1 = 80 + 14.6 = 94.6\text{psi}(\text{绝})$$

$$V_1 = 250\text{ft}^3$$

$$T_1 = 110 + 460 = 570°\text{R}$$

$$p_2 = 14.73$$

$$T_2 = 60 + 460 = 520°\text{R}$$

$$94.6 \times 250/570 = 14.73 \times V_2/520$$

由此求得 V_2：

$$V_2 = 1464.73\text{ft}^3$$

（2）当气体温度冷却到 90℉，最终的条件是：

$$T_2 = 90 + 460 = 550°R$$

p_2 是被计算得出。

初始条件是：

$$V_2 = 250ft^3$$

$$p_1 = 80 + 14.6 = 94.6psi（绝）$$

$$V_1 = 250ft^3$$

$$T_1 = 110 + 460 = 570°R$$

可以看出，气体体积恒定，气体温度从 110℉下降到 90℉。因此，利用 Charles 定律，可如下计算：

$$p_1/p_2 = T_1/T_2$$

$$94.6/p_2 = 570/550$$

$$p_2 = 94.6 × 550/570 = 91.28psi（绝）或91.28 - 14.6 = 76.68psi（表）$$

3.16 实际气体

理想气体方程只适用于气体的压力很低或接近大气压力时。当气体的压力和温度都比较高，理想气体状态方程不能给出准确的计算结果。计算误差可能高达 500%。状态方程一般适用于计算温度和压力都较高的气体。

如之前所讨论，在计算真实气体时，需把理想气体定律进行改动再来使用。修正系数即为压缩系数 Z，这也被称为气体偏差系数。Z 是一个小于 1 的无量纲量，与随气体的温度、压力和物理性质的变化而变化。

实际气体状态方程为：

$$pV = ZnRT \tag{3.49}$$

式中　p——绝对压力，psi（绝）；

　　　V——气体体积，ft³；

　　　Z——气体偏差系数或压缩系数；

　　　T——气体绝对温度，°R；

　　　n——气体的物质的量，与式（3.42）中一样；

　　　R——实际气体常数，$R = 10.732psi$（绝）·ft³/（°R·lb·mol）。

3.17 天然气混合物

单一气体的临界温度是指物质由气态变为液态的最高温度。每种物质都有一个特定的温度，在此温度之上，无论怎样增大压强，气态物质都不会液化，这个温度就是临界温度。物质处于临界状态时的压力（压强），就是在临界温度时使气体液化所需要的最小压力。大于此压力，无论温度是多大，液体和气体不能共存。多组分混合物的这些属性被称为拟临界温度和拟临界压力。如果气体混合物的成分是已知的，各组分的拟临界压力和拟临界温度也是知道的，就可以计算出气体混合物的拟临界压力和拟临界温度。

对比温度是用气体温度除以其临界温度。同样，对比压力是用气体压力除以其临界压力，其中，温度和压力用绝对单位。类似于拟临界温度和拟临界压力，对混合气体可以计算其拟对比温度和拟对比压力。

【例 3.11】计算混合物的拟临界温度拟临界压力，混合物由 85% 的甲烷、10% 的乙烷和 5% 的丙烷组成。

混合气体中 C_1，C_2 和 C_3 气体的临界性质见表 3.10。

表 3.10　例 3.11 混合气体临界性质

组分	临界温度，°R	临界压力，psi（绝）
C_1	343	666
C_2	550	707
C_3	666	617

为简单起见，部分数字四舍五入。

解：

从给定组分的摩尔分数，使用 Kay's 规则来计算混合物的平均拟临界温度和拟临界压力。

$$T_{pc} = \sum y T_c \tag{3.50}$$

$$p_{pc} = \sum y p_c \tag{3.51}$$

式中　T_c，p_c——纯组分的临界温度和临界压力；

　　　y——组分的摩尔分数。

要计算的 T_{pc} 和 p_{pc} 为混合气体的平均拟临界温度和拟临界压力。

使用给定的摩尔分数和拟临界性质：

$$T_{pc} = 0.85 \times 343 + 0.10 \times 550 + 0.05 \times 666 = 379.85°R$$

$$p_{pc} = 0.85 \times 666 + 0.10 \times 707 + 0.05 \times 617 = 667.65psi（绝）$$

【例 3.12】前面的例中气体温度为 80℉，平均压力为 1000psi（表）。拟对比温度和拟对比压力是多少？此处基础压力为 14.7psi（绝）。

解：

$$拟对比温度 T_{pr} = (80 + 460)/379.85 = 1.4216°R$$

$$拟对比压力 p_{pr} = (1000 + 14.7)/667.65 = 1.5198psi（绝）$$

3.18　气体相对密度的拟临界性质

如果气体组分没有给定，可利用气体相对密度来计算混合物的拟临界温度和拟临界压力的大概值。如下：

$$T_{pc} = 170.491 + 307.344G \qquad (3.52)$$

$$p_{pc} = 709.604 - 58.718G \qquad (3.53)$$

式中　G——气体相对密度（空气为 1.00）；

　　　T_{pc}——拟临界温度；

　　　p_{pc}——气拟临界压力。

【例 3.13】 计算天然气混合物的气体相对密度，混合物由 85% 的甲烷、10% 的乙烷和 5% 的丙烷组成。利用气体相对密度，计算拟天然气混合物的拟临界温度和拟临界压力。

解：

用气体混合物分子相对密度的 Kay's 规则和式（3.39），有：

气体相对密度 $G = (0.85 \times 16.04 + 0.10 \times 30.07 + 0.05 \times 44.10)/29.0$

$$G = 0.6499$$

利用式（3.51）和式（3.52）得到拟临界性质：

$$T_{pc} = 170.491 + 307.344 \times 0.6499 = 370.22°R$$

$$p_{pc} = 709.604 - 58.718 \times 0.6499 = 671.44 \text{psi(绝)}$$

把这些计算值与前一个例中更准确的结果相比，可看出 T_{pc} 偏离 2.5%，p_{pc} 偏离 0.6%。这样的误差值在大多数天然气管道运输的工程计算中是可以接受的。

3.19 酸气和非烃组分的调整因子

卡茨图中的压缩系数只能应用在下面的情况下：混合物中含有 0 ~ 50% 体积的非烃组分。在含有 CO_2 和 H_2S 的酸气中必须做出调整。拟临界温度和拟临界压力的调整如下。

首先调整因子 ε 是基于 CO_2 和 H_2S 的酸性气体浓度计算的，如

$$\varepsilon = 120(A^{0.9} - A^{1.6}) + 15(B^{0.5} - B^{4.0}) \qquad (3.54)$$

式中　A——CO_2 和 H_2S 的摩尔分数之和；

　　　B——H_2S 摩尔分数。

调整因子 ε 的单位是 °R。然后可把这个调整因子应用到拟临界温度来得出调整后拟临界温度 T'_{pc}，如下：

$$T'_{pc} = T_{pc} - \varepsilon \qquad (3.55)$$

同样，调整拟临界压力 p'_{pc} 为：

$$p'_{pc} = \frac{p_{pc} T'_{pc}}{T_{pc} + B(1 - B)\varepsilon} \qquad (3.56)$$

3.20 压缩系数

压缩系数（天然气偏差系数）的概念已在本章前面的内容做了介绍。它表示实际气体

偏离理想气体的程度。压缩系数 Z 是一个无量纲量，它的值接近 1.00。它与气体的多少无关，取决于气体的相对密度、温度和压力。例如，一定量的天然气在 1000psi（绝）和 70℉ 时 Z 值为 0.8595。借用图版可显示出 Z 随温度和压力的变化情况。

一个相关的术语叫超压缩系数 F_{pv}，定义如下：

$$F_{pv} = 1/Z^{1/2} \tag{3.57}$$

或

$$Z = 1/F_{pv}^2 \tag{3.58}$$

这里有几种方法可以计算在温度 T 和压力 p 下的 Z 值。第一种方法需要了解混合气体的临界温度和临界压力的知识。对比温度和对比压力可通过临界温度和临界压力来计算：

$$对比温度 \; T_r = T/T_c \tag{3.59}$$

$$对比压力 \; p_r = p/p_c \tag{3.60}$$

上述方程中的温度和压力都采用绝对单位。

压缩系数 Z 的值使用下面的方法计算：

（1）卡茨图法；

（2）Hall – Yarborough 方法；

（3）Dranchuk，Purvis，Robinson 方法；

（4）AGA（美国天然气协会）方法；

（5）CNGA（加利福尼亚天然气协会）方法。

3.20.1　卡茨图法

这种方法需要使用一个基于二元混合物和饱和烃蒸气数据的图表，此方法对于甜气组分来说是非常准确的。对于含有 H_2S 和 CO_2 的天然气，需利用前面讨论的调整因子 ε。参见图 3.5 天然气压缩系数卡茨图。

3.20.2　Hall – Yarborough 方法

该方法利用由 Starling Carnahan 提出的状态方程求解，且要求了解气体拟临界温度和拟临界压力的知识。在给定温度和压力的条件下，首先计算拟对比温度和拟对比压力。参数对比密度 y 由以下公式计算：

$$- 0.06125p_{pr}te^{-1.2(1-t)^2} + \frac{y + y^2 + y^3 - y^4}{(1-y)^3} - Ay^2 + By^{(2.18+2.82t)} = 0 \tag{3.61}$$

式中 A 和 B 的定义如下：

$$A = (14.76t - 9.76t^2 + 4.58t^3)$$

$$B = (90.7t - 242.2t^2 + 42.4t^3)$$

其中

$$t = 1/T_{pr}$$

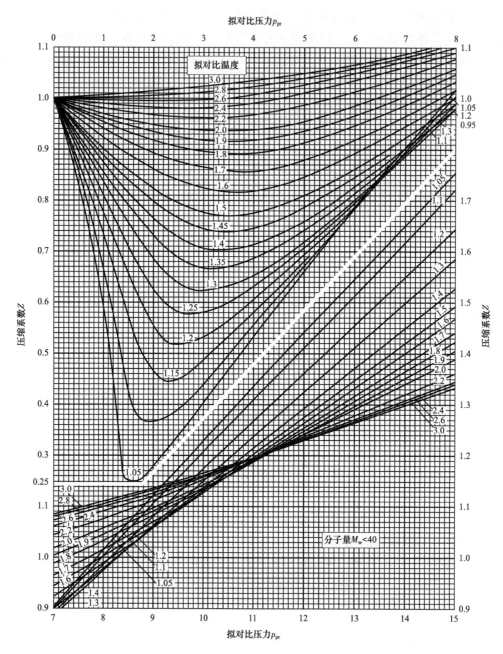

图 3.5 天然气压缩系数卡茨图

式中　p_{pr}——拟对比压力；

　　　T_{pr}——拟对比温度；

　　　y——对比密度。

　　y 并不能直接计算出来，需要进行试错。一旦 y 计算出来，压缩系数 Z 可从以下公式中算出：

$$Z = \frac{-0.06125 p_{pr} t e^{-1.2(1-t)^2}}{y} \tag{3.62}$$

3.20.3　Dranchuk, Purvis, Robinson 方法

此方法中, 用 BWR 状态方程关联压缩系数卡茨图。式 (3.63) 中有 8 个系数 (例如 A_1, A_2):

$$Z = 1 + \left(A_1 + \frac{A_2}{T_{pr}} + \frac{A_3}{T_{pr}^3} \right) \rho_r + \left(A_4 + \frac{A_5}{T_{pr}} \right) \rho_r^2 + \frac{A_5 A_6 \rho_r^5}{T_{pr}} +$$

$$\frac{A_7 \rho_r^3}{T_{pr}^3 (1 + A_8 \rho_r^2) \exp(-A_8 \rho_r^2)} \tag{3.63}$$

给出 p_r 和常数 $A_1 \sim A_8$ 如下:

$$p_r = 0.27 p_{pr} / (Z T_{pr}) \tag{3.64}$$

$$A_1 = 0.31506237, A_2 = 1.04670990$$

$$A_3 = 0.57832729, A_4 = 0.53530771$$

$$A_5 = 0.61232032, A_6 = 0.10488813$$

$$A_7 = 0.68157001, A_8 = 0.68446549$$

3.20.4　AGA 方法

AGA 方法计算压缩系数 Z 是利用气体性质来计算, 是一种复杂的数学方法。计算 Z 时需要编写一个计算机程序。

其内容如下:

$$Z = 函数(气体性质, 压力, 温度) \tag{3.65}$$

在 AGA - IGT 第 10 个报告中概述了 AGA 计算方法。这种关系在温度为 30 ~ 120℉ 、压力大于 1380psi (表) 时有效。计算出的结果是非常准确的, 在这个范围内的温度和压力的结果与图表法的计算结果相差 0.03%。在更高的温度和压力下, AGA 法和图表法之间的差异可高达 0.07%。

对于其他压缩系数计算方法详见美国天然气协会发布的第 8 号报告 (第二版, 1992 年 11 月)。

3.20.5　CNGA 方法

此方法又称为加利福尼亚或加拿大天然气协会 (CNGA) 方法。它利用给定的气体相对密度、温度和压力来计算压缩系数, 方程如下:

$$Z = 1 / \left[1 + \left(p_{avg} 344400 \times 10^{1.785G} \right) / T_f^{3.825} \right]^2 \tag{3.66}$$

此公式对于平均气体压力 $p_{avg} > 100$psi (绝) 时有效。

当 $p_{avg} \leqslant 100$ 时, 可假设 $Z = 1.00$。

式中 p_{avg}——平均气体压力；

      T_f——平均气体温度，°R；

      G——气体相对密度（空气为1.00）。

在气体流经管线时，由于压力沿管线变化，压缩系数 Z 必须按管线上的一个特定位置的平均压力来计算。如果管线中两个位置的压力分别为 p_1 和 p_2，可以用它们的平均压力 $(p_1 + p_2)/2$ 来算。

然而，下面的公式可以得到更精确的平均压力值：

$$p_{avg} = \frac{2}{3}\left(p_1 + p_2 - \frac{p_1 p_2}{p_1 + p_2}\right) \tag{3.67}$$

【例3.14】 在80℉的温度和100psi（表）压力下，使用卡茨图法和已经计算出的 T_{pc} 和 p_{pc} 的值，计算前面例中气体的压缩系数 Z。

解：

从前面的例中，得到：

拟对比温度 $T_{pr} = 1.4216$°R

拟对比压力 $p_{pr} = 1.5198$psi（绝）

使用卡茨图法，在图3.5中，读取 Z 的值为：

$$Z = 0.83$$

【例3.15】 某天然气样品的组分见表3.11。

表3.11 例3.15中天然气样品组分表

组分	摩尔分数 y	组分	摩尔分数 y
C_1	0.780	N_2	0.013
C_2	0.005	CO_2	0.016
C_3	0.002	H_2S	0.184

（1）计算气体的分子量、相对密度、拟临界温度和拟临界压力。

（2）确定在100℉温度和1000psia压力下的气体压缩系数。

解：

根据碳氢化合物性质，创建表3.12，显示各气体组分的分子量 M、临界温度 T_c 和临界压力 p_c，在前面所讨论的式（3.49）和式（3.50）的基础上使用 Kay's 规则，计算混合物的分子量和拟临界温度、拟临界压力。

表3.12 例3.15中各气体组分参数

组分	y	M	yM	T_c	p_c	yT_c	yp_c
C_1	0.780	16.04	12.5112	343	666	267.54	519.48
C_2	0.005	30.07	0.1504	550	707	2.75	3.54
C_3	0.002	44.10	0.0882	666	617	1.33	1.23

续表

组分	y	M	yM	T_c	p_c	yT_c	yp_c
N_2	0. 013	28. 01	0. 3641	227	493	2. 95	6. 41
CO_2	0. 016	44. 01	0. 7042	548	1071	8. 77	17. 14
H_2S	0. 184	34. 08	6. 2707	672	1306	123. 65	240. 30
总计	1. 000		20. 0888			406. 99	788. 10

因此，该天然气样品的分子量：

$$M_w = \sum yM = 20.09$$

气体的相对密度：

$$G = M_w/29.0 = 20.09/29.0 = 0.6928$$

同时：

$$拟临界温度\ T_{pc} = \sum yT_c = 406.99°R$$

$$拟临界压力\ p_{pc} = \sum yp_c = 788.1psi(绝)$$

由于这是含有 5% 以上的非烃类酸体，必须调整其拟临界温度和拟临界压力。温度调节因子 ε 计算方程式 (3.54) 为：

$$A = (0.016 + 0.184) = 0.20, B = 0.184$$

因此

$$\varepsilon = 120(0.2^{0.9} - 0.2^{1.6}) + 15(0.184^{0.5} - 0.184^{4.0}) = 25.47°R$$

调整后的拟临界温度和拟临界压力为：

$$T_c = 406.99 - 25.47 = 381.52°R$$

$$p'_{pc} = \frac{788.1 \times 381.52}{406.99 + 0.184 \times (1 - 0.184) \times 25.47} = 731.90pis(绝)$$

现在可利用拟对比温度和拟对比压力，计算在 100℉ 和 1000psi（绝）压力下的压缩系数 Z，如下：

$$拟对比温度\ T_{pr} = (100 + 460)/381.52 = 1.468$$

$$拟对比压力\ p_{pr} = 1000/731.9 = 1.366$$

利用卡茨图，查拟对比温度和拟对比压力，得到：

$$Z = 0.855$$

【例 3.16】某天然气样品的天然气相对密度为 0.65。计算该在 1000psi（绝）的压力和 80℉ 温度下的气体的压缩系数，使用 CNGA 法。基础温度为 60℉。

解：

$$气体温度\ T_f = 80 + 460 = 540°R$$

用式（3.66），简化一下，给出压缩系数 Z：

$$\frac{1}{\sqrt{Z}} = 1 + \frac{1000 \times 344400 \times 10^{1.785 \times 0.65}}{540^{3.825}} = 1.1762$$

求解 Z，得：

$$Z = 0.7228$$

3.21 热值

气体的热值是用来表示每单位体积气体燃烧所释放的热能的量度。天然气的热值范围为 $900 \sim 1000 Btu/ft^3$。较低和较高的热值常用于实践。气体混合物的总热值可使用下面的公式来计算。

$$H_m = \sum (yH) \tag{3.68}$$

式中　y——每个组分气体热值 H 的百分比。

计算混合气体的性质。

气体混合物的相对密度和黏度可以由以下气体组分值来计算：

气体混合物的相对密度按照每个组分气体及其分子量的百分比计算。

如果混合气由 3 部分组成，各组分的分子量分别为 M_1，M_2 和 M_3，百分比分别为 pct_1，pct_2 和 pct_3。

该混合物的表观分子量为：

$$M_m = (pct_1 M_1 + pct_2 M_2 + pct_3 M_3)/100$$

或

$$M_m = \sum (yM)/100 \tag{3.69}$$

式中　y——各组分气体的百分比；

　　M——各组分气体分子量。

气体混合物的相对密度 G_m（相对于空气）是：

$$G_m = M_m/28.9625 \tag{3.70}$$

【例3.17】某天然气的混合物由85%的甲烷、10%的乙烷和5%的丁烷组成。假设气体的 3 个组分的分子量分别为 16.043，30.070 和 44.097，计算该天然气混合物的相对密度。空气的分子量为 28.9625。

解：

根据混合物中各个组分的百分比，得到的混合物的分子量为：

$$0.85 \times 16.043 + 0.10 \times 30.070 + 0.05 \times 44.097 = 18.8484$$

气体相对密度 G = 气体分子量／空气的分子量 = 18.8484/28.9625 = 0.6508

在规定的压力和温度下，可以计算出气体的混合物的黏度。如果混合物中各气体组分的黏度是已知的，下面的公式可用于计算气体混合物的黏度：

$$\mu = \frac{\sum '(\mu_i y_i \sqrt{M_i})}{\sum (y_i \sqrt{M_i})} \tag{3.71}$$

式中　y_i——气体中各组分的摩尔分数；

M_i——各组分的分子量；

μ_i——各组分的黏度。

该混合物的黏度用 μ_m 表示。在标准大气压下，常用气体的黏度如图 3.4 所示。

【例 3.18】某气体混合物各组分 C_1，C_2，C_3 和 C_4 的百分比见表 3.13。

表 3.13　例 3.18 中某气体混合物组分百分比

组分	y	组分	y
C_1	0.8500	nC_4	0.0200
C_2	0.0900	共计	1.000
C_3	0.0400		

确定气体混合物的黏度。

解：

根据题意，有：

组分	y	M	$M^{1/2}$	$yM^{1/2}$	μ	$\mu yM^{1/2}$
C_1	0.8500	16.04	4.00	3.4042	0.0130	0.0443
C_2	0.0900	30.07	5.48	0.4935	0.0112	0.0055
C_3	0.0400	44.10	6.64	0.2656	0.0098	0.0026
nC_4	0.0200	58.12	7.62	0.1525	0.0091	0.0014
总计	1.000			4.3159		0.0538

气体混合物的黏度的计算方法如下：

气体混合物的黏度 μ_m = 0.0538/4.3158 = 0.0125

3.22　本章小结

本章讨论了决定管线中流体流动特性的重要的流动特征，解释了流体的相对密度和黏度，以及在不同温度下流体混合物特性的计算方法。还介绍了流体流动的基本概念以及连续性方程和伯努利能量方程。

3.23　问题

（1）计算体积 5.9ft^3，重 312lb 的液体的相对密度，假设水的相对密度为 62.4lb/ft^3。

（2）液体在 60 ℉ 中和 100 ℉ 中的相对密度分别为 0. 895 和 0. 815，求出 85 ℉ 时液体的相对密度，假设重力和温度之间存在线性关系。

（3）成品油的 API 重度为 59° API，计算在 60 ℉ 下成品油相应的相对密度。

（4）某种液体在 70 ℉ 的黏度为 45cSt，用 SSU 单位表示这种黏度。假设该液体在 70 ℉ 时的相对密度为 0. 885，计算其动力黏度。

（5）原油在 60 ℉ 和 100 ℉ 下的黏度分别为 40cSt 和 15cSt，采用 ASTM 的相关方法，计算在 80 ℉ 时该原油的黏度。

（6）两种液体混合形成均匀的混合物。液体 A 在 70 ℉ 时的相对密度为 0. 815 ，黏度为 15cSt，在相同温度下，液体 B 的相对密度为 0. 85，黏度为 25cSt。如果 20% 液体 A 与 80% 液体 B 混合，计算该混合物的相对密度和黏度。

（7）利用混合物黏度图表，计算两种液体混合黏度如下：

产品	百分比,%	黏度，SSU
液体 A	15	50
液体 B	85	200

（8）如果黏度为 40SSU 的液体 A 和黏度为 150SSU 的液体 B 混合，每种液体要各按多少百分比混合，才能得到黏度 46SSU 的混合物？

（9）在图 3.3 中，管线直径为 20in，水的相对密度为 1. 00。A 点位于海拔 100ft，B 点位于海拔 200ft，A 点的压力为 500psi，B 点的压力为 400psi。水的相对密度是 62. 34lb/ft^3，写出 A 点和 B 点之间的伯努利方程。

第4章 管线应力设计

本章中，要讨论输送管线受内压强度的能力。也将涉及管线水压试验和各种安全系数随气、液管线设计规范的影响。管线输送液体或气体时，需要将压力添加在管线的起始端以及沿程的泵站或压缩机站。管线内部的压力导致管线的周向应力（或环向应力）、轴向应力以及径向应力。因此，正常运行过程中必须选择合适材质的管材和足够的管壁厚度来承受管线的压力。另外，在选择管线壁厚时不得不考虑埋地管线所受的外部载荷和因此造成的额外压力。

本章将讨论用于制造管线的不同材料、适用的标准和规范、管线以及基于一定制管材料和壁厚的管线内部压力的计算方法。

首先，对于特定的内部压力，所需的最小壁厚将根据设计和施工规范，按照不同的管径和管线材料的屈服强度来计算。该方法采用内部压力的巴罗（Barlow）方程。

其次，需要对管线建立水压试验压力管线，使管线可以在内部设计压力下安全地运行。

4.1 所允许的操作压力和水压试验压力

通过管线输送液体或气体时，流体必须有足够的压力来弥补由于摩擦和高程变化所引起的压力损失。

长输管线在高流速下需要更高的操作压力，即摩擦压降和使物料从管线起点到终端输送的更高的内部压力。

在重力流系统中，从海拔较高的储罐下降到海拔较低的终点站，无须额外的泵送压力。在重力流系统中，即使没有外部的压力泵管线，管线仍然会受到内部压力的作用，因为管线的两端之间存在静态高程差。

管线所允许的内部操作压力被定义为管线运行过程中不引起破裂的最大安全持续压力。

这经常被称为最大允许工作压力（MAOP）。

在这样的内部压力下，管线材料承受到低于材料屈服强度的应力。

如前所述，内部承压管线受到以下 3 个不同方向的材料应力：

（1）周向（或环向）应力；

（2）纵向（或轴向）应力；

（3）径向应力。

最后讲述厚壁管的重要性。因为大多数管线都是薄壁，径向应力经常被忽略，因此，输送管线两个重要的应力分别为管线环向应力 S_h 和轴向应力 S_a，如图 4.1 所示。

S_a 被简要地表示为 $S_h/2$。

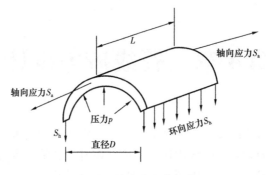

图 4.1　管线应力分析图

因此，环向应力是控制应力，用来确定管线内部所能承受压力的大小。

输液管线的环向应力可以达到管线材料屈服强度的 72%。

如管线材料的屈服强度为 70000psi，则由于内部压力而可能受到的最大环向应力为：

$$0.72 \times 70000 = 50400\text{psi}$$

为了保证管线可以在最大允许工作压力下安全操作，管线必须在投产之前进行最高内压测试。通常用水来完成该试验，称为水压试验。管线被分为试验段并且都充满水。

每个测试段都需要达到所需的水压试验压力并保持一个特定时间如 8h，管线均应接受泄漏检查。

管线的水压试验压力需要高于管线的最大允许工作压力（MAOP）。

一般来说，管线需要一定时间的测试，如 4h（地上管线）或 8h（地下管线），并且需要满足管线设计规范或由市、县、州或联邦政府规定的要求。

在美国，美国运输部（DOT）的联邦法规第 192 节适用于天然气管线；而液体输送管线对应第 195 节的规范。通常，水压试验压力必须达到最大允许工作压力的 125%。

因此，如果最大允许工作压力是 1440psi（表），管线水压试验压力至少达到 1.25 × 1440 = 1800psi（表）。

由于最大允许工作压力是基于管线环向压力等于屈服强度的 72%，因此在水压试验中 S_h 将达到钢管屈服强度的 1.25 × 72% = 90%。

总之，在正常操作条件下最大允许工作压力使环向应力 S_h 等于指定的输液管线最小屈服强度（SMYS）的 72%。

在水压试验中，S_h 等于最小屈服强度的 90%，其中最小屈服强度代表管材指定的最小屈服强度。

管线的材质需要符合 API 5LX 要求。

常用的管材为（API）5LX42，5LX46，5LX52，5LX60，5LX65，5LX70 和 5LX80。

API 5LX42 中规定 SMYS 为 42000psi，而 API 5LX80 中规定 SMYS 为 80000psi。

基于薄壁圆管巴罗方程的管线内部设计压力的计算，将在下一节讨论。

4.2　基于巴罗方程的管线内部设计压力计算

当薄壁圆管受内压时，管材所受环向应力可利用巴罗方程来计算：

$$S_h = \frac{pD}{2t} \tag{4.1}$$

式中　S_h——环向（或周向）应力，psi；

　　　p——内部压力，psi；

　　　D——管外径，in；

　　　t——管壁厚度，in。

在 SI 单位中，该公式同样适用，压力和应力以 kPa 计，直径和厚壁以 mm 计。

除了环向应力外，轴向应力 S_a 表现在轴向方向上，其计算公式为：

$$S_a = \frac{pD}{4t} \tag{4.2}$$

在 SI 单位中，方程同样适用于以上单位。

环向应力 S_h 等于轴向应力 S_a 的 2 倍。因此，要确定一个直径为 D 受到内部压力为 p 管线的最小壁厚，依据环向应力利用式（4.1）计算。

假设管线所需的内部设计压力是 1200psi（表）。

如果管外径为 20in，允许的环向应力为 50400psi（相当于 72% 的 API 5L X70 管），所需的壁厚计算如下：

$$50400 = 1200 \times 20/(2t)$$

$$t = 1200 \times 20/(2 \times 50400) = 0.2381\text{in}$$

因此，最小壁厚为 $t = 0.2381$in 的管线需要承受 1200psi 的内部压力且不超过管线外径为 20in 的管线 50400psi 的环向应力。

在此计算中，使用 50400psi 的环向应力值。对于在一级地区的输液管线和输气管线，最小屈服强度的 72% 是允许的最大环向应力。

如果管线材料为 API 5LX80，允许的环向应力为：

$$S_h = 0.72 \times 80000 = 57600\text{psi}$$

因此，X80 管线所需的最小壁厚为：

$$t = 1200 \times 20/(2 \times 57600) = 0.2083\text{in}$$

管线从 X70 管材换成 X80 管材，需要承受 1200psi 内压，外径为 20in 的管线的壁厚从 0.2381in 减薄至 0.2083in。

下面表示的是减少的百分比：

$$(0.2381 - 0.2083)/0.2381 \times 100\% = 12.52\%$$

如果管线长度为 100mile，这意味着减少的总的钢材用量为：

$$12.52\% \times 10.68 \times (20 - 0.2381) \times 0.2381 \times 5280 \times 100/2000 = 1660.99t$$

如果钢材成本为 1500 美元/t，那么减少成本为：

$$1660.99t \times 1500 \text{ 美元}/t = 249.1 \text{ 万美元}$$

巴罗方程式的推导如下：

一条管线如图 4.1 所示。施加在上部分管上的内部压力引起的破裂力等于压力乘以其投影面积，即：

$$破裂压力 = pDL$$

这个破裂力在上下两部分管道的环向应力 S_h 作用下平衡。因此：

$$(S_h tL) \times 2 = pDL$$

解 S_h，得到：

$$S_h = \frac{pD}{2t}$$

轴向应力 S_a 的计算如下：

轴向应力 S_a 与管线截面面积 πDt 的作用，由内部压力与管线内部横截面面积之积所平衡。得到：

$$S_a \times \pi Dt = p \times \pi D^2/4$$

解 S_a，得：

$$S_a = \frac{pD}{4t}$$

在管线设计过程中，设计压力通过修正的巴罗方程计算。

引进了 3 个因素：焊缝系数 E、设计系数 F 和温度折减系数 T。在美国习惯单位体系，管内设计压力计算公式为：

$$p = \frac{2tSEFT}{D} \tag{4.3}$$

式中　p——管线内部设计压力，psi（表）；

　　　D——压力管线公称外径，in；

　　　t——管壁公称厚度，in；

　　　S——管材最小屈服强度值，psi（表）；

　　　E——焊缝系数，对于无缝和埋弧焊接管取值 1.0；

　　　F——设计系数，输液管线通常取值 0.72，除此之外，一般管线取值 0.60，包括离岸平台或内河通航水域平台立管，如管线受到冷扩径然后热处理，满足规定的最小屈服强度时一般取值 0.54，不同于通过焊接或焊接消除应力，在温度高于 900℉（482℃）任何时期或超过 600℉（316℃）超过 1h；

　　　T——温度折减系数，在温度低于 250℉（121℃）时取值为 1，详细情况见表 4.1。

表 4.1　管线穿越位置地区等级及设计系数

管线穿越位置地区等级	设计系数 F	管线穿越位置地区等级	设计系数 F
1	0.72	3	0.50
2	0.60	4	0.40

对于输气管线的设计系数 F，范围从跨境地区输气管线的 0.72 到管线 4 级地区的 0.4。输气管线穿越位置地区等级取决于在管线附近的人口密度，见表 4.1。这种形式的巴罗方程可见于联邦法规法典的第 192 和第 195 节，标题 49，以及分别在输液和输气管线 ASME 标准的 B31.4 和 B31.8 部分。

在 SI 单位中，巴罗方程可写为：

$$p = \frac{2tSEFT}{D} \tag{4.4}$$

4.3　输气管线位置地区等级

下面是美国交通运输部联邦法规的第 192 节所列出的等级 1 到等级 4。

位置等级单元是由 1mile 管线两边 220ft 的空间定义，如图 4.2 所示。

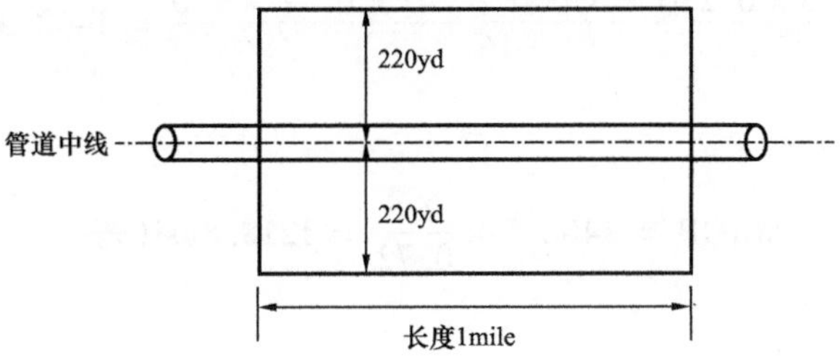

图 4.2　管线位置地区等级单元示意图

4.3.1　1 级地区

海底天然气输气管线通过地区为 1 级地区。陆上管线，有 10 户民居或更少的建筑的任何位置地区等级单元称为 1 级地区。图 4.2 所示为位置地区等级单元示意图，温度折减系数见表 4.2。

表 4.2　温度折减系数

温度		温度折减系数 T
℉	℃	
≤250	≤121	1.000
300	149	0.967
350	177	0.033
400	204	0.900
450	232	0.867

4.3.2　2 级地区

具有 10～46 个独立建筑物的地区为 2 级地区。

4.3.3　3 级地区

有 46 个或更多的供人居住的独立建筑物，或管线在 100yd 范围内的有建筑物、操场、娱乐区、露天剧场或其他公共集会场所，这些场所只要被 20 个或更多的人占据，频率为至少每周 5 天、一年中大于 10 周的时间，这些天和这些周不需要是连续的，这些地区即可算 3 级地区。

4.3.4　4 级地区

这个等级地区有 4 层或更多层的地上建筑物。温度折减系数 T 等于 1，气体温度为 250℉，见表 4.2。

【例 4.1】某天然气管线材质是 API 5LX65 钢，NPS 16 管，壁厚为 0.250in。通过 4 级地区，计算这条管线的最大允许工作压力。使用温度折减系数 1.00。

解：

用式（4.4），该最大允许工作压力是：

1 级地区

$$\mathrm{MAOP} = \frac{2 \times 0.250 \times 65000 \times 1.0 \times 0.72 \times 1.0}{16} = 1462.5\mathrm{psi}（表）$$

2 级地区

$$\mathrm{MAOP} = 1462.5 \times \frac{0.6}{0.72} = 1218.8\mathrm{psi}（表）$$

3 级地区

$$\mathrm{MAOP} = 1462.5 \times \frac{0.5}{0.72} = 1015.62\mathrm{psi}（表）$$

4 级地区

$$\mathrm{MAOP} = 1462.5 \times \frac{0.4}{0.72} = 812.5\mathrm{psi}（表）$$

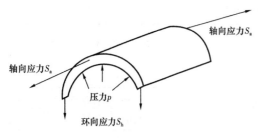

图 4.3　管线的环向应力和轴向应力

总之，巴罗方程基于管材料的环向（周向）应力计算。在压力管线材料中，对管线元件有两个应力分别称为环向应力和轴向（或纵向）应力。如图 4.3 所示，它表明控制应力是环向应力，它是轴向应力的 2 倍。

管材的强度在式（4.1）和式（4.2）中被定义为最小屈服强度，它取决于管线材料和管材等级。在美国，石油和天然气工业用钢管线材料是根据美国石油学会（API）标准 SL 和

SLX 制造的。例如，等级 5LX42，5LX52，5LX60，5LX65，5LX70 和 5LX80 常用的应用管线。5LX 后的数字表示该钢材的最小屈服强度值。因此，5LX52 管具有至少 52000psi 的屈服强度。最低等级的管线使用的材料是 5L B 级，其中有一个最小屈服强度值为 35000psi。此外，无缝钢管 ASTM A106 和 B 级管也可用于输液管线系统。这些管线有 35000psi 的最小屈服强度值。

从巴罗方程式（4.4）中很明显可以发现，对于给定了管线直径、管线材料、焊缝因素的管线，该管线允许内部压力 p 与管壁厚度成正比。例如，16in 直径的管线，壁厚为 0.250in，材质为 5LX52，该管线具有 1170psi 的允许设计内压，计算过程为：

$$p = (2 \times 0.250 \times 52000 \times 1.0 \times 0.72)/16 = 1170psi(表)$$

因此，如果壁厚增加到 0.375in，则允许设计内压力增加到：

$$(0.375/0.250) \times 1170 = 1755psi(表)$$

另外，如果管线材料改为 5LX70，保持壁厚 0.250in 不变，新的允许内部压力为：

$$(70000/52000)1170 = 1575psi(表)$$

注意，使用巴罗公式来计算允许内部压力是基于管材应力为最小屈服强度的 72%。某些情况下，更严格的地区或政府会要求管线在更低的压力下运转。因此，式（4.4）不采用设计系数 0.72，而要采用更为保守的数据，即比 0.72 更低的设计系数。例如，在洛杉矶市的某些区域，输液管线的设计系数只能采用 0.66 ~ 0.72 之间的数值，以保证安全。

因此，前面的例中，5XL 52 材质的 16in 或 25in 的 X52 管线的允许操作压力为 1170psi（表），计算公式为：

$$p = (2 \times 0.250 \times 52000 \times 1.0 \times 0.72)/16 = 1170psi(表)$$

如前所述，要管线在 1170psi（表）的压力下运行，必须在高于 1170psi（表）25% 的压力下进行水压试验。

因为 1170psi（表）的内压是按管线材料应力为最小屈服强度的 72% 来设计计算的，则水压试验压力会导致环向应力达到最小屈服强度的 90%，即：

$$1.25 \times 72 = 90\% \ SMYS$$

通常水压试验的压力会被指定范围，如在 90% ~ 95% 最小屈服强度的压力范围内。这就是所谓的水压试验压力范围。因此，本例中，试验压力范围为：

低限（90% 最小屈服强度）

$$1.25(1170) = 1463psi(表)$$

高限（95% 最小屈服强度）

$$(95/90)1463 = 1544psi(表)$$

总的来说，若一条管线的最大允许操作压力为 1170psi（表），其水压试验的压力范围为 1463 ~ 1544psi（表）。根据设计规定，对于地上管线，测试压力最少要持续 4h，埋地管线最少持续 8h。

计算旧管线的允许内部压力时，必须考虑管线寿命期内由于管线腐蚀造成的壁厚变薄。25 年前敷设的一条管线，壁厚为 0.250in，因为管壁腐蚀，壁厚有可能降低为 0.200in。因此，与原设计压力相比，管线最大允许内压一定随壁厚的变薄而减小。

4.4 管线填充量和填充批次

经常需要了解沿着一条管线的两个点之间的液体体积是多少，比如阀门或泵站之间的液体量。

对于圆管，可通过圆管的横截面面积乘以管线长度来计算一个给定长度的管线内液体的体积。

如果内径为 D，长度为 L 英尺，那么该段管线中含有的液体体积为：

$$V = 0.7854(D^2/144)L \tag{4.5}$$

式中　V——体积，ft^3。

简化一下式（4.5）：

$$V = 5.4542 \times 10^{-3}D^2L \tag{4.6}$$

下面使用管线的常用单位桶/英里（bbl/mile）重述一下该方程。

每英里管线所包含的液体的量亦即管线线填充体积的计算方法为：

$$V_L = 5.129D^2 \tag{4.7}$$

式中　V_L——管线线填充体积，bbl/mile；

　　　D——管内径，in。

在 SI 单位制中，可以这样表示管线线填充体积：

$$V_L = 7.855 \times 10^{-4}D^2 \tag{4.8}$$

式中　V_L——管线线填充体积，m^3/km；

　　　D——管内径，mm。

利用式（4.7），某管线长 100mile，直径为 16in，壁厚为 0.250in，它所具有的线填充体积为：

$$5.129 \times 15.5^2 \times 100 = 123224bbl$$

许多原油和成品油管线为顺序输送模式。多个产品分批次同时由管线输送。例如，5×10^4bbl 产品 C 首先进入管线，其次是 3×10^4bbl 产品 B 和 4×10^4bbl 产品 A 进入管线。

如果管线线填充量为 12×10^4bbl，瞬间采集到的此批次管线的状态如图 4.4 所示。

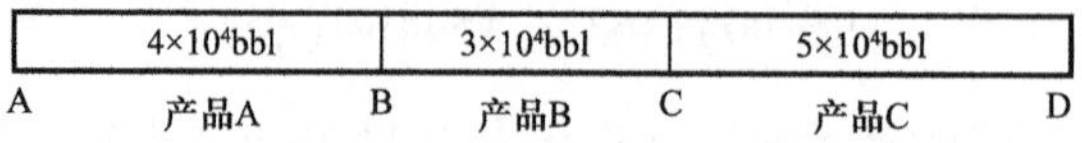

4×10^4bbl	3×10^4bbl	5×10^4bbl
A　　产品A　　B	产品B　　C	产品C　　D

图 4.4　批次管线示意图

【例4.2】一条长 50mile 的管线包括两段：一段的直径为 16in，壁厚为 0.375in，长 20mile；另一段直径为 14in，壁厚为 0.250in，长度为 30mile。计算整个管线的液体总体积。

解：

利用式 (4.7)，得：

16in 管线体积

$$V_{16in} = 5.129 \times 15.25^2 = 1192.81 bbl/mile$$

14in 管线体积

$$V_{14in} = 5.129 \times 13.5^2 = 934.76 bbl/mile$$

总的线填充体积为：

$$20 \times 1192.81 + 30 \times 934.76 = 51899 bbl$$

【例4.3】一条 100km 长的管线，外径为 600mm，壁厚为 25mm。如果 3 种液体：油品 A（3000m³）、油品 B（5000m³）和油品 C 占据了管线，在某一特定时刻，计算混油界面的位置，设管线的起点为 0km 处。

解：

用式 (4.8)，得到管线的线填充量为：

$$V_L = 7.885 \times 10^{-4}(600 - 25)^2 = 216.65 m^3/km$$

第一种油品 A 在 0km 处出发，在 3000/216.65 = 16.86km 处结束。第二种油品 B 从 16.86km 开始算，结束在 16.86 +（5000/177.9754）= 44.95km 处。第三种油品 C 在 44.95km 处开始，结束于 100km 处。

管线总体积为：

$$177.9754 \times 100 = 17798 m^3$$

因此，第三种油品 C 的体积为：

$$17798 - 300 - 5000 = 9798 m^3$$

由此可看出，线填充体积的计算在处理顺序输送管线时非常重要。需要知道每批混油的界面位置，由此可准确计算出每种油品的压降。管线的总压降等于每种油品的压降之和。因为油品不能混合，所以顺序输送管线必须在湍流区运行。

层流流动会产生大量的混油，无法达到每种油品分开输送的目的，这样在管线终点，就无法将不同油品分别输送至不同的单独油罐。

混油界面会出现油品混合物，那么这些"受污染"的液体通常被泵入管线末端的污油罐中，而且会掺混少量的临界位置的油品。

在混油界面产生的混油量取决于混油油品的物性、混油长度以及雷诺数。

用来确定混油量的方法和公式将在随后的章节讨论。

4.5 输气管线管壁厚度

在第 3 章中，计算了在给定了气体体积的基础上气体通过管线所需的压力。管线内的压力使管壁受到应力作用，如果内压达到管线材料的屈服强度可导致管线的永久变形和失效。显然，为保证安全，管线应具有足够的强度来抵抗内压。管线除了由气体流经管线产生的内部压力外，管线也可能受到外部压力。

外部压力可以由埋地管线上面所覆盖的土体的重量产生，或者管线位于道路、公路、铁路的下方，上方的交通车辆可对管线产生压力。管线埋得越深，覆盖在管线上土体的重量越重。地上车辆对地下管线的压力将随管线深度的增加而减小。

因此，管线埋深在 6ft 以下时，管线受到来自车辆的载荷比埋深在 4ft 的管线受到的来自车辆的载荷要小。在大多数情况下，埋地输气管线和其他可压缩性流体，其管线内部压力的影响大于外部压力的影响。因此，所需的最小壁厚将取决于输气管线的内部压力。

抵抗管线内部压力的最小壁厚取决于压力、管线直径和管线材料。管线压力或直径越大，需要越大的壁厚。对于低强度的钢管来说，高强度钢管仅需更小的壁厚即可抵御相同的压力。常用的用来确定管线壁厚的公式是巴罗方程。考虑到设计因素和管接头的类型（无缝、焊接等），该方程已被修改；且该方程已经纳入设计规范中，如 DOT 的第 192 节和 ASME B31.8。请参考第 2 章列出的输气管线的设计、施工、操作的设计规范和标准的清单。

4.6 巴罗方程

当圆管受内压时，管线材料的任何位置点都将受到两个互成直角的应力分量的作用。这两种应力中较大的称为环向应力，其作用方向为沿圆周的方向，因此，也被称为周向应力。另一种应力为纵向应力，也被称为轴向应力，其作用方向为平行于管轴方向。图 4.1 展示了受内压管材的横截面状态。管壁材料上的点在垂直方向有两个应力分别是 S_h 和 S_a。两个应力会随着内部压力的增加而增大。环向应力 S_h 是两个应力中较大的，因此对于一个给定的内部压力，环向应力 S_h 将决定管线所需的最小壁厚。在巴罗方程的基本形式中，管壁的环向应力和内部压力、直径、壁厚的关系为：

$$S_h = \frac{pD}{2t} \tag{4.9}$$

式中　S_h——管线所受的环向应力，psi；

　　　p——管线内部压力，psi；

　　　D——管外径，in；

　　　t——管壁厚度，in。

与式（4.9）类似，轴向应力（或纵向应力）S_a 的公式为：

$$S_a = \frac{pD}{4t} \tag{4.10}$$

注意在这些方程中采用的是管线外径，不像前一章那样采用内径。

例如，一段 NPS 20 管，管壁厚度为 0.500in，管内压力为 1200psi（表）。管壁材料在圆周方向所受的环向应力由式（4.9）计算如下：

$$S_h = \frac{1200 \times 20}{2 \times 0.500} = 24000\text{psi}（表）$$

根据式（4.10），管壁的轴向应力为：

$$S_a = \frac{1200 \times 20}{4 \times 0.500} = 12000\text{psi}（表）$$

巴罗方程只适用于薄壁圆管。大多数输气、输油管线都属于这一类。有些输气、输油管线承受着很高的外部载荷，如海底管线，这些管线是厚壁管。对于这样的厚壁管，其控制方程不同且更为复杂。下面介绍这些公式，仅供参考。

4.7　厚壁管应力计算公式

某管段的外径为 D_o，内径为 D_i，受到的内压为 p。管壁的最大应力的位置在管段圆周方向的内表面上。该应力可用下面的公式计算：

$$S_{max} = \frac{p(D_o^2 + D_i^2)}{D_o^2 - D_i^2} \tag{4.11}$$

管壁厚度：

$$t = \frac{D_o - D_i}{2} \tag{4.12}$$

依据外径和壁厚变形等式（4.3），得：

$$S_{max} = p\frac{D_o^2 + (D_o - 2t)^2}{D_o^2 - (D_o - 2t)^2}$$

进一步简化：

$$S_{max} = \frac{pD_o}{2t}\frac{1 - \frac{t}{D_o} + 2\left(\frac{t}{D_o}\right)^2}{1 + \frac{t}{D_o}} \tag{4.13}$$

在极限情况下，薄壁管的壁厚和直径 D_o 相比非常小。这种情况下（t/D）远远小于 1，因此在式（4.13）中可以忽略。因此，把式（4.13）改为薄壁管的近似方程：

$$S_{max} = \frac{pD_o}{2t}$$

这就是计算环向应力的公式，与巴洛方程式（4.1）相同。

【例 4.4】某输气管线内部压力为 1400psi（表）。外直径为 36in，壁厚为 0.75in。分别计算考虑薄壁管和厚壁管的最大环向应力。假设管线是薄壁管，误差是什么？

解：

$$管内径\ D_i = 362 \times 0.75 = 34.5in$$

由薄壁管公式（4.9）的巴罗方程给出最大环向应力：

$$S_h = 1400 \times 36 = 33600psi(表)$$

由厚壁管公式（4.11）给出最大环向应力：

$$S_{max} = \frac{1400(36^2 + 34.5^2)}{36^2 - 34.5^2} = 32915psi(表)$$

因此，通过假设薄壁管，环向应力被高估了约：

$$\frac{33600 - 32915}{32915} = 0.0208 \quad 或 \quad 2.08\%$$

4.8　巴罗方程的推导

由于巴罗方程是管线受到内压作用的基础公式，有必要理解这个公式的推导过程。

假设有一段长度为 L 的圆管，外径为 D、壁厚为 t，如图 4.1 所示，来观察这个管线的横截面。管段受内压为 p［单位：psi（表）］。管段中，环向应力 S_h 和轴向应力 S_a 互相垂直。

假设管段两个部分，对环向应力方向的平衡力 S_h 来说，作用在两个矩形 Lt 区域，用来平衡作用在投影区域 DL 的内部压力 p。

因此

$$pDL = S_h Lt \times 2 \tag{4.14}$$

求解 S_h，可推导出式（4.1），即：

$$S_h = \frac{pD}{2t}$$

现在看一下纵向的力的平衡。内部压力 p 作用在管段的横截面上，横截面的面积为 $\pi D^2/4$。其平衡力为作用在 πDt 区域的轴向力 S_a。

因此：

$$\frac{\pi}{4}D^2 = S_a \times \pi Dt \tag{4.15}$$

解 S_a，得到式（4.15）的推导公式：

$$S_a = \frac{pD}{4t}$$

从前面的方程可看出，环向应力是轴向应力的 2 倍，因此环向应力是主导应力。

假设外径为 20in 的管段，壁厚为 0.500in，内压为 1000psi（表）。用巴罗方程式（4.9）和式（4.10），可计算出环向应力和轴向应力为：

$$S_h = \frac{1000 \times 20}{2 \times 0.500} = 20000 \text{psi}(表)$$

$$S_a = \frac{1000 \times 20}{4 \times 0.500} = 10000 \text{psi}(表)$$

因此，能够求出在一个给定的内部压力、管径和壁厚的情况下，管线所受的应力水平。如果计算出的数值在管线材料的应力极限范围内，可得出这样的结论：壁厚 0.500in 的 NPS 20 管足以抵抗 1000psi（表）的内部压力。管线的屈服应力表示在这个应力作用下，管线发生屈服或永久变形。因此，必须确保上述应力计算值不能和屈服应力太接近。

很多时候，对于给定的管线内压，需要反向求出管线壁厚。假设一段钢管所受的屈服应力是 52000psi，要求出 NPS 20 管线在承受 1400psi（表）的内部压力时所需的壁厚。如果允许计算值超过屈服应力的 60%，利用式（4.9），可以很容易地计算出所要求的最小壁厚：

$$0.6 \times 52000 = \frac{1400 \times 20}{2t}$$

这里，设每个巴罗方程中的环向应力等于管线材料屈服强度的 60%。
求得管壁厚度：

$$t = 0.4487 \text{in}$$

假设使用离 0.4487in 最近的标准壁厚 0.500in。实际的环向应力可从巴罗方程计算得出：

$$S_h = \frac{1400 \times 20}{2 \times 0.5} = 28000 \text{psi}$$

因此，管线将受到屈服应力的 28000/52000 = 0.54（54%）的应力，低于开始假设的 60%。

巧得很，前面的例子中实际轴向应力为环向应力 14000psi 的一半。

因此，在本例中用巴罗方程计算 NPS 20 管在承受内压力为 1400psi（表）时所需的管壁厚度，管材应力并没有超过其屈服强度的 60%。

此前只是随意选择了管线材料屈服应力的 60% 来计算管壁厚度，并没有使用 100% 的屈服应力来计算，因为这种情况下，管线会在给定的压力下变形，显然不能允许。设计时通常使用小于 1 的设计系数，表示该管线所承受的最大应力不会达到管线的屈服应力。输气管线的设计系数，范围为 0.4 ~ 0.72，意味着管线的环向应力值在管线材料屈服强度的 40% 和 72% 之间。实际比例取决于多种因素，稍后将作讨论。用于计算管壁厚度的屈服应力称为管材的最小屈服强度。因此，上面的例子中，计算管壁厚度时是假设受到的应力为管材最小屈服强度的 60%，取设计系数为 0.6。

4.9 管线材料等级

用于输气管线系统的钢管一般应用的是 API 5L 和 5LX 标准。见表 4.3，管线等级从 X42 到 X80。有时最小屈服强度为 35000psi 的 API 5L B 级管也用于特定管线。

表4.3　管材的屈服强度

管材 API 5LX 等级	比最小屈服强度, psi	管材 API 5LX 等级	比最小屈服强度, psi
X42	42000	X65	65000
X46	46000	X70	70000
X52	52000	X80	80000
X56	56000	X90	90000
X60	60000		

4.10　内部设计压力方程

本章此前内容已阐述了修改后的巴罗方程用于输气管线的设计。下面这种形式的巴罗方程用于石油运输系统的设计规范，对于给定的管线直径、壁厚、管材可计算出管线允许的内部压力。

$$p = \frac{2tSEFT}{D} \tag{4.16}$$

式中　p——管线内部的设计压力，psi（表）；

　　　D——管外径，in；

　　　t——管壁厚度，in；

　　　S——管材的最小屈服强度，psi（表）；

　　　E——焊接接头的系数，无缝和埋弧焊管取1；

　　　F——设计系数，通常跨国天然气管线取0.72，视地区等级的高低和建筑物的类型，最低可取0.4；

　　　T——温度折减系数，温度低于250℉时取1。

和计算压降值一样，采用管外径而不是管内径。

焊缝系数随管材的类型和焊接方式的不同而取不同值，表4.4中给出了最常用的钢管采用标准和管线接头焊接方式分类。

式（4.16）计算的管线内部的设计压力被称为管线的最大允许工作压力（MAOP）。近些年来这个术语逐渐被缩写为最大工作压力（MOP）。本书中，交替使用 MOP 和 MAOP。前面已经说过，设计系数 F 的取值范围为0.4～0.72。表4.1列出了基于地区等级的设计系数取值。反过来，地区等级取决于管线附近的人口密度。

表4.4　管线的焊缝系数表

标准	管线接头焊接方式分类	焊缝系数 E
ASTM A53	无缝	1
	电阻焊	1
	炉圈焊	0.8
	炉窑对接焊	0.6
ASTM A106	无缝	1

标准	管线接头焊接方式分类	焊缝系数 E
ASTM A134	电熔弧焊	0.8
ASTM A135	电阻焊	1
ASTM A139	电熔焊	0.8
ASTM A211	螺旋焊	0.8
ASTM A333	无缝	1
ASTM A333	电焊	1
ASTM A381	双面焊	
	电弧焊	1
ASTM A671	电熔焊	1
ASTM A672	电熔焊	1
ASTM A691	电熔焊	1
API 5L	无缝	1
	电阻焊	1
	电闪光焊	1
	埋弧焊	1
	炉圈焊	0.8
	炉对接焊	0.6
API 5LX	无缝	1
	电阻焊	1
	电闪光焊	1
	埋弧焊	1
API 5LS	电阻焊	1
	埋弧焊	1

4.11　主阀门

主阀门安装在输气管线上，所以管线在水压试验和维护时可分段隔离。阀门还可以在管线结构破裂损伤时隔离管段，从而减少气体损失。

阀门的间距取决于基于地区等级的设计规范，但实际最终取决于管线周围的人口密度。

表 4.5 列出了输气干线阀门之间的最大间距，为 ASME B31.8 中的规定。

表 4.5　基于地区等级的输气干线阀间距表

地区等级	阀间距，mile	地区等级	阀间距，mile
1	20	3	10
2	15	4	5

从表 4.5 中可看出，管线穿越高人口密度的地区，阀门间距越小。这是非常必要的安全设施。阀门可限制因管线破裂而泄漏的气体的量，保护管线附近的居民。主线路阀门必须全开，保证清管器和检测工具通过这些阀门时无任何阻碍。因此，球阀和闸阀采用焊接结构而不是法兰型结构。埋地阀门的操作杆、润滑油注入管线都延伸至地面，以方便操作人员对阀门进行操作和维护。

4.12 水压试验压力

管线要在最大工作压力下工作，在投入使用之前必须进行测试，以确保其结构合理并能承受一定内压。一般情况下，输气管线的水压试验是在测试的管段中灌满水，并用泵将压力打到略高于它的最大允许工作压力，并保持试验压力 48h。试验压力的大小是由设计规范规定的，通常是工作压力的 125%。因此，若管线设计的工作压力为 1000psi（表），则其最小水压试验压力为 1250psi（表）。

某壁厚为 0.375in 由 NPS 24 材料制成的 API 5LX65 管线，温度折减系数取 1.00，可以用式（4.8）计算出此管线的最大工作压力为：

$$p = \frac{2 \times 0.375 \times 65000 \times 1.0 \times 0.72 \times 1.0}{24} = 1462.5\text{psi}(表)$$

该管线的管件和阀门符合 ANSI 600，将该管线的最大工作压力设为 1440psi（表）。

因此，水压试验的压力为：

$$1.25 \times 1440 = 1800\text{psi}(表)$$

如果这是地下管线，那它的测试压力要持续 8h 来彻底检查有无泄漏。地上管线的测试时间为 4h。如果设计系数取 0.72（1 级地区），环向应力可以达到管材最小屈服强度的 72%。

在最大工作压力 125% 的压力下测试该管线，会导致环向应力达到最小屈服强度的 1.25 × 0.72 = 0.90 或 90%。也就是说，该管线受到的应力为屈服强度的 90%。通常情况下，环向应力的一般范围值在最小屈服强度的 90%~95%，由此可算出水压。

因此，上面的例子中，最小和最大水压试验的压力为：

最小

$$1.25 \times 1440 = 1800\text{psi}(表)$$

最大

$$1800 \times (95/90) = 1900\text{psi}(表)$$

从式（4.1）可看出，1800psi（表）的内压将产生的环向应力为：

$$S_h = \frac{1800 \times 24}{2 \times 0.375} = 57600\text{psi}$$

将环向应力除以最小屈服强度，得到试验压力的下限为：

$$\frac{57600}{65000} = 0.89 = 89\% \text{ SMYS}$$

同样，通过比例计算，在最大试验压力1900psi（表）时产生的环向应力为：

$$S_{\text{h}} = \frac{1900 \times 57600}{1800} = \frac{60800}{65000} = 0.94 = 94\% \text{ SMYS}$$

因此，这个例子中，1800～1900psi（表）的压力试验范围，相当于该管线受到89%～94%最小屈服强度的应力作用。

前面的分析中，计算水压试验压力时并没有考虑管线的高程影响。通常一条长输管线可分为几个试验段，每个试验段要考虑管线沿线的海拔，故试验压力不同。下面的例子说明将管线分段进行水压试验的原因。

某长度为50mile的管线，其里程—高程图如图4.5所示。起始点诺瓦克（Norwalk）的高程是300ft，而管线末端莱克伍德（Lakewood）的高程为1200ft。

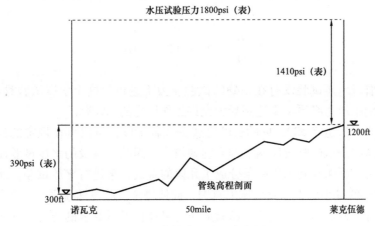

图4.5 某管线里程—高程图

如果整个50mile长的管线一起进行水压试验，则管线两端由高程产生的静压差为：

$$(1200 - 300) \times 0.433 = 389.7\text{psi}(表)$$

其中0.433是转换系数，将高程的单位ft转换为压力的单位psi（表）。

可以看出，管段在低海拔点诺瓦克比管线在高海拔点的莱克伍德多了390psi（表）的压力。

因此，在诺瓦克处用1800psi（表）的水压试验压力把水抽出，则在莱克伍德处相应的水压力为：

$$1800 - 390 = 1410\text{psi}(表)$$

相反，在莱克伍德处用1800psi（表）的水压试验压力把水抽出，则诺瓦克处相应的压力为：

$$1800 + 390 = 2190\text{psi}(\text{表})$$

在起点诺瓦克，2190psi（表）的压力产生的环向应力为：

$$S_\text{h} = \frac{2190 \times 24}{2 \times 0.375} = 70080\text{psi}$$

这相当于

$$\frac{70080}{65000} = 1.08 = 108\% \text{ SMYS}$$

显然，这已经超过了管线材料的屈服强度，因此是不可行的。

另外，在诺瓦克的压力测试为1800psi（表），相应地在莱克伍德的试验压力为1410psi（表）。

尽管管段在低端诺瓦克需要125% MOP的试验压力，管段在海拔较高的莱克伍德只能具有：

$$\frac{1410}{1800} \times 125 = 98\% \text{ MOP}$$

由于整个管线水压试验没有在正确的试验压力下进行，这个水压试验是不被认可的。水压试验的管线中压力必须至少达到最大允许工作压力的125%。

问题的解决方法是将500mile的长的管线分成若干段，每段可在规定的试验压力下分别进行测试。这些测试的管线段两端的高程差较小。因此，每段的水压试验压力都接近所要求的最低压力。图4.6展示了一条分成了几段的管线，来进行水压试验。水压试验压力使用90%~95%的最小屈服强度的压力范围，即使每个试验段两端之间有高差，可以尽可能调整每个部分的试验压力，使水压试验的压力可能接近所要求的压力。在每段的两端如果高程差距太大则不可行，如图4.6所示。

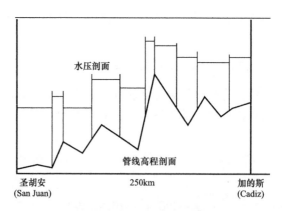

图4.6　管线分段进行水压试验剖面图

表4.6至表4.14列出了各种管径、X42—X90管材的设计压力和水压试验压力。

表 4.6　API 5LX42 管线设计压力及试压数据表

管径 in	壁厚 in	线重 lb/ft	内部设计压力，psi（表）				水力测试压力［SMYS=42000psi（表）］,psi（表）		
			地区等级1	地区等级2	地区等级3	地区等级4	90% SMYS	95% SMYS	100% SMYS
4.5	0.237	10.79	3185	2654	2212	1770	3982	4203	4424
	0.337	14.98	4529	3774	3145	2516	5662	5976	6291
	0.437	18.96	5873	4894	4079	3263	7342	7749	8157
	0.531	22.51	7137	5947	4956	3965	8921	9416	9912
6.625	0.250	17.02	2282	1902	1585	1268	2853	3011	3170
	0.280	18.97	2556	2130	1775	1420	3195	3373	3550
	0.432	28.57	3944	3286	2739	2191	4930	5204	5477
	0.562	36.39	5131	4275	3563	2850	6413	6769	7126
8.625	0.250	22.36	1753	1461	1217	974	2191	2313	2435
	0.277	24.70	1942	1619	1349	1079	2428	2563	2698
	0.322	28.55	2258	1882	1568	1254	2822	2979	3136
	0.406	35.64	2847	2372	1977	1582	3559	3756	3954
10.75	0.250	28.04	1407	1172	977	781	1758	1856	1953
	0.307	34.24	1727	1439	1199	960	2159	2279	2399
	0.365	40.48	2054	1711	1426	1141	2567	2709	2852
	0.500	54.74	2813	2344	1953	1563	3516	3712	3907
12.75	0.250	33.38	1186	988	824	659	1482	1565	1647
	0.330	43.77	1565	1304	1087	870	1957	2065	2174
	0.375	49.56	1779	1482	1235	988	2224	2347	2471
	0.406	53.52	1926	1605	1337	1070	2407	2541	2675
	0.500	65.42	2372	1976	1647	1318	2965	3129	3294
14.00	0.250	36.71	1080	900	750	600	1350	1425	1500
	0.312	45.61	1348	1123	936	749	1685	1778	1872
	0.375	54.57	1620	1350	1125	900	2025	2138	2250
	0.437	63.30	1888	1573	1311	1049	2360	2491	2622
	0.500	72.09	2160	1800	1500	1200	2700	2850	3000
16.00	0.250	42.05	945	788	656	525	1181	1247	1313
	0.312	52.27	1179	983	819	655	1474	1556	1638
	0.375	62.58	1418	1181	984	788	1772	1870	1969
	0.437	72.64	1652	1377	1147	918	2065	2180	2294
	0.500	82.77	1890	1575	1313	1050	2363	2494	2625

续表

管径 in	壁厚 in	线重 lb/ft	内部设计压力，psi（表）				水力测试压力［SMYS=42000psi（表）］,psi（表）		
			地区等级1	地区等级2	地区等级3	地区等级4	90% SMYS	95% SMYS	100% SMYS
18.00	0.250	47.39	840	700	583	467	1050	1108	1167
	0.312	58.94	1048	874	728	582	1310	1383	1456
	0.375	70.59	1260	1050	875	700	1575	1663	1750
	0.437	81.97	1468	1224	1020	816	1835	1937	2039
	0.500	93.45	1680	1400	1167	933	2100	2217	2333
20.00	0.312	65.60	943	786	655	524	1179	1245	1310
	0.375	78.60	1134	945	788	630	1418	1496	1575
	0.437	91.30	1321	1101	918	734	1652	1744	1835
	0.500	104.13	1512	1260	1050	840	1890	1995	2100
	0.562	116.67	1699	1416	1180	944	2124	2242	2360
22.00	0.375	86.61	1031	859	716	573	1289	1360	1432
	0.500	114.81	1375	1145	955	764	1718	1814	1909
	0.625	142.68	1718	1432	1193	955	2148	2267	2386
	0.750	170.21	2062	1718	1432	1145	2577	2720	2864
24.00	0.375	94.62	945	788	656	525	1181	1247	1313
	0.437	109.97	1101	918	765	612	1377	1453	1530
	0.500	125.49	1260	1050	875	700	1575	1663	1750
	0.562	140.68	1416	1180	984	787	1770	1869	1967
	0.625	156.03	1575	1313	1094	875	1969	2078	2188
	0.750	186.23	1890	1575	1313	1050	2363	2494	2625
26.00	0.375	102.63	872	727	606	485	1090	1151	1212
	0.500	136.17	1163	969	808	646	1454	1535	1615
	0.625	169.38	1454	1212	1010	808	1817	1918	2019
	0.750	202.25	1745	1454	1212	969	2181	2302	2423
28.00	0.375	110.64	810	675	563	450	1013	1069	1125
	0.500	146.85	1080	900	750	600	1350	1425	1500
	0.625	182.73	1350	1125	938	750	1688	1781	1875
	0.750	218.27	1620	1350	1125	900	2025	2138	2250

管径 in	壁厚 in	线重 lb/ft	内部设计压力，psi（表）				水力测试压力［SMYS=42000psi（表）］,psi（表）		
			地区等级1	地区等级2	地区等级3	地区等级4	90% SMYS	95% SMYS	100% SMYS
30.00	0.375	118.65	756	630	525	420	945	998	1050
	0.500	157.53	1008	840	700	560	1260	1330	1400
	0.625	196.08	1260	1050	875	700	1575	1663	1750
	0.750	234.29	1512	1260	1050	840	1890	1995	2100
32.00	0.375	126.66	709	591	492	394	886	935	984
	0.500	168.21	945	788	656	525	1181	1247	1313
	0.625	209.43	1181	984	820	656	1477	1559	1641
	0.750	250.31	1418	1181	984	788	1772	1870	1969
34.00	0.375	134.67	667	556	463	371	834	880	926
	0.500	178.89	889	741	618	494	1112	1174	1235
	0.625	222.78	1112	926	772	618	1390	1467	1544
	0.750	266.33	1334	1112	926	741	1668	1760	1853
36.00	0.375	142.68	630	525	438	350	788	831	875
	0.500	189.57	840	700	583	467	1050	1108	1167
	0.625	236.13	1050	875	729	583	1313	1385	1458
	0.750	282.35	1260	1050	875	700	1575	1663	1750
42.00	0.375	166.71	540	450	375	300	675	713	750
	0.500	221.61	720	600	500	400	900	950	1000
	0.625	276.18	900	750	625	500	1125	1188	1250
	0.750	330.41	1080	900	750	600	1350	1425	1500
	1.000	437.88	1440	1200	1000	800	1800	1900	2000

表 4.7　API 5LX46 管线设计压力及试压数据表

管径 in	壁厚 in	线重 lb/ft	内部设计压力，psi（表）				水力测试压力［SMYS=46000psi（表）］,psi（表）		
			地区等级1	地区等级2	地区等级3	地区等级4	90% SMYS	95% SMYS	100% SMYS
4.5	0.237	10.79	3489	2907	2423	1938	4361	4603	4845
	0.337	14.98	4961	4134	3445	2756	6201	6545	6890
	0.437	18.96	6433	5361	4467	3574	8041	8488	8934
	0.531	22.51	7816	6514	5428	4342	9770	10313	10856

管径 in	壁厚 in	线重 lb/ft	内部设计压力，psi（表）				水力测试压力［SMYS =46000psi（表）］,psi（表）		
			地区等级 1	地区等级 2	地区等级 3	地区等级 4	90% SMYS	95% SMYS	100% SMYS
6.625	0.250	17.02	2500	2083	1736	1389	3125	3298	3472
	0.280	18.97	2800	2333	1944	1555	3499	3694	3888
	0.432	28.57	4319	3599	3000	2400	5399	5699	5999
	0.562	36.39	5619	4683	3902	3122	7024	7414	7804
8.625	0.250	22.36	1920	1600	1333	1067	2400	2533	2667
	0.277	24.70	2127	1773	1477	1182	2659	2807	2955
	0.322	28.55	2473	2061	1717	1374	3091	3263	3435
	0.406	35.64	3118	2598	2165	1732	3898	4114	4331
10.75	0.250	28.04	1540	1284	1070	856	1926	2033	2140
	0.307	34.24	1892	1576	1314	1051	2365	2496	2627
	0.365	40.48	2249	1874	1562	1249	2811	2968	3124
	0.500	54.74	3081	2567	2140	1712	3851	4065	4279
12.75	0.250	33.38	1299	1082	902	722	1624	1714	1804
	0.330	43.77	1714	1429	1191	952	2143	2262	2381
	0.375	49.56	1948	1624	1353	1082	2435	2571	2706
	0.406	53.52	2109	1758	1465	1172	2637	2783	2930
	0.500	65.42	2598	2165	1804	1443	3247	3427	3608
14.00	0.250	36.71	1183	986	821	657	1479	1561	1643
	0.312	45.61	1476	1230	1025	820	1845	1948	2050
	0.375	54.57	1774	1479	1232	986	2218	2341	2464
	0.437	63.30	2068	1723	1436	1149	2585	2728	2872
	0.500	72.09	2366	1971	1643	1314	2957	3121	3286
16.00	0.250	42.05	1035	863	719	575	1294	1366	1438
	0.312	52.27	1292	1076	897	718	1615	1704	1794
	0.375	62.58	1553	1294	1078	863	1941	2048	2156
	0.437	72.64	1809	1508	1256	1005	2261	2387	2513
	0.500	82.77	2070	1725	1438	1150	2588	2731	2875
18.00	0.250	47.39	920	767	639	511	1150	1214	1278
	0.312	58.94	1148	957	797	638	1435	1515	1595
	0.375	70.59	1380	1150	958	767	1725	1821	1917
	0.437	81.97	1608	1340	1117	893	2010	2122	2234
	0.500	93.45	1840	1533	1278	1022	2300	2428	2556

续表

管径 in	壁厚 in	线重 lb/ft	内部设计压力，psi（表）				水力测试压力［SMYS = 46000psi（表）］,psi（表）		
			地区等级 1	地区等级 2	地区等级 3	地区等级 4	90% SMYS	95% SMYS	100% SMYS
20.00	0.312	65.60	1033	861	718	574	1292	1363	1435
	0.375	78.60	1242	1035	863	690	1553	1639	1725
	0.437	91.30	1447	1206	1005	804	1809	1910	2010
	0.500	104.13	1656	1380	1150	920	2070	2185	2300
	0.562	116.67	1861	1551	1293	1034	2327	2456	2585
22.00	0.375	86.61	1129	941	784	627	1411	1490	1568
	0.500	114.81	1505	1255	1045	836	1882	1986	2091
	0.625	142.68	1882	1568	1307	1045	2352	2483	2614
	0.750	170.21	2258	1882	1568	1255	2823	2980	3136
24.00	0.375	94.62	1035	863	719	575	1294	1366	1438
	0.437	109.97	1206	1005	838	670	1508	1591	1675
	0.500	125.49	1380	1150	958	767	1725	1821	1917
	0.562	140.68	1551	1293	1077	862	1939	2047	2154
	0.625	156.03	1725	1438	1198	958	2156	2276	2396
	0.750	186.23	2070	1725	1438	1150	2588	2731	2875
26.00	0.375	102.63	955	796	663	531	1194	1261	1327
	0.500	136.17	1274	1062	885	708	1592	1681	1769
	0.625	169.38	1592	1327	1106	885	1990	2101	2212
	0.750	202.25	1911	1592	1327	1062	2388	2521	2654
28.00	0.375	110.64	887	739	616	493	1109	1171	1232
	0.500	146.85	1183	986	821	657	1479	1561	1643
	0.625	182.73	1479	1232	1027	821	1848	1951	2054
	0.750	218.27	1774	1479	1232	986	2218	2341	2464
30.00	0.375	118.65	828	690	575	460	1035	1093	1150
	0.500	157.53	1104	920	767	613	1380	1457	1533
	0.625	196.08	1380	1150	958	767	1725	1821	1917
	0.750	234.29	1656	1380	1150	920	2070	2185	2300
32.00	0.375	126.66	776	647	539	431	970	1024	1078
	0.500	168.21	1035	863	719	575	1294	1366	1438
	0.625	209.43	1294	1078	898	719	1617	1707	1797
	0.750	250.31	1553	1294	1078	863	1941	2048	2156
34.00	0.375	134.67	731	609	507	406	913	964	1015
	0.500	178.89	974	812	676	541	1218	1285	1353
	0.625	222.78	1218	1015	846	676	1522	1607	1691
	0.750	266.33	1461	1218	1015	812	1826	1928	2029

管径 in	壁厚 in	线重 lb/ft	内部设计压力，psi（表）				水力测试压力［SMYS =46000psi（表）］,psi（表）		
			地区等级1	地区等级2	地区等级3	地区等级4	90% SMYS	95% SMYS	100% SMYS
36.00	0.375	142.68	690	575	479	383	863	910	958
	0.500	189.57	920	767	639	511	1150	1214	1278
	0.625	236.13	1150	958	799	639	1438	1517	1597
	0.750	282.35	1380	1150	958	767	1725	1821	1917
42.00	0.375	166.71	591	493	411	329	739	780	821
	0.500	221.61	789	657	548	438	986	1040	1095
	0.625	276.18	986	821	685	548	1232	1301	1369
	0.750	330.41	1183	986	821	657	1479	1561	1643
	1.000	437.88	1577	1314	1095	876	1971	2081	2190

表 4.8 API 5LX52 管线设计压力及试压数据表

管径 in	壁厚 in	线重 lb/ft	内部设计压力，psi（表）				水力测试压力［SMYS =52000psi（表）］,psi（表）		
			地区等级1	地区等级2	地区等级3	地区等级4	90% SMYS	95% SMYS	100% SMYS
4.5	0.237	10.79	3944	3286	2739	2191	4930	5203	5477
	0.337	14.98	5608	4673	3894	3115	7010	7399	7788
	0.437	18.96	7272	6060	5050	4040	9090	9595	10100
	0.531	22.51	8836	7363	6136	4909	11045	11658	12272
6.625	0.250	17.02	2826	2355	1962	1570	3532	3728	3925
	0.280	18.97	3165	2637	2198	1758	3956	4176	4395
	0.432	28.57	4883	4069	3391	2713	6103	6443	6782
	0.562	36.39	6352	5293	4411	3529	7940	8381	8822
8.625	0.250	22.36	2170	1809	1507	1206	2713	2864	3014
	0.277	24.70	2405	2004	1670	1336	3006	3173	3340
	0.322	28.55	2796	2330	1941	1553	3494	3689	3883
	0.406	35.64	3525	2937	2448	1958	4406	4651	4896
10.75	0.250	28.04	1741	1451	1209	967	2177	2298	2419
	0.307	34.24	2138	1782	1485	1188	2673	2822	2970
	0.365	40.48	2542	2119	1766	1412	3178	3355	3531
	0.500	54.74	3483	2902	2419	1935	4353	4595	4837
12.75	0.250	33.38	1468	1224	1020	816	1835	1937	2039
	0.330	43.77	1938	1615	1346	1077	2423	2557	2692
	0.375	49.56	2202	1835	1529	1224	2753	2906	3059
	0.406	53.52	2384	1987	1656	1325	2981	3146	3312
	0.500	65.42	2936	2447	2039	1631	3671	3875	4078

管径	壁厚	线重	内部设计压力，psi（表）				水力测试压力［SMYS = 52000psi（表）］,psi（表）		
in	in	lb/ft	地区等级 1	地区等级 2	地区等级 3	地区等级 4	90% SMYS	95% SMYS	100% SMYS
14.00	0.250	36.71	1337	1114	929	743	1671	1764	1857
	0.312	45.61	1669	1391	1159	927	2086	2202	2318
	0.375	54.57	2006	1671	1393	1114	2507	2646	2786
	0.437	63.30	2337	1948	1623	1299	2922	3084	3246
	0.500	72.09	2674	2229	1857	1486	3343	3529	3714
16.00	0.250	42.05	1170	975	813	650	1463	1544	1625
	0.312	52.27	1460	1217	1014	811	1825	1927	2028
	0.375	62.58	1755	1463	1219	975	2194	2316	2438
	0.437	72.64	2045	1704	1420	1136	2556	2698	2841
	0.500	82.77	2340	1950	1625	1300	2925	3088	3250
18.00	0.250	47.39	1040	867	722	578	1300	1372	1444
	0.312	58.94	1298	1082	901	721	1622	1713	1803
	0.375	70.59	1560	1300	1083	867	1950	2058	2167
	0.437	81.97	1818	1515	1262	1010	2272	2399	2525
	0.500	93.45	2080	1733	1444	1156	2600	2744	2889
20.00	0.312	65.60	1168	973	811	649	1460	1541	1622
	0.375	78.60	1404	1170	975	780	1755	1853	1950
	0.437	91.30	1636	1363	1136	909	2045	2159	2272
	0.500	104.13	1872	1560	1300	1040	2340	2470	2600
	0.562	116.67	2104	1753	1461	1169	2630	2776	2922
22.00	0.375	86.61	1276	1064	886	709	1595	1684	1773
	0.500	114.81	1702	1418	1182	945	2127	2245	2364
	0.625	142.68	2127	1773	1477	1182	2659	2807	2955
	0.750	170.21	2553	2127	1773	1418	3191	3368	3545
24.00	0.375	94.62	1170	975	813	650	1463	1544	1625
	0.437	109.97	1363	1136	947	757	1704	1799	1894
	0.500	125.49	1560	1300	1083	867	1950	2058	2167
	0.562	140.68	1753	1461	1218	974	2192	2314	2435
	0.625	156.03	1950	1625	1354	1083	2438	2573	2708
	0.750	186.23	2340	1950	1625	1300	2925	3088	3250

管径 in	壁厚 in	线重 lb/ft	内部设计压力，psi（表）				水力测试压力［SMYS=52000psi（表）］,psi（表）		
			地区等级1	地区等级2	地区等级3	地区等级4	90% SMYS	95% SMYS	100% SMYS
26.00	0.375	102.63	1080	900	750	600	1350	1425	1500
	0.500	136.17	1440	1200	1000	800	1800	1900	2000
	0.625	169.38	1800	1500	1250	1000	2250	2375	2500
	0.750	202.25	2160	1800	1500	1200	2700	2850	3000
28.00	0.375	110.64	1003	836	696	557	1254	1323	1393
	0.500	146.85	1337	1114	929	743	1671	1764	1857
	0.625	182.73	1671	1393	1161	929	2089	2205	2321
	0.750	218.27	2006	1671	1393	1114	2507	2646	2786
30.00	0.375	118.65	936	780	650	520	1170	1235	1300
	0.500	157.53	1248	1040	867	693	1560	1647	1733
	0.625	196.08	1560	1300	1083	867	1950	2058	2167
	0.750	234.29	1872	1560	1300	1040	2340	2470	2600
32.00	0.375	126.66	878	731	609	488	1097	1158	1219
	0.500	168.21	1170	975	813	650	1463	1544	1625
	0.625	209.43	1463	1219	1016	813	1828	1930	2031
	0.750	250.31	1755	1463	1219	975	2194	2316	2438
34.00	0.375	134.67	826	688	574	459	1032	1090	1147
	0.500	178.89	1101	918	765	612	1376	1453	1529
	0.625	222.78	1376	1147	956	765	1721	1816	1912
	0.750	266.33	1652	1376	1147	918	2065	2179	2294
36.00	0.375	142.68	780	650	542	433	975	1029	1083
	0.500	189.57	1040	867	722	578	1300	1372	1444
	0.625	236.13	1300	1083	903	722	1625	1715	1806
	0.750	282.35	1560	1300	1083	867	1950	2058	2167
42.00	0.375	166.71	669	557	464	371	836	882	929
	0.500	221.61	891	743	619	495	1114	1176	1238
	0.625	276.18	1114	929	774	619	1393	1470	1548
	0.750	330.41	1337	1114	929	743	1671	1764	1857
	1.000	437.88	1783	1486	1238	990	2229	2352	2476

表 4.9　API 5LX56 管线设计压力及试压数据表

管径 in	壁厚 in	线重 lb/ft	内部设计压力，psi（表）				水力测试压力［SMYS=56000psi（表）］,psi（表）		
			地区等级 1	地区等级 2	地区等级 3	地区等级 4	90% SMYS	95% SMYS	100% SMYS
4.5	0.237	10.79	4247	3539	2949	2359	5309	5604	5899
	0.337	14.98	6039	5033	4194	3355	7549	7968	8388
	0.437	18.96	7831	6526	5438	4351	9789	10333	10876
	0.531	22.51	9516	7930	6608	5286	11894	12555	13216
6.625	0.250	17.02	3043	2536	2113	1691	3804	4015	4226
	0.280	18.97	3408	2840	2367	1893	4260	4497	4734
	0.432	28.57	5258	4382	3652	2921	6573	6938	7303
	0.562	36.39	6841	5701	4750	3800	8551	9026	9501
8.625	0.250	22.36	2337	1948	1623	1299	2922	3084	3246
	0.277	24.70	2590	2158	1798	1439	3237	3417	3597
	0.322	28.55	3011	2509	2091	1673	3763	3972	4181
	0.406	35.64	3796	3163	2636	2109	4745	5009	5272
10.75	0.250	28.04	1875	1563	1302	1042	2344	2474	2605
	0.307	34.24	2303	1919	1599	1279	2879	3039	3199
	0.365	40.48	2738	2282	1901	1521	3423	3613	3803
	0.500	54.74	3751	3126	2605	2084	4688	4949	5209
12.75	0.250	33.38	1581	1318	1098	878	1976	2086	2196
	0.330	43.77	2087	1739	1449	1160	2609	2754	2899
	0.375	49.56	2372	1976	1647	1318	2965	3129	3294
	0.406	53.52	2568	2140	1783	1427	3210	3388	3566
	0.500	65.42	3162	2635	2196	1757	3953	4173	4392
14.00	0.250	36.71	1440	1200	1000	800	1800	1900	2000
	0.312	45.61	1797	1498	1248	998	2246	2371	2496
	0.375	54.57	2160	1800	1500	1200	2700	2850	3000
	0.437	63.30	2517	2098	1748	1398	3146	3321	3496
	0.500	72.09	2880	2400	2000	1600	3600	3800	4000
16.00	0.250	42.05	1260	1050	875	700	1575	1663	1750
	0.312	52.27	1572	1310	1092	874	1966	2075	2184
	0.375	62.58	1890	1575	1313	1050	2363	2494	2625
	0.437	72.64	2202	1835	1530	1224	2753	2906	3059
	0.500	82.77	2520	2100	1750	1400	3150	3325	3500

管径 in	壁厚 in	线重 lb/ft	内部设计压力，psi（表）				水力测试压力［SMYS＝56000psi（表）］，psi（表）		
			地区等级1	地区等级2	地区等级3	地区等级4	90% SMYS	95% SMYS	100% SMYS
18.00	0.250	47.39	1120	933	778	622	1400	1478	1556
	0.312	58.94	1398	1165	971	777	1747	1844	1941
	0.375	70.59	1680	1400	1167	933	2100	2217	2333
	0.437	81.97	1958	1631	1360	1088	2447	2583	2719
	0.500	93.45	2240	1867	1556	1244	2800	2956	3111
20.00	0.312	65.60	1258	1048	874	699	1572	1660	1747
	0.375	78.60	1512	1260	1050	840	1890	1995	2100
	0.437	91.30	1762	1468	1224	979	2202	2325	2447
	0.500	104.13	2016	1680	1400	1120	2520	2660	2800
	0.562	116.67	2266	1888	1574	1259	2832	2990	3147
22.00	0.375	86.61	1375	1145	955	764	1718	1814	1909
	0.500	114.81	1833	1527	1273	1018	2291	2418	2545
	0.625	142.68	2291	1909	1591	1273	2864	3023	3182
	0.750	170.21	2749	2291	1909	1527	3436	3627	3818
24.00	0.375	94.62	1260	1050	875	700	1575	1663	1750
	0.437	109.97	1468	1224	1020	816	1835	1937	2039
	0.500	125.49	1680	1400	1167	933	2100	2217	2333
	0.562	140.68	1888	1574	1311	1049	2360	2492	2623
	0.625	156.03	2100	1750	1458	1167	2625	2771	2917
	0.750	186.23	2520	2100	1750	1400	3150	3325	3500
26.00	0.375	102.63	1163	969	808	646	1454	1535	1615
	0.500	136.17	1551	1292	1077	862	1938	2046	2154
	0.625	169.38	1938	1615	1346	1077	2423	2558	2692
	0.750	202.25	2326	1938	1615	1292	2908	3069	3231
28.00	0.375	110.64	1080	900	750	600	1350	1425	1500
	0.500	146.85	1440	1200	1000	800	1800	1900	2000
	0.625	182.73	1800	1500	1250	1000	2250	2375	2500
	0.750	218.27	2160	1800	1500	1200	2700	2850	3000
30.00	0.375	118.65	1008	840	700	560	1260	1330	1400
	0.500	157.53	1344	1120	933	747	1680	1773	1867
	0.625	196.08	1680	1400	1167	933	2100	2217	2333
	0.750	234.29	2016	1680	1400	1120	2520	2660	2800

续表

管径	壁厚	线重	内部设计压力，psi（表）				水力测试压力［SMYS = 56000psi（表）］，psi（表）		
in	in	lb/ft	地区等级1	地区等级2	地区等级3	地区等级4	90% SMYS	95% SMYS	100% SMYS
32.00	0.375	126.66	945	788	656	525	1181	1247	1313
	0.500	168.21	1260	1050	875	700	1575	1663	1750
	0.625	209.43	1575	1313	1094	875	1969	2078	2188
	0.750	250.31	1890	1575	1313	1050	2363	2494	2625
34.00	0.375	134.67	889	741	618	494	1112	1174	1235
	0.500	178.89	1186	988	824	659	1482	1565	1647
	0.625	222.78	1482	1235	1029	824	1853	1956	2059
	0.750	266.33	1779	1482	1235	988	2224	2347	2471
36.00	0.375	142.68	840	700	583	467	1050	1108	1167
	0.500	189.57	1120	933	778	622	1400	1478	1556
	0.625	236.13	1400	1167	972	778	1750	1847	1944
	0.750	282.35	1680	1400	1167	933	2100	2217	2333
42.00	0.375	166.71	720	600	500	400	900	950	1000
	0.500	221.61	960	800	667	533	1200	1267	1333
	0.625	276.18	1200	1000	833	667	1500	1583	1667
	0.750	330.41	1440	1200	1000	800	1800	1900	2000
	1.000	437.88	1920	1600	1333	1067	2400	2533	2667

表 4.10　API 5LX60 管线设计压力及试压数据表

管径	壁厚	线重	内部设计压力，psi（表）				水力测试压力［SMYS = 60000psi（表）］，psi（表）		
in	in	lb/ft	地区等级1	地区等级2	地区等级3	地区等级4	90% SMYS	95% SMYS	100% SMYS
4.5	0.237	10.79	4550	3792	3160	2528	5688	6004	6320
	0.337	14.98	6470	5392	4493	3595	8088	8537	8987
	0.437	18.96	8390	6992	5827	4661	10488	11071	11653
	0.531	22.51	10195	8496	7080	5664	12744	13452	14160
6.625	0.250	17.02	3260	2717	2264	1811	4075	4302	4528
	0.280	18.97	3652	3043	2536	2029	4565	4818	5072
	0.432	28.57	5634	4695	3912	3130	7042	7434	7825
	0.562	36.39	7329	6108	5090	4072	9162	9671	10180

续表

管径 in	壁厚 in	线重 lb/ft	内部设计压力，psi（表）				水力测试压力[SMYS=60000psi（表）]，psi（表）		
			地区等级1	地区等级2	地区等级3	地区等级4	90% SMYS	95% SMYS	100% SMYS
8.625	0.250	22.36	2504	2087	1739	1391	3130	3304	3478
	0.277	24.70	2775	2312	1927	1542	3469	3661	3854
	0.322	28.55	3226	2688	2240	1792	4032	4256	4480
	0.406	35.64	4067	3389	2824	2259	5084	5366	5649
10.75	0.250	28.04	2009	1674	1395	1116	2512	2651	2791
	0.307	34.24	2467	2056	1713	1371	3084	3256	3427
	0.365	40.48	2934	2445	2037	1630	3667	3871	4074
	0.500	54.74	4019	3349	2791	2233	5023	5302	5581
12.75	0.250	33.38	1694	1412	1176	941	2118	2235	2353
	0.330	43.77	2236	1864	1553	1242	2795	2951	3106
	0.375	49.56	2541	2118	1765	1412	3176	3353	3529
	0.406	53.52	2751	2293	1911	1528	3439	3630	3821
	0.500	65.42	3388	2824	2353	1882	4235	4471	4706
14.00	0.250	36.71	1543	1286	1071	857	1929	2036	2143
	0.312	45.61	1925	1605	1337	1070	2407	2541	2674
	0.375	54.57	2314	1929	1607	1286	2893	3054	3214
	0.437	63.30	2697	2247	1873	1498	3371	3558	3746
	0.500	72.09	3086	2571	2143	1714	3857	4071	4286
16.00	0.250	42.05	1350	1125	938	750	1688	1781	1875
	0.312	52.27	1685	1404	1170	936	2106	2223	2340
	0.375	62.58	2025	1688	1406	1125	2531	2672	2813
	0.437	72.64	2360	1967	1639	1311	2950	3114	3278
	0.500	82.77	2700	2250	1875	1500	3375	3563	3750
18.00	0.250	47.39	1200	1000	833	667	1500	1583	1667
	0.312	58.94	1498	1248	1040	832	1872	1976	2080
	0.375	70.59	1800	1500	1250	1000	2250	2375	2500
	0.437	81.97	2098	1748	1457	1165	2622	2768	2913
	0.500	93.45	2400	2000	1667	1333	3000	3167	3333
20.00	0.312	65.60	1348	1123	936	749	1685	1778	1872
	0.375	78.60	1620	1350	1125	900	2025	2138	2250
	0.437	91.30	1888	1573	1311	1049	2360	2491	2622
	0.500	104.13	2160	1800	1500	1200	2700	2850	3000
	0.562	116.67	2428	2023	1686	1349	3035	3203	3372

续表

管径	壁厚	线重	内部设计压力，psi（表）				水力测试压力［SMYS=60000psi（表）］,psi（表）		
in	in	lb/ft	地区等级1	地区等级2	地区等级3	地区等级4	90% SMYS	95% SMYS	100% SMYS
22.00	0.375	86.61	1473	1227	1023	818	1841	1943	2045
	0.500	114.81	1964	1636	1364	1091	2455	2591	2727
	0.625	142.68	2455	2045	1705	1364	3068	3239	3409
	0.750	170.21	2945	2455	2045	1636	3682	3886	4091
24.00	0.375	94.62	1350	1125	938	750	1688	1781	1875
	0.437	109.97	1573	1311	1093	874	1967	2076	2185
	0.500	125.49	1800	1500	1250	1000	2250	2375	2500
	0.562	140.68	2023	1686	1405	1124	2529	2670	2810
	0.625	156.03	2250	1875	1563	1250	2813	2969	3125
	0.750	186.23	2700	2250	1875	1500	3375	3563	3750
26.00	0.375	102.63	1246	1038	865	692	1558	1644	1731
	0.500	136.17	1662	1385	1154	923	2077	2192	2308
	0.625	169.38	2077	1731	1442	1154	2596	2740	2885
	0.750	202.25	2492	2077	1731	1385	3115	3288	3462
28.00	0.375	110.64	1157	964	804	643	1446	1527	1607
	0.500	146.85	1543	1286	1071	857	1929	2036	2143
	0.625	182.73	1929	1607	1339	1071	2411	2545	2679
	0.750	218.27	2314	1929	1607	1286	2893	3054	3214
30.00	0.375	118.65	1080	900	750	600	1350	1425	1500
	0.500	157.53	1440	1200	1000	800	1800	1900	2000
	0.625	196.08	1800	1500	1250	1000	2250	2375	2500
	0.750	234.29	2160	1800	1500	1200	2700	2850	3000
32.00	0.375	126.66	1013	844	703	563	1266	1336	1406
	0.500	168.21	1350	1125	938	750	1688	1781	1875
	0.625	209.43	1688	1406	1172	938	2109	2227	2344
	0.750	250.31	2025	1688	1406	1125	2531	2672	2813
34.00	0.375	134.67	953	794	662	529	1191	1257	1324
	0.500	178.89	1271	1059	882	706	1588	1676	1765
	0.625	222.78	1588	1324	1103	882	1985	2096	2206
	0.750	266.33	1906	1588	1324	1059	2382	2515	2647
36.00	0.375	142.68	900	750	625	500	1125	1188	1250
	0.500	189.57	1200	1000	833	667	1500	1583	1667
	0.625	236.13	1500	1250	1042	833	1875	1979	2083
	0.750	282.35	1800	1500	1250	1000	2250	2375	2500

续表

管径 in	壁厚 in	线重 lb/ft	内部设计压力，psi（表）				水力测试压力［SMYS＝60000psi（表）］,psi（表）		
			地区等级1	地区等级2	地区等级3	地区等级4	90% SMYS	95% SMYS	100% SMYS
42.00	0.375	166.71	771	643	536	429	964	1018	1071
	0.500	221.61	1029	857	714	571	1286	1357	1429
	0.625	276.18	1286	1071	893	714	1607	1696	1786
	0.750	330.41	1543	1286	1071	857	1929	2036	2143
	1.000	437.88	2057	1714	1429	1143	2571	2714	2857

表4.11　API 5LX65 管线设计压力及试压数据表

管径 in	壁厚 in	线重 lb/ft	内部设计压力，psi（表）				水力测试压力［SMYS＝65000psi（表）］,psi（表）		
			地区等级1	地区等级2	地区等级3	地区等级4	90% SMYS	95% SMYS	100% SMYS
4.5	0.237	10.79	4930	4108	3423	2739	6162	6504	6847
	0.337	14.98	7010	5841	4868	3894	8762	9249	9736
	0.437	18.96	9090	7575	6312	5050	11362	11993	12624
	0.531	22.51	11045	9204	7670	6136	13806	14573	15340
6.625	0.250	17.02	3532	2943	2453	1962	4415	4660	4906
	0.280	18.97	3956	3297	2747	2198	4945	5220	5494
	0.432	28.57	6103	5086	4238	3391	7629	8053	8477
	0.562	36.39	7940	6617	5514	4411	9925	10477	11028
8.625	0.250	22.36	2713	2261	1884	1507	3391	3580	3768
	0.277	24.70	3006	2505	2088	1670	3758	3966	4175
	0.322	28.55	3494	2912	2427	1941	4368	4611	4853
	0.406	35.64	4406	3672	3060	2448	5507	5813	6119
10.75	0.250	28.04	2177	1814	1512	1209	2721	2872	3023
	0.307	34.24	2673	2228	1856	1485	3341	3527	3713
	0.365	40.48	3178	2648	2207	1766	3973	4193	4414
	0.500	54.74	4353	3628	3023	2419	5442	5744	6047
12.75	0.250	33.38	1835	1529	1275	1020	2294	2422	2549
	0.330	43.77	2423	2019	1682	1346	3028	3196	3365
	0.375	49.56	2753	2294	1912	1529	3441	3632	3824
	0.406	53.52	2981	2484	2070	1656	3726	3933	4140
	0.500	65.42	3671	3059	2549	2039	4588	4843	5098

续表

管径	壁厚	线重	内部设计压力，psi（表）				水力测试压力［SMYS=65000psi（表）］,psi（表）		
in	in	lb/ft	地区等级1	地区等级2	地区等级3	地区等级4	90% SMYS	95% SMYS	100% SMYS
14.00	0.250	36.71	1671	1393	1161	929	2089	2205	2321
	0.312	45.61	2086	1738	1449	1159	2607	2752	2897
	0.375	54.57	2507	2089	1741	1393	3134	3308	3482
	0.437	63.30	2922	2435	2029	1623	3652	3855	4058
	0.500	72.09	3343	2786	2321	1857	4179	4411	4643
16.00	0.250	42.05	1463	1219	1016	813	1828	1930	2031
	0.312	52.27	1825	1521	1268	1014	2282	2408	2535
	0.375	62.58	2194	1828	1523	1219	2742	2895	3047
	0.437	72.64	2556	2130	1775	1420	3196	3373	3551
	0.500	82.77	2925	2438	2031	1625	3656	3859	4063
18.00	0.250	47.39	1300	1083	903	722	1625	1715	1806
	0.312	58.94	1622	1352	1127	901	2028	2141	2253
	0.375	70.59	1950	1625	1354	1083	2438	2573	2708
	0.437	81.97	2272	1894	1578	1262	2841	2998	3156
	0.500	93.45	2600	2167	1806	1444	3250	3431	3611
20.00	0.312	65.60	1460	1217	1014	811	1825	1927	2028
	0.375	78.60	1755	1463	1219	975	2194	2316	2438
	0.437	91.30	2045	1704	1420	1136	2556	2698	2841
	0.500	104.13	2340	1950	1625	1300	2925	3088	3250
	0.562	116.67	2630	2192	1827	1461	3288	3470	3653
22.00	0.375	86.61	1595	1330	1108	886	1994	2105	2216
	0.500	114.81	2127	1773	1477	1182	2659	2807	2955
	0.625	142.68	2659	2216	1847	1477	3324	3509	3693
	0.750	170.21	3191	2659	2216	1773	3989	4210	4432
24.00	0.375	94.62	1463	1219	1016	813	1828	1930	2031
	0.437	109.97	1704	1420	1184	947	2130	2249	2367
	0.500	125.49	1950	1625	1354	1083	2438	2573	2708
	0.562	140.68	2192	1827	1522	1218	2740	2892	3044
	0.625	156.03	2438	2031	1693	1354	3047	3216	3385
	0.750	186.23	2925	2438	2031	1625	3656	3859	4063

管径 in	壁厚 in	线重 lb/ft	内部设计压力，psi（表）				水力测试压力［SMYS=65000psi（表）］,psi（表）		
			地区等级 1	地区等级 2	地区等级 3	地区等级 4	90% SMYS	95% SMYS	100% SMYS
26.00	0.375	102.63	1350	1125	938	750	1688	1781	1875
	0.500	136.17	1800	1500	1250	1000	2250	2375	2500
	0.625	169.38	2250	1875	1563	1250	2813	2969	3125
	0.750	202.25	2700	2250	1875	1500	3375	3563	3750
28.00	0.375	110.64	1254	1045	871	696	1567	1654	1741
	0.500	146.85	1671	1393	1161	929	2089	2205	2321
	0.625	182.73	2089	1741	1451	1161	2612	2757	2902
	0.750	218.27	2507	2089	1741	1393	3134	3308	3482
30.00	0.375	118.65	1170	975	813	650	1463	1544	1625
	0.500	157.53	1560	1300	1083	867	1950	2058	2167
	0.625	196.08	1950	1625	1354	1083	2438	2573	2708
	0.750	234.29	2340	1950	1625	1300	2925	3088	3250
32.00	0.375	126.66	1097	914	762	609	1371	1447	1523
	0.500	168.21	1463	1219	1016	813	1828	1930	2031
	0.625	209.43	1828	1523	1270	1016	2285	2412	2539
	0.750	250.31	2194	1828	1523	1219	2742	2895	3047
34.00	0.375	134.67	1032	860	717	574	1290	1362	1434
	0.500	178.89	1376	1147	956	765	1721	1816	1912
	0.625	222.78	1721	1434	1195	956	2151	2270	2390
	0.750	266.33	2065	1721	1434	1147	2581	2724	2868
36.00	0.375	142.68	975	813	677	542	1219	1286	1354
	0.500	189.57	1300	1083	903	722	1625	1715	1806
	0.625	236.13	1625	1354	1128	903	2031	2144	2257
	0.750	282.35	1950	1625	1354	1083	2438	2573	2708
42.00	0.375	166.71	836	696	580	464	1045	1103	1161
	0.500	221.61	1114	929	774	619	1393	1470	1548
	0.625	276.18	1393	1161	967	774	1741	1838	1935
	0.750	330.41	1671	1393	1161	929	2089	2205	2321
	1.000	437.88	2229	1857	1548	1238	2786	2940	3095

表 4.12　API 5LX70 管线设计压力及试压数据表

管径	壁厚	线重	内部设计压力，psi（表）				水力测试压力［SMYS = 70000（表）］,psi（表）		
in	in	lb/ft	地区等级 1	地区等级 2	地区等级 3	地区等级 4	90% SMYS	95% SMYS	100% SMYS
4.5	0.237	10.79	5309	4424	3687	2949	6636	7005	7373
	0.337	14.98	7549	6291	5242	4194	9436	9960	10484
	0.437	18.96	9789	8157	6798	5438	12236	12916	13596
	0.531	22.51	11894	9912	8260	6608	14868	15694	16520
6.625	0.250	17.02	3804	3170	2642	2113	4755	5019	5283
	0.280	18.97	4260	3550	2958	2367	5325	5621	5917
	0.432	28.57	6573	5477	4565	3652	8216	8673	9129
	0.562	36.39	8551	7126	5938	4750	10689	11282	11876
8.625	0.250	22.36	2922	2435	2029	1623	3652	3855	4058
	0.277	24.70	3237	2698	2248	1798	4047	4271	4496
	0.322	28.55	3763	3136	2613	2091	4704	4965	5227
	0.406	35.64	4745	3954	3295	2636	5931	6261	6590
10.75	0.250	28.04	2344	1953	1628	1302	2930	3093	3256
	0.307	34.24	2879	2399	1999	1599	3598	3798	3998
	0.365	40.48	3423	2852	2377	1901	4278	4516	4753
	0.500	54.74	4688	3907	3256	2605	5860	6186	6512
12.75	0.250	33.38	1976	1647	1373	1098	2471	2608	2745
	0.330	43.77	2609	2174	1812	1449	3261	3442	3624
	0.375	49.56	2965	2471	2059	1647	3706	3912	4118
	0.406	53.52	3210	2675	2229	1783	4012	4235	4458
	0.500	65.42	3953	3294	2745	2196	4941	5216	5490
14.00	0.250	36.71	1800	1500	1250	1000	2250	2375	2500
	0.312	45.61	2246	1872	1560	1248	2808	2964	3120
	0.375	54.57	2700	2250	1875	1500	3375	3563	3750
	0.437	63.30	3146	2622	2185	1748	3933	4152	4370
	0.500	72.09	3600	3000	2500	2000	4500	4750	5000
16.00	0.250	42.05	1575	1313	1094	875	1969	2078	2188
	0.312	52.27	1966	1638	1365	1092	2457	2594	2730
	0.375	62.58	2363	1969	1641	1313	2953	3117	3281
	0.437	72.64	2753	2294	1912	1530	3441	3633	3824
	0.500	82.77	3150	2625	2188	1750	3938	4156	4375

续表

管径 in	壁厚 in	线重 lb/ft	内部设计压力，psi（表）				水力测试压力［SMYS=70000（表）］,psi（表）		
			地区等级1	地区等级2	地区等级3	地区等级4	90% SMYS	95% SMYS	100% SMYS
18.00	0.250	47.39	1400	1167	972	778	1750	1847	1944
	0.312	58.94	1747	1456	1213	971	2184	2305	2427
	0.375	70.59	2100	1750	1458	1167	2625	2771	2917
	0.437	81.97	2447	2039	1699	1360	3059	3229	3399
	0.500	93.45	2800	2333	1944	1556	3500	3694	3889
20.00	0.312	65.60	1572	1310	1092	874	1966	2075	2184
	0.375	78.60	1890	1575	1313	1050	2363	2494	2625
	0.437	91.30	2202	1835	1530	1224	2753	2906	3059
	0.500	104.13	2520	2100	1750	1400	3150	3325	3500
	0.562	116.67	2832	2360	1967	1574	3541	3737	3934
22.00	0.375	86.61	1718	1432	1193	955	2148	2267	2386
	0.500	114.81	2291	1909	1591	1273	2864	3023	3182
	0.625	142.68	2864	2386	1989	1591	3580	3778	3977
	0.750	170.21	3436	2864	2386	1909	4295	4534	4773
24.00	0.375	94.62	1575	1313	1094	875	1969	2078	2188
	0.437	109.97	1835	1530	1275	1020	2294	2422	2549
	0.500	125.49	2100	1750	1458	1167	2625	2771	2917
	0.562	140.68	2360	1967	1639	1311	2951	3114	3278
	0.625	156.03	2625	2188	1823	1458	3281	3464	3646
	0.750	186.23	3150	2625	2188	1750	3938	4156	4375
26.00	0.375	102.63	1454	1212	1010	808	1817	1918	2019
	0.500	136.17	1938	1615	1346	1077	2423	2558	2692
	0.625	169.38	2423	2019	1683	1346	3029	3197	3365
	0.750	202.25	2908	2423	2019	1615	3635	3837	4038
28.00	0.375	110.64	1350	1125	938	750	1688	1781	1875
	0.500	146.85	1800	1500	1250	1000	2250	2375	2500
	0.625	182.73	2250	1875	1563	1250	2813	2969	3125
	0.750	218.27	2700	2250	1875	1500	3375	3563	3750

续表

管径 in	壁厚 in	线重 lb/ft	内部设计压力，psi（表）				水力测试压力[SMYS=70000（表）]，psi（表）		
			地区等级1	地区等级2	地区等级3	地区等级4	90% SMYS	95% SMYS	100% SMYS
30.00	0.375	118.65	1260	1050	875	700	1575	1663	1750
	0.500	157.53	1680	1400	1167	933	2100	2217	2333
	0.625	196.08	2100	1750	1458	1167	2625	2771	2917
	0.750	234.29	2520	2100	1750	1400	3150	3325	3500
32.00	0.375	126.66	1181	984	820	656	1477	1559	1641
	0.500	168.21	1575	1313	1094	875	1969	2078	2188
	0.625	209.43	1969	1641	1367	1094	2461	2598	2734
	0.750	250.31	2363	1969	1641	1313	2953	3117	3281
34.00	0.375	134.67	1112	926	772	618	1390	1467	1544
	0.500	178.89	1482	1235	1029	824	1853	1956	2059
	0.625	222.78	1853	1544	1287	1029	2316	2445	2574
	0.750	266.33	2224	1853	1544	1235	2779	2934	3088
36.00	0.375	142.68	1050	875	729	583	1313	1385	1458
	0.500	189.57	1400	1167	972	778	1750	1847	1944
	0.625	236.13	1750	1458	1215	972	2188	2309	2431
	0.750	282.35	2100	1750	1458	1167	2625	2771	2917
42.00	0.375	166.71	900	750	625	500	1125	1188	1250
	0.500	221.61	1200	1000	833	667	1500	1583	1667
	0.625	276.18	1500	1250	1042	833	1875	1979	2083
	0.750	330.41	1800	1500	1250	1000	2250	2375	2500
	1.000	437.88	2400	2000	1667	1333	3000	3167	3333

表 4.13 API 5LX80 管线设计压力及试压数据表

管径 in	壁厚 in	线重 lb/ft	内部设计压力，psi（表）				水力测试压力[SMYS=80000psi（表）]，psi（表）		
			地区等级1	地区等级2	地区等级3	地区等级4	90% SMYS	95% SMYS	100% SMYS
4.5	0.237	10.79	6067	5056	4213	3371	7584	8005	8427
	0.337	14.98	8627	7189	5991	4793	10784	11383	11982
	0.437	18.96	11187	9323	7769	6215	13984	14761	15538
	0.531	22.51	13594	11328	9440	7552	16992	17936	18880

管径 in	壁厚 in	线重 lb/ft	内部设计压力，psi（表）				水力测试压力［SMYS＝80000psi（表）］,psi（表）		
			地区等级1	地区等级2	地区等级3	地区等级4	90% SMYS	95% SMYS	100% SMYS
6.625	0.250	17.02	4347	3623	3019	2415	5434	5736	6038
	0.280	18.97	4869	4057	3381	2705	6086	6424	6762
	0.432	28.57	7512	6260	5217	4173	9390	9912	10433
	0.562	36.39	9772	8144	6786	5429	12216	12894	13573
8.625	0.250	22.36	3339	2783	2319	1855	4174	4406	4638
	0.277	24.70	3700	3083	2569	2055	4625	4882	5139
	0.322	28.55	4301	3584	2987	2389	5376	5675	5973
	0.406	35.64	5423	4519	3766	3013	6778	7155	7532
10.75	0.250	28.04	2679	2233	1860	1488	3349	3535	3721
	0.307	34.24	3290	2742	2285	1828	4112	4341	4569
	0.365	40.48	3911	3260	2716	2173	4889	5161	5433
	0.500	54.74	5358	4465	3721	2977	6698	7070	7442
12.75	0.250	33.38	2259	1882	1569	1255	2824	2980	3137
	0.330	43.77	2982	2485	2071	1656	3727	3934	4141
	0.375	49.56	3388	2824	2353	1882	4235	4471	4706
	0.406	53.52	3668	3057	2547	2038	4585	4840	5095
	0.500	65.42	4518	3765	3137	2510	5647	5961	6275
14.00	0.250	36.71	2057	1714	1429	1143	2571	2714	2857
	0.312	45.61	2567	2139	1783	1426	3209	3387	3566
	0.375	54.57	3086	2571	2143	1714	3857	4071	4286
	0.437	63.30	3596	2997	2497	1998	4495	4745	4994
	0.500	72.09	4114	3429	2857	2286	5143	5429	5714
16.00	0.250	42.05	1800	1500	1250	1000	2250	2375	2500
	0.312	52.27	2246	1872	1560	1248	2808	2964	3120
	0.375	62.58	2700	2250	1875	1500	3375	3563	3750
	0.437	72.64	3146	2622	2185	1748	3933	4152	4370
	0.500	82.77	3600	3000	2500	2000	4500	4750	5000
18.00	0.250	47.39	1600	1333	1111	889	2000	2111	2222
	0.312	58.94	1997	1664	1387	1109	2496	2635	2773
	0.375	70.59	2400	2000	1667	1333	3000	3167	3333
	0.437	81.97	2797	2331	1942	1554	3496	3690	3884
	0.500	93.45	3200	2667	2222	1778	4000	4222	4444

续表

管径 in	壁厚 in	线重 lb/ft	内部设计压力，psi（表）				水力测试压力［SMYS＝80000psi（表）］，psi（表）		
			地区等级1	地区等级2	地区等级3	地区等级4	90% SMYS	95% SMYS	100% SMYS
20.00	0.312	65.60	1797	1498	1248	998	2246	2371	2496
	0.375	78.60	2160	1800	1500	1200	2700	2850	3000
	0.437	91.30	2517	2098	1748	1398	3146	3321	3496
	0.500	104.13	2880	2400	2000	1600	3600	3800	4000
	0.562	116.67	3237	2698	2248	1798	4046	4271	4496
22.00	0.375	86.61	1964	1636	1364	1091	2455	2591	2727
	0.500	114.81	2618	2182	1818	1455	3273	3455	3636
	0.625	142.68	3273	2727	2273	1818	4091	4318	4545
	0.750	170.21	3927	3273	2727	2182	4909	5182	5455
24.00	0.375	94.62	1800	1500	1250	1000	2250	2375	2500
	0.437	109.97	2098	1748	1457	1165	2622	2768	2913
	0.500	125.49	2400	2000	1667	1333	3000	3167	3333
	0.562	140.68	2698	2248	1873	1499	3372	3559	3747
	0.625	156.03	3000	2500	2083	1667	3750	3958	4167
	0.750	186.23	3600	3000	2500	2000	4500	4750	5000
26.00	0.375	102.63	1662	1385	1154	923	2077	2192	2308
	0.500	136.17	2215	1846	1538	1231	2769	2923	3077
	0.625	169.38	2769	2308	1923	1538	3462	3654	3846
	0.750	202.25	3323	2769	2308	1846	4154	4385	4615
28.00	0.375	110.64	1543	1286	1071	857	1929	2036	2143
	0.500	146.85	2057	1714	1429	1143	2571	2714	2857
	0.625	182.73	2571	2143	1786	1429	3214	3393	3571
	0.750	218.27	3086	2571	2143	1714	3857	4071	4286
30.00	0.375	118.65	1440	1200	1000	800	1800	1900	2000
	0.500	157.53	1920	1600	1333	1067	2400	2533	2667
	0.625	196.08	2400	2000	1667	1333	3000	3167	3333
	0.750	234.29	2880	2400	2000	1600	3600	3800	4000
32.00	0.375	126.66	1350	1125	938	750	1688	1781	1875
	0.500	168.21	1800	1500	1250	1000	2250	2375	2500
	0.625	209.43	2250	1875	1563	1250	2813	2969	3125
	0.750	250.31	2700	2250	1875	1500	3375	3563	3750

管径 in	壁厚 in	线重 lb/ft	内部设计压力，psi（表）				水力测试压力［SMYS = 80000psi（表）］,psi（表）		
			地区等级 1	地区等级 2	地区等级 3	地区等级 4	90% SMYS	95% SMYS	100% SMYS
34.00	0.375	134.67	1271	1059	882	706	1588	1676	1765
	0.500	178.89	1694	1412	1176	941	2118	2235	2353
	0.625	222.78	2118	1765	1471	1176	2647	2794	2941
	0.750	266.33	2541	2118	1765	1412	3176	3353	3529
36.00	0.375	142.68	1200	1000	833	667	1500	1583	1667
	0.500	189.57	1600	1333	1111	889	2000	2111	2222
	0.625	236.13	2000	1667	1389	1111	2500	2639	2778
	0.750	282.35	2400	2000	1667	1333	3000	3167	3333
42.00	0.375	166.71	1029	857	714	571	1286	1357	1429
	0.500	221.61	1371	1143	952	762	1714	1810	1905
	0.625	276.18	1714	1429	1190	952	2143	2262	2381
	0.750	330.41	2057	1714	1429	1143	2571	2714	2857
	1.000	437.88	2743	2286	1905	1524	3429	3619	3810

表 4.14 API 5LX90 管线设计压力及试压数据表

管径 in	壁厚 in	线重 lb/ft	内部设计压力，psi（表）				水力测试压力［SMYS = 90000psi（表）］,psi（表）		
			地区等级 1	地区等级 2	地区等级 3	地区等级 4	90% SMYS	95% SMYS	100% SMYS
4.5	0.237	10.79	6826	5688	4740	3792	8532	9006	9480
	0.337	14.98	9706	8088	6740	5392	12132	12806	13480
	0.437	18.96	12586	10488	8740	6992	15732	16606	17480
	0.531	22.51	15293	12744	10620	8496	19116	20178	21240
6.625	0.250	17.02	4891	4075	3396	2717	6113	6453	6792
	0.280	18.97	5477	4565	3804	3043	6847	7227	7608
	0.432	28.57	8451	7042	5869	4695	10564	11150	11737
	0.562	36.39	10994	9162	7635	6108	13742	14506	15269
8.625	0.250	22.36	3757	3130	2609	2087	4696	4957	5217
	0.277	24.70	4162	3469	2890	2312	5203	5492	5781
	0.322	28.55	4838	4032	3360	2688	6048	6384	6720
	0.406	35.64	6101	5084	4237	3389	7626	8049	8473
10.75	0.250	28.04	3014	2512	2093	1674	3767	3977	4186
	0.307	34.24	3701	3084	2570	2056	4626	4883	5140
	0.365	40.48	4400	3667	3056	2445	5500	5806	6112
	0.500	54.74	6028	5023	4186	3349	7535	7953	8372

管径 in	壁厚 in	线重 lb/ft	内部设计压力，psi（表）				水力测试压力［SMYS = 90000psi（表）］,psi（表）		
			地区等级 1	地区等级 2	地区等级 3	地区等级 4	90% SMYS	95% SMYS	100% SMYS
12.75	0.250	33.38	2541	2118	1765	1412	3176	3353	3529
	0.330	43.77	3354	2795	2329	1864	4193	4426	4659
	0.375	49.56	3812	3176	2647	2118	4765	5029	5294
	0.406	53.52	4127	3439	2866	2293	5159	5445	5732
	0.500	65.42	5082	4235	3529	2824	6353	6706	7059
14.00	0.250	36.71	2314	1929	1607	1286	2893	3054	3214
	0.312	45.61	2888	2407	2006	1605	3610	3811	4011
	0.375	54.57	3471	2893	2411	1929	4339	4580	4821
	0.437	63.30	4045	3371	2809	2247	5057	5338	5619
	0.500	72.09	4629	3857	3214	2571	5786	6107	6429
16.00	0.250	42.05	2025	1688	1406	1125	2531	2672	2813
	0.312	52.27	2527	2106	1755	1404	3159	3335	3510
	0.375	62.58	3038	2531	2109	1688	3797	4008	4219
	0.437	72.64	3540	2950	2458	1967	4425	4670	4916
	0.500	82.77	4050	3375	2813	2250	5063	5344	5625
18.00	0.250	47.39	1800	1500	1250	1000	2250	2375	2500
	0.312	58.94	2246	1872	1560	1248	2808	2964	3120
	0.375	70.59	2700	2250	1875	1500	3375	3563	3750
	0.437	81.97	3146	2622	2185	1748	3933	4152	4370
	0.500	93.45	3600	3000	2500	2000	4500	4750	5000
20.00	0.312	65.60	2022	1685	1404	1123	2527	2668	2808
	0.375	78.60	2430	2025	1688	1350	3038	3206	3375
	0.437	91.30	2832	2360	1967	1573	3540	3736	3933
	0.500	104.13	3240	2700	2250	1800	4050	4275	4500
	0.562	116.67	3642	3035	2529	2023	4552	4805	5058
22.00	0.375	86.61	2209	1841	1534	1227	2761	2915	3068
	0.500	114.81	2945	2455	2045	1636	3682	3886	4091
	0.625	142.68	3682	3068	2557	2045	4602	4858	5114
	0.750	170.21	4418	3682	3068	2455	5523	5830	6136

管径	壁厚	线重	内部设计压力，psi（表）				水力测试压力［SMYS = 90000psi（表）］,psi（表）		
in	in	lb/ft	地区等级 1	地区等级 2	地区等级 3	地区等级 4	90% SMYS	95% SMYS	100% SMYS
24.00	0.375	94.62	2025	1688	1406	1125	2531	2672	2813
	0.437	109.97	2360	1967	1639	1311	2950	3114	3278
	0.500	125.49	2700	2250	1875	1500	3375	3563	3750
	0.562	140.68	3035	2529	2108	1686	3794	4004	4215
	0.625	156.03	3375	2813	2344	1875	4219	4453	4688
	0.750	186.23	4050	3375	2813	2250	5063	5344	5625
26.00	0.375	102.63	1869	1558	1298	1038	2337	2466	2596
	0.500	136.17	2492	2077	1731	1385	3115	3288	3462
	0.625	169.38	3115	2596	2163	1731	3894	4111	4327
	0.750	202.25	3738	3115	2596	2077	4673	4933	5192
28.00	0.375	110.64	1736	1446	1205	964	2170	2290	2411
	0.500	146.85	2314	1929	1607	1286	2893	3054	3214
	0.625	182.73	2893	2411	2009	1607	3616	3817	4018
	0.750	218.27	3471	2893	2411	1929	4339	4580	4821
30.00	0.375	118.65	1620	1350	1125	900	2025	2138	2250
	0.500	157.53	2160	1800	1500	1200	2700	2850	3000
	0.625	196.08	2700	2250	1875	1500	3375	3563	3750
	0.750	234.29	3240	2700	2250	1800	4050	4275	4500
32.00	0.375	126.66	1519	1266	1055	844	1898	2004	2109
	0.500	168.21	2025	1688	1406	1125	2531	2672	2813
	0.625	209.43	2531	2109	1758	1406	3164	3340	3516
	0.750	250.31	3038	2531	2109	1688	3797	4008	4219
34.00	0.375	134.67	1429	1191	993	794	1787	1886	1985
	0.500	178.89	1906	1588	1324	1059	2382	2515	2647
	0.625	222.78	2382	1985	1654	1324	2978	3143	3309
	0.750	266.33	2859	2382	1985	1588	3574	3772	3971
36.00	0.375	142.68	1350	1125	938	750	1688	1781	1875
	0.500	189.57	1800	1500	1250	1000	2250	2375	2500
	0.625	236.13	2250	1875	1563	1250	2813	2969	3125
	0.750	282.35	2700	2250	1875	1500	3375	3563	3750

管径 in	壁厚 in	线重 lb/ft	内部设计压力，psi（表）				水力测试压力［SMYS＝90000psi（表）］,psi（表）		
			地区等级1	地区等级2	地区等级3	地区等级4	90% SMYS	95% SMYS	100% SMYS
	0.375	166.71	1157	964	804	643	1446	1527	1607
	0.500	221.61	1543	1286	1071	857	1929	2036	2143
42.00	0.625	276.18	1929	1607	1339	1071	2411	2545	2679
	0.750	330.41	2314	1929	1607	1286	2893	3054	3214
	1.000	437.88	3086	2571	2143	1714	3857	4071	4286

【例4.5】NPS 20，管线壁厚0.5in，依照 API 5L 建造一条 X52 气体管线。

（1）计算1级到4级地区的管内设计压力。

（2）这些不同级别地区的水压试验压力的浮动范围是多少？

假设结合系数为1.00，温度折减系数为1.0。

解：

利用式（4.3）来计算管道内部压降：

$$p = \frac{2 \times 0.5 \times 52000 \times 1.00 \times 1.0 \times F}{20} = 2600F$$

式中，设计系数 $F = 0.72$（针对1级地区）。

下面列出了1～4级的管内设计压力：

地区等级1

$$p_1 = 2600 \times 0.72 = 1872\text{psi（表）}$$

地区等级2

$$p_2 = 2600 \times 0.60 = 1560\text{psi（表）}$$

地区等级3

$$p_3 = 2600 \times 0.50 = 1300\text{psi（表）}$$

地区等级4

$$p_4 = 2600 \times 0.40 = 1040\text{psi（表）}$$

水压试验压力的区间浮动导致了最小屈服强度的环向应力在90%～95%间变化。

对于1级地区，水压试验的压力为：

$$1.25 \times 1872 \text{ 至 } 1.3194 \times 1872 = 2340\text{psi（表）至} 2470\text{psi（表）}$$

其中1.3194与代表水压试验包络线极值的 $1.25 \times 95/90$ 相等。

对于2级地区，水压试验的压力为：

$$1.25 \times 1560 \text{ 至 } 1.3194 \times 15650 = 1950\text{psi（表）至} 2058\text{psi（表）}$$

对于3级地区，水压试验的压力为：

$$1.25 \times 1300 \text{ 至 } 1.3194 \times 1300 = 1625\text{psi（表）至 } 1715\text{psi（表）}$$

对于 4 级地区，水压试验的压力为：

$$1.25 \times 1040 \text{ 至 } 1.3194 \times 1040 = 1300\text{psi（表）至 } 1372\text{psi（表）}$$

4.13 放空计算

放空阀和放空管线用于紧急状态下排放气体或出于管线维护的目的，被安装在输气管线主管线阀的附近。安装放空阀的目的是当主管线在一定时间内被截断时，放空管线中的气体。放空管线的尺寸取决于被放气体的相对密度、管线直径、管段长度、管线压力以及放空时间。AGA 中给出了计算放空时间的方程：

$$T = \frac{0.0588 p_1^{\frac{1}{3}} G^{\frac{1}{2}} D^2 L F_c}{d^2} \quad \text{（USCS 单位）} \tag{4.17}$$

式中 T——放空时间，min；

p_1——初始压力，psi（绝）；

G——气体相对密度（空气为 1.00）；

D——管线内径，in；

L——管段长度，mile；

d——放空管线内部直径，in；

F_c——抑制因子，理想喷嘴取 1.0，通过门关取 1.6，常规门关取 1.8，常规润滑塞取 2.0，非常规润滑塞取 3.2。

在国际单位制中，有：

$$T = \frac{0.0886 p_1^{\frac{1}{3}} G^{\frac{1}{2}} D^2 L F_c}{d^2} \quad \text{（SI 单位）} \tag{4.18}$$

式中 p_1——初始压力；

D——管线内径，mm；

L——管段长度，km；

d——放空管线内部直径，mm。

其他符号定义同上。

【例 4.6】计算一条安装在 NPS 36，管线壁厚 0.5in 的气体管线上，NPS 14，管线壁厚 0.25in 的放空管线放空 10mile 长管段的时间。气体相对密度取 0.6，抑制因子取 1.8。

解：

$$管线内径 = 36 - 2 \times 0.5 = 35.0\text{in}$$

$$放空管内径 = 14.0 - 2 \times 0.250 = 13.5\text{in}$$

利用式（4.17），得到：

$$T = \frac{0.0588 \times 1000^{\frac{1}{3}} \times 0.6^{\frac{1}{2}} \times 35^2 \times 5 \times 1.8}{13.5^2} = 28\text{min（近似）}$$

4.14 管吨位确定

通常,设计管线时会关注管线使用钢管的总量,这样可以测算管材的总费用。钢管厂家用来计算管线线重的简易公式如下:

$$w = 10.68t(D - t) \quad \text{(USCS 单位)} \tag{4.19}$$

式中 w——钢管线重,lb/ft;

$\quad\quad D$——管线外径,in;

$\quad\quad t$——管线壁厚,in。

式(4.19)中的常数 10.68 包含了钢的密度,因此此公式只适用于钢质管线。对于其他材质的管线,可通过修正密度的比例来得到非钢质管线的线重。

SI 单位制中,管线线重(kg/m)由式(4.20)得到:

$$w = 0.0246t(D - t) \quad \text{(SI 单位)} \tag{4.20}$$

式中 w——管线线重,kg/m;

$\quad\quad D$——管线外径,mm;

$\quad\quad t$——管线壁厚,mm。

【例 4.7】计算一段材质为 NPS 20,壁厚为 0.5in 的 10mile 长管线的钢管总用量。如果钢管每吨为 700 美元,则管线的总费用是多少?

解:

利用式(4.19),管线线重为:

$$w = 10.68 \times 0.500 \times (20 - 0.500) = 101.46\text{lb/ft}$$

因此 10mile 管线总重为:

$$101.46 \times 5280 \times 10/2000 = 2679\text{t}$$

管线总费用为:

$$2679 \times 700 = 1875300 \text{ 美元}$$

【例 4.8】一条 60km 长的管线由两部分组成:其中 20km,DN500,管线壁厚 12mm;40km,DN400,壁厚 10mm 的管线;管线总吨位为多少?

解:

利用式(4.20),DN500 管线的线重为:

$$w = 0.0246 \times 12 \times (500 - 12) = 144.06\text{kg/m}$$

DN400 管线的线重为:

$$w = 0.0246 \times 10 \times (400 - 10) = 95.94\text{kg/m}$$

所以管线总重为:

$$20 \times 144.06 + 40 \times 95.94 = 6719\text{t}$$

$$管线总吨位 = 6719$$

【**例 4.9**】 计算 API 5LX52 钢管、壁厚 0.250in、NPS 16 的管线的最大工作压力。在起始工作压力为 1440psi 的工况下，允许的最小管壁厚为多少? 利用 2 级地区设计系数 $F = 0.60$，操作温度小于 $250℉$。

解:

利用式 (4.3)，起始设计压力为:

$$p = \frac{2 \times 0.250 \times 52000 \times 1.0 \times 1.0 \times 0.60}{16} = 975\text{psi(表)}$$

在起始工作压力为 1440psi 情况下，壁厚要求为:

$$1440 = \frac{2 \times t \times 52000 \times 0.60 \times 1.0}{16}$$

求解 t 得到:

$$管壁厚度 t = 0.369\text{in}$$

最接近的标准管线壁厚为 0.375in。

【**例 4.10**】 一条天然气管线，600km 长，DN800，工作压力为 9MPa。对比使用 X60 和 X70 两种钢的花费。

利用 1 级地区设计系数，温度折减系数取 1.00。两种级别的钢管材料费用如下:

钢级	费用，美元/t
X60	800
X70	900

解:

先来计算允许工作压力为 9MPa 的管壁厚度。

利用式 (4.8)，X60 管线的管壁厚度为:

$$t = \frac{9 \times 800}{2 \times 414 \times 1.0 \times 0.72 \times 1.0}$$

$$= 12.08\text{mm}$$

采用 13mm 壁厚。

类似地，X70 管线的管壁厚度为:

$$t = \frac{9 \times 800}{2 \times 483 \times 1.0 \times 0.72 \times 1.0} = 10.35\text{mm}$$

采用 11mm 壁厚。

利用式 (4.20) 来计算以 kg/m 为单位的 X60 管线线重:

$$w = 0.0246 \times 13 \times (800 - 13) = 251.68\text{kg/m}$$

因此 600km 单价 800 美元/t 的 X60 管线总花费为：

$$600 \times 251.68 \times 800 = 120.81 \times 10^6 \text{ 美元}$$

相似地，X70 管线以 kg/m 为单位的管线线重为：

$$w = 0.0246 \times 11 \times (800 - 11) = 213.50 \text{kg/m}$$

因此 600km 单价 900 美元/t 的 X70 管线总花费为：

$$600 \times 213.50 \times 900 = 115.29 \times 10^6 \text{ 美元}$$

因此，X70 钢的花费比 X60 要少，差值为：

$$120.81 \times 10^6 - 115.29 \times 10^6 = 5.52 \times 10^6 \text{ 美元}$$

4.15　本章小结

这一章讲解了如何利用巴罗方程，根据管线内部压力来计算管线壁厚。通过对地区进行级别划分，很好地解释了管线通过人口密度不同的地方，环向应力要求级别不同，进而管线壁厚不同的现象。本章研究了不同管段水压试验的不同压力。通过划分管段来判断高程对确定试验方案的影响。还讨论了在适当的间距安装截断阀，以及截断区域内气体的放空时间的计算。最后，介绍了一个计算管线吨位的简单算法。

本章讨论了如何依据管线尺寸和材料来计算允许的管线内部压力。论证了对于有内压力的管线，管线材料的环向应力是一个影响因子。举例说明了在选取管线壁厚时设计系数的重要性。基于巴罗方程，对 ASME B31.4 和 DOT Part195 推荐的管线内部压力的计算方法进行了论证。探讨了如何进行安全的管线水压试验。介绍了管线的填充体积计算，举例说明了管线分批输送的重要性。

第 5 章　管线流体流动

本章讨论液体压力的概念及如何测量，以及管线中流体的流速和速率，流动的不同类型，雷诺数的概念及其对决定流态的重要性。依靠流态的鉴定，如层流、临界流态、紊流，可以计算由于阻力造成的压降。介绍并对比一些著名的公式，如 Colebrook – White 方程和 Hazen – Williams 方程。还将讨论非迭代或直接的计算公式，如 Swamee – Jain 方程和 Churchill 方程以及其他一些方程。接下来，会讨论管线中，由于管件、阀门和管线尺寸变化造成的微小压降损失，还要探讨管道内部表面粗糙度的影响，以及减阻对降低管内流动能量损失的影响。

此外，在本章的气体部分，将讨论由摩擦造成的气体管线压降的不同计算方法。举例对常用公式进行说明。还将讨论管线内部状态对管线输送能力的影响。

5.1　液压

流体静力学是研究由于液压和静止液体重量产生的力的水力学问题。液体中某一点的单位面积的受力称为压力 p。自由液面以下，确定深度 h 处的压力是连续的，各个方向大小都相等。这就是所谓的帕斯卡定律。假设在 h 深处有一个水平面，如图 5.1 所示。这个表面各处的压力一致，因为静止流体不传播剪切力。通过考虑作用在高为 Δh、区域面积为 Δa 的铅直薄面上的力，可以计算出水下不同高度处的力。

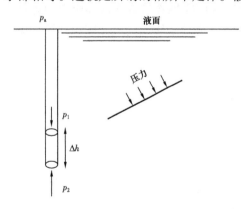

图 5.1　液体中的压力示意图

由于液体处于静止状态，柱体与其上部所受的力相同。根据流体静力学原理，作用于该柱体水平方向和竖直方向的合力为零。柱体微元垂直方向的受力由其自身重量和其上表面液体压力 p_1 和下表面液体压力 p_2 组成。如图 5.1 所示，由于液体相对密度 γ 不随压力变化而改变，因此可得到如下竖直方向的受力方程：

$$p_2 \Delta a = \gamma \Delta h \Delta a + p_1 \Delta a$$

其中 $\gamma \Delta h \Delta a$ 代表柱体微元的重量。

因此，可以得到如下简化公式：

$$p_2 = \gamma \Delta h + p_1 \tag{5.1}$$

如果假设柱体扩展成一个液体平面，p_1 就变成了液体表面的压力（大气压为 p_a），当处于压力为 p_2 深度处的压力点时，Δh 变成了 h，将 p 代替 p_2，p 代表 h 深度的液体压力，式（5.1）转化为如下方程：

$$p = \gamma h + p_a \tag{5.2}$$

从式（5.2）可以得到如下结论，深度 h 处的压力会随着深度的增加而增加，如果忽略掉 p_a，可以认为在 h 深度处的表压，即为 Δh。

因此，表压公式为：

$$p = \gamma h \tag{5.3}$$

方程两边均除以 γ，可以得到：

$$h = p/\gamma \tag{5.4}$$

在式（5.4）中，h 代表对应 p 压力下的压头，代表了在 1ft 下，相对密度为 γ 的液体所产生的压力。一般来说，表压的绝对压力（$p + p_a$）总是为正值，然而，表压的正负取决于该点处压力是否高于大气压。负压表示在液体中存在部分真空。

从讨论中可以看出，绝对压力包含由液体深度和大气压力决定的压头。大气压力随着海拔的变化而变化。由于空气的密度随着高度的变化而变化，海拔和大气压的关系并不是线性的（与液体压力和液体深度呈线性不同）。大部分情况下，可以假设海平面处的大气压力接近 14.7psi。在 SI 单位制中，大气压力接近于 101kPa。

用于测量给定位置处的大气压力的装置称为气压计。典型的气压计如图 5.2 所示。

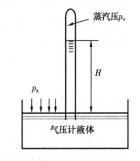

在此装置中，试管内充满高密度液体（通常为水银）并迅速将试管倒置于被测液体中，如图 5.2 所示。

如果试管足够长，液体的液位会轻微下降，在试管顶部造成一个蒸汽空间，当管内蒸汽压到达 p_v，系统处于平衡状态。由于水银的密度较大（大约是水的 13 倍）而且水银的饱和蒸汽压较低，所以水银是气压计的理想液体，如果选用水作为测试媒介，会需要一个特别长的试管来测量大气压。

从图 5.2 中，大气压 p_a 等于蒸汽压 p_v 与水银柱所产生的压力之和，即：

图 5.2　气压计测压示意图

$$p_a = p_v + \gamma H_b \tag{5.5}$$

式中　p_a——大气压；

p_v——气压计液体的蒸汽压；

γ——气压计液体的相对密度；

H_b——气压计读数。

之前的方程中，如果压力采用 psi 为单位，液体密度单位为 lb/ft^3，压力必须乘以 144 才能获得以 ft 为单位的气压。式（5.5）适用于所有液体介质的气压计，因为水银的蒸汽压几乎可以忽略不计，针对水银气压计的式（5.5）可简化为：

$$p_a = \gamma H_b \tag{5.6}$$

来对比下分别以水银和水作为气压计液体来进行测量时的差异。

【**例 5.1**】假设水的蒸汽压在 70℉时是 0.3632psi，密度是 62.3lb/ft³，气压计中水银的密度是 64.54lb/ft³（忽略蒸汽压），如果海平面的大气压是 14.7psi，需要的水银和水的高度分别为多少？

解：

对于水，从式（5.5）可知：

$$14.7 = 0.3632 + (62.3/144)H_b$$

气压计中水的高度为：

$$H_b = (14.7 - 0.3632) \times 144/62.3 = 33.14 \text{ft}$$

相似地，对于水银来说，忽略蒸汽压，根据式（5.6）可得：

$$14.7 \times 144 = (13.54 \times 62.3)H_b$$

水银的高度是：

$$H_b = (14.7 \times 144)/(13.54 \times 62.3) = 2.51 \text{ft}$$

从以上二式可得出：水银气压计的高度要明显小于水制气压计的高度。

液体中压力单位是 lb/in²（psi）（英制单位）或 kPa（SI 单位）。由于压力是在特定的位置相对于大气压来测定的表压，所以也被写作 psi（表）。

液体中的绝对压力是特定位置下的表压和大气压的总和。因此，psi（绝）表示的绝对压力等于 psi（表）表示的表压加大气压。

例如，如果压力表读数为 800psi（表），那么液体中的绝对压力就是：

$$p_{abs} = 800 + 14.7 = 814.7 \text{psi}（绝）$$

这是基于该位置大气压力是 14.7psia 的假设得到的。

液体中的压力也与液体的压头相关，通过英尺（或米）来表示。在以 lb/ft² 为单位算得的压力中除以液体密度（lb/ft³）得到以英尺为单位的水头，这样表述时，水头代表着用 psig 给定的压力所对应的液柱高度，比如液体内的压力为 1000psi（表），对应此压力的水头 H 计算公式为：

$$H = 2.31[\text{psi}（表）]/\gamma_L \quad \text{ft} \quad （英制单位） \tag{5.7}$$

$$H = 0.102(\text{kPa})/\gamma_L \quad \text{m} \quad （SI 单位制） \tag{5.8}$$

式中 γ_L——液体密度。

式（5.7）中的因子数 2.31 由以下比例得到：

$$\frac{144\text{in}^2/\text{ft}^2}{62.34\text{lb/ft}^3}$$

其中 62.34lb/ft³ 是水的密度。

因此，如果液体相对密度为 0.85，等效水头为：

$$H = 1000 \times 2.31/0.85 = 2717.65 \text{ft}$$

这意味着 1000psig 的液压等于相对密度为 0.85 的液柱在 2717.65ft 高度的底部压力。如果此液柱有一个 $1in^2$ 的截面,此段液柱的重量为:

$$2717.65 \times (1/144) \times 62.34 \times 0.85 = 1000lb$$

这一重量作用在 $1in^2$ 的面积上,得出的压力为 1000psi(表)。

可以用另一种方式来分析一段液柱产生的水头:

假设处于 H(ft)深处的柱体微元,截面积是 A(in^2)。如果液柱上表面处于大气中,可以计算出施加于其底部的压力为:

$$压力 = \frac{液柱重量}{截面面积}$$

或

$$压力 = \frac{体积 \times 相对密度}{截面面积} = (AH\gamma)/(144 \times A)$$

或

$$压力 p = H\gamma/144 \tag{5.9}$$

式中　γ——液体密度,lb/ft^3;

　　　144——系数,用于由 in^2 改为 ft^2 的单位转换。

如果使用 62.34 lb/ft^3 作为水的密度,水柱的压力可由式(5.9)得到:

$$p = H \times 62.34/144 = H/2.31$$

5.2　液体:流速

一条管线中的液体流速是基于管线直径和液体流率得到的平均速度。可由如下公式计算:

$$流速 = 流量 / 截面积$$

随着流态的不同(层流、紊流等),在同一截面的液体流速会随着半径的不同而不同。管壁附近的流体分子是静止的,因此流速为零。越接近管线的中心,流体速度越大。层流和紊流的流速变化如图 5.3 所示。层流中,管线某一截面的流速变化呈抛物线状;紊流中,则大概呈梯形。层流也被称作黏性流或线性流。

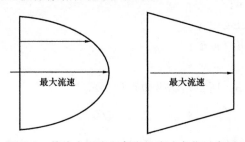

图 5.3　管线中层流和紊流的流速变化示意图

平均（或整体）流速可通过液体管径和质量流量的简单函数求得。

为了计算平均流速，可用如下方程求解：

$$v = 0.0119Q(\text{bbl/d})/D^2 \tag{5.10}$$

$$v = 0.2859Q(\text{bbl/h})/D^2 \tag{5.11}$$

$$v = 0.4085Q(\text{gal/min})/D^2 \tag{5.12}$$

式中　v——速度，ft/s；

　　　Q——流量，bbl/d，bbl/h 或 gal/min；

　　　D——内部管径，in。

在 SI 单位制中，速度计算式为：

$$v = 353.6777(\text{m}^3/\text{h})/D^2 \tag{5.13}$$

式中　v——速度，m/s；

　　　D——管内径，mm。

比如液体流经一条 16in 的管线（管线壁厚为 0.25in），流量为 100000bbl/d，其平均流速为：

$$0.0119 \times 100000/15.5^2 = 4.95\text{ft/s}$$

这代表了管线某一截面的平均速度。管线中心线处的速度会高于此数值，具体取决于流动为层流还是紊流。

5.3　液体：雷诺数

液体管线中的流动可能是十分平缓的，层流也被称为黏性流。在这种流态下，流体以层状流动，不会有漩涡和扰动产生。如果管线是透明的，放入带颜色的染料，会看到染料十分平缓地流动，呈现出一条直线。随着流量的增加，流速也会加快，流态会由层流变为紊流，并带有漩涡和扰动。当注入染料时，所有流态都能十分明显地观察到。

一个重要的无量纲参数——雷诺数，可用来划分管内流型。

雷诺数计算式为：

$$Re = vD\rho/\mu \tag{5.14}$$

式中　v——平均速度，ft/s；

　　　D——管线内径，ft；

　　　ρ——液体密度，slug/ft^3；

　　　μ——绝对黏度，lb·s/ft^2；

　　　Re——雷诺数。

由于运动黏度 $\nu = \mu/\rho$，所以雷诺数也可以写成：

$$Re = vD/\nu \tag{5.15}$$

式中　ν——运动黏度，ft^2/s。

由于雷诺数无量纲，所以要注意式（5.14）和式（5.15）中都选用了恰当的单位。

流态被划分为 3 种：

（1）层流，$Re < 2000$；

（2）临界流，$Re > 2000$ 且 $Re < 4000$；

（3）紊流，$Re > 4000$。

依赖于雷诺数，管中流态为其中的一种。先来检验下雷诺数的概念。有时，2100 的雷诺值被用作层流的临界值。

利用管线行业的常用单位，雷诺数可由以下公式计算：

$$Re = 92.24Q/(\nu D) \tag{5.16}$$

式中　Q——流量，bbl/d；

　　　D——内径，in；

　　　ν——运动黏度，cSt。

式（5.16）是式（5.15）进行单位转换后的简单变形。Re 依旧是无量纲的数值。英制单位下另一种雷诺数计算公式为：

$$Re = 3160Q/(\nu D) \tag{5.17}$$

式中　Q——流量，gal/min；

　　　D——内径，in；

　　　ν——运动黏度，cSt。

以 SI 制单位计算雷诺数：

$$Re = 353678Q/(\nu D) \tag{5.18}$$

式中　Q——流量，m^3/h；

　　　D——内径，mm；

　　　ν——运动黏度，cSt。

如前所述，雷诺数小于 2000，流动被称为层流状态，也被称为黏性流动。这意味着，流体不同层之间没有相互扰动。下面举例来说明不同流态的区别。

假设一段管径为 16in 的管线，壁厚为 0.25in，输送流体运动黏度为 250cSt。流量为 50000bbl/d，利用式（5.16）计算雷诺数：

$$Re = 92.24 \times 50000/(250 \times 15.5) = 1190$$

由于雷诺数小于 2000，此流动为层流。如果流量改为 150000bbl/d，雷诺数相应变为 3570，流态处于临界流状态。如果流量进一步增加，达到 168040bbl/d，雷诺数就会超过 4000，流态就会处于紊流状态。因此，对于这条输送黏度为 250cSt 的 16in 的管线，当流量大于 168040bbl/d 时，就会处于紊流状态。

随着流量和流速的增加，流态会相应改变。流态的改变会导致管线摩阻损失的变化。与紊流相比，层流时的管线阻力损失能量更小。

5.4 流动变化规律

简言之,流型可被分成如下 3 种:

(1) 层流,$Re < 2000$;

(2) 临界流,$2000 < Re < 4000$;

(3) 紊流,$Re > 4000$。

流体流动状态下,由于与管壁接触及流体分子自身间的摩擦,会导致能量损失。能量的损失体现为压降。因此,压力下降的原因归结于摩阻。

摩擦导致的压力取决于流量、管径、管壁的粗糙程度、流体相对密度、运动黏度。此外,还与雷诺数有关。目的就是在给定管线及流体特性和流态的情况下,来计算压降。

传统力学中,已知长度(液体水头以 ft 为单位)的管线,压降可由 Darcy – Weisbach 方程来计算:

$$h = f(L/D)(v^2/2g) \tag{5.19}$$

式中 h——液体水头,ft;

f——达西摩阻系数,一般为 $0.008 \sim 0.1$;

L——管线长度,ft;

D——管线内径,ft;

v——流体平均速度,ft/s;

g——重力加速度,取 32.2ft/s^2。

有些教材将摩擦系数叫作范宁摩阻系数,是达西摩阻系数的 $1/4$。因此 $f = 0.02$ 转换为范宁摩阻系数为 $0.02/4 = 0.05$。

下文中都使用达西摩阻系数。在层流中,达西摩阻系数只和雷诺数有关。在紊流中,则取决于管径、管壁粗糙度和雷诺数。

【例 5.2】假设一条运输 5000bbl/h 的汽油管线(相对密度 $\gamma_L = 0.736$),利用达西公式,计算 24in 管径(管线壁厚为 0.5in),3000ft 长管段的压降。

解:

利用式(5.10),流体平均流速为:

$$v = 0.0119(5000 \times 24)/(24.0)^2 = 2.48 \text{ft/s}$$

利用达西方程式(5.19),压降(水头)为:

$$h = 0.02(5000)(12/15.5)(4.76^2/64.4) = 27.24 \text{ft}$$

利用式(5.7)将压降单位转化为 psi,有:

$$27.24 \times 0.736/2.31 = 8.68 \text{psi}$$

这些计算中,摩擦系数假定为 0.02。然而,如前所述,针对特定流动,真实的摩擦系数取决于很多因素。下一章中,会介绍不同流态下,摩擦系数的具体计算。

5.5　摩擦系数

对于层流，达西摩阻系数可由式（5.20）计算：

$$f = 64/Re \tag{5.20}$$

从式（5.20）可以看出，达西摩阻系数只与雷诺数有关，与管线的内部参数无关。因此，不论管壁是否光滑，层流的摩阻系数都不受影响，仅取决于雷诺数。

因此，如果 $Re = 1800$，摩阻系数为：

$$f = 64/1800 = 0.0356$$

由于层流的摩阻系数随雷诺数增加而减小，利用达西方程，则得到压降随着流量的增加而减小。但这是不对的。因为压降与速度平方成正比，速度对压降的影响要远大于 f 对其的影响。因此，层流中压降会随着流量的增加而下降。

为了进一步说明，请参考前面 5.3 节讨论的例子。如果流量从 50000bbl/d 增加到 80000bbl/d，雷诺数将会从 1190 增加到 1904（仍然处于层流状态下）。流速从 v_1 增加到 v_2，如下所示：

$$v_1 = 0.0119 \times 50000/15.5^2 = 2.48\text{ft/s}$$

$$v_2 = 0.0119 \times 80000/15.5^2 = 3.96\text{ft/s}$$

50000bbl/d 和 80000bbl/d 下的摩擦系数分别为：

$$f_1 = 64/1190 = 0.0538$$

$$f_2 = 64/1904 = 0.0336$$

假设是 5000ft 长的管线，通过达西公式计算得到的压降为：

$$h_{L1} = 0.0538 \times (5000 \times 12/15.5) \times (2.48^2/64.4) = 19.89\text{ft}$$

$$h_{L2} = 0.0336 \times (5000 \times 12/15.5) \times (3.96^2/64.4) = 31.67\text{ft}$$

因此，很明显，尽管摩阻系数变小了，但压降依旧提高了。

对于紊流，当雷诺数 Re 大于 4000 时，摩阻系数不止与 Re 有关，还与管线内壁的粗糙度有关。随着管壁粗糙度的增加，摩阻系数也增加。因此，光滑的管线具有更小的摩阻系数。更准确地说，摩阻系数取决于管壁相对粗糙度（e/D），而不是绝对粗糙度。

计算摩阻系数 f 时存在不同的相关参数。这些是由经验丰富的科学家和工程师从近 60 多年的实践经验中得来的。一个很好用的计算摩阻系数的公式是如下的 Colebrook – White 方程：

$$1/\sqrt{f} = -2\lg[e/3.7D + 2.51/(Re\sqrt{t})] \tag{5.21}$$

仅适用于雷诺数大于 4000 的紊流。

式中　f——达西摩阻系数；
　　　D——管线内径，in；

  e——管壁绝对粗糙度，in；

  Re——雷诺数。

  在 SI 单位制中，前面用于计算 f 的方程依旧不变，只是绝对粗糙度 e 和管线内径 D 都以 mm 为单位进行表述。其余都为无量纲量。

  通过式（5.21）可以看出，f 的计算比较困难，因为等式两边都出现了此项。需要进行不断的试算。假设一个起始的 f 值（假设为 0.02）并用式（5.21）的右侧进行替代。这会产生一个更接近的 f 值，如此反复迭代，直到得出可以接受的 f 值。一般，经过 3 ~ 4 次迭代后，f 的误差就可以减小到 0.001 内。

  在过去的二三十年里，不同的学者提出了很多计算紊流中摩擦系数的不同公式算法。都想对前面提到的 Colebrook – White 方程进行简化。与前面提到的需要试算的式（5.21）相比，有这样两个方程式：Churchill 和 Swamee – Jain，在计算 f 时是明确的表达式，本章后续会做介绍。

  在临界流态下，没有合适的计算 f 的公式。这是因为该区域的流动很不稳定，流动阻力系数难以确定。大多数针对 f 的计算都是基于紊流状态下。

  为了使问题更具体，紊流区域又可分为：

（1）水力光滑区；

（2）粗糙区；

（3）混合摩擦区。

  在水力光滑区，管壁粗糙度对摩阻系数的影响可忽略。因此，此区域的摩阻系数只与雷诺数有关：

$$1/\sqrt{f} = -2\lg[2.51/(Re/\sqrt{f})] \tag{5.22}$$

  在紊流粗糙区，f 与雷诺数关系不大，原因是后者增长的量级太大。只与管壁粗糙度和管径有关。由如下公式可以计算：

$$1/\sqrt{f} = -2\lg(e/3.7D) \tag{5.23}$$

对水力光滑区和粗糙区间的混合摩擦区而言，f 可由 Colebrook – White 方程来计算：

$$1/\sqrt{f} = -2\lg[e/3.7D + 2.51/(Re/\sqrt{f})] \tag{5.24}$$

  如前所述，在 SI 单位制中，如果 e 和 D 都以 mm 为单位，针对于 f 的方程保持不变。

  前面讨论的摩阻系数方程，还被绘制成图，如图 5.4 展示的莫迪图。e/D 被定义为相对粗糙度，是绝对粗糙度与管内径的比值，相对粗糙度是一个无量纲参数。

  莫迪图呈现了完整的摩阻系数图，包含层流和所有紊流区域。一般用于确定流体管线的摩阻系数。如果莫迪图不可用，就需要通过迭代的方式，依据式（5.24）进行计算。

  使用莫迪图来确定摩阻系数，需要先计算流体的雷诺数。接下来，在水平轴上找到此 Re 值，向上做垂线，与对应接近的 e/D 曲线相交，过交点做水平线，与纵坐标相交的值即为其摩阻系数。

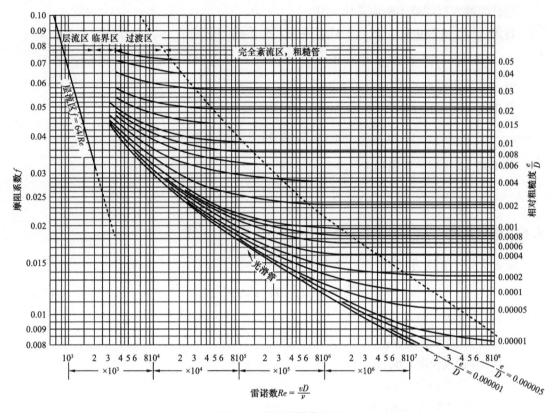

图 5.4　摩阻系数莫迪图

　　进行下一讨论任务之前，还要提及范宁摩阻系数。一些出版物用范宁摩阻系数代替达西摩阻系数。

　　范宁摩阻系数定义为：

$$f_f = f_d/4 \qquad (5.25)$$

式中　f_f——范宁摩阻系数；

　　　　f_d——达西摩阻系数。

　　如无特殊说明，本书中都使用达西摩阻系数。

　　【例 5.3】流体以 5700gal/min 的流速流过 20in 的管道。利用 Colebrook – White 方程来计算摩阻系数。假设管壁厚度为 0.375in，管壁绝对粗糙度为 0.002in。相对密度取 1.00，运动黏度取 1.0cSt。2500ft 长的管线，沿程压降是多少？

　　解：

　　首先利用式（5.17），计算出雷诺数：

$$Re = 3160 \times 5700/(19.25 \times 1.0) = 935688$$

　　流态处于紊流粗糙区，利用式（5.21）计算出摩阻系数：

$$1/\sqrt{f} = -2\lg[0.002/(3.7 \times 19.25) + 2.51/(935688\sqrt{f})]$$

这种隐性方程需要不断地迭代试算。

首先假设 f 值为 0.02，代入上式，得到 f 如下不断接近：

$$f = 0.0133, 0.0136 \text{ 和 } 0.0136$$

因此方程的解为 $f = 0.0136$。

利用式（5.12），有：

$$v = 0.4085 \times 5700/19.25^2 = 6.28\text{ft/s}$$

利用式（5.19），摩阻损失压头为：

$$h = 0.0136 \times (2500 \times 12/19.25) \times 6.28^2/64.4 = 12.98\text{ft}$$

5.6 摩阻压降

前面介绍了达西方程：

$$h = f(L/D)(v^2/2g) \tag{5.26}$$

式中 h——压降（液体水头），ft；

f——达西摩阻系数；

L——管线长度，ft；

D——管线内径，ft；

v——液体平均流速，ft/s；

g——重力加速度，取 32.2ft/s^2。

利用常用管线单位来计算的公式如下，更为常用。

单位管长摩阻压降（英制单位）：

$$p_{\text{m}} = 0.0605fQ^2(\gamma/D^5) \tag{5.27}$$

针对于输送系数 F，有：

$$p_{\text{m}} = 0.2421(Q/F)^2(\gamma/D^5) \tag{5.28}$$

式中 p_{m}——摩阻压降，$(\text{lbf/in}^2)/\text{mile}$（psi/mile）；

Q——液体流量，bbl/d；

f——达西摩阻系数；

F——输送系数；

γ——液体相对密度；

D——管线内径，in。

输送系数 F 与运送液体的体积成正比，因此与摩阻系数 f 成反比，具体计算关系如下：

$$F = 2/\sqrt{f} \tag{5.29}$$

摩阻系数 f 一般在 $0.008 \sim 0.1$ 之间，所以 F 近似值在 $6 \sim 22$ 之间。

转化为 F 的相关式，Colebrook – White 方程式（5.21）可以被重写为：

$$F = -4\lg[e/3.7D + 1.255(F/Re)] \qquad （紊流\ Re > 4000） \qquad (5.30)$$

与利用式（5.21）计算摩阻系数相类似，通过式（5.30）来计算输送系数 F 也需要使用迭代的方法。假设 F 一个初值（100）并带入等式右侧。这会产生另外一个更接近的 F 值，通过 $2\sim3$ 次的迭代，会得到一个很好的 F 值。

在 SI 单位制中，达西方程呈现如下：

$$p_{km} = 6.2475 \times 10^{10} fQ^2(\gamma/D^5) \qquad (5.31)$$

相应于 F 的方程为：

$$p_{km} = 24.99 \times 10^{10} (Q/F)^2(\gamma/D^5) \qquad (5.32)$$

式中　p_{km}——摩擦导致的压降，kPa/km；

　　　Q——液体流量，m^3/h；

　　　f——达西摩阻系数；

　　　F——输送系数；

　　　γ——液体相对密度；

　　　D——管线内径，mm。

在 SI 单位制中，利用式（5.30）来计算 F：

$$F = -4\lg[e/3.7D + 1.255(F/R)] \qquad （适用于紊流） \qquad (5.33)$$

式中　D——管线内径，mm；

　　　e——绝对粗糙度，mm；

　　　Re——雷诺数。

【例 5.4】假设一条长 100mile 的管线，管径 16in，管线壁厚 0.250in，运送液体流量为 90000bbl/d（相对密度为 0.815，70℉下运动黏度为 15cSt）。利用 Colebrook – White 方程来计算单位长度管线压降。假设管线粗糙度为 0.002in。

解：

首先计算雷诺数，有：

$$Re = \frac{92.24 \times 90000}{15.5 \times 15} = 35706$$

利用 Colebrook – White 方程式（5.30），输送系数为：

$$F = -4\lg[0.002/(3.7 \times 15.5) + 1.255F/35706]$$

迭代法求解方程，得：

$$F = 13.21$$

为了计算摩阻系数 f，使用式（5.29），通过移相和简单处理，得到：

$$摩阻系数\ f = 4/F^2 = 4/(13.21)^2 = 0.0229$$

利用式（5.28）得到每英里的摩阻压降为：

$$p_m = 0.2421(90000/13.21)^2(0.815/15.5^5) = 10.24\text{psi/mile}$$

100mile 长管线总压降为：

$$100 \times 10.24 = 1024\text{psi}$$

5.7 Colebrook – White 方程 （一）

1956 年，美国矿务局进行了实验并提出了对 Colebrook – White 方程的修正。修正后 Colebrook – White 方程计算出的输送系数更为保守。利用修正后的 Colebrook – White 方程计算所得的压降会略高于原始 Colebrook – White 方程计算的结果。针对于 F 的修正后 Colebrook – White 方程定义如下：

$$F = -4\lg[e/3.7D + 1.4125(F/R)] \tag{5.34}$$

在 SI 单位制中，上面方程中 e 和 D 单位依旧是 mm，其他都为无量纲量。

对比式（5.34）和式（5.30）或式（5.33），可以看出唯一的变化就是把原来的常数 1.255 换成了 1.4125。有些公司采用如式（5.34）中表述的修正 Colebrook – White 方程。

Swamee 和 Jain 提出了一种现实的计算摩阻系数的方程。这种方程不需要像 Colebrook – White 方程那样通过迭代来求解。计算出的结果与通过莫迪图算得的十分接近。附录中列出了一版基于 Swamee – Jain 方程计算的摩阻系数。

5.8 Hazen – Williams 方程

Hazen – Williams 方程经常用来计算提纯油品，如汽油和柴油等的摩擦压降。这种方法利用 Hazen – Williams 系数 C 来代替管线粗糙度或液体黏度。

通过流量、管线直径和相对密度来计算压降的 Hazen – Williams 方程，如下：

$$h = 4.73L(Q/C)^{1.852}/D^{4.87} \tag{5.35}$$

式中 h——摩阻导致的压头损失，ft；

       L——管线长度，ft；

       D——管线内径，ft；

       Q——流量，ft^3/s；

       C——Hazen – Williams 系数。

附录 A 中给出了 Hazen – Williams 系数的传统计算方法。

在常用单位制中，Hazen – Williams 方程可被重写为如下形式。

英制单位：

$$Q = 0.1482CD^{2.63}(p_m/\gamma)^{0.54} \tag{5.36}$$

式中 p_m——摩阻压降，psi/mile；

       Q——液体流量，bbl/d；

       γ——液体相对密度；

　　D——管线内径，in；

　　C——Hazen – Williams 系数。

　　流量以 gal/min 单位给定，水头损失按每 1000ft 管段用英尺计量，Hazen – Williams 方程的另一种表述如下：

$$GPM = 6.7547 \times 10^{-3} CD^{2.63} H_L^{0.54} \tag{5.37}$$

式中　GPM——流量，gal/min；

　　H_L——摩阻损失，ft/1000ft（管段）。

　　其他符号定义不变。

　　在 SI 单位制中，Hazen – Williams 方程表示如下：

$$Q = 9.0379 \times 10^{-8} CD^{2.63} (p_{km}/\gamma)^{0.54} \tag{5.38}$$

式中　p_{km}——摩阻压降，kPa/km；

　　Q——液体流量，m³/h；

　　γ——液体相对密度；

　　D——管线内径，mm；

　　C——Hazen – Williams 系数。

　　历史上，很多经验公式都被用来计算摩阻压降。Hazen – Williams 方程因为形式简单，使用便捷，在管网和给排水系统中广泛应用。回顾 Hazen – Williams 方程，可以看出摩阻压降取决于相对密度、管径和 Hazen – Williams 系数。

　　与 Colebrook – White 方程（其摩擦系数的计算基于管壁的粗糙度、管径和雷诺数，进而取决于液体相对密度和黏稠度）不同，Hazen – Williams 方程看起来不用考虑液体黏度和管壁粗糙度，但可以说 C 系数实际上是管线内壁粗糙度的单位。不过无法看出 C 系数从层流到紊流是如何变化的。

　　对比 Darcy – Weisbach 方程和 Hazen – Williams 方程，可以看出 C 系数是 Darcy 摩擦系数和雷诺数的函数。基于此对比，可得出结论：C 系数实际上是管壁相对粗糙度的指数。必须指出，Hazen – Williams 方程尽管非常清晰好用，它仍然是经验公式，不能适用于所有流动状态下的流体。尽管如此，现实管线情况下，具备充分的现场数据，特定管线和用泵加压的流体的特定的 C 系数还是可以被确定的。

　　【例 5.5】一条管内径为 3in 的通畅管线用来输送 100gal/min 的水。利用 Hazen – Williams 方程，计算 3000ft 长管线的压力水头损失。假设 $C = 140$。

　　解：

　　利用式（5.37），代入给定的值，得到：

$$100 = 6.7547 \times 10^{-3} \times 140 \times (3.0)^{2.63} H_L^{0.54}$$

　　求解水头损失，得到：

$$H_L = 26.6 \text{ft}/1000 \text{ft}$$

　　因此，最终 3000ft 长管线的水头损失为 79.8ft 的水量。

5.9 Shell – MIT 方程

Shell – MIT 方程，有时也称作 MIT 方程，是用来计算重油或流体介质温度较高时的压降。采用这种方法，首先要计算修正的雷诺数 Re_m：

$$Re = 92.24Q/D_{\nu} \tag{5.39}$$

$$Re_m = Re/7742 \tag{5.40}$$

式中　Re——雷诺数；

　　　Re_m——修正雷诺数；

　　　Q——流量，bbl/d；

　　　D——管线内径，in；

　　　ν——运动黏度，cSt。

接下来，依照流态不同，用以下流动方程可计算摩阻系数：

$$f = 0.00207/Re_m \quad （层流） \tag{5.41}$$

$$f = 0.0018 + 0.00662(1/Re_m)^{0.355} \quad （紊流） \tag{5.42}$$

注意此摩阻系数不是之前讨论的达西摩阻系数。事实上，这些方程中的摩阻系数更像之前讨论的范宁摩阻系数。

最终，压降计算公式为：

$$p_m = 0.241(f\gamma Q^2)/D^5 \tag{5.43}$$

式中　p_m——摩阻压降，psi/mile；

　　　Q——液体流量，bbl/d；

　　　γ——液体相对密度；

　　　D——管线内径，in；

　　　f——摩阻系数。

在国际制单位中，MIT 方程表述如下：

$$p_m = 6.2191 \times 10^{10}(f\gamma Q^2)/D^5 \tag{5.44}$$

式中　p_m——摩阻压降，kPa/km；

　　　Q——液体流量，m^3/h；

　　　γ——液体相对密度；

　　　D——管线内径，mm；

　　　f——摩阻系数。

对比式（5.43）和式（5.27）、式（5.28），注意输送系数 F 和达西摩阻系数 f 间的联系，利用式（5.29）不难看出，式（5.43）中的摩阻系数不再是达西摩阻系数，而变成了其 1/4。

【例 5.6】一条外径 500mm、壁厚 10mm 的管线，用来输送重油，流量为 800m^3/h，输送温度为 100℃。利用 MIT 方程，计算每千米管线的摩阻压降，假设管道内壁粗糙度为

0.005mm。重油在100℃时相对密度为0.89，黏度为120cSt。

解：

先计算雷诺数，有：

$$Re = 353678 \times 800/(120 \times 480) = 4912$$

流动处于紊流，有：

$$Re_m = 4912/7742 = 0.6345$$

$$f = 0.0018 + 0.00662(1/0.6345)^{0.355} = 0.0074$$

由式（5.44）得摩阻压降：

$$p_m = 6.2191 \times 10^{10}(0.0074 \times 0.89 \times 800 \times 800)/480^5$$

$$= 10.29 kPa/km$$

5.10　Miller 方程

Miller 方程也被称为 Benjamin Miller 公式，用于原油管线的水力计算。此方程不考虑管线的粗糙度，是通过给定的压降来计算流量的经验公式，也可用于给定流量时压降的计算。此方程的一种常见式为：

$$Q = 4.06M(D^5 p_m/\gamma)^{0.5} \tag{5.45}$$

M 定义如下：

$$M = \lg(D^3 \gamma p_m/\mu_L^2) + 4.35 \tag{5.46}$$

式中　p_m——摩阻压降，psi/mile；

Q——液体流量，bbl/d；

γ——液体相对密度；

D——管线内径，in；

μ_L——液体黏度，cP。

在 SI 单位制中，Miller 方程如下：

$$Q = 3.996 \times 10^{-6}M(D^5 p_m/\gamma)^{0.5} \tag{5.47}$$

M 定义为：

$$M = \lg(D^3 \gamma p_m/\mu_L^2) - 0.4965 \tag{5.48}$$

式中　p_m——摩阻压降，kPa/km；

Q——液体流量，m³/h；

γ——液体相对密度；

D——管线内径，mm；

μ_L——液体黏度，cP。

从此版本的 Miller 方程中不难看出，无法通过 Q 来直接计算 p_m。这是因为参数 M 会随着压降 p_m 的改变而改变。因此，如果要通过式（5.45）中 Q 和其他参数来求解 p_m，会得到：

$$p_m = (Q/4.06M)^2 (\gamma/D^5) \tag{5.49}$$

其中，M 可由式（5.46）计算得到。

要通过给定的 Q 来计算 p_m，需要使用迭代法。首先，假定一个 p_m 值，由式（5.46）得到一个初始的 M 值。再将此 M 值代入式（5.49），得到一个更接近的 p_m 值。再用此 p_m 值来得到一个更好的 M 值，再用它重新计算新的 p_m。一旦算得 p_m 的误差在可接受范围之内，如 0.001psi/mile，迭代就可以终止。

【例 5.7】用 Miller 方程，判断一条管径为 14in 的管线，粗糙度为 0.250in，流量为 3000gal/min 的原油管线的压降。原油性质：60℉ 温度下，相对密度为 0.825，黏度为 15cSt。

解：

$$液体黏度\ \mu_L = 0.825 \times 15 = 12.375cP$$

初始 $p_m = 10.0$，通过式（5.46）来计算 M：

$$M = \lg(13.5^3 \times 0.825 \times 10.0/12.375^2) + 4.35$$

$$= 6.4724$$

将此 M 值代入式（5.49），得到：

$$p_m = [3000 \times 34.2857/(4.06 \times 6.4724)]^2 (0.825/13.5^5)$$

$$= 28.19psi/mile$$

这与初始估计的 p_m 值相差较大。

利用这个 p_m 值，再次计算新的 M 值：

$$M = 6.9225$$

将此 M 值代入式（5.49），得到：

$$p_m = 24.64$$

连续的迭代，得到最终的 p_m 值为 25.02psi/mile。

5.11　T. R. Aude 方程

管道行业采用的另一种计算压降的方程是 T. R. Aude 方程，有时也被简称为 Aude 方程。此方程以一位 20 世纪 50 年代进行管线实验的工程师的名字命名。

值得指出的是，T. R. Aude 方程是基于 6～8in 的成品油管线收集的数据得到的。因此，用于大管径管线时要注意。T. R. Aude 方程用于计算 6～12in 管线的压降。这种算法需要使用 Aude 系数，代表管线效率。计算公式的一个版本如下：

$$p_m = \left[Q\mu_L^{0.104}\gamma^{0.448}/(0.871KD^{2.656}) \right]^{1.812} \tag{5.50}$$

式中　p_m——摩阻压降，psi/mile；

　　　Q——液体流量，bbl/h；

　　　γ——液体相对密度；

　　　D——管线内径，in；

　　　μ_L——液体黏度，cP；

　　　K——Aude 系数，通常为 0.90 ~ 0.95。

在国际制单位中，T.R.Aude 方程如下：

$$p_m = 8.888 \times 10^8 \left[Q\mu_L^{0.104}\gamma^{0.448}/(KD^{2.656}) \right]^{1.812} \tag{5.51}$$

式中　p_m——摩阻压降，kPa/km；

　　　Q——液体流量，m^3/h；

　　　γ——液体相对密度；

　　　D——管线内径，mm；

　　　μ_L——液体黏度，cP；

　　　K——Aude 系数，通常为 0.90 ~ 0.95。

这里给出的 Aude 方程不包含管线粗糙度，所以可推论出 Aude 系数 K 一定包含了管线的内部状况系数。正如前面讨论的 Hazen – Williams 系数 C，Aude 系数 K 也是基于经验得到的，必须通过现有管线的现场测量和校验来确定。如果无法得到现场数据，工程师会采用近似值，比如 $K = 0.90 ~ 0.95$。较高的 K 值会导致给定流量下的较低压降，或给定压降下的较高流量。

【例 5.8】 NPS20，管线壁厚为 0.375in 的原油管线，流量为 100000bbl/d。在 $\mu_L = 25cP$，$\gamma = 0.895$ 的情况下，采用 $K = 0.92$ 来计算摩阻压降。

解：

$$p_m = \left[Q(\mu_L^{0.104})(\gamma^{0.448})/(0.871KD^{2.656}) \right]^{1.812}$$

$$= \left[100000/24 \times 25^{0.104} \times 0.895^{0.448}/(0.871 \times 0.92 \times 19.25^{2.656}) \right]^{1.812}$$

或

$$p_m = 5.97\text{psi/mile}$$

5.12　局部水头损失

大多数长距离输送管线中，比如管线干线，直管段摩阻导致的压降是整个系统摩擦压降的主要组成部分。阀门和配件对整条管线的总体压降影响很小，因此，一般通过阀门和部件的压降都被称为局部损失。局部水头损失是由于液体的流动状态——方向、流量、流速的突然改变而引起的。因此，管道的尺寸变化，弯管，过流部件如止回阀、闸阀等，都被划入局部微小损失。

短距离管线，比如末站和工业管线，由于阀门和管件造成的压降在总压降中占比很大。这种情况下如果将局部水头损失理解为可忽略的微小损失，属于用词不当。

因此，在长距离输送管线中，弯管、弯头、阀门和管件等造成的压降损失，被视为"微小损失"，大多数情况下可以忽略。但是在短距离管线中，这些压降损失则一定不能被忽略，工程设计计算中一定要计入。高雷诺数的水压试验证明，局部水头损失随速度的平方而变化，可视为液体速度水头或动能（$v^2/2g$）的函数。

相应地，通过阀门及管件造成的压降可以用液体动能乘以水头损失系数 K 来得到。与达西公式进行比较，可以看出如下相似。对于直管段，水头损失 h 等于 $v^2/2g$ 乘以系数 fL/D。因此，直管段的水头损失系数为 fL/D，其中管道长度 L 和管径 D 都以 ft 为单位。

因此，阀门和管件处的压降计算公式如下：

$$h = Kv^2/2g \qquad (5.52)$$

式中　h——阀门及管件引起的水头损失，ft；

　　　K——阀门及管件造成的水头损失系数；

　　　v——通过阀门或管件的液体速度，ft/s；

　　　g——重力加速度，取 32.2ft/s^2，英制单位。

水头损失系数 K，在给定的几何流态下，高雷诺数时 K 值视为不变。K 值和管壁粗糙度成正比，和雷诺数成反比。总体上，K 值主要由流体几何形态或造成压降损失的装置的形状来决定。

通过式（5.45）不难看出，K 可类比于直管线中的 fL/D。标准手册中给出了不同类型的阀门和管件对应的 K 值。常用阀门和管件的 K 值见附录 A。

5.12.1　渐扩管

假设液体流过一条内径为 D_1 的管线。在某一点，管线内径扩大为 D_2，由于渐扩导致的能量损失表示如下：

$$h = K(v_1 - v_2)^2/2g \qquad (5.53)$$

其中 v_1 和 v_2 分别为 D_1 和 D_2 处的速度。K 值与 D_1/D_2 和渐扩角度相关。渐扩部件展示如图 5.5 所示，对于一个内径突然变大的部件，$K=1.0$，对应水头损失为：

$$h = (v_1 - v_2)^2/2g \qquad (5.54)$$

图 5.5　内径渐扩部件示意图

【例 5.9】计算带有 30°弯头的渐扩管，输送水的流量为 100gal/min，管内径由 2in 渐扩到 3in，产生的压头损失。

解：

两部分管段的速度分别为：

$$v_1 = 0.4085 \times 100/2^2 = 10.21\text{ft/s}$$

$$v_2 = 0.4085 \times 100/3^2 = 4.54\text{ft/s}$$

$$\text{内径比率} = 3/2 = 1.5$$

从图表中可查得，内径比率为 1.5 时，30°弯头对应的 K 值是 0.38。

因此，渐扩导致的压降损失为：

$$h = 0.38 \times (10.21 - 4.54)^2/64.4 = 0.19\text{ft}$$

如果是由 2in 到 3in 的突然增大，则水头损失为：

$$h = (10.21 - 4.54)^2/64.4 = 0.50\text{ft}$$

5.12.2　缩径管

对于内径突然缩小的管线，流体由大口径管（内径 D_1、流速 v_1、断面面积 A_1）突然进入小口径管（内径 D_2、流速 v_2、断面面积 A_2），会导致流颈的出现。在收缩断面处，流动通道面积减小为 A_c，流速增加为 v_c。随后，小口径管内流体速度减为 v_2。流体速度先从 v_1 增加到 v_c，然后突然降为 v_2，如图 5.6 所示。

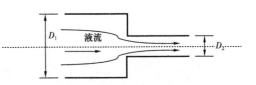

图 5.6　管径突然缩小示意图

液体的能量损失取决于 D_2 和 D_1 的比率，以及 A_2 和 A_1 的比率。水头损失系数 K 可通过表 5.1 查得，其中 $C_c = A_c/A_2$。A_2/A_1 可通过 D_2/D_1 得到。

表 5.1　内径突然收缩的管线压头损失系数 K

A_2/A_1	C_c	K
0.0	0.617	0.50
0.1	0.624	0.46
0.2	0.632	0.41
0.3	0.643	0.36
0.4	0.659	0.30
0.5	0.681	0.24
0.6	0.712	0.18
0.7	0.755	0.12
0.8	0.813	0.06
0.9	0.892	0.02
1.0	1.000	0.00

一条与大型储罐相连接的管线，就是突缩管的最好例子。如果罐内储存了大量的液体，那么称之为突缩管的极限状态。假设一条直角边缘的管线从大罐中引出，则 $A_2/A_1 =$

123

0.0，通过表 5.1 可查得，紊流时 $K=0.50$。

管线和大罐的连接，还有另一种形式，称为凹角连接。如果是薄壁管，且大罐的开口位于高出一倍管径的罐壁上方，则 K 值接近 0.80。

如果连接处为圆形或钟形，水头损失系数会小得多，钟形入口的 K 值是 0.10。

5.12.3 管材和管件的水头损失及 L/D 比率值

前面讨论了如何利用水头损失系数 K 和液体流速水头来计算局部水头损失。附录 A 列出了常见阀门和管件的 K 值。

通过表 A，查得 16in 阀门的 K 值为 0.1。

因此，对于 16in 的直管段，可以写出达西方程：

$$\frac{fL}{D} = 0.10$$

或

$$\frac{L}{D} = 0.10f$$

假设 $f=0.0125$，得到：

$$L/D = 8$$

这意味着与 16in 的直管段相比，16in 的闸阀 L/D 比值为 8，会造成相同的摩擦损失。L/D 比值代表了导致相同压降的阀门或管件对应的直管段长度。在附录 A 中，列出了不同阀门和管件的 L/D 值。

利用 L/D，可以用一段 128in 长的直管线来代替一个 16in 的闸阀。此长度的管线和 16in 的闸阀会产生同样大的压降。因此，可以利用 K 值或 L/D 比值来计算阀门和管件的摩阻。

5.13 内涂层减阻

在紊流中，可看出摩阻造成的压降与管壁粗糙度有关。因此，如果管线内表面光滑，摩阻压降就会降低。相比于没有内涂层的管线，有环氧粉末内涂层的管线能大大降低管壁的粗糙度，摩阻压降更小。

比如，如果没有内涂层的管线管壁绝对粗糙度为 0.002in，有内涂层的管线粗糙度可降到 0.0002in。摩阻系数 f 因此可能从 0.02 降到 0.01。依据达西方程，由于压降与摩阻系数成比例关系，通过内涂层，此例中的总压降可以减少 50%。

另一种减少压降的方法就是利用减阻剂。减阻是指在流体中加入极少量的高分子化合物来改善液体质量，这种物质叫降凝剂（DRA）。DRA 只在两个泵站间的管段起作用。随着长距离流动，其作用降低。DRA 只在低黏度紊流状态下起作用。对于精炼的油品（汽油、柴油等）有着很好的作用，但对于原油的作用效果不明显。两种常用的 DRA 为 Baker - Petrolitr 和 Conoco - Phillips。

为了确定加入 DRA 的数量，要注意：

如果已知加入和没有加入 DRA 的摩阻压降值，就可以计算减阻剂的百分比：

$$R_{DRA} = 100(DP_0 - DP_1)/DP_0 \qquad (5.55)$$

式中　DP_0——没有 DRA 时的摩阻压降，psi；

　　　DP_1——加入 DRA 时的摩阻压降，psi。

压降也指处理过和没有处理过的压降比。利用管件参数和流体特性很容易计算出没有处理过之前的流体压降。加入 DRA 的压降可由 DRA 供应商提供的信息来计算。大多数加入 DRA 的情况，更关注的是计算 DRA 的需求量，再来计算动力元件的功率。值得注意的是，如果现有的泵或动力元件由于驱动功率限制而无法在高流量下运行，那么 DRA 在高流量下可能会失效。

假设由于最大允许工作压力限定了管线的情况。假设摩阻压降限定为 800psi，在流量 100000bbl/d 的情况下，通过使用 DRA 来使流量增加至 120000bbl/d。

流量需求提升量：

$$(120000 - 100000)/100000 = 20\%$$

计算 120000bbl/d 流量下管系中的压降，并假设得到管线的压降为：

（1）120000bbl/d 摩阻压降 1150psi；

（2）100000bbl/d 摩阻压降 800psi。

通过式（5.5）计算得到 DRA 的需求量：

$$100(1150 - 800)/1150 = 30.43\%$$

在这些计算中，已尝试使用 DRA 在更高流量下保持相同的摩阻压降（800psi），作为初始压力限值。要知道需要添加的剂量，可以让 DRA 厂家告知需要添加多少的 DRA 可以在 120000bbl/d 流量下，让减阻效果达到 30.43%。如答案是品牌 X 的 DRA 15×10^{-6}，可计算出 DRA 的日用量为：

$$(15 \times 10^{-6}) \times 120000 \times 42 = 75.6gal/d$$

如果 DRA 价格为 10 美元/gal，上例中，流量提升 20%，减阻效果 30.43%，15×10^{-6} 的 DRA，每日花费为 756 美元。当然，这些只是用于说明计算方法的粗略数字。DRA 的需求量将会随着钢管的型号、液体的黏度、流量、雷诺数以及减阻效果需求而变化。大多数 DRA 生产厂家都会证实减阻剂只在紊流态下见效，在原油或其他高黏液体中不会发挥作用。

减阻不会因为加入更多的 DRA 而更有效。这里有一个理论限值。在一定流量范围内，减阻效果会随着 DRA 计量的增加而增加。但在某一点，取决于泵功率、流体特性等，减阻效果趋于水平。再增加 DRA 的量，不会再提升减阻的效果。这种情况，就是到达了限值。

在接下来的章节中，会进一步探讨 DRA。

5.14　气体管线的流体流动——Bernoulli 方程

气体管线中，不同点处的气体能量由压能、动能和势能组成。Bernoulli 方程包含了这些相来组成流体能量守恒方程。Bernoulli 方程阐释如下，A、B 两点展示如图 5.7 所示。

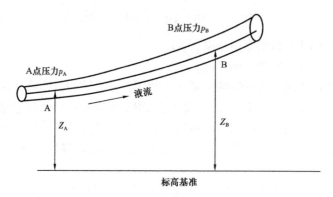

图 5.7　流体流动中的能量

$$势能 = WZ_A$$

$$压能 = Wp_A/\gamma$$

$$动能 = W(v_A/2g)^2$$

其中，γ 是流体相对密度。

可得到：

$$E = WZ_A + Wp_A/\gamma + Wv_A^2/2g \tag{5.56}$$

两边同时除以 W，得：

$$H_A = Z_A + p_A/\gamma + v_A^2/2g \tag{5.57}$$

式中　H_A——A 点处每单位重量流质的总能量。

同样的流体微团，达到 B 点时，每单位重量流质的总能量 H_B 为：

$$H_B = Z_B + p_B/\gamma + v_B^2/2g \tag{5.58}$$

根据能量守恒，有：

$$H_A = H_B$$

因此：

$$Z_A + p_A/\gamma + v_A^2/2g = Z_B + p_B/\gamma + v_B^2/2g \tag{5.59}$$

式（5.59）是 Bernoulli 方程的一种形式，更常用的形式如下：

$$Z_A + p_A/\gamma + v_A^2/2g = Z_B + p_B/\gamma + v_B^2/2g + H_P + h_r \tag{5.60}$$

式中　H_p——A 点处压缩机给流体提供的水头；

$\quad\quad h_r$——A 点和 B 点之间的摩阻损失。

由能量方程式（5.59）开始，应用气体性质定律，对公式进行简化变形。这些方程展示了气体性质，比如重力、压缩系数、流量、管线直径、长度及沿线压降间的关系。

126

因此，对于给定的管线，可由起点和终点的压力来计算流量。通过对条件进行简化，如统一气体温度，忽略管线与周围传热等，使可以达到手动计算的目的。随着计算机技术的发展，现在可以明确热传递的影响，考虑气体温度、土壤温度和管线传热性质在内的更真实的气体管线模型。本章会集中研究稳态等温流动。附件包含了一条考虑传热情况下的商业气体管线的输出报告，由 SYSTEK 科技公司开发的 GASMOD 模块模拟得到。更实际的原因是，等温流动的好处体现在长距离输送后，管线温度趋于一定。

5.15　流动方程

与气体流量、气体性质、管径和管长、上下游气体压力相关的方程有很多。如下：

（1）流体流动基本方程；

（2）Colebrook – White 方程；

（3）修正 Colebrook – White 方程；

（4）AGA 方程；

（5）Weymouth 方程；

（6）Panhandle A 方程；

（7）Panhandle B 方程；

（8）IGT 方程。

下面来逐一讨论这些方程及它们对于流体的适用性及局限性，并对这些方程进行举例对比说明。

5.16　流体流动基本方程

流体流动基本方程也被称为基础方程，表示的是压降和流量间的基本关系。在 USCS 单位中此方程最常见的表现形式是以管径、气体性质、压力、温度和流量间关系展示的。符号含义如图 5.8 所示。

$$Q = 77.54 \frac{T_b}{p_b} \left(\frac{p_1^2 - p_2^2}{G T_f L Z f} \right)^{0.5} D^{2.5} \quad \text{（USCS 单位）} \tag{5.61}$$

式中　Q——标况下气体流量，ft^3/d；

　　　f——摩阻系数；

　　　p_b——基本压力，psi（绝）；

　　　T_b——基础温度，°R（460 + °F）；

　　　p_1——上游压力，psi（绝）；

　　　p_2——下游压力，psi（绝）；

　　　G——气体相对密度（空气为 1.00）；

　　　T_f——流体平均温度，°R（460 + °F）；

　　　L——管段长度，mile；

　　　Z——流动温度下的气体压缩系数；

　　　D——管线内径，in。

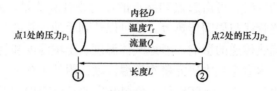

图 5.8　输气管线中的稳态流动

值得注意的是，点 1—点 2 管段气体温度 T_f 被看成是常数（等温流动）。

在 SI 单位制中，流体流动基本方程为：

$$Q = 1.1494 \times 10^{-3} \frac{T_b}{p_b} \left(\frac{p_1^2 - p_2^2}{G T_f L Z f} \right)^{0.5} D^{2.5} \quad （\text{SI 单位}） \tag{5.62}$$

式中　Q——标况下气体流量，m^3/d；

$\quad\quad f$——摩阻系数；

$\quad\quad p_b$——基本压力，kPa；

$\quad\quad T_b$——基础温度，K（$273 + ℃$）；

$\quad\quad p_1$——上游压力，kPa；

$\quad\quad p_2$——下游压力，kPa；

$\quad\quad G$——气体相对密度（空气为 1.00）；

$\quad\quad T_f$——流体平均温度，K（$273 + ℃$）；

$\quad\quad L$——管段长度，km；

$\quad\quad Z$——流动温度下的气体压缩系数；

$\quad\quad D$——管线内径，mm。

由式（5.62）的性质可知，压力也可以用 MPa 或 bar 来表示，只要所用的单位一致。

式（5.61）叙述了基于上游压力 p_1 和下游压力 p_2，如图 5.8 所示，长度 L 的管段的输送能力。假设上下游之间没有高程差，因此，管线是水平的。

通过检查基础方程式（5.61），发现对于长度为 L、内径为 D 的管段，气体流量 Q（标况下）由很多因素决定。Q 取决于气体性质。如果气体相对密度增加，流量会下降。类似地，压缩系数增加，流量会下降。气体流动温度 T_f 增加，产量会下降。气体温度越高，输量越低。因此，为了增加流量，可尽量降低气体温度。管线长度和管径对输量的影响也是显而易见的。给定压力 p_1 和 p_2，增加管线长度，流量会降低。另外，更大的内径，会带来更大的流量。$p_1^2 - p_2^2$ 这一项是上游到下游流量的驱动力。如果下游压力 p_2 减小，保证上游压力 p_1 为常数，则流量会增加。很明显，当没有流量时，p_1 和 p_2 是相等的。这是由于从 1 点到 2 点不存在压降。摩阻系数与管道内部的状况，流体的流动状态间的关系会在第 5.22 节中详细讨论。

有时，流体流动基本方程用输送系数 F 来代替摩阻系数 f 进行表示，方程式如下：

$$Q = 38.77 F \frac{T_b}{p_b} \left(\frac{p_1^2 - p_2^2}{G T_f L Z f} \right)^{0.5} D^{2.5} \quad （\text{USCS 单位}） \tag{5.63}$$

其中，F 与 f 的关系为：

$$F = \frac{2}{\sqrt{f}} \qquad (5.64)$$

在 SI 单位制中:

$$Q = 5.747 \times 10^{-4} F \frac{T_b}{p_b} \left(\frac{p_1^2 - p_2^2}{GT_f LZf} \right)^{0.5} D^{2.5} \quad （SI 单位） \qquad (5.65)$$

讨论下一个压降计算公式之前,先来研究流体流动基本方程的一些细节。

$$Q = 38.77 F \frac{T_b}{p_b} \left(\frac{p_1^2 - p_2^2}{GT_f LZf} \right)^{0.5} D^{2.5} \quad （USCS 单位） \qquad (5.66)❶$$

其中,F 与 f 的关系为:

$$F = \frac{2}{\sqrt{f}} \qquad (5.67)$$

在 SI 单位制中:

$$Q = 5.747 \times 10^{-4} F \frac{T_b}{p_b} \left(\frac{p_1^2 - p_2^2}{GT_f LZf} \right)^{0.5} D^{2.5} \qquad (5.68)$$

讨论下一个压降计算公式之前,先来看下基本流动方程的一些细节。

5.17　管线高程影响

当管段端点高程不同时,对基本流动方程做如下修正:

$$Q = 38.77 F \frac{T_b}{p_b} \left(\frac{p_1^2 - e^s p_2^2}{GT_f LZf} \right)^{0.5} D^{2.5} \qquad (5.69)$$

SI 单位制中:

$$Q = 5.747 \times 10^{-4} F \frac{T_b}{p_b} \left(\frac{p_1^2 - e^s p_2^2}{GT_f LZf} \right)^{0.5} D^{2.5} \qquad (5.70)$$

$$L_e = \frac{L(e^s - 1)}{s} \qquad (5.71)$$

等效长度 L_e 和 e^s 两相都考虑了上下游高程的不同。参数依赖于气体相对密度、气体压缩系数、流动温度和高程差。在 USCS 单位制下,有:

$$s = 0.0375 G \frac{H_2 - H_1}{T_f Z} \qquad (5.72)$$

式中　s——高程调整因子;

　　　H_1——上游高程,ft;

---

❶ 本节以下内容为原著重复。为了公式式号与原著一致,译著保留了重复部分。——译者注

H_2——下游高程，ft。

其他符号定义同前文。

在 SI 单位制中，高程调整因子定义如下：

$$s = 0.0684G\frac{H_2 - H_1}{T_f Z} \tag{5.73}$$

式中　H_1——上游高程，m；

　　　H_2——下游高程，m。

其他符号定义同前文。

式（5.64）对 L_e 的计算中，假设在 1 点和 2 点间有一个单体斜坡，如果长 L 的管段有一系列的斜坡，就引入参量 j，对每一管段逐一进行修正：

$$j = \frac{e^s - 1}{s} \tag{5.74}$$

参量 j 用来计算每一段 L_1 和 L_2 之间的斜坡修正，然后组成整条管线长 L。式（5.62）和式（5.63）中的等效长度 L_e 由每段单体斜坡相加来构成：

$$L_e = j_1 L_1 + j_2 L_2 e^{s_1} + j_3 L_3 e^{s_2} + \cdots \tag{5.75}$$

j_1 和 j_2 为针对于每段管段的起伏升降，通过参数 s_1 和 s_2 由式（5.74）进行计算。

本章接下来的部分，将讨论如何利用不同的方程，如 Colebrook – White 方程和 AGA 方程，来计算摩阻系数和输送系数。流体流动基本方程是用来计算流量和压力的最常用公式。为了正确地应用该方程，必须使用正确的摩阻系数或输送系数。Colebrook – White 方程、AGA 方程还有其他形式的方程都是用来计算流体流动基本方程中的摩阻系数的。其他的一些方程，如，Panhandle A 方程、Panhandle B 方程，以及 Weymouth 方程可计算给定压力下的流量，而不需要使用摩阻系数或输送系数。然而，等价的摩阻系数（或输送系数）也可以通过这些方法来进行计算。

5.18　管段平均压力

在流体流动基本方程中，应考虑压缩系数 Z 的影响。必须在该管段气体流动温度和平均压力下进行计算。因此，有必要先计算图 5.8 中描述管段的平均压力。

考虑一条上游压力为 p_1、下游压力为 p_2 的管段。这段管道的平均压力可由（p_1 + p_2）/2 求得。然而，计算平均压降的更精准算法是依据平均气温 T_f 下的压缩系数，首先：

$$p_{avg} = \frac{2}{3}\left(p_1 + p_2 - \frac{p_1 p_2}{p_1 + p_2}\right) \tag{5.76}$$

管段平均压降的另一种表达方式为：

$$p_{avg} = \frac{2}{3}\frac{p_1^3 - p_2^3}{p_1^2 + p_2^2} \tag{5.77}$$

流体流动基本方程中的压力都是绝对压力。因此，表压要转化为绝对压力进行计算。

比如，上下游压力分别为 1000psi（绝）和 900psi（绝）。通过式（5.76）可知平均压力为：

$$p_{avg} = \frac{2}{3}\left(1000 + 900 - \frac{1000 \times 900}{1900}\right) = 950.88\text{psi}(\text{绝})$$

将此与算数平均值相比较，有：

$$p_{avg} = \frac{1}{2}(1000 + 900) = 950\text{psi}(\text{绝})$$

5.19　管线中气流速度

管线中气流速度代表了气体分子从一点到另一点移动的速度。不像液体分子，由于可压缩性，气流速度与压力相关，因此，即使管径不变，沿着管线气流的速度也会不同。流速最大点会出现在管线下游压力最低的位置。相应地，最小流速点出现在管线上游，压力较大处。

假设管线输送气体从 A 点到 B 点，在稳定流动下，A 点处设计流量为 M，如果没有分输或注入的情况，则 B 点处流量也为 M。针对于 A 点，质量、体积和密度之间的关系可写成：

$$M = Q\rho \tag{5.78}$$

体积流量可以用流速和截面积表示：

$$Q = uA \tag{5.79}$$

因此，联立式（5.78）和式（5.79），并对 A 点和 B 点联立质量守恒方程，得到：

$$M_1 = u_1 A_1 \rho_1 = M_2 = u_2 A_2 \rho_2 \tag{5.80}$$

其中，下角标 1 和 2 分别指代 A 点和 B 点。

如果管线横截面是连续的，那么：

$$A_1 = A_2 = A$$

因此，式（5.80）中的面积相可约去，A 和 B 两点的速度关系表达为：

$$u_1 \rho_1 = u_2 \rho_2 \tag{5.81}$$

由于管线中气体流动会导致 A 点到 B 点沿线的温度变化，气体密度也会随着温度和压力而改变。如果已知一点的密度和速度，利用下文式（5.88）和式（5.89）可计算出另一点相应的速度。

如果入口状况由 A 点表示，标况下体积流量已知，可计算沿线任一已知压力 p 和温度 T 处的速度。

点 1 处的速度与该处的流量和流动截面 A 相关，关系式为：

$$Q_1 = u_1 A$$

稳定流动点 1 和点 2 处质量相等，则：

$$M_1 = Q_1 \rho_1 = Q_2 \rho_2 = Q_b \rho_b \tag{5.82}$$

式中　Q_b——标况下的气体流量；

　　　ρ_b——相应的气体密度。

因此，简化式（5.82），有：

$$Q_1 = Q_b \frac{\rho_b}{\rho_1} \tag{5.83}$$

应用气体基本法则，得到：

$$\frac{p_1}{\rho_1} = Z_1 R T_1 \quad \text{或} \quad \rho_1 = \frac{p_1}{Z_1 R T_1} \tag{5.84}$$

其中 p_1 和 T_1 分别是点 1 处的压力和温度。

类似地，标况下，有：

$$\rho_b = \frac{p_b}{Z_b R T_b} \tag{5.85}$$

通过式（5.83）至式（5.85）得到：

$$Q_1 = Q_b \frac{p_b}{T_b} \frac{T_1}{p_1} \frac{Z_1}{Z_b} \tag{5.86}$$

因为近似 $Z_b = 1.00$，可简化为：

$$Q_1 = Q_b \frac{p_b}{T_b} \frac{T_1}{p_1} Z_1 \tag{5.87}$$

因此，1 管段处的气流速度为：

$$u_1 = \frac{Q_b p_1}{A} \frac{p_b}{T_b} \frac{T_1}{p_1} = \frac{4 \times 144}{\pi D^2} Q_b Z_1 \frac{p_b}{T_b} \frac{T_1}{p_1}$$

或

$$u_1 = 0.002122 \frac{Q_b}{D^2} \frac{p_b}{T_b} \frac{Z_1 T_1}{p_1} \tag{5.88}$$

式中　u_1——上游气流速度，ft/s；

　　　Q_b——标况下气体流量，ft³/d；

　　　D——管线内径，in；

　　　p_b——基础压力，psi（绝）；

　　　T_b——基础温度，°R（460 + °F）；

　　　p_1——上游压力，psi（绝）；

T_1——上游温度，°R（460 + °F）；

Z_1——上游气体压缩系数。

相似地，2 管段处的气流速度为：

$$u_2 = 0.002122 \frac{Q_b}{D^2} \frac{p_b}{T_b} \frac{Z_2 T_2}{p_2} \qquad (5.89)$$

整体上，管线任意点处的气流速度为：

$$u = 0.002122 \frac{Q_b}{D^2} \frac{p_b}{T_b} \frac{ZT}{p} \qquad (5.90)$$

在 SI 单位制中，任意点处气体速度：

$$u = 14.7349 \frac{Q_b}{D^2} \frac{p_b}{T_b} \frac{ZT}{p} \qquad (5.91)$$

式中 u——上游气流速度，m/s；

Q_b——标况下气体流量，m^3/d；

D——管线内径，mm；

p_b——基础压力，kPa；

T_b——基础温度，K（273 + ℃）；

p_1——上游压力，kPa；

T_1——上游温度，K（273 + ℃）；

Z_1——上游气体压缩系数。

由于式（5.91）右侧包含压力的比率，所以，只要单位保持一致，不论是 kPa，MPa 或者 bar 都是可以采用的。

5.20 腐蚀速率

从前面的章节已知，气流速度与流量直接相关。随着流量的增加，流速也会增加。流速增加，管内振动和噪声就会变得明显。此外，长时间较高的流速会导致管线内部的腐蚀。气流速度的上限由下面方程求得：

$$u_{max} = \frac{100}{\sqrt{\rho}} \qquad (5.92)$$

式中 u_{max}——最大流速或腐蚀速率，ft/s；

ρ——流动温度下气体密度，lb/ft^3。

由于气体密度 ρ 可以由压力、温度来表示，利用气体方程，式（5.92）可以重新写成如下形式：

$$u_{max} = 100 \sqrt{\frac{ZRT}{29Gp}} \qquad (5.93)$$

式中 Z——气体压缩系数；

R——气体常数，取 $10.73\mathrm{ft}^3 \cdot \mathrm{psi}$ （绝）$/(\mathrm{lb} \cdot \mathrm{mol} \cdot {}^\circ\mathrm{R})$；

T——气体温度，${}^\circ\mathrm{R}$；

G——气体相对密度（空气为 1.00）；

p——气体压力，psi （绝）。

【例 5.10 （USCS 单位）】一条 NPS20 的气体管线，管线壁厚为 0.500in，运输介质为天然气，相对密度为 0.6，流量为 $250 \times 10^6 \mathrm{ft}^3/\mathrm{d}$，入口温度为 $60\,{}^\circ\mathrm{F}$。假设为等温流动，如果入口压力为 1000psi （表），出口压力为 850psig，计算管线入口和出口处的速度。基础压力和温度分别为 14.7psi （表）和 $60\,{}^\circ\mathrm{F}$。假设压缩系数 $Z = 1.0$，基于上述数据，腐蚀速率为多少？压缩系数 Z 为 0.9 时呢？

解：

假设压缩系数 $Z = 1.00$，入口压力为 1000psi （表）时的气流速度为：

$$u_1 = 0.002122 \times \frac{250 \times 10^6}{19.0^2} \frac{14.7}{60 + 460} \frac{60 + 460}{1014.7} = 21.29\mathrm{ft/s}$$

通过比例得到出口处的气流速度：

$$u_2 = 21.29 \times \frac{1014.7}{864.7} = 24.98\mathrm{ft/s}$$

压缩系数 $Z = 0.9$ 时的腐蚀速率为：

$$u_{\max} = 100 \sqrt{\frac{0.9 \times 10.73 \times 520}{29 \times 0.6 \times 1014.7}} = 53.33\mathrm{ft/s}$$

通常可接受的运行速度为最大速度的 50%。

【例 5.11】一条 DN500 输气管线，管线壁厚为 12mm，运输介质为天然气，相对密度为 0.6，流量为 $7.5 \times 10^6 \mathrm{m}^3/\mathrm{d}$，管内温度为 $15\,{}^\circ\mathrm{C}$。假设为等温流动，计算入口压力和出口压力分别为 7MPa 和 6MPa 时，入口和出口处对应的速度各为多少？基础压力和温度分别为 0.1MPa 和 $15\,{}^\circ\mathrm{C}$，压缩系数 $Z = 0.95$。

解：

$$管线内径 D = 500 - (2 \times 12) = 476\mathrm{mm}$$

$$标况下流量 Q_\mathrm{b} = 7.5 \times 10^6 \mathrm{m}^3/\mathrm{d}$$

入口压力为 7MPa 时气流速度为：

$$u_1 = 14.7349 \times \frac{7.5 \times 10^6}{476^2} \frac{0.1}{15 + 273} \frac{0.95 \times 288}{7.0} = 6.62\mathrm{m/s}$$

通过比例得到出口气流速度：

$$u_2 = 6.62 \times \frac{7.0}{6.0} = 7.72\mathrm{m/s}$$

例5.11中，假设压缩系数为常数，利用 California Natural Gas Association （CNGA）方程或者 Standing – Katz 方法来计算压缩系数的具体值，会使最后的计算结果更加精准。

例如，使用 CNGA 方程，例5.11中的压缩系数会变为：

$$Z_1 = \cfrac{1}{1 + \cfrac{1000 \times 344400 \times 10^{1.785 \times 0.6}}{520^{3.825}}}$$

$$= 0.8578[\text{入口压力为} 1000\text{psi}(\text{表})]$$

$$Z_2 = \cfrac{1}{1 + \cfrac{850 \times 344400 \times 10^{1.785 \times 0.6}}{520^{3.825}}}$$

$$= 0.8765[\text{出口压力为} 850\text{psi}(\text{表})]$$

进出口气流速度会修正如下：
进口

$$u_1 = 0.8578 \times 21.29 = 18.26\text{ft/s}$$

出口

$$u_2 = 0.8765 \times 24.98 = 21.90\text{ft/s}$$

5.21 流体雷诺数

流体流动的一个重要参数就是无量纲参数——雷诺数（Re）。雷诺数用来判断流态，如层流、临界流、紊流，也用来计算管线中的摩擦系数。先依照气体特性、管线尺寸来计算雷诺数，然后再来讨论不同流型的雷诺数以及如何计算摩阻系数。雷诺数是气体流量、管线内径、气体密度和黏度的函数，并由以下方程计算求得：

$$Re = \frac{uD\rho}{\mu} \tag{5.94}$$

式中 Re——雷诺数；
u——气体平均速度，ft/s；
D——管线内径，ft；
ρ——气体密度，lb/ft^3；
μ——气体黏度，lb/（ft·s）。

之前的雷诺数方程是以 USCS 单位制来表述的。相应的 SI 单位制方程式为：

$$Re = \frac{uD\rho}{\mu} \tag{5.95}$$

式中 Re——雷诺数；
u——气体平均速度，m/s；
D——管线内径，m；

ρ——气体密度，kg/m^3；

μ——气体黏度，$kg/(m \cdot s)$。

在气体管线水力计算中，采用常用的单位，雷诺数方程更常用的形式为：

$$Re = 0.0004778 \frac{p_b}{T_b} \frac{GQ}{\mu D} \tag{5.96}$$

式中　p_b——基础压力，psi（绝）；

T_b——基础温度，°R（460 + °F）；

G——气体相对密度（空气为1.0）；

Q——标况下气体流量，ft^3/d（SCFD）；

D——管线内径，in；

μ——气体黏度，$lb/(ft \cdot s)$。

在 SI 单位制中，雷诺数为：

$$Re = 0.5134 \frac{p_b}{T_b} \frac{GQ}{\mu D} \tag{5.97}$$

式中　p_b——基础压力，kPa；

T_b——基础温度，K（273 + ℃）；

G——气体相对密度（空气为1.0）；

Q——标况下气体流量，m^3/d；

D——管线内径，mm；

μ——气体黏度，P。

雷诺数小于2000时，流动为层流态；雷诺数大于4000时，为紊流态；雷诺数为2000 ~ 4000 时，定义为临界流态。

大多数天然气运输都在紊流态下。因此，雷诺数大于4000。紊流又被细化分为3个区域，即水力光滑区、混合摩擦区、粗糙区。下面的章节中，将进一步讨论这些流态。

【例5.12】一条天然气管线，NPS 20，管线壁厚为 0.500in，运输流量为 $100 \times 10^6 ft^3/d$。气体相对密度为0.6，黏度为 $0.000008 lb/(ft \cdot s)$，计算雷诺数。假设基础温度和基础压力为 60℉和14.7psi（绝）。

解：

$$管线内径 = 20 - 2 \times 0.5 = 19.0 in$$

$$基础温度 = 60 + 460 = 520°R$$

雷诺数为：

$$Re = 0.0004778 \times \frac{14.7}{520} \frac{0.6 \times 100 \times 10^6}{0.000008 \times 19} = 5331726$$

因为雷诺数大于4000，所以流动处于紊流态。

【例5.13（SI单位制）】 一条天然气管线，DN500，管线壁厚为12mm，输量为 $3 \times 10^6 m^3/d$，气体相对密度为0.6，黏度为0.00012P。计算雷诺数。假设基础温度和基础压力分别为15℃和101kPa。

解：

$$管线内径 = 500 - 2 \times 12 = 476mm$$

$$基础温度 = 15 + 273 = 288K$$

雷诺数：

$$Re = 0.5134 \times \frac{101}{15 + 273} \times \frac{0.6 \times 3 \times 10^6}{0.00012 \times 476} = 5673735$$

因为雷诺数大于4000，所以流动处于紊流态。

5.22 摩阻系数

为了计算给定流量下的压降，首先要明白摩阻系数的概念。摩阻系数是依赖于流体流动雷诺数的无量纲量。工程上，有两种不同的摩阻系数表述形式。达西摩阻系数是更为常见的一种，另一种为范宁摩阻系数。范宁摩阻系数的数值为达西摩阻系数的1/4。

$$f_f = \frac{f_d}{4} \tag{5.98}$$

式中 f_f——范宁摩阻系数；
f_d——达西摩阻系数。

为了避免混淆，接下来的讨论中，用 f 来表示达西摩阻系数。在层流中，摩阻系数与雷诺数成反比例关系，形式如下：

$$f = \frac{64}{Re} \tag{5.99}$$

对于紊流，摩阻系数是雷诺数、管线内径和管壁粗糙度的函数。学者研究提出了很多关于计算 f 的经验公式。其中包括 Colebrook – White 方程和 AGA 方程。

在讨论计算紊流态下摩阻系数的方程之前，先对紊流流态进行划分：

（1）水力光滑区；

（2）粗糙区；

（3）混合摩擦区。

在水力光滑区，摩阻系数 f 只与雷诺数有关；粗糙区，f 受管线内部粗糙度的影响要大于雷诺数对其的影响。在水力光滑区和粗糙区之间，f 由管壁粗糙度、管线内径和雷诺数决定。莫迪图展示了不同的流态，如图5.9所示。

在莫迪图中，展示了不同相对粗糙度下，摩阻系数与雷诺数的关系。后一项是通过将绝对粗糙度除以管径得到的无量纲量。

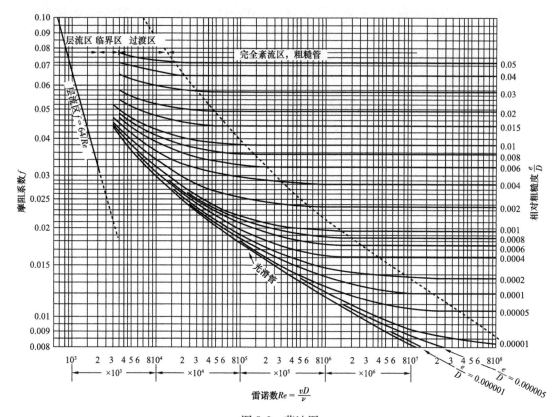

图 5.9 莫迪图

$$相对粗糙度 = e/D \qquad (5.100)$$

式中　e——管线绝对粗糙度，in；

　　　D——管线内径，in。

绝对粗糙度和管线内部粗糙度表示的是一个意思。

通常，管线绝对粗糙度是以微英寸（μin）来表示的。比如，粗糙度为0.0006时，是指600μin。如果管线内部直径为15.5in，则相对粗糙度为：

$$\frac{0.0006}{15.5} = 0.0000387 = 3.87 \times 10^{-5}$$

例，通过莫迪图（图5.9），由雷诺数为10000000，$e/D = 0.0001$，查得 $f = 0.012$。

5.23 Colebrook – White 方程（二）

Colebrook – White 方程，有时简称为 Colebrook 方程，是用来表征摩阻系数与雷诺数、管线粗糙度和管线内径间关系的方程。

如下的 Colebrook 方程被用来计算紊流态下的气体管线摩阻系数：

$$1/\sqrt{f} = -2\lg[e/3.7D + 2.51/(Re\sqrt{f})] \qquad (Re > 4000) \qquad (5.101)$$

式中　f——摩阻系数；

D——管线内径，in；

e——绝对粗糙度，in；

Re——流动的雷诺数。

因为 Re 和 f 都为无量纲量，只要保持 e 和 D 的单位统一，Colebrook 方程表达的形式都是一样的，与单位制无关。因此，在 SI 单位制方程中，式（5.101）中 e 和 D 都以 mm 进行表达。

通过式（5.101）可看出，为了计算摩阻系数 f，必须通过迭代的方式来求解。先假设 f 一个值（比如 0.01）并将其代入等号右侧。这会产生另一个更接近 f 的值。通常，经过 3～4 次的迭代，就可以得到一个足够精确的 f 值。

通过 Colebrook 方程式（5.101）可看出，对于紊流态的水力光滑区而言，等号右侧括号中的第一项与第二项相比是可以省去的，因为管壁粗糙度 e 太小了。这样，该方程可以简化为：

$$\frac{1}{\sqrt{f}} = -2\lg\left(\frac{2.51}{Re\sqrt{f}}\right) \quad \text{（紊流态水力光滑区）} \tag{5.102}$$

类似地，对紊流态的粗糙区而言，由于 Re 的值比较大，因此，f 的值更多地受到管壁粗糙度的影响，方程简化为：

$$1/\sqrt{f} = -2\lg(e/3.7D) \quad \text{（紊流态粗糙区）} \tag{5.103}$$

表 5.2 列出了用于计算摩擦系数 f 的管壁粗糙度值。

表 5.2　管道内部粗糙度

管材	粗糙度	
	in	mm
铆钢	0.0354～0.354	0.9～9.0
商业钢/焊接钢	0.0018	0.045
铸铁	0.0102	0.26
镀锌铁	0.0059	0.15
沥青铸铁	0.0047	0.12
锻铁	0.0018	0.045
聚氯乙烯，拉制管，玻璃	0.000059	0.0015
混凝土	0.0118～0.118	0.3～3.0

举例说明，比如 $Re = 1 \times 10^8$ 或更大，$e/D = 0.0002$，通过式（5.103）可知摩阻系数为：

$$\frac{1}{\sqrt{f}} = -2\lg\left(\frac{0.0002}{3.7}\right)$$

或者，通过莫迪图查得，$f = 0.0137$。

【例 5.14（USCS 单位）】一条天然气管线，NPS20，管线壁厚为 0.500in，输量为

$200 \times 10^6 \text{ft}^3/\text{d}$。气体相对密度为 0.6,黏度为 0.000008lb/(ft·s)。利用 Colebrook 方程来计算摩阻系数。假设管线绝对粗糙度为 $600\mu\text{in}$。

解:

$$管线内径 = 20 - 2 \times 0.5 = 19.0\text{in}$$

$$管线绝对粗糙度 = 600\mu\text{in} = 0.0006\text{in}$$

首先计算雷诺数:

$$Re = 0.0004778 \times \frac{14.7}{60 + 460} \times \frac{0.6 \times 200 \times 10^6}{0.000008 \times 19} = 10663452$$

利用式 (5.101),有:

$$\frac{1}{\sqrt{f}} = -2\lg\left(\frac{0.0006}{3.7 \times 19} + \frac{2.51}{10663452\sqrt{f}}\right)$$

通过迭代求解方程:
首先假设 $f = 0.01$,代入后得到更接近的 f 值;
代入 $f = 0.0101$,重复迭代,得到最终的 f 值,$f = 0.0101$。
因此,摩阻系数为 0.0101。

【例 5.15 (SI 单位制)】一条天然气管线,DN500,管线壁厚为 12mm,输量为 $6 \times 10^6 \text{m}^3/\text{d}$。气体相对密度为 0.6,黏度为 0.00012P。利用 Colebrook 方程来计算摩阻系数。假设管线绝对粗糙度为 0.03mm,基础温度和基础压力分别为 15℃和 101kPa。

解:

$$管线内径 = 500 - 2 \times 12 = 476\text{mm}$$

首先计算雷诺数:

$$Re = 0.5134 \times \frac{101}{15 + 273} \times \frac{0.6 \times 6 \times 10^6}{0.00012 \times 476} = 11347470$$

摩阻系数为:

$$\frac{1}{\sqrt{f}} = -2\lg\left(\frac{0.030}{3.7 \times 476} + \frac{2.51}{11347470\sqrt{f}}\right)$$

通过迭代求解方程:
首先假设 $f = 0.01$,代入后得到更接近的 f 值;
带入 $f = 0.0112$,重复迭代,得到最终的 f 值,$f = 0.0112$。
因此,摩阻系数为 0.0112。

5.24 输送系数

输送系数 F 是摩阻系数 f 的对立面。鉴于摩阻系数 f 反应的是通过管线运输一定量的气体时的困难程度,输送系数则是直接衡量管线可以运输多少气体。随着摩阻系数的增加，输送系数下降，因此，流量也下降；相反地，输送系数越高，摩阻系数就越小，流量就越高。

输送系数与摩阻系数的关系如下：

$$F = \frac{2}{\sqrt{f}} \tag{5.104}$$

因此：

$$f = \frac{4}{F^2} \tag{5.105}$$

式中　f——摩阻系数；
　　　F——输送系数。

值得注意的是，上述方程中的摩阻系数 f 是达西摩阻系数。由于有些工程师更喜欢使用范宁摩阻系数，所以给出输送系数与范宁摩阻系数的关系如下：

$$F = \frac{1}{\sqrt{f_f}} \tag{5.106}$$

式中　f_f——范宁摩阻系数。

比如，如果达西摩阻系数为 0.025，利用式（5.104）可知输送系数为：

$$F = \frac{2}{\sqrt{0.025}} = 12.65$$

此例中的范宁摩阻系数为：

$$0.025/4 = 0.00625$$

因此输送系数为：

$$F = \frac{1}{\sqrt{0.00625}} = 12.65$$

与通过达西摩阻系数算得的一致。

要注意这里只有一个输送系数，但有两个不同的摩阻系数。

定义完输送系数后，可重新编写 Colebrook 方程：

$$F = -4\lg\left(\frac{e}{3.7D} + \frac{1.255F}{Re}\right) \tag{5.107}$$

由于 Re 和 F 无量纲，只要 e 和 D 单位一致，输送系数的方程就适用。因此，在 SI 单位制中，e 和 D 都以 mm 为单位来表达。

与计算 f 相类似，通过迭代来计算 F，举例说明。

【例 5.16（USCS 单位）】一条气体管线，流量为 $100 \times 10^6 \text{ft}^3/\text{d}$，气体相对密度为 0.6，黏度为 0.000008lb/（ft · s），管线为 NPS20，管线壁厚为 0.5in，管内粗糙度为 600μin，假设基础温度和基础压力分别为 60°F 和 14.7psi（绝）。如果流量增加 50%，对

摩阻系数和输送系数的影响为何？

解：

$$基础温度 = 60 + 460 = 520°R$$

$$管线内径 = 20 - 2 \times 0.500 = 19.0in$$

雷诺数：

$$Re = 0.0004778 \times \frac{14.7}{520} \times \frac{0.6 \times 100 \times 10^6}{0.000008 \times 19} = 5331726$$

$$相对粗糙度 = 0.0000316$$

接下来计算摩阻系数：

$$\frac{1}{\sqrt{f}} = -2\lg\left(\frac{0.0000316}{3.7} + \frac{2.51}{5331726\sqrt{f}}\right)$$

通过迭代，得到 $f = 0.0105$。

因此，输送系数 F 为：

$$F = \frac{2}{\sqrt{0.0105}} = 19.53$$

前面计算的摩阻系数为达西摩阻系数，相应的范宁摩阻系数为计算值的 $1/4$。

当流量增加 50%，雷诺数相应增加：

$$Re = 1.5 \times 5331726 = 7997589$$

新的摩阻系数为：

$$\frac{1}{\sqrt{f}} = -2\lg\left(\frac{0.0000316}{3.7} + \frac{2.51}{7997589\sqrt{f}}\right)$$

通过迭代求得 $f = 0.0103$。

相应的输送系数为：

$$F = \frac{2}{\sqrt{0.0103}} = 19.74$$

与之前的 0.0105 和 19.53 相比较，可看出如下变化：

摩阻系数

$$\frac{0.0105 - 0.0103}{0.0105} = 0.019 \ 或 \ 1.9\%$$

输送系数

$$\frac{19.74 - 19.53}{19.53} = 0.0108 \ 或 \ 1.08\%$$

即，流量增加 50%，摩阻系数和输送系数分别减少了 1.9% 和增加了 1.08% 。

【例 5.17（SI 单位制）】一条气体管线，流量为 $3 \times 10^6 \mathrm{m}^3/\mathrm{d}$，气体比重为 0.6，黏度为 0.000119P，考虑一条 DN400 的管道，管线壁厚 10mm，内部粗糙度为 0.02mm，计算摩阻系数和输送系数分别为多少？基础温度和基础压力分别为 15℃ 和 101kPa，如果流量增加一倍，对摩阻系数和输送系数的影响分别为？

解：

$$基础温度 = 15 + 273 = 288K$$

$$管线内径 = 400 - 2 \times 10 = 380mm$$

雷诺数为：

$$Re = 0.5134 \times \frac{101}{288} \times \frac{0.6 \times 3 \times 10^6}{0.00019 \times 380} = 7166823$$

相对粗糙度为：

$$0.02/380 = 0.0000526$$

摩阻系数为：

$$\frac{1}{\sqrt{f}} = -2\lg\left(\frac{0.0000526}{3.7} + \frac{2.51}{7166823\sqrt{f}}\right)$$

通过迭代，得到：$f = 0.0111$。

因此，输送系数 F 为：

$$F = \frac{2}{\sqrt{0.0111}} = 18.98$$

这里计算的摩阻系数为达西摩阻系数。相应的范宁摩阻系数为此值的 1/4。

当流量加倍后，雷诺数为：

$$Re = 2 \times 7166823 = 14333646$$

新的摩阻系数为：

$$\frac{1}{\sqrt{f}} = -2\lg\left(\frac{0.0000526}{3.7} + \frac{2.51}{14333646\sqrt{f}}\right)$$

通过迭代得到 $f = 0.0109$。

输送系数为：

$$F = \frac{2}{\sqrt{0.0109}} = 19.16$$

因此，加倍后，有：

输送系数增加

$$\frac{0.0111 - 0.0109}{0.0111} = 0.018 \text{ 或 } 1.8\%$$

摩阻系数降低

$$\frac{19.16 - 18.98}{18.98} = 0.0095 \text{ 或 } 0.95\%$$

5.25 修正 Colebrook - White 方程

前面章节中讨论过的 Colebrook - White 方程已经在输气和输液管线中应用了很多年。1956 年，美国矿业局出版了一份介绍 Colebrook - White 方程修正形式的报告。修正方程后算得的摩阻系数值更大，输送系数值更小。因此算得的流量更为保守。紊流态下的修正 Colebrook - White 方程式如下：

$$1/\sqrt{f} = -2\lg[e/3.7D + 2.825/(Re\sqrt{f})] \quad \text{（紊流态）} \tag{5.108}$$

重新整理式（5.108），得到如下版本的修正 Colebrook - White 方程：

$$F = -4\lg[e/3.7D + 1.4125F/Re] \quad \text{（紊流态）} \tag{5.109}$$

对比上面式（5.101）和式（5.108），Colebrook - White 方程和修正 Colebrook - White 方程之间的区别在于括号中的第二个常数项。修正 Colebrook - White 方程将原来的 2.51 替换成 2.825。相似地，输送系数方程中，修正后的系数由 1.255 变更为 1.4125。

因为 Re，f 和 F 都为无量纲量，只要 e 和 D 的单位一致，Colebrook - White 方程就不受选用单位的影响。因此，在 SI 单位制中，e 和 D 都是以 mm 为单位进行表达的。

许多水力计算的商业软件都列出了两种 Colebrook - White 方程，但是有的只有原始 Colebrook - White 方程。

【例 5.18（USCU 单位）】气体管线流量为 $100 \times 10^6 \text{ft}^3/\text{d}$，气体相对密度为 0.6，黏度为 $0.000008 \text{lb}/(\text{ft} \cdot \text{s})$；利用修正 Colebrook - White 方程计算摩阻系数和输送系数，假设为 NPS20 的管道，壁厚 0.5in，内部粗糙度为 $600 \mu\text{in}$。基础温度和基础压力分别为 60℉ 和 14.7psia。利用原始 Colebrook - White 方程计算时，数据会有何变化？

解：

$$\text{基础温度} = 60 + 460 = 520°\text{R}$$

$$\text{管线内径} = 20 - 2 \times 0.5 = 19\text{in}$$

雷诺数为：

$$Re = 0.0004778 \times \frac{14.7}{520} \times \frac{0.6 \times 100 \times 10^6}{0.000008 \times 19} = 5331726$$

相对粗糙度为：

$$\frac{e}{D} = \frac{600 \times 10^6}{19} = 3.16 \times 10^{-5}$$

利用修正 Colebrook - White 方程计算摩阻系数为：

$$\frac{1}{\sqrt{f}} = -2\lg\left(\frac{0.0000316}{3.7} + \frac{2.825}{5331726\sqrt{f}}\right)$$

通过迭代，得到：$f = 0.0106$。

因此，输送系数 F 为：

$$F = \frac{2}{\sqrt{0.0106}} = 19.43$$

与原始 Colebrook - White 方程算的结果进行对比，修正后的方程算得的摩阻系数要高于未修正前 0.95%，输送系数要低于修正前的接近 0.51%。

【例 5.19】气体管线流量为 $200 \times 10^6 \text{ft}^3/\text{d}$，气体相对密度为 0.6，黏度为 0.000008lb/ (ft·s)；假设为 NPS20 的管道，壁厚 0.5in，内部粗糙度为 $600\mu\text{in}$。基础温度和基础压力分别为 60℉ 和 14.73psi（绝）。用修正的 Colebrook - White 方程计算 50mile 长管段的压降，上游压力为 1000psi（表），忽略高程影响，气体流动温度取为 60℉，压缩系数 $Z = 0.88$。

解：

$$管线内径 = 20 - 2 \times 0.5 = 19\text{in}$$

$$基础温度 = 60 + 460 = 520°\text{R}$$

$$气体流动温度 = 60 + 460 = 520°\text{R}$$

$$Re = 0.0004778 \times \frac{14.73}{520} \times \frac{0.6 \times 200 \times 10^6}{0.000008 \times 19} = 10685214$$

输送系数为：

$$F = -4\lg\left(\frac{600 \times 10^{-6}}{3.7 \times 19} + \frac{1.4125F}{10685214}\right)$$

通过迭代，算出 $F = 19.81$。

接下来，用普通流动方程来计算下游压力 p_2：

$$200 \times 10^6 = 38.77 \times 19.81 \times \frac{60 + 460}{14.73}\left(\frac{1014.73^2 - p_2^2}{0.6 \times 520 \times 50 \times 0.88}\right)^{0.5} \times 19^{2.5}$$

求解 p_2，得到：

$$p_2 = 853.23\text{psi(绝)} = 838.5\text{psi(表)}$$

因此，压降为：

$$1014.73 - 853.23 = 161.5\text{psi}$$

5.26　AGA 方程

1964—1965 年间，AGA 刊登了一篇关于如何计算普通流动方程中气体输送系数的文章。有时也被称为 AGA – NB – 13 方法。利用报道中描述的方法，可以通过两个不同的方程来计算输送系数 F。首先按照粗糙区计算法则来计算 F，再按照光滑区法则来计算，然后取两者中的较小值应用与流动方程，来计算压降。尽管 AGA 方程利用输送系数 F 来代替摩阻系数 f，仍然可以通过式（5.104）来计算摩阻系数。

对于充分的紊流区域，AGA 推荐使用如下的 F 计算方法，基于相对粗糙度 e/D 和独立的雷诺数。

$$F = 4\lg(3.7D/e) \tag{5.110}$$

对于部分紊流段，F 通过下面的方程，利用雷诺数和管线阻力系数。

$$F = 4D_f\lg[Re/(1.4125F_t)] \tag{5.111}$$

$$F_t = 4\lg(Re/F_t) - 0.6 \tag{5.112}$$

式中　F_t——光滑管线传输系数，也被称为 Von Karman 光滑管线输送系数；

　　　D_f——由弯曲指数决定的管线阻力系数。

式（5.112）也被称为 Von Karman 粗糙管流动方程。

对于部分紊流区域，F 通过雷诺数，将 D_f 和 F_t 代入下列方程进行计算：

$$F = 4D_f\lg\left(\frac{Re}{1.4125F_t}\right) \tag{5.113}$$

$$F_t = 4\lg\left(\frac{Re}{F_t}\right) - 0.6 \tag{5.114}$$

式中　F_t——Von Karman 光滑管输送系数；

　　　D_f——由弯曲指数决定的管线阻力系数。

管线阻力系数 D_f 是考虑了弯曲指数和装配等因素的。它的值在 0.9 ~ 0.99 之间波动。弯曲指数是所有角度，弯头的总和，再除以考虑段管段的总长。

通过表 5.3 来选取 D_f 的值。

表 5.3　弯曲指数和管线阻力系数

管材	弯曲指数 D_f		
	极低，5° ~ 10°	平均，60° ~ 80°	极高，200° ~ 300°
裸钢	0.975 ~ 0.973	0.960 ~ 0.956	0.930 ~ 0.900
塑料衬里	0.979 ~ 0.976	0.964 ~ 0.960	0.936 ~ 0.910
清管抛光	0.982 ~ 0.980	0.968 ~ 0.965	0.944 ~ 0.920
喷砂	0.985 ~ 0.983	0.976 ~ 0.970	0.951 ~ 0.930

可参看 AGA NB – 13 委员会的报告，进一步了解弯曲指数的选取。

【例 5.20（USCS 单位）】用 AGA 方程计算输送系数和摩阻系数，气体管线的流量为 $200 \times 10^6 \text{ft}^3/\text{d}$，气体相对密度为 0.6，黏度为 0.000008lb/(ft·s)；NPS20 的管道，壁厚 0.5in，绝对粗糙度为 700μin。基础温度和基础压力分别为 60℉和 14.73psi（绝），弯曲指数为 60°。

解：

$$管线内径 = 20 - 2 \times 0.5 = 19in$$

$$基础温度 = 60 + 460 = 520°R$$

雷诺数：

$$Re = \frac{0.0004778 \times 200 \times 10^6 \times 0.6 \times 14.73}{19 \times 0.000008 \times 520} = 10685214$$

接下来计算两种输送系数：

完全紊流态的输送系数

$$F = 4\lg\left(\frac{3.7 \times 19}{0.0007}\right) = 20.01$$

光滑管段 Von Karman 输送系数

$$F_t = 4\lg\left(\frac{10685214}{F_t}\right) - 0.6$$

通过迭代方程，得到 $F_t = 22.13$。

通过表 5.3，查得 $D_f = 0.96$。

因此，部分紊流段输送系数为：

$$F = 4 \times 0.96\lg\left(\frac{10685214}{1.4125 \times 22.13}\right) = 21.25$$

通过上面两个 F 值的比较，选用较小的 F 值，得到 AGA 输送系数为 20.01。

因此，通过式（5.104）得到相应的摩阻系数 f：

$$\frac{2}{\sqrt{f}} = 20.01 \quad 或 \quad f = 0.0100$$

【例 5.21】利用 AGA 方程，计算输送系数和摩阻系数，气体管线流量为 $6 \times 10^6 m^3/d$，气体相对密度为 0.6，黏度为 0.00012P；DN500 的管道，壁厚 12mm，绝对粗糙度为 0.02mm。基础温度和基础压力分别为 15℃和 101kPa，弯曲指数为 60°。对于一条 60km 长的管道，若要保持下游压力为 5MPa，计算上游所需的压力。假设流动温度为 20℃，压缩系数 $Z = 0.85$。忽略高程影响。

解：

$$管线内径 = 500 - 2 \times 125 = 476mm$$

$$基础温度 = 15 + 273 = 288K$$

$$气体流动温度 = 20 + 273 = 293K$$

雷诺数为：

$$Re = 0.5134 \times \frac{101}{288} \times \frac{0.6 \times 6 \times 10^6}{0.00012 \times 476} = 11347470$$

接下来计算两种输送因子：
完全紊流态的输送因子

$$F = 4\lg\left(\frac{3.7 \times 476}{0.02}\right) = 19.78$$

光滑管段，得到 Von Karman 输送系数：

$$F_t = 4\lg\left(\frac{11347470}{F_t}\right) - 0.6$$

通过迭代方程，得到 $F_t = 22.23$。
通过表 5.3，查得 $D_f = 0.96$。
因此，部分紊流段，输送系数为：

$$F = 4 \times 0.96\lg\left(\frac{11347470}{1.4125 \times 22.23}\right) = 21.34$$

通过上面两个 F 值的比较，选用较小的 F 值，得到 AGA 输送系数为 19.78。
因此，相应的摩阻系数 f：

$$\frac{2}{\sqrt{f}} = 19.78 \quad 或 \quad f = 0.0102$$

利用一般流动方程，计算得到上游压力 p_1：

$$6 \times 10^6 = 5.747 \times 10^{-4} \times 19.78 \times \frac{288}{101} \times \left(\frac{p_1^2 - 5000^2}{0.6 \times 293 \times 60 \times 0.85}\right)^{0.5} \times 476^{2.5}$$

求解 p_1，得出：

$$p_1 = 6130\text{kPa} = 6.13\text{MPa}$$

5.27 Weymouth 方程

Weymouth 方程用于高压力、高流量、大管径的气体集输系统计算。此方程直接计算在给定相对密度、压缩性、进出口压力、管径和管长条件下的气体流量。USCS 单位制中，Weymouth 方程式为：

$$Q = 433.5E\left(\frac{T_b}{p_b}\right)\left(\frac{p_1^2 - e^s p_2^2}{GT_f L_e Z}\right)^{0.5} D^{2.667} \tag{5.115}$$

式中　Q——标况体积流量，ft^3/d（SCFD）；
　　　E——管线效率，小于或等于 1.0 的小数；
　　　p_b——基础压力，psi（绝）；
　　　T_b——基础温度，°R（460 + °F）；

148

　　p_1——上游压力，psi（绝）；

　　p_2——下游压力，psi（绝）；

　　G——气体相对密度（空气为 1.00）；

　　T_f——平均气体温度，°R（460 + °F）；

　　L_e——管段等效长度，mile；

　　Z——气体压缩系数；

　　D——管线内径，in。

　　其中的等效长度 L_e 和 s 都已在前文做过定义。通过对比 Weymouth 方程和普通流动方程，可分离出一个等效的输送系数，如下：

Weymouth 在 USCS 单位制中的输送系数

$$F = 11.18 D^{1/6} \tag{5.116}$$

　　在 SI 单位制中，Weymouth 方程式为：

$$Q = 3.7435 \times 10^{-3} E \frac{T_b}{p_b} \left(\frac{p_1^2 - e^s p_2^2}{G T_f L_e Z} \right)^{0.5} D^{2.667} \tag{5.117}$$

式中　Q——标况体积流量，m^3/d；

　　p_b——基础压力，kPa；

　　T_b——基础温度，K（273 + ℃）；

　　p_1——上游压力，kPa；

　　p_2——下游压力，kPa；

　　T_f——平均气体温度，K（273 + ℃）；

　　L_e——管段等效长度，km。

其他符号定义同前文。

SI 单位制中，Weymouth 输送系数的形式如下：

$$F = 6.521 D^{1/6} \tag{5.118}$$

　　不难发现，管线效率 E 用于 Weymouth 方程，所以可通过不包含效率因子的普通流动方程来进行产量对比。

　　【例 5.22】用 Weymouth 方程来计算气体管线的流量，NPS12 的管道，壁厚 0.25in，管线长 15mile，效率为 0.95。上游压力为 1200psi（绝），末端压力要求为 750psi（绝）。气体相对密度为 0.59，黏度为 0.000008lb/(ft·s)，流动温度为 75℉，基础压力 14.7psi（绝），基础温度 60℉。假设压缩系数为 0.94。

　　忽略沿线高程影响，这与由一般流动方程，基于 Colebrook 摩阻系数算得的流量有何区别？假设管壁粗糙度为 700μin。

　　解：

　　用式（5.115），得到 Weymouth 方程的流量为：

$$Q = 433.5 \times 0.95 \times \frac{60 + 460}{14.7} \times \left[\frac{1200^2 - 750^2}{0.59 \times (75 + 460) \times 15 \times 0.94} \right]^{0.5} \times 12.25^{2.667}$$

$$Q = 163255858 \text{ft}^3/\text{d} \approx 163.26 \times 10^6 \text{ft}^3/\text{d}$$

接下来，计算雷诺数：

$$Re = \frac{0.0004778 \times Q \times 0.59 \times 14.7}{12.25 \times 0.000008 \times 520}$$

其中 Q 是以 ft^3/d 表示的流量。

简化，得到：

$$Re = 0.0813 Q$$

由于 Q 未知，先假设输送系数 $F = -20$，通过普通流动方程来计算流量。

$$Q = 38.77 \times 20 \times \frac{520}{14.7} \times \left(\frac{1200^2 - 750^2}{0.59 \times 535 \times 15 \times 0.94} \right)^{0.5} \times 12.25^{2.5}$$

$$= 202284747 \text{ft}^3/\text{d} \approx 202.28 \times 10^6 \text{ft}^3/\text{d}$$

接下来，基于上述流量，计算雷诺数和输送系数：

$$Re = 0.0813 \times 202284747 = 16.45 \times 10^6$$

利用输送系数方程：

$$F = -4 \lg \left(\frac{700 \times 10^{-6}}{3.7 \times 12.25} + \frac{1.255 F}{16.45 \times 10^6} \right)$$

求解 F，得到：

$$F = 19.09$$

利用这个值对流量进行修正：

$$Q = 202.28 \times \frac{19.09}{20} = 193.08 \times 10^6 \text{ft}^3/\text{d}$$

重新计算 F 和 Re，得到：

$$Re = 16.45 \times \frac{193.08}{202.28} = 15.7 \times 10^6$$

$$F = -4 \lg \left(\frac{700 \times 10^{-6}}{3.7 \times 12.25} + \frac{1.255 F}{15.7 \times 10^6} \right)$$

因此

$$F = 19.08$$

这与之前算出的 19.09 十分接近，因此，利用这个数值来计算流量：

$$Q = 202.28 \times \frac{19.08}{20} = 192.98 \times 10^6 \text{ft}^3/\text{d}$$

对比一般流动方程和 Weymouth 方程算出的流量值，可发现后者计算出的结果更为保守。

5.28　Panhandle A 方程

Panhandle A 方程用于已知效率、雷诺数在 $500 \times 10^4 \sim 1100 \times 10^4$ 之间的天然气管线。此方程中，不需要管线粗糙度，有时也不需要压缩系数。普通的 Panhandle A 方程以 USCS 单位制进行表达，方程式为：

$$Q = 435.87E\left(\frac{T_b}{p_b}\right)^{1.0788}\left(\frac{p_1^2 - e^s p_2^2}{G^{0.8539}T_f L_e Z}\right)^{0.5394}D^{2.6182} \qquad (5.119)$$

式中　Q——标况体积流量，ft^3/d（SCFD）；

E——管线效率，小于或等于 1.0 的小数；

p_b——基础压力，psi（绝）；

T_b——基础温度，°R（460 + °F）；

p_1——上游压力，psi（绝）；

p_2——下游压力，psi（绝）；

G——气体相对密度（空气为 1.00）；

T_f——平均气体温度，°R（460 + °F）；

L_e——管段等效长度，mile；

Z——气体压缩系数；

D——管线内径，in。

其他符号定义同前文。

SI 单位制中，Panhandle A 方程为：

$$Q = 4.5965 \times 10^{-3}E\left(\frac{T_b}{p_b}\right)^{1.0788}\left(\frac{p_1^2 - e^s p_2^2}{G^{0.8539}T_f L_e Z}\right)^{0.5394}D^{2.6182} \qquad (5.120)$$

式中　Q——标况体积流量，m^3/d；

p_b——基础压力，kPa；

T_b——基础温度，K（273 + ℃）；

p_1——上游压力，kPa；

p_2——下游压力，kPa；

T_f——平均气体温度，K（273 + ℃）；

L_e——管段等效长度，km。

其他符号定义如前文。

由于此方程中包含的范例，所有压力都必须以 kPa 进行表示。

通过对比 Panhandle A 方程和普通流动方程，计算出一个等效的输送系数，以 USCS 单位制进行表示：

$$F = 7.2111E\left(\frac{QG}{D}\right)^{0.07305} \qquad \text{（USCS 单位）} \qquad (5.121)$$

用 SI 单位制表示为：

$$F = 11.85E\left(\frac{QG}{D}\right)^{0.07305} \qquad （SI 单位） \qquad (5.122)$$

有时，输送系数用来对比一般流动方程和 Panhandle A 方程计算得的结果。

【例5.23】利用 Panhandle A 方程来计算气体管线出口压力，NPS16 的管道，壁厚 0.25in，管线长 15mile，气体流量 $100 \times 10^6 ft^3/d$，进口压力 1000psi（绝）。气体相对密度 0.6，黏度为 0.000008lb/(ft·s)。气体平均温度 80℉，基础压力为 14.73psi（绝），基础 温度 60℉。假定管线效率为 0.92，利用 CNGA 方程式来计算压缩系数。

解：

决定压缩系数之前，需计算平均压力 p_{avg}。由于进口压力 $p_1 = 1000psi$（绝），出口压 力 p_2 未知，需先假设一个 p_2 值［比如 800psi（绝）］，再计算 p_{avg} 和 Z 的值。一旦确定了 Z 值，通过 Panhandle A 方程，可计算出出口压力 p_2。用 p_2 值会得到一个更接近的 Z 和 p_2 值。重复此过程，直到算出的 p_2 值偏差在 0.1psi（绝）范围内。

假设 $p_2 = 800psi$（绝），平均压力为：

$$p_{avg} = \frac{2}{3}\left(1000 + 800 - \frac{1000 \times 800}{1000 + 800}\right) = 903.7psi（绝）$$

接下来，利用 CNGA 方程式来计算压缩系数 Z：

$$Z = \cfrac{1}{1 + \cfrac{(903.7 - 14.73) \times 3.444 \times 10^5 \times 10^{1.785 \times 0.6}}{(80 + 460)^{3.825}}}$$

$$= 0.8869$$

通过 Panhandle A 方程式（5.119），替代给定值，忽略高程影响，得到：

$$100 \times 10^6 = 435.87 \times 0.92\left(\frac{60 + 460}{14.73}\right)^{1.0788} \times$$

$$\left[\frac{1000^2 - p_2^2}{0.6^{0.8539}(540 \times 15 \times 0.8869)}\right]^{0.5394} \times 15.5^{2.6182}$$

求解 p_2，得到：

$$p_2 = 968.02psi（绝）$$

由于此数值与假定的 $p_2 = 800psi$（绝）有差距，用 968.02 重新计算平均压力和 Z 值。 修正后的平均压力为：

$$p_{avg} = \frac{2}{3}\left(1000 + 968.02 - \frac{1000 \times 968.02}{1000 + 968.02}\right) = 984.10psi（绝）$$

用这个平均压力，算得 Z 为：

$$Z = \cfrac{1}{1 + \cfrac{(984.10 - 14.73) \times 3.4444 \times 10^5 \times 10^{1.785 \times 0.6}}{(80 + 460)^{3.825}}}$$

$$= 0.8780$$

重新计算 p_2，得到：

$$100 \times 10^6 = 435.87 \times 0.92 \times \left(\frac{60 + 460}{14.73}\right)^{1.0788} \times$$

$$\left(\frac{1000^2 - p_2^2}{0.6^{0.8539} \times 540 \times 15 \times 0.8780}\right)^{0.5394} \times 15.5^{2.6182}$$

求解 p_2，得到：

$$p_2 = 968.35\text{psi}(\text{绝})$$

这与之前算得的平均压力误差范围在 0.1 之间，因此不用再进一步计算，取出口压力为 968.36psi（绝）。

【**例 5.24**】利用 Panhandle A 方程，计算一条 DN300，壁厚为 6mm，长度为 24km，气体流量为 $3.5 \times 10^6 \text{m}^3/\text{d}$ 的管线所需的入口压力。

气体相对密度为 0.6，黏度为 0.000119P。平均气体温度为 20℃。输送压力为 6000kPa。假设基础压力为 101kPa，基础温度为 15℃，压缩系数为 0.9，管线效率为 0.92。

解：

$$\text{管线内径} = 300 - 2 \times 6 = 288\text{mm}$$

$$\text{流动温度} = 20 + 273 = 293\text{K}$$

用 Panhandle A 方程式（5.120），并忽略高程影响，替代得到：

$$3.5 \times 10^6 = 4.5965 \times 10^{-3} \times 0.92 \times \left(\frac{15 + 273}{101}\right)^{1.0788} \times$$

$$\left(\frac{p_1^2 - 6000^2}{0.6^{0.8539} \times 293 \times 24 \times 0.9}\right)^{0.5394} \times 288^{2.6182}$$

求解入口压力，得到：

$$p_1^2 - 6000^2 = 19812783$$

得：

$$p_1 = 7471\text{kPa}(\text{绝})$$

5.29　Panhandle B 方程

Panhandle B 方程也被称为用于大管径、高压力输送管线的修正的 Panhandle 方程。在完全紊流段，对于雷诺数处在 $400 \times 10^4 \sim 4000 \times 10^4$ 之间的流动，用此方程计算，结果十分精确。USCS 单位制中，方程表示为：

$$Q = 737E\left(\frac{T_\text{b}}{p_\text{b}}\right)^{1.02}\left(\frac{p_1^2 - e^s p_2^2}{G^{0.961} T_\text{f} L_\text{e} Z}\right)^{0.51} D^{2.53} \tag{5.123}$$

式中　Q——标准体积流量，ft^3/d（SCFD）；

E——管线效率，小于或等于 1 的小数；

p_b——基础压力，psi（绝）；

T_b——基础温度，°R（460 + ℉）；

p_1——上游压力，psi（绝）；

p_2——下游压力，psi（绝）；

G——气体相对密度（空气为 1.00）；

T_f——气体平均温度，°R（460 + ℉）；

L_e——管段的等效长度，mile；

Z——气体压缩系数；

D——管线内径，in。

其他符号定义同前文。

SI 单位制中，Panhandle B 方程为：

$$Q = 1.002 \times 10^{-2} E \left(\frac{T_b}{p_b}\right)^{1.02} \left(\frac{p_1^2 - e^s p_2^2}{G^{0.961} T_f L_e Z}\right)^{0.51} D^{2.53} \tag{5.124}$$

式中　Q——标准体积流量，m^3/d；

E——管线效率，小于或等于 1 的小数；

p_b——基础压力，kPa；

T_b——基础温度，K（273 + ℃）；

p_1——上游压力，kPa；

p_2——下游压力，kPa；

L_e——管段的等效长度，km；

Z——气体压缩系数。

以 USCS 为单位表述的 Panhandle B 方程的等效输送系数为：

$$F = 16.7 E \left(\frac{QG}{D}\right)^{0.01961} \tag{5.125}$$

在 SI 单位制中，为：

$$F = 19.08 E \left(\frac{QG}{D}\right)^{0.01961} \tag{5.126}$$

【例 5.25】利用 Panhandle B 方程，计算一条 NPS16，壁厚 0.25in，长 15mile 的管线的出口压力。入口压力为 1000psi（绝）时，气体流量为 $100 \times 10^6 ft^3/d$。气体相对密度为 0.6，黏度为 0.000008lb/(ft·s)。平均气体温度为 80℉。假设基础压力为 14.73psi（绝），基础温度为 60℉。压缩系数 $Z = 0.9$，管线效率 $E = 0.92$。

解：

$$管线内径 = 16 - 2 \times 0.25 = 15.5in$$

$$流动温度 = 80 + 460 = 540°R$$

利用 Panhandle B 方程式（5.120），替代得到：

$$100 \times 10^6 = 737 \times 0.92 \times \left(\frac{60 + 460}{14.73}\right)^{1.02} \times$$

$$\left(\frac{1000^2 - p_2^2}{0.6^{0.961} \times 540 \times 15 \times 0.90}\right)^{0.51} \times (15.5)^{2.53}$$

求解 p_2，得到：

$$1000^2 - p_2^2 = 60778$$

$$p_2 = 969.13\text{psi}(\text{绝})$$

将此与 Panhandle A 方程算得的结果相比较，其出口压力 $p_2 = 968.35$psi（绝）。因此，由 Panhandle B 方程算得的压降更小。换言之，在相同条件下，由 Panhandle A 方程算出的结果更为保守。这个例子中，使用常数 $Z = 0.9$；例 5.23 中，利用 CNGA 方程算得的 $Z = 0.8780$。如果代入这个 Z 值，此例中的出口压力变为 969.9psi（绝），与之前算得的 969.13psi（绝）相差不大。

【例 5.26】 利用 Panhandle B 方程，计算一条 DN300，壁厚 6mm，长 24km 的输气管线的入口压力。气体流量为 $3.5 \times 10^6 \text{m}^3/\text{d}$，气体相对密度为 0.6，黏度为 0.000119P。气体平均温度为 20℃，运输压力为 6000kPa。基础压力为 101kPa，基础温度为 15℃，压缩系数 $Z = 0.9$，管线效率 $E = 0.92$。

解：

$$管线内径 = 300 - 2 \times 6 = 288\text{mm}$$

$$流动温度 = 20 + 273 = 293\text{K}$$

利用 Panhandle B 方程，并忽略高程影响，替代得到：

$$3.5 \times 10^6 = 1.002 \times 10^{-2} \times 0.92 \times \left(\frac{15 + 273}{101}\right)^{1.02} \times$$

$$\left(\frac{p_1^2 - 6000^2}{0.6^{0.961} \times 293 \times 24 \times 0.9}\right)^{0.51} \times 288^{2.53}$$

求解入口压力 p_1，得到：

$$p_1^2 - 6000^2 = 19945469$$

$$p_1 = 7480\text{kPa}(\text{绝})$$

将此结果与例 5.24 中用 Panhandle A 方程算得的结果相对比，其结果为 $p_1 = 7471$kPa。再一次发现 Panhandle B 算得的压降值要更小。

5.30 美国国家气体研究所方程

美国国家气体研究所（IGT）方程由 IGT 提出，也被称为 IGT 分配方程，USCS 单位制表述为：

$$Q = 136.9E\left(\frac{T_b}{p_b}\right)\left(\frac{p_1^2 - e^s p_2^2}{G^{0.8} T_f L_e \mu^{0.2}}\right)^{0.555} D^{2.667} \qquad (5.127)$$

式中　Q——标准体积流量，ft^3/d（SCFD）；

　　　E——管线效率，小于或等于 1 的小数；

　　　p_b——基础压力，psi（绝）；

　　　T_b——基础温度，°R（460 + °F）；

　　　p_1——上游压力，psi（绝）；

　　　p_2——下游压力，psi（绝）；

　　　G——气体相对密度（空气为 1.00）；

　　　T_f——气体平均温度，°R（460 + °F）；

　　　L_e——管段的等效长度，mile；

　　　Z——气体压缩系数；

　　　D——管线内径，in；

　　　μ——气体黏度，P。

其他符号定义同前文。

SI 单位制中，IGT 方程为：

$$Q = 1.2822 \times 10^{-3} E \frac{T_b}{p_b}\left(\frac{p_1^2 - e^s p_2^2}{G^{0.8} T_f L_e \mu^{0.2}}\right)^{0.555} D^{2.667} \qquad (5.128)$$

式中　Q——标准体积流量，m^3/d；

　　　E——管线效率，小于或等于 1 的小数；

　　　p_b——基础压力，kPa；

　　　T_b——基础温度，K（273 + °C）；

　　　p_1——上游压力，kPa；

　　　p_2——下游压力，kPa；

　　　L_e——管段的等效长度，km；

　　　μ——气体黏度，P。

其他符号定义同前文。

【例 5.27】用 IGT 方程，计算一条 NPS16，壁厚 0.25in，长 15mile 的天然气管线流量。入口压力和出口压力分别为 1000psi（表）和 800psi（表）。气体相对密度为 0.6，黏度为 0.000008lb/(ft·s)。平均温度为 80°F，压力 14.7psi（绝），基础温度 60°F。压缩系数 $Z = 0.9$，管线效率 $E = 0.95$。

解：

$$管线内径 = 16 - 2 \times 0.25 = 15.5in$$

由于压力以 psi（表）单位给出，所以要先转化为绝对压力。

因此：

$$p_1 = 1000 + 14.7 = 1014.7\text{psi}(绝)$$

$$p_2 = 800 + 14.7 = 814.7\text{psi}(绝)$$

$$T_b = 60 + 460 = 520°\text{R}$$

$$T_f = 80 + 460 = 540°\text{R}$$

代入 IGT 方程，得到：

$$Q = 136.9 \times 0.95 \times \frac{520}{14.7} \times \left[\frac{1014.7^2 - 814.7^2}{0.6^{0.8} \times 540 \times 15 \times (8 \times 10^{-6})^{0.2}}\right]^{0.555} \times 15.5^{2.667}$$

$$Q = 263.1 \times 10^6 \text{ft}^3/\text{d} = 263.1 \times 10^6 \text{ft}^3/\text{d}$$

因此，流量为 $263.1 \times 10^6 \text{ft}^3/\text{d}$。

【例 5.28】一条 DN400，壁厚 6mm，长 24km 的气体管线的入口压力和出口压力分别为 7000kPa（表）和 5500kPa（表）。气体相对密度为 0.6，黏度为 0.000119P。气体平均温度为 20℃，基础压力为 101kPa，基础温度为 15℃，压缩系数 $Z = 0.9$，管线效率 $E = 0.95$。

（1）利用 IGT 方程计算气体流量。

（2）入口和出口的气体速度为多少？

（3）如果要求气流速度不超过 10m/s，管径最小为多少？假定流量和入口压力为常数。

解：

$$管线内径 = 400 - 2 \times 6 = 388\text{mm}$$

所有压力都以表压给出，需转化为绝对压力：

因此：

$$p_1 = 7000 + 101 = 7101\text{kPa}(绝)$$

$$p_2 = 5500 + 101 = 5601\text{kPa}(绝)$$

$$T_b = 15 + 273 = 288\text{K}$$

$$T_f = 20 + 273 = 293\text{K}$$

通过 IGT 方程，得到流量为：

$$Q = 1.2822 \times 10^{-3} \times 0.95 \times \frac{288}{101} \times \left[\frac{7101^2 - 5601^2}{0.6^{0.8} \times 293 \times 24 \times (1.19 \times 10^{-4})^{0.2}}\right]^{0.555} \times 388^{2.667}$$

$$= 7665328\text{m}^3/\text{d} \approx 7.67 \times 10^6 \text{m}^3/\text{d}$$

（1）因此，流量为 $7.67 \times 10^6 \text{m}^3/\text{d}$。

（2）接下来，计算入口压力和出口压力下的平均流速：

$$u_1 = 14.7349 \times \frac{7.67 \times 10^6}{388^2} \times \frac{101}{288} \times \frac{0.9 \times 293}{7101}$$

$$= 9.78 \text{m/s}$$

之前，假设压缩系数 $Z=0.9$ 为常数，相似地，在出口压力下，平均气体速度为：

$$u_2 = 14.7349 \times \frac{7.67 \times 10^6}{388^2} \times \frac{101}{288} \times \frac{0.9 \times 293}{5601}$$

$$= 12.4 \text{m/s}$$

（3）由于气流速度必须小于10m/s，管径必须要扩大。扩大管径也会导致出口压力的增加，如果保持流量和入口压力不变，增大的出口压力会导致气流速度的降低。试着改用DN450，壁厚为10mm的管道。

假设 p_1 和 Q 不变，计算出口压力 p_2 为：

$$7.67 \times 10^6 = 1.2822 \times 10^{-3} \times 0.95 \times \frac{288}{101} \times$$

$$\left[\frac{7101^2 - p_2^2}{0.6^{0.8} \times 293 \times 24 \times (1.19 \times 10^{-4})^{0.2}}\right]^{0.555} \times 430^{2.667}$$

求解 p_2，得到：

$$p_2 = 6228 \text{kPa}$$

新的出口流速为：

$$u_2 = 14.7349 \times \frac{7.67 \times 10^6}{430^2} \times \frac{101}{288} \times \frac{0.9 \times 293}{6228} = 9.08 \text{m/s}$$

因为流速小于10m/s，DN450的管材满足要求。

前面的计算中，假设入口和出口处的压缩系数相同。实际上，更准确的方法是利用CNGA方程先计算入口和出口条件下不同的 Z 值。这部分留给读者自己完成。

5.31　Spitzglass方程

Spitzglass方程已应用了很多年，常被用于燃气管线计算。该方程有两种常见形式：一种用于低压 [≤1psi（表）] 管线，另一种用于高压 [≥1psi（表）] 管线。这些方程经过修正后已包含管线效率和压缩系数常数。

Spitzglass方程的低压形式为：

$$Q = 3.839 \times 10^3 E\left(\frac{T_b}{p_b}\right)\left[\frac{p_1 - p_2}{GT_f L_e Z\left(1 + \frac{3.6}{D} + 0.03D\right)}\right]^{0.5} D^{2.5} \tag{5.129}$$

式中　Q——标准体积流量，ft^3/d（SCFD）；

E——管线效率，小于或等于1的小数；

p_b——基础压力，psi（绝）；

T_b——基础温度，°R（460 + °F）；

p_1——上游压力，psi（绝）；

p_2——下游压力，psi（绝）；

G——气体相对密度（空气为 1.00）；

T_f——气体平均温度，°R（460 + °F）；

L_e——管段的等效长度，mile；

Z——气体压缩系数；

D——管线内径，in。

其他符号定义如前文。

在 SI 单位制中，Spitzglass 方程的低压形式为：

$$Q = 5.69 \times 10^{-2} E \left(\frac{T_b}{p_b} \right) \left[\frac{p_1 - p_2}{G F_f L_e Z \left(1 + \dfrac{91.44}{D} + 0.0012D \right)} \right]^{0.5} D^{2.5} \qquad (5.130)$$

式中　Q——标准体积流量，m³/d；

E——管线效率，小于或等于 1 的小数；

p_b——基础压力，kPa；

T_b——基础温度，K（273 + ℃）；

p_1——上游压力，kPa；

p_2——下游压力，kPa；

G——气体相对密度（空气为 1.00）；

T_f——气体平均温度，K（273 + ℃）；

L_e——管段的等效长度，km；

Z——气体压缩系数。

其他符号定义如前。

Spitzglass 方程在 USCSS 单位制中的高压形式为：

$$Q = 729.6087 E \left(\frac{T_b}{p_b} \right) \left[\frac{p_1^2 - e^s p_2^2}{G T_f L_e Z \left(1 + \dfrac{3.6}{D} + 0.03D \right)} \right]^{0.5} D^{2.5} \qquad (5.131)$$

式中　Q——标准体积流量，ft³/d（SCFD）；

E——管线效率，小于 1 的小数或等于 1；

p_b——基础压力，psi（绝）；

T_b——基础温度，°R（460 + °F）；

p_1——上游压力，psi（绝）；

p_2——下游压力，psi（绝）；

G——气体相对密度（空气为 1.00）；

T_f——气体平均温度，°R（460 + °F）；

L_e——管段的等效长度，mile；

Z——气体压缩系数；

D——管线内径，in。

其他符号定义同前文。

SI 单位制中，Spitzglass 方程的高压形式为：

$$Q = 1.0815 \times 10^{-2} E\left(\frac{T_b}{p_b}\right)\left[\frac{p_1^2 - e^s p_2^2}{GT_f L_e Z\left(1 + \frac{91.44}{D} + 0.0012D\right)}\right]^{0.5} D^{2.5} \qquad (5.132)$$

式中　Q——标准体积流量，m^3/d；

E——管线效率，小于或等于 1 的小数；

p_b——基础压力，kPa；

T_b——基础温度，K（273 + ℃）；

p_1——上游压力，kPa；

p_2——下游压力，kPa；

G——气体相对密度（空气为 1.00）；

T_f——气体平均温度，K（273 + ℃）；

L_e——管段的等效长度，km；

Z——气体压缩系数。

其他符号定义如前。

5.32　Mueller 方程

Mueller 方程是表征气体管线压力和流量的另一种表达方式。USCS 单位制中，表述为：

$$Q = 85.7368 E\left(\frac{T_b}{p_b}\right)\left(\frac{p_1^2 - e^s p_2^2}{G^{0.7391} T_f L_e \mu^{0.2609}}\right)^{0.575} D^{2.725} \qquad (5.133)$$

式中　Q——标准体积流量，ft^3/d（SCFD）；

E——管线效率，小于或等于 1 的小数；

p_b——基础压力，psi（绝）；

T_b——基础温度，°R（460 + ℉）；

p_1——上游压力，psi（绝）；

p_2——下游压力，psi（绝）；

G——气体相对密度（空气为 1.00）；

T_f——气体平均温度，°R（460 + ℉）；

L_e——管段的等效长度，mile；

D——管线内径，in；

μ——气体黏度，lb/(ft·s)。

其他符号定义同前文。

SI 单位制中，mueller 方程的形式为：

$$Q = 3.0398 \times 10^{-2} E \frac{T_b}{p_b} \left(\frac{p_1^2 - e^s p_2^2}{G^{0.7391} T_f L_e \mu^{0.2609}} \right)^{0.575} D^{2.725} \tag{5.134}$$

式中　Q——标准体积流量，m^3/d；
　　　E——管线效率，小于或等于 1 的小数；
　　　p_b——基础压力，kPa；
　　　T_b——基础温度，K（273 + ℃）；
　　　p_1——上游压力，kPa；
　　　p_2——下游压力，kPa；
　　　G——气体相对密度（空气为 1.00）；
　　　T_f——气体平均温度，K（273 + ℃）；
　　　L_e——管段的等效长度，km；
　　　μ——气体黏度，cP。
其他符号定义同前文。

5.33　Fritzsche 方程

1908 年提出的 Fritzsche 方程已在压缩空气和天然气行业有了大量的应用。USCS 单位制中，表达形式为：

$$Q = 410.1688 E \left(\frac{T_b}{p_b} \right) \left(\frac{p_1^2 - p_2^2}{G^{0.8587} T_f L_e} \right)^{0.538} D^{2.69} \tag{5.135}$$

所有符号定义均如前所述。
SI 单位制中：

$$Q = 2.827 E \left(\frac{T_b}{p_b} \right) \left(\frac{p_1^2 - e^s p_2^2}{G^{0.8587} T_f L_e} \right)^{0.538} D^{2.69} \tag{5.136}$$

符号定义如前所述。

5.34　管壁粗糙度的影响

前面的章节中，将管壁粗糙度作为摩擦因子和输送因子计算中的一个参量来研究。AGA 方程和 Colebrook - White 方程都使用了管壁粗糙度，而 Panhandle 和 Weymouth 方程没有在计算中直接使用管壁粗糙度。取而代之的是，这些方程利用管线系数来对初始状况和管线折旧进行补偿。因此，当比较使用 AGA 方程和 Colebrook - White 方程预估的流量或压力与利用 Panhandle 方程和 Weymouth 方程取得的结果时，可调整管线效率来与前面方程使用的管壁粗糙度建立联系。

由于大多数气体管线工作在紊流段，与管壁粗糙度无关的层流摩阻系数意义不大。关注紊流段，可发现 Colebrook - White 方程受到管线内部粗糙度的影响。比如，对比两条管线，一条有内涂层，另一条没有；有涂层的内部粗糙度在 100 ~ 200μin 间，没有内涂层的

则在 $600 \sim 800 \mu in$ 之间。如果是一条 NPS 20，壁厚为 0.5in 的管线，利用较低的粗糙度值得到的相对粗糙度为：

有内涂层管线

$$\frac{e}{D} = \frac{100 \times 10^{-6}}{19} = 5.263 \times 10^{-6}$$

无内涂层管线

$$\frac{e}{D} = \frac{600 \times 10^{-6}}{19} = 1.579 \times 10^{-5}$$

代入 Colebrook – White 方程中的相对粗糙度，取雷诺数为 1000×10^{4}，计算输送系数为：

$$F = 21.54 \quad （有内涂层管线）$$
$$F = 20.65 \quad （无内涂层管线）$$

由于流量与输送系数成比例关系，通过流动方程，可发现在其他量不变的情况下，有内涂层的管线会运送更多的流量（高出 4.3%）。此规律在粗糙区，即雷诺数对摩阻系数和输送系数的影响不大时都是适用的。但是，在水力光滑区，管线粗糙度对摩阻系数和输送系数的影响很小。通过莫迪图 5.9 即可看出。

利用雷诺数为 10^6，通过莫迪图，可发现对于有内涂层的管线：

$$f = 0.0118, F = 18.41$$

无内涂层的管线：

$$f = 0.0122, F = 18.10$$

所以，这种情况下的流量增为：

$$\frac{18.41 - 18.10}{18.10} = 0.017 = 1.7\%$$

因此，在低雷诺数的水力光滑区，管壁粗糙度的影响较小。用 AGA 方程可做类似比较。

图 5.10 展示了基于 AGA 方程和 Colebrook 方程，管壁粗糙度对流量的影响。图表基于一条 NPS 20，壁厚为 0.5in，长 120mile 管道，上游压力为 1200psi（表），下游压力为 800psi（表）。流动温度为 70℉。

可看出随着管壁粗糙度由 $200 \mu in$ 增加到 $800 \mu in$，流量降低如下：

（1）Colebrook 方程，由 $224 \times 10^6 ft^3/d$ 降到 $206 \times 10^6 ft^3/d$；

（2）AGA 方程，由 $220 \times 10^6 ft^3/d$ 降到 $196 \times 10^6 ft^3/d$。

可得出结论：降低管壁粗糙度可直接导致管线产量增加。然而，必须要对减少管壁粗糙度的内涂层成本与增加的产量进行权衡比较。

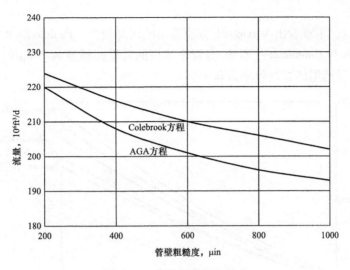

图 5.10 管壁粗糙度的影响

5.35 流动方程的比较

前面的章节中，用不同的方程来进行了压力和流量的计算。每个方程的结果都各不相同，有些方程考虑了管线效率，另一些则用内部粗糙度来计算。当上下游压力一定，对于给定的管线，这些方程预测的流量结果会有什么差别呢？很明显，一些方程预测得到的流量会偏高。类似地，如果给定上游压力，并给定流量，在计算下游压力时，这些方程的结果会不同。这意味着在相同流量下，有的方程算得的压降值会偏高。图 5.11 和图 5.12 展示了用 AGA、Colebrook - White、Panhandle 方程和 Weymouth 方程计算时部分结果的比较。

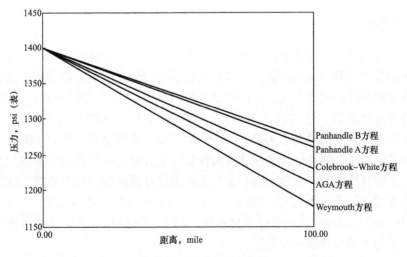

图 5.11 流动方程的比较

图 5.11 中，假设管线长度为 100mile，材质为 NPS 16，管线壁厚为 0.25in，流量为 $100 \times 10^6 \mathrm{ft}^3/\mathrm{d}$，气体流动温度为 80℉，上游压力为 1400psi（表），用不同的流动方程来计

算下游压力。

通过图 5.11，不难看出 Weymouth 方程算出的压降最大，Panhandle B 方程算出的压降最小。AGA 方程和 Colebrook – White 方程中选用的管壁粗糙度为 $700\mu in$，Panhandle 方程和 Weymouth 方程选用的管线效率为 0.95。

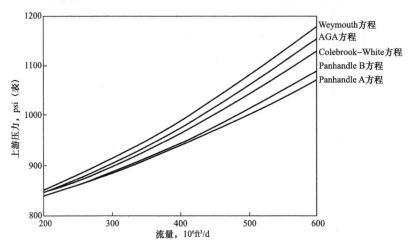

图 5.12　不同流动方程计算的管线上游压力比较

图 5.12 通过不同角度展示了流动方程的对比。在这种情况下，计算一条 NPS 30，长度为 100mile，输送压力为 800psi（表）的管线所需的上游压力。用 5 种方程来计算流量在 $200 \times 10^{6} \sim 600 \times 10^{6} ft^{3}/d$ 间所需的上游压力。再一次，发现不论何种流量下，Weymouth 方程预测得到的上游压力最大，Panhandle A 方程算得的压力最小。因此，可得到最保守的流量方程，预测压降值最大的为 Weymouth 方程，最不保守的为 Panhandle A 方程。

5.36　本章小结

本章中，定义了压力以及如何在稳态和瞬态情况下对压力进行计算。介绍了管线流体的流速和雷诺数的计算，以及根据雷诺数对流态进行划分：层流、临界流、紊流。讨论了现存的计算摩阻压降的达西方程，并用例证加以具体说明。对 Colebrook – White 方程中摩阻系数进行了迭代求解，还讨论了 Hazen – Williams 方程和 MIT 压降方程。分析了阀门、管件和渐扩管缩径管处的局部水头损失。还介绍了减少摩擦水头损失的减阻剂。

此外，还学习了气体及混合管线压降的计算方法。通过举例说明了常用的基于流量和管道型号的压降计算方程。解释了高程变化的影响以及雷诺数、摩阻系数、输送系数的概念。对比了常用的压降计算方程，如 AGA 方程、Colebrook – White 方程、Weymouth 方程和 Panhandle 方程之间的区别。通过举例对比说明了不同方程计算管线效率的结果。还讨论了气体的平均流速及腐蚀速率限制。

第6章 输送压力

本章将用到前几章所提到的压降计算的内容，来计算管线输送流体（液体或气体）的总压降，包括建设和运行在不同工况下的管线，如并联和串联的管线。本章将探讨影响总压降的不同因素，以及流速、流体性质、管线高程是如何影响压降的。长输管线一般有固定的流速，或者是初始流量一定，在管线沿线设有额外的注入或分输。中间注入有可能是不同组分的流体（不同的相对密度和黏度），因此，需要计算混合后的流体性质对压降的影响。在输气管线中，中间站注入的体积和流速、分输压力的影响，以及通过调节阀或压力调节器进行的压力调节，都应当考虑进来。

输液管线中，本章将介绍系统的管路特性曲线及其计算，以及管路特性曲线和泵特性曲线的交点。管路中的热力影响取决于管线内的流体和埋地管线周围的土壤、土壤温度、土壤传热系数和汤普森效应（输气管线），本章还对热力影响进行了阐述。在串联和并联的管线系统中，探讨了等效长度和等效直径，这样能简化计算。为了增加管线的通过量，有些输气和输液管线会加装管线回流系统。我们将对比不同的管线回流系统，同时回顾水力坡降的概念。在气体管线系统中，将介绍管线末端储气这个重要概念及其计算方法。

6.1 管线中输送给定体积的流体所需的总压降

一般而言，给定体积的流体从管线 A 点输送到 B 点所需要的压力包括如下几部分：

（1）需要克服管线摩阻的压力。

（2）需要克服高程差的压力。

（3）需要维持管线内液体蒸汽压的特定最小压力。

（4）确保管线终点保持最低的输送压力。

有些情况下，管线穿越高山地区，因此需要考虑所经过区域的高程差，必须考虑管线最小压力来防止液体的汽化。例如，在 LPG 管线中，根据输送温度，需保持管线的最小压力在 $250 \sim 300$psi（表）。如管线中的液体蒸汽压较高，就可能会引起两相流，造成更大的压降，从而需要更高的泵压，可能导致对泵的损害。因此，管线中需维持单相流来保证管线沿线各点压力均不低于液体的蒸汽压。气体管线中，有些其他要求也会表明气体压力不应低于特定的最小值。

假设液体管线中的总摩擦压降为 500psi（表），高程差为 300psi（表），如果管线终点的压力设定为 100psi（表），那管线起点所需的压力为 $500 + 300 + 100 = 900$psi（表）。

输送气体时，由于高程差所引起的压降的影响很小，因为相比于液体，气体的相对密度非常小。第 5 章介绍过，高程的影响对于输气管线和输液管线是有区别的，本章将讨论更多细节。

通过对比输气和输液管线，进而探讨总压降的每个组成部分。

6.2 摩阻的组成

摩阻造成的压降取决于流速、流体黏度和管线的粗糙度。输液管线与输气管线相似。摩阻的影响已在第 5 章讨论过，还介绍了管线的内部粗糙度以及如何应用莫迪图、科尔布鲁克公式和其他公式来计算水力坡降。气体流动的内容，已经讨论了如何通过管线效率因素而不是一个摩阻因素来将 Weymouth 和 Panhandle 方程引入内部工况和管线的服役年限中。正如第 5 章所介绍的，随着流量增加，输液管线的压降增加。它们之间的关系并不是线性的。实际上，可以从达西公式或其他一些公式中得出结论。因此，流速增加 2 倍，导致压降增加 4 倍。输气管线也类似，随着气体流速的平方发生变化，压降变化很小。与输液管线相比，输气管线中的压降变化等级很小。这是因为为了保持高效的气体输送，整个管段内需尽可能保持较高的压力。随着输气管线的压力下降，输送效率降低。在有多级压缩机站的管线中，第一个管段中终点的压力越低，下游站场就需要更高的压缩比（因此功率更高）来增压输送气体至长输管线中的下一个压气站。本章中，将举例计算不同管线配置下引起的压降，包括注入、分输、串联和并联管路。

6.3 管线高程的影响

在管线沿线中，由于高程差的存在，将液体从某点输送到另一点时需要提供更多的能量。当然，高程下降的话就会有一个相反的作用效果。因此，如果管线从起点开始，高程一直增加到末站，高程的影响就和摩擦的影响相同。换言之，两者之间是加和的。然而，一条管线从起点的高程到末站一直是下降的，那将为流体的流动提供重力势能，而摩擦阻力是为了阻碍流动。因此，摩擦和高程的影响是相反的。

在 6.1 节，高程压力 300psi（表）取决于管线起点 A 和终点 B 的高程差引起的静压和液体的比重。在气体管线中，则取决于 A、B 两点的高程静压和气体的相对密度。然而，与输液管线相比，输气管线中这些参数间的关系更加复杂。如果管线处于一个起伏的地形，A、B 两点间高程的升降需要单独分开并加和。与液体相比，气体组分的密度较低，因此高程对于输气管线的影响更小。

一般而言，如果将输送气体所需的压力分解来看的话，由高程造成的影响非常小，下面做具体说明。

【例 6.1】❶　一条 NPS 36 输气管线，壁厚为 0.5in，长度为 100mile，输送介质为天然气［相对密度为 0.6，黏度为 0.000008lb/(ft·s)］，流量为 $250 \times 10^6 \text{ft}^3/\text{d}$，输送温度为 60°F。假设为绝热流动，计算所需要的输入压力；如果管线末站所需的压力为 870psi（表），基准压力和基准温度为 14.7psi（表）和 60°F，管线粗糙度为 0.0007in，使用科尔布鲁克公式。考虑以下两种工况：

（1）工况 A，不考虑管线沿线的高程变化。

（2）工况 B，考虑高程变化，起点高程为 100ft，终点为 450ft，中点高程为 250ft。

---

❶ 题目中部分参数与解题过程中不一致，管道长度"100mile"应为"50mile"，流量"$250 \times 10^6 \text{ft}^3/\text{d}$"应为"$100 \times 10^6 \text{ft}^3/\text{d}$"。——译者注

解：
管线内径

$$D = 16 - 2 \times 0.250 = 15.5\mathrm{in}$$

首先通过式（5.96）计算雷诺数：

$$Re = 0.0004778 \times \frac{14.7}{60 + 460} \times \frac{0.6 \times 100 \times 10^6}{0.000008 \times 15.5} = 6535664$$

然后，应用式（5.101），计算摩阻系数：

$$\frac{1}{\sqrt{f}} = -2\lg\left(\frac{0.0007}{3.7 \times 15.5} + \frac{2.51}{6535664\sqrt{f}}\right)$$

可得 $f = 0.0109$。
因此，通过式（5.104）可得

$$F = \frac{2}{\sqrt{0.0109}} = 19.1954$$

接下来计算压缩系数 Z，需要计算平均压力，因为入口压力未知，可以计算一个大概的压缩系数 Z，通过将出口压力乘以 1.1 得到平均压力：

$$p_{\mathrm{avg}} = 1.1 \times (870 + 14.7) = 973.17\mathrm{psi}(绝)$$

通过式（3.66），即 CNGA，计算压缩系数为：

$$Z = \frac{1}{1 + \left[\dfrac{(973.17 - 14.7) \times 344400 \times 10^{1.785 \times 0.6}}{520^{3.825}}\right]} = 0.8629$$

工况 A：
由于不考虑高程差，式（5.69）中高程可省略，因此 $e^s = 1$。
出口压力为：

$$p_2 = 870 + 14.7 = 884.7\mathrm{psi}(绝)$$

从式（5.63）中可得，替换给定压力值可得：

$$100 \times 10^6 = 38.77 \times 19.1954 \times \frac{520}{14.7} \times \left(\frac{p_1^2 - 884.7^2}{0.6 \times 520 \times 50 \times 0.8629}\right)^{0.5} \times 15.5^{2.5}$$

因此，上游压力为：

$$p_1 = 999.90\mathrm{psi}(绝) = 985.20\mathrm{psi}(表)$$

通过 p_1，通过式（5.76）可以计算新的平均压力：

$$p_{\mathrm{avg}} = \frac{2}{3}\left(999.9 + 884.7 - \frac{999.9 \times 884.7}{999.9 + 884.7}\right) = 943.47\mathrm{psi}(绝)$$

应用新的平均压力再计算 Z 值：

$$Z = \cfrac{1}{1 + \left[\cfrac{(943.47 - 14.7) \times 344400 \times 10^{1.785 \times 0.6}}{520^{3.825}}\right]} = 0.8666$$

与前面计算的 Z 值 0.8629 相比，还有差别，再把这个 Z 值代入式（5.63），重新计算入口压力，可得：

$$100 \times 10^6 = 38.77 \times 19.1954 \times \frac{520}{14.7} \times \left(\frac{p_1^2 - 884.7^2}{0.6 \times 520 \times 50 \times 0.8666}\right)^{0.5} \times 15.5^{2.5}$$

根据上游压力，可得：

$$p_1 = 1000.36\text{psi}(\text{绝}) = 985.66\text{psi}(\text{表})$$

这个结果与前面计算出的值 985.20psi（表）非常接近，不需要继续进行迭代计算，因此，当高差为 0 时，工况 A 下所需的管道入口压力为 985.66psi（表）。

接下来计算需要考虑起点、中点和终点高程时所需的压力。

工况 B：

通过工况 A 得到的 $Z = 0.8666$，应用式（5.72），对每段的高程进行计算。

对第一段来说，从 0 至 25mile，可得到：

$$s_1 = 0.0375 \times 0.6 \times \frac{250 - 100}{520 \times 0.8666} = 0.0075$$

相似地，对第二段来说，从 25mile 到 50mile，有：

$$s_2 = 0.0375 \times 0.6 \times \frac{450 - 100}{520 \times 0.8666} = 0.0175$$

因此，对于式（5.74）可应用的高程是：

第一段

$$j = \frac{\text{e}^{0.0075} - 1}{0.0075} = 1.0038$$

第二段

$$j = \frac{\text{e}^{0.0175} - 1}{0.0175} = 1.0088$$

对整个管段，有：

$$s_2 = 0.0375 \times 0.6 \times \frac{450 - 100}{520 \times 0.8666} = 0.0175$$

因此，根据式（5.75）求出等效长度：

$$L_\text{e} = 1.0038 \times 25 + 1.0088 \times 25 \times \text{e}^{0.0075} = 50.5049\text{mile}$$

因此，可以看出，考虑高程影响后，相当于管段长度从 50mile 增加到了近 50.5mile。从式（5.63）中可得：

$$100 \times 10^6 = 38.77 \times 19.1954 \times \frac{520}{14.7} \times \left(\frac{p_1^2 - e^{0.0175}884.7^2}{0.6 \times 520 \times 50.50 \times 0.8666} \right)^{0.5} \times 15.5^{2.5}$$

得出 p_1：

$$p_1 = 1008.34 \text{psi}(\text{绝}) = 993.64 \text{psi}(\text{表})$$

因此，在工况 B 下，管线起点的压力为 993.64psi（表），考虑了管线沿线的高程。与 985.66psi（表）相比，忽略了高程的影响。

为了便于计算，假设两种情况下的 Z 值相同。为了修正结果，应该基于平均压力重新计算 Z 值，然后重复计算，直到结果相差 0.1psi 以内，这作为作业留给读者。

从上述计算中可得出，由于管线起点和终点 350ft 的高程差，需要至少 8psi（表）的压力。在液体管线中，高程的影响会更加明显。液体管线中，若高程差为 350ft，至少需要在管段起点增加 $350 \times 0.433 = 152 \text{psi}$ 的压力。

6.4 改变管线分输压力的影响

6.1 节中已说过，改变分输压力的影响对于输液和输气管线来说是类似的。管线终点需要的压力越高，管线起点相应地也需要更高的压力。假设一条 50mile 的输液管线，如果终点需要的压力为 50psi（表），那么管线起点需要的压力为 1120psi。如果终点的压力增加至 100psi（表），管线起点的压力将增加至 1170psi（表）；在输气管线中，却不太相同。对于可压缩流体如气体来说，改变管线终点的压力的影响并不是线性的。要研究改变输气管线终点的压力的影响。输气管线中，通过气体非线性的压降来看，上游压力的增加或减少不会是成比例的。

考虑到这些问题，工况 A 中的所有参数中除了分输压力都是相同的，分输压力从 870psi（表）涨到了 950psi（表）。增加分输压力会导致平均压力的改变，从而影响压缩系数。然后，为了简化，假设 $Z = 0.8666$。

新的分输压力是：

$$p_2 = 950 + 14.7 = 964.7 \text{psi}(\text{绝})$$

替换后，根据式（5.63）可得：

$$100 \times 10^6 = 38.77 \times 19.1954 \times \frac{520}{14.7} \times \left(\frac{p_1^2 - 964.7^2}{0.6 \times 520 \times 50 \times 0.8666} \right)^{0.5} \times 15.5^{2.5}$$

因此

$$p_1 = 1071.77 \text{psi}(\text{绝}) = 1057.07 \text{psi}(\text{表})$$

因此，管线起点所需的压力将近 1058psi（表），如果是线性变化的话，所需压力为 1066psi（表）。一般来说，对于气体管线，如果分输压力增加 Δp，入口压力增加量小于 Δp。相似地，如果分输压力减少 Δp，那么入口压力减少量也小于 Δp。可使用之前的例子来说明这一点。

6.5 存在沿程注入和分输的管线

如果从一条管线起点注入的流体的体积和从终点流出的流体体积相同，那么这条管线没有沿程注入和分输。当注入的流体在管线沿线的不同点进行分输，剩余的流量从管线终点流出，这样的管线就存在沿程分输点，沿程各点存在注入和分输的情况更为复杂，如图6.1 所示。这样的管线系统中，需要将管线分段进行研究。

图6.1 存在注入点和分输点的管线

另一种管线系统中，管线入口处可能有多个位置来分输流体（流入和流出），如图6.2 所示。

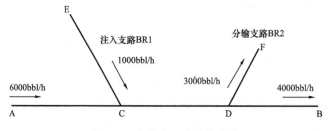

图6.2 存在多个支路的管线

如图6.2 描述，管线 AB 管段有固定的流入流量 Q_1；在 B 点，管线 CB 管段注入流量为 Q_2，结果流经 BD 管段的总流量是 $Q_1 + Q_2$；在 D 点，按流量 Q_3 分输到 E 点。因此，从 D 点到 F 点的流量是 $Q_1 + Q_2 - Q_3$。

上述过程中，分析了管线中存在注入和分输支路管线，如图6.1 和图6.2 所示。所有的情况都将计入不同管段中来计算压力和流速，以及确定特定管段的直径。

【例6.2】输气管线。一条 150mile 长的天然气输气管线，包括部分注入和分输支路，如图6.3 所示，管线 NPS 为 20，壁厚 0.5in，注入流量 $250 \times 10^6 ft^3/d$，管线 B 点（20mile 处）和 C 点（80mile 处），分输为 $50 \times 10^6 ft^3/d$ 和 $70 \times 10^6 ft^3/d$。

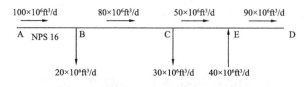

图6.3 存在注入和分输支路的输气管线

在管线 D 点（100mile），气体注入的流量为 $60 \times 10^6 ft^3/d$。假设所有气体的相对密度为 0.65，黏度为 $8.0 \times 10^{-6} lb/(ft \cdot s)$，由于管线内部有涂层（来减少摩阻），绝对粗糙度

为 150×10^{-6}in，假设进气温度为 60℉，基础压力为 14.7psi（绝），基础温度为 60℉。压缩系数为 0.85，忽略管线沿程高差。

（1）应用 AGA 方程，计算终点 E 的最小输送压力为 300psi（表）时，A 点、B 点、C 点和 D 点压力。假设阻力因子为 0.96。

（2）如果 E 点的分输压力增加至 500psi（表），那么 DE 段所需的管径为多少？A 点的压力取在（1）中的计算结果。

解：

首先计算 DE 管段。

$$管线内径 D = 20 - 2 \times 0.500 = 19.00in$$

DE 管段的流量为 190×10^6ft³/d，应用式（5.96），雷诺数为：

$$Re = 0.0004778 \times \frac{14.7}{520} \times \frac{0.65 \times 190 \times 10^6}{8 \times 10^{-6} \times 19} = 10974469$$

接下来通过 AGA 方程，计算两个输送系数。

（1）根据式（5.110），紊流粗糙区的输送系数为：

$$F = 4\lg\left(\frac{3.7 \times 19}{150 \times 10^{-6}}\right) = 22.68$$

（2）根据式（5.112），紊流水力光滑区 Von Karman 输送系数为：

$$F_t = 4\lg\left(\frac{10974469}{F_t}\right) - 0.6$$

通过迭代法计算 F_t，可得：

$$F_t = 22.18$$

因此，根据式（5.111），紊流水力光滑区的输送系数为：

$$F = 4 \times 0.96\lg\left(\frac{10974469}{1.4125 \times 22.18}\right) = 21.29$$

取上述数值中的较小值，AGA 输送系数为：

$$F = 21.29$$

接下来通过给定的 E 点压力 300psi（表），用式（5.63）来计算上游 D 点的压力：

$$190 \times 10^6 = 38.77 \times 21.29 \times \frac{520}{14.7} \times \left(\frac{p_1^2 - 314.7^2}{0.65 \times 520 \times 50 \times 0.85}\right)^{0.5} \times 19^{2.5}$$

可得 D 点的压力：

$$p_1 = 587.11\text{psi}(绝) = 572.41\text{psi}(表)$$

接下来，考虑管线 CD 管段，流速为 130×10^6ft³/d，根据上述得出的 D 点压力来计算 C 点的压力。

为了简化计算，AGA 系数与 DE 段相同。如果重新计算雷诺数和两个输送系数的话，数据会更准确。不过，为了简化，采用 $F = 21.29$，用于所有管段。

应用式（5.63）计算 C 点的压力：

$$130 \times 10^6 = 38.77 \times 21.29 \times \frac{520}{14.7} \times \left(\frac{p_1^2 - 587.11^2}{0.65 \times 520 \times 20 \times 0.85} \right)^{0.5} \times 19.0^{2.5}$$

可得 C 点的压力为：

$$p_1 = 625.06 \text{psi}（绝） = 610.36 \text{psi}（表）$$

相似地，根据 BC 段的流量为 $200 \times 10^6 \text{ft}^3/\text{d}$，计算 B 点的压力：

$$200 \times 10^6 = 38.77 \times 21.29 \times \frac{520}{14.7} \times \left(\frac{p_1^2 - 625.06^2}{0.65 \times 520 \times 60 \times 0.85} \right)^{0.5} \times 19.0^{2.5}$$

可得 B 点的压力为：

$$p_1 = 846.95 \text{psi}（绝） = 832.25 \text{psi}（表）$$

对于 AB 管段来说，流量为 $250 \times 10^6 \text{ft}^3/\text{d}$，计算 A 点的压力 p_1：

$$250 \times 10^6 = 38.77 \times 21.29 \times \frac{520}{14.7} \times \left(\frac{p_1^2 - 846.95^2}{0.65 \times 520 \times 20 \times 0.85} \right)^{0.5} \times 19.0^{2.5}$$

可得 A 点的压力 p_1 为：

$$p_1 = 942.04 \text{psi}（绝） = 927.34 \text{psi}（表）$$

如果在 A 点保持相同的入口压力 927.34psi（表），E 点的压力增加至 500psi（表），来计算 DE 段的管径，依据 D 点的压力为 572.41psi（表）。

对 DE 管段来说，有：

上游压力

$$p_1 = 572.41 + 14.7 = 587.11 \text{psi}（绝）$$

下游压力

$$p_2 = 500 + 14.7 = 514.7 \text{psi}（绝）$$

应用式（5.63），应用之前计算的 AGA 系数：

$$190 \times 10^6 = 38.77 \times 21.29 \times \frac{520}{14.7} \times \left(\frac{587.11^2 - 514.7^2}{0.65 \times 520 \times 50 \times 0.85} \right)^{0.5} D^{2.5}$$

计算 DE 管段的内径为：

$$D = 23.79 \text{in}$$

最接近的标准管为 NPS 26，壁厚为 0.5in。因此得出的结论是内径为 25in，比之前计算的 23.79in 略大。

对于管线的直径和压力所需的壁厚，将会在管线材料一章中讨论。

【例6.3】 液体管道。图6.2所示的是一条包含注入点和分输点的原油管道。从 A 点到 B 点的管段长 48mile，管径为 NPS 18，壁厚为 0.281in。管道钢材等级为 5LX - 65。原油相对密度为 0.85，黏度为 10cSt，从 A 点进入管道，流量为 6000bbl/h。另一种原油从 C 点（里程 22mile 处）注入管道，油品相对密度为 0.82，黏度为 3.5cSt，流量为1000bbl/h。混合后的原油在管道内继续输送，在分输点 D（里程 32mile 处）向分输支线分输原油 3000bbl/h。剩余原油继续输送至管道终点 B。输送温度可假设为 60℉。

（1）满足终点 B 处最小输送压力 50psi，计算 A 点处所需的压力和到终点 B 的原油组分。假设 A、C、D 和 B 处的高程分别为 100ft、150ft、250ft 和 300ft。使用 Colebrook - White 方程进行压降计算，假设管道粗糙度为 0.002in。

（2）假设 A 处的泵入口压力为 50psi，泵效率为 80%，为满足上述流量要求，A 处需要多少泵功率？

（3）如果在 C 处使用容积式（PD）泵注入原油，C 点需要多少压力、多少功率？

解：

利用式（5.27）计算 AC 管段的水力摩阻降，如下：

$$雷诺数 = 92.24 \times 6000 \times 24/(17.438 \times 10) = 76170$$

$$摩擦系数 = 0.02$$

$$摩阻降 = 13.25psi/mile$$

$$AC 管段的压降 = 13.25 \times 22 = 291.5psi$$

接下来，计算 C 点的混合原油物性，即将 6000bbl/h 的原油 A（相对密度为 0.85、黏度为 10cSt）与 1000bbl/h 的原油 B（相对密度为 0.82、黏度为 3.5cSt）混合，根据式（3.4）和式（3.21），计算如下：

$$C 点混合油相对密度 = 0.8457$$

$$C 点混合油黏度 = 8.366cSt$$

CD 管段的流量为 7000bbl/h，用上述混合油物性计算该管段压降。

$$雷诺数 = 92.24 \times 7000 \times 24/(17.438 \times 8.366) = 106222$$

$$摩擦系数 = 0.0188$$

$$摩阻降 = 16.83psi/mile$$

$$CD 管段的压降 = 16.83 \times 10 = 168.3psi$$

最后，用上述混合油物性计算管段 DB 的压降，流量为 4000bbl/h。

$$雷诺数 = 92.24 \times 4000 \times 24/(17.438 \times 8.366) = 60698$$

$$摩擦系数 = 0.021$$

$$摩阻降 = 6.13psi/mile$$

管段 DB 的压降 $= 6.13 \times 16 = 98.08 \mathrm{psi}$

因此，从 A 点到 B 点的总压降为：

$$291.5 + 168.3 + 98.08 = 557.9 \mathrm{psi}$$

A 点和 B 点的高程差由 AC 管段高程差（150 – 100）ft 和 CB 段高程差（300 – 150）ft 组成。因为在 AC 管段和 CB 管段中的流体物性不同，需要将这两段分开计算。因此，总高程压头为：

$$[(150 - 100) \times 0.85/2.31] + [(300 - 150) \times 0.8457/2.31] = 73.32 \mathrm{psi}$$

管道终点的最低压力为 50psi，因此 A 点所需的压力为：

$$557.9 + 73.32 + 50 = 681.22 \mathrm{psi}$$

因此，起点 A 所需的压力为 681.22psi，终点 B 的原油物性为：相对密度 0.8457、黏度 8.366cSt。

功率计算将在第 8 章介绍，此处根据式（8.1）简要计算出所需功率。

A 点需要的功率使用式（8.1）计算如下：

$$\mathrm{HP} = 6000 \times (681.22 - 50)/(0.8 \times 2449) = 1933 \mathrm{hp}$$

要计算出 C 点的注入泵所需功率，得先计算出容积泵在 C 点至少需要提供多少压力。

$$C 点压力 = A 点压力 - 管段 AC 压降 - AC 间高程差$$

$$p_C = 681.22 - 291.5 - (150 - 100) \times 0.85/2.31 = 371.3 \mathrm{psi}$$

容积泵在 C 点所需功率采用式（8.1）计算如下：

$$(371.3 - 50) \times 1000/(0.8 \times 2449) = 164$$

假设泵入口压力为 50psi，泵效率为 80%。

【例 6.4】气体管道。从科罗纳（Corona）到博蒙特（Beaumont）的天然气管道长度为 150mile。所输天然气相对密度为 0.6，黏度为 $8 \times 10^{-6} \mathrm{lbf} \cdot \mathrm{s/ft}^2$。管道输送流量为 $150 \times 10^6 \mathrm{ft}^3/\mathrm{d}$，起点科罗纳的压力为 1400psi（表），终点博蒙特的最小压力为 800psi（表），所需的最小管径是多少？假设天然气输送温度为 60℉，基准压力和温度分别为 14.7psi（绝）和 60℉。压缩系数为 0.90，管道粗糙度为 700μin。采用 AGA 方程、Colebrook White 方程、Panhandle B 方程和 Weymouth 方程等不同的方程进行计算，比较计算结果。管道输送效率为 95%，不考虑管道沿线的高程影响。若科罗纳的高程为 100ft，博蒙特的高程为 500ft，结果又将有何变化？

解：

首先采用 AGA 方程来计算管径。由于计算输送系数 F 需要雷诺数，而计算雷诺数需要管径。因此，先假设 F = 20。

根据基本流量方程式（5.63），列出：

$$100 \times 10^6 = 38.77 \times 20.0 \times \frac{520}{14.7} \times \left(\frac{1414.7^2 - 814.7^2}{0.6 \times 520 \times 100 \times 0.9} \right)^{0.5} \times D^{2.5}$$

求出管径 D：

$$D = 12.28\text{in} 或 NPS\ 12$$

壁厚约为 0.250in。

下面用这个管径计算输送系数。管径 NPS 12，壁厚 0.25in，管道内径为：

$$D = 12.75 - 2 \times 0.250 = 12.25\text{in}$$

根据式（5.96）计算雷诺数，得到：

$$Re = 0.0004778 \times \frac{14.7}{520} \times \left(\frac{0.6 \times 100 \times 10^6}{8 \times 10^{-6} \times 12.25} \right) = 8269615$$

对于紊流粗糙区，采用式（5.110）计算输送系数：

$$F = 4\lg\left(\frac{3.7 \times 12.25}{0.0007} \right) = 19.25$$

对于水力光滑区，采用式（5.112）计算 Von Karman 输送系数：

$$F_{\text{t}} = 4\lg\left(\frac{8269615}{F_{\text{t}}} \right) - 0.6$$

通过迭代求解 F_{t}，得出：

$$F_{\text{t}} = 21.72$$

阻力系数取 0.96，对于水力光滑区，根据式（5.111）计算输送系数：

$$F = 4 \times 0.96\lg\left(\frac{8269615}{1.4125 \times 21.72} \right) = 20.85$$

以上两个计算结果中选取较小值，采用 AGA 方程计算得出的输送系数为：

$$F = 19.25$$

将 F 值代入基本流量方程式（5.63），再反算最小管径：

$$100 \times 10^6 = 38.77 \times 19.25 \times \frac{520}{14.7} \times \left(\frac{1414.7^2 - 814.7^2}{0.6 \times 520 \times 100 \times 0.9} \right)^{0.5} D^{2.5}$$

求出管径 D：

$$D = 12.47\text{in}$$

此次的管径计算结果与前面的管径相差不大，F 值也不会显著改变，因此不需要继续进行迭代计算。

因此，根据 AGA 方程计算得出，所需管道内径为 12.47in。

下面使用 Colebrook - White 方程计算输送系数。根据上述计算，假设管道内径为 12.25in，雷诺数为 8269615。

使用 Colebrook - White 方程式（5.107）计算，得出：

$$F = -4\lg\left(\frac{0.0007}{3.7 \times 12.25} + \frac{1.255F}{8269615}\right)$$

完成迭代计算，得出 Colebrook – White 输送系数：

$$F = 18.95$$

将计算得出的 Colebrook – White 输送系数代入基本流量方程，计算管径如下：

$$100 \times 10^6 = 38.77 \times 18.95 \times \frac{520}{14.7} \times \left(\frac{1414.7^2 - 814.7^2}{0.6 \times 520 \times 100 \times 0.9}\right)^{0.5} D^{2.5}$$

求出管径 D：

$$D = 12.55\text{in}$$

使用管道内径 12.55in 重新计算雷诺数和输送系数，得出：

$$Re = 8071935, F = 18.94$$

因此，使用基本流量方程，根据比例定律求出新的管径：

$$\left(\frac{D}{12.55}\right)^2 = \frac{18.95}{18.94}$$

即，近似求出 $D = 12.55$。得出的管径基本不变。

因此，根据 Colebrook – White 方程计算得出，所需管道内径为 12.55in。

接下来使用 Panhandle B 方程式（5.123），加入管输效率 0.95，计算管径：

$$100 \times 10^6 = 737 \times 0.95 \times \left(\frac{520}{14.7}\right)^{1.02}\left(\frac{1414.7^2 - 814.7^2}{0.6^{0.961} \times 520 \times 100 \times 0.9}\right)^{0.51} D^{2.53}$$

求解管径 D，得出：

$$D = 11.93\text{in}$$

因此，根据 Panhandle B 方程计算得出，所需管道内径为 13.30in。

接下来利用 Weymouth 方程来计算管径，同样需要管输效率 0.95 这个参数：

$$100 \times 10^6 = 433.5 \times 0.95 \times \frac{520}{14.7} \times \left(\frac{1414.7^2 - 814.7^2}{0.6 \times 520 \times 100 \times 0.9}\right)^{0.5} D^{2.667}$$

求解管径 D，得出：

$$D = 13.30\text{in}$$

因此，根据 Weymouth 方程计算得出，所需管道内径为 13.30in。

总的来看，根据不同的流量计算公式计算得出的管道最小内径分别如下：

$$\text{AGA 方程}, D = 12.47\text{in}$$

$$\text{Colebrook – White 方程}, D = 12.55\text{in}$$

$$\text{Panhandle B 方程}, D = 11.93\text{in}$$

Weymouth 方程,$D = 13.30\text{in}$

可以看出，Weymouth 方程是最保守的公式。根据 AGA 方程和 Colebrook – White 方程计算得出的管径基本相同，而采用 Panhandle B 方程计算得出的管径最小。要进一步了解各种压降公式的区别，可参考第 5 章内容和图 5.11。图 5.11 展示了流量和入口压力相同的条件下，采用不同公式计算时出口压力的差别。

考虑高程影响，从 Corona（100ft）到 Beaumont（500ft）高程连续增加，根据式（5.73）得出高程调整系数：

$$s = 0.0375 \times 0.6 \times \frac{500 - 100}{520 \times 0.9} = 0.0192$$

因此，根据式（5.71），等效长度为：

$$L_e = 100 \times \frac{e^{0.0192} - 1}{0.0192} = 100.97\text{mile}$$

将高程修正系数分别应用到计算出最大和最小管径的极端工况中（Weymouth 方程和 Panhandle B 方程）。

根据式（5.117）可以看出，其他参数相同，管径和管道长度关系式如下：

$$\frac{D^{2.667}}{\sqrt{L}} = 常数$$

$$\left(\frac{D}{13.3}\right)^{2.667} = \left(\frac{100.97}{100}\right)^{0.5}$$

通过上述方程求解管道内径 D，得出：

$$D = 13.32\text{in}$$

与之前的管径值 13.30in 相差无几。

同样，根据 Panhandle B 方程式（5.123）得出管径和管道长度的关系式如下：

$$\frac{D^{2.53}}{L^{0.51}} = 常数$$

$$\left(\frac{D}{11.93}\right)^{2.53} = \left(\frac{100.97}{100}\right)^{0.51}$$

通过上述方程求解管道内径 D，得出：

$$D = 11.95\text{in}$$

与之前的管径值 11.93in 也基本相等。

因此，考虑 Corona 和 Beaumont 之间的高程差，得出最小管径如下：

Panhandle B 方程,$D = 11.95\text{in}$

Weymouth 方程,$D = 13.32\text{in}$

根据上述结论可知，即使考虑 400ft 高程差，管径也基本不变。

【例 6.5】天然气管线。图 6.4 所示为管径 12in、壁厚 0.25in、长度 24mile 的耶鲁站（Yale）至康普顿站（Compton）天然气分输管线系统。

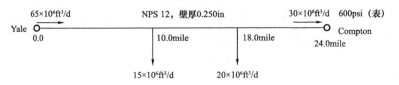

图 6.4　耶鲁站到康普顿站天然气分输管线系统

在耶鲁站，天然气入口流量为 $65 \times 10^6 \mathrm{ft^3/d}$，温度为 65℉下。在康普顿站，天然气流量必须控制在 $30 \times 10^6 \mathrm{ft^3/d}$，压力 600psi（表）。在 100mile 的分输处，流量为 $15 \times 10^6 \mathrm{ft^3/d}$；在 180mile 的分输处，流量为 $20 \times 10^6 \mathrm{ft^3/d}$。那么耶鲁站的内压为多少呢？天然气摩阻系数 f 取 0.01，压缩系数假定为 0.94，天然气相对密度为 0.6，黏度为 $7 \times 10^{-6} \mathrm{lb/(ft \cdot s)}$，假定在 60℉下等温流动。基准温度和基准压力分别为 60℉、14.7psi（表）。如果在 B 点的分输量增大到 $30 \times 10^6 \mathrm{ft^3/d}$ 而其他分输量不变，为了保持流量和康普顿站的分输压力，耶鲁站的压力要设定为多少呢？忽略沿线海拔的差异。

解：

对于管线的每一段比如 AB 段，必须根据一定流量下的摩阻系数计算出此管段的压降，进而得出整条管线的压降。

内径：

$$D = 12.75 - 2 \times 0.250 = 12.25 \mathrm{in}$$

根据式（5.64）得出输送系数：

$$F = \frac{2}{\sqrt{f}} = \frac{2}{\sqrt{0.01}} = 20.00$$

根据式（5.63），对于上述管线 18 ~ 24mile 处，可得出：

$$30 \times 10^6 = 38.77 \times 20.0 \times \frac{520}{14.7} \times \left(\frac{p_\mathrm{C}^2 - 614.7^2}{0.6 \times 520 \times 6 \times 0.94} \right)^{0.5} \times 12.25^{2.5}$$

得出 C 点的压力为：

$$p_\mathrm{C} = 620.88 \mathrm{psi(绝)}$$

然后用 p_C 在管线 BC 管段流量 $50 \times 10^6 \mathrm{ft^3/d}$，8mile 处，计算出 p_B。

根据式（5.63），有：

$$50 \times 10^6 = 38.77 \times 20 \times \frac{520}{14.7} \times \left(\frac{p_\mathrm{B}^2 - 620.88^2}{0.6 \times 520 \times 8 \times 0.94} \right)^{0.5} \times 12.25^{2.5}$$

得出 p_B：

$$p_\mathrm{B} = 643.24 \mathrm{psi(绝)}$$

最后，已知耶鲁站到 B 点距离为 10mile 且流量为 $65 \times 10^6 \text{ft}^3/\text{d}$，计算出 p_1。

$$65 \times 10^6 = 38.77 \times 20 \times \frac{520}{14.7} \times \left(\frac{p_1^2 - 643.24^2}{0.6 \times 520 \times 10 \times 0.94}\right)^{0.5} \times 12.25^{2.5}$$

得到耶鲁站的压力 p_1：

$$p_1 = 688.09\text{psi}(\text{绝}) = 673.39\text{psi}(\text{表})$$

因此，耶鲁站的内压为 673.39psi（表）。

当 B 点的分输量由 $15 \times 10^6 \text{ft}^3/\text{d}$ 增加到 $30 \times 10^6 \text{ft}^3/\text{d}$，而其他分输量不变时，耶鲁站的流量增加到 $65 \times 10^6 + 15 \times 10^6 = 80 \times 10^6 \text{ft}^3/\text{d}$。如果康普顿站的分输压力仍然保持不变，B 点和 C 点的压力仍旧和之前计算的结果一致，这是因为 BC 管段和 CD 管段的流量没有发生变化。因此，已知耶鲁站到 B 点在 $80 \times 10^6 \text{ft}^3/\text{d}$ 的流量下 B 点的压力为 643.24psi（表），计算出耶鲁站的入口压力。

根据式（5.63），耶鲁站的压力 p_1 为：

$$80 \times 10^6 = 38.77 \times 20.0 \times \frac{520}{14.7} \times \left(\frac{p_1^2 - 643.24^2}{0.6 \times 520 \times 10 \times 0.94}\right)^{0.5} \times 12.25^{2.5}$$

由此等式得：

$$p_1 = 710.07\text{psi}(\text{绝}) = 695.37\text{psi}(\text{表})$$

因此，要使 B 点的分输量增加 $15 \times 10^6 \text{ft}^3/\text{d}$，耶鲁站的压力要增加大约 224psi（表）。然后用此压力作为 EF 段的入口压力，依据通用流动方程，可计算出 F 点的出口压力：

$$100 \times 10^6 = 77.54 \times \frac{1}{\sqrt{0.015}} \times \frac{520}{14.73} \times \left(\frac{1145.63^2 - p_2^2}{0.6 \times 540 \times 20 \times 0.92}\right)^{0.5} \times 15.5^{2.5}$$

得出：

$$p_2 = 1085.85\text{psi}(\text{绝}) = 1071.12\text{psi}(\text{表})$$

总结得出的结果如下：

管线起点压力为 1166.6psi（表）

管线终点压力为 1130.9psi（表）

管线终点出站压力为 1071.12psi（表）

14in 管线流量为 $51 \times 10^6 \text{ft}^3/\text{d}$

12in 管线流量为 $49 \times 10^6 \text{ft}^3/\text{d}$

6.6　输液管线系统压头特性曲线

管线系统压头特性曲线，也可称为系统扬程特性曲线，反映泵压（扬程）随着流量的变化而变化的规律。图 6.5 为典型的系统扬程曲线。随着流量的增大，压头也在增大。由

第 5 章内容可知由摩擦引起的压降随着流量的平方变化。如果压降在流量 1000gal/min 时为 10psi/mile，那么在流量 2000gal/min 时压降就为 40psi/mile。因此，2 倍的流量变化可引起 4 倍压降的变化。

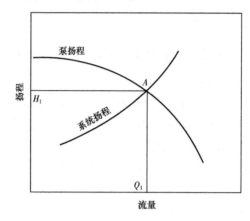

图 6.5　系统扬程特性曲线

如果忽略海拔的变化，假设末站输送压力为 50psi（表），30mile 管线起点压力 p_T 为在流量 1000gal/min 时为 350psi（表）（$30 \times 10 + 5$），2000gal/min 时为 1250psi（表）。因此可计算出水头损失和不同流量下的总压力 p_T，进而绘制出扬程特性曲线。也可根据 6.3 节描述的方法考虑沿线管线海拔的变化，得出 p_T 和压头特性曲线。通常，压头特性曲线中，压力单位用为每英尺压头来表示，如图 6.5 所示。然而有时扬程特性曲线也用 psi（表）表示。在美国的惯用单位中，横轴流量单位为 gal/min 或者为 bbl/h。在国际单位中压头用 m 表示，流量单位用 m³/h 或者 L/min。

总结如下：内径为 D、长度为 L 的管线输送相对密度为 γ_g、速度为 v 的液体，从泵站 A 点到分输站 B 点，可算出在输送流量为 Q 时的 A 点的输送压力。不同的流量下，可相应计算出 A 点的输送压力，进而计算出 B 点的输送压力。在不同的流量下可计算出长度为 L 的管线由于摩擦所产生的压降，包括考虑 AB 两点的海拔差异所引起的高程水头，以及由式（6.1）得出 B 点的输送压力。

A 点的压力 = 摩擦引起的压降 + 高程水头 + 输送压力

只要计算出不同流量下 A 点的压力，就可以画出图 6.5 所示的扬程特性曲线。

第 11 章将会详细介绍系统压头特性曲线和泵扬程特性曲线。将会解释系统扬程特性曲线和泵的扬程特性曲线如何决定泵—管线系统的工况点。因为系统扬程特性曲线表示在不同流量下的管线的泵送压力，可绘制出如图 6.6 所示的不同液体压力下的一系列的扬程特性曲线。与输送天然气相比，输送高密度和高黏度的柴油需要更大的压力。因此如图 6.6 所示，柴油的扬程特性曲线处在天然气扬程特性曲线的上方。

扬程特性曲线取决于摩阻系数与高程水头的比值。图 6.6 中的两条特性曲线说明了这点。在图 6.7 中，摩阻的影响大于高程的影响。大多数的系统特性曲线主要考虑管线内的摩阻因素。

相反，如果高程因素大于摩阻因素，系统特性曲线随流量的变化就不会显著。

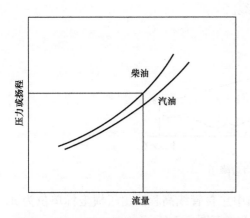

图 6.6 输送不同介质管线系统扬程特性曲线

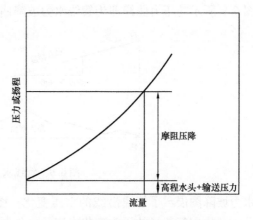

图 6.7 高摩阻管输系统扬程特性曲线

图 6.8 所示系统特性曲线中，由管线高程变化引起的静水压占很大比重。

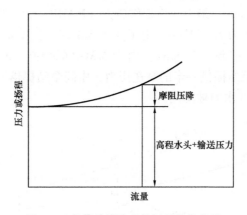

图 6.8 高落差管输系统扬程特性曲线

6.7 输液管线的水力坡降

由于摩阻损失，水压从管线入口到出口逐渐递减。如果管线两端没有高程差，管线的垂直剖面是水平的，管线入口压力就会在一定的流速下逐渐递减。如果管线沿线存在高程差，压降就要综合考虑摩阻和高程差了。如果入口压力为 1000psi，假设在等径水平管线中摩阻引起的压降为 15psi/mile，那么长度为 20mile 的管线出口压力为：

$$1000 - 15 \times 20 = 700\text{psi}$$

如果管线长度为 60mile，则压降为：

$$15 \times 60 = 900\text{psi}$$

因此管线末端的水压为：

$$1000 - 900 = 100\text{psi}$$

即 60mile 的管线水压从入口处的 1000psi 降到出口处的 100psi。

图 6.9 所示的压力曲线即为管线水力坡降曲线。

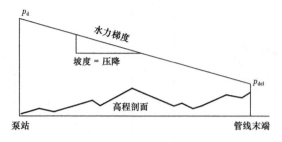

图 6.9　管线水力坡降图

水力坡降图展示了管线沿线的水压变化。图中包含管线高程。由于横坐标单位为 ft，因此管压变化用每英尺的压头变化来表示。如图 6.6 至图 6.8 所示。

6.6 节的问题讨论中，计算出在泵输送的原油流量为 4000bbl/h 时，管线入口压力应为 1034psi。这就要求在管线的起点 A 设立一个泵站。

假设管线长度为 100mile，最大允许工作压力（MAOP）为 1200psi。在流量 4000bbl/h 下计算的管线 A 点入口压力为 1600psi。由于大于 MAOP，就需要在 A 点和 B 点之间建立中间泵站，以使泵送压力控制在 1200psi。由于 MAOP 的限制，A 点所要求的总压就需要逐级增加。位于 A 点的泵站提供一半的泵送压力，中间泵站提供另一半泵压。这就形成了图 6.10 所示的锯齿状管线水力坡降图。

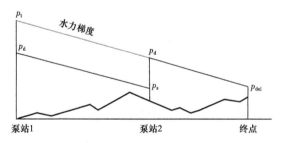

图 6.10　两级泵站水力坡降图

每一个泵站的泵送压力根据 AB 两点的高差以及第二个泵站所要求的最小吸入压力进行计算，后面会介绍图 6.10 的计算过程。

p_s 和 p_d 表示泵吸入压力和出口压力，p_{del} 表示 B 点的输送压力。A 点的总压 p_t 为：

$$p_t = p_{friction} + p_{elevation} + p_{del} \qquad (6.1)$$

式中　p_t——A 点所需总压力；

　　　$p_{friction}$——A 点与 B 点之间的摩阻压降；

　　　$p_{elevation}$——A 点与 B 点之间的高程水头；

　　　p_{del}——B 点所需分输压力。

同样，如图 6.10 所示，可知：

$$p_t = p_d + p_d - p_s \qquad (6.2)$$

求解 p_d 可得到：

$$p_d = (p_t + p_s)/2 \tag{6.3}$$

式中　p_d——泵出口压力；

　　　p_s——泵吸入压力。

如果计算出泵送压力为 1600psi，管线允许的最大工作压力为 1200psi，就需要两个泵站。考虑最小的吸入压力为 50psi，由式（6.3）可知每一个泵站的出口压力为：

$$p_d = (1600 + 50)/2 = 825psi$$

每一个泵站的出口压力为 825psi，管线的最大工作压力为 1200psi。依据管压，可在管线的最大操作压力 1200psi 下达到管线的输送压力。在高流量下，需要更大功率的泵，这就要求在每一个泵站改善泵送设备。接下来讨论在泵送压力达到 1200psi 时所增加的输送流量。

假设 AB 两点的高差引起 300psi 的压降。AB 两点的高差转化为压差。由高程引起的 AB 两点的压差仅与高差和水重有关，与流量无关。同样地，在 B 点的输送压力 50psi 与流量无关。据此计算出由摩阻损失（与流量有关）：

$$摩阻压降 = 1600 - 300 - 50 = 1250psi$$

假设管线长度为 100mile，则每英里的摩阻压降为：

$$p_m = 1250/100 = 12.5psi/mile$$

这个压降是在 4000bbl/h 的流速下。前面的章节讲过，在管输流体性质和管径不变的情况下，每英里的摩阻压降 p_m 与流量的平方成正比，即：

$$p_m = KQ^2 \tag{6.4}$$

式中　p_m——管道每英里摩阻压降；

　　　K——由管输流体性质和管径决定的常数；

　　　Q——管道流量。

K 并不是第 5 章所介绍的水头损失系数，严格而言，K 与摩阻系数 f 有关，f 与流量有关。但为了简化，在流体性质和管径不变的情况下，K 为常数。严格意义上讲，式（6.4）还要包括摩阻系数 f，它与雷诺数和管线粗糙度等参数有关。

由式（6.4），假定初始流量为 4000bbl/h，有：

$$12.5 = K(4000)^2 \tag{6.5}$$

用类似的方法，当流量增加到管压为 1200psi，可计算出每英里的摩阻压降。

根据式（6.3），如果每个泵站的输出压力为 1200psi，则：

$$1200 = (p_t + 50)/2$$

或

$$p_t = 2400 - 50 = 2350psi$$

总压就包括摩阻压降、高差及在高流量下的输出压力。

在高流量 Q 下，有：

$$2350 = p_{friction} + p_{elevation} + p_{del}$$

或

$$2350 = p_{friction} + 300 + 50$$

因此，在高流量 Q 下，有：

$$p_{friction} = 2350 - 300 - 50 = 2000psi$$

那么，在高流量 Q 下，每英里压降为：

$$p_m = 2000/100 = 20psi/mile$$

由式（6.4），有：

$$20 = KQ^2 \tag{6.6}$$

式中　Q——未知的更高流量，bbl/h。

通过式（6.3）除以式（6.4），得到：

$$20/12.5 = (Q/4000)^2$$

求解 Q，得到：

$$Q = 4000(20/12.5)^{1/2} = 5059.64bbl/h$$

因此，如果两个泵站的泵送压力达到1200psi，可将流量提高到5060bbl/h。正如前面所提到的，这就需要在两个泵站增加泵的数量以提高输送压力。这将在后面的章节进行讨论。

在前面的章节，只探讨了在整条管线中管径和壁厚不变的情况。在实际工程中，由于不同的工程要求、设计规范，以及当地安监的规范要求，管径和壁厚是变化的。由于管线沿线高规格和低规格的管道都会使用，因此在不同的钢管最小屈服强度下，管线壁厚会增大。正如前面提到的，有些城市或地区所要求的设计安全系数不同（0.66或者0.72），也导致不同壁厚管线的使用。如果管线沿线有较大的高差，那么低点的管线就需要较大的壁厚以承受更高处管线的运行压力。如果管线中间有分输和输入，管线的直径就会增大或减小以优化管线的运行。在所有这些情况下，可得出结论：摩阻压降在管线沿线不会是恒定值。管线沿线的汇入和分输对水压的影响将在后面的章节讨论。

当管线沿线的管径和壁厚发生变化，图6.10中的水力坡降线的斜率就会变化。这主要是由于管径和壁厚变化引起的摩阻压降的变化。

6.8　高蒸汽压液体运输

如前所述，运输的高蒸汽压的液体如LPG需要较小的运输压力。这个最小压力必须大于该液体在流动的温度的蒸汽压。否则，液体可能汽化，引起管线两相流，造成泵的故障。如果 LPG 在流动温度下的蒸汽压为 250psi，则在管线中任一位置的最小压力必须超过 250psi。为了安全起见，在管线高点或峰值点，必须确保运行压力超过最小压力，如图 6.11 所示。另外，管端的输送压力还必须满足最小压力要求。

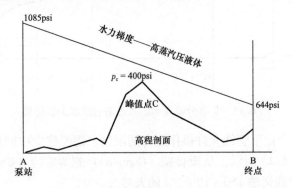

图 6.11 高蒸汽压液体水力坡降图

因此，在管线末端 LPG 的输送压力可以是 300psi 或更高，以满足计量站和分输点的压力损失。此外，对于高蒸汽压的液体，运输起点可以是 500～600psi 的压力容器或加压的球罐，因此可能需要更高的最小输送压力。对于高蒸汽压液体，最小输送压力和最小蒸汽压都要考虑到。

6.9 输气管线水力坡降

图 6.12 为输气管线的水力坡降线。

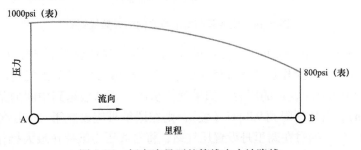

图 6.12 恒定流量下的管线水力坡降线

与输液管线相比，输气管线管压是非线性变化的，水力坡降线就变成曲线而非直线。水力坡降线某点的斜率就表示该点单位长度的压力损失。如前所述，即使在恒定的流量和管径下，管线下游的斜率会变大，这主要是因为在管线末端的压降增大。在相同的条件下，输液管线水力坡降线的斜率是不变的。如果流量和管径不变，输气管线的水力坡降线就如图 6.12 所示，是轻微变化的曲线，并没有明显的突变。如果管线沿线有分输点和汇入点，水力坡降线就会如图 6.13 所示，变成一系列折线。

如果管径和壁厚变化，即使流量保持不变，水力坡降线的变化会如图 6.13 所示。与输液管线不同，输气管线的水力坡降线不会发生显著的突降。

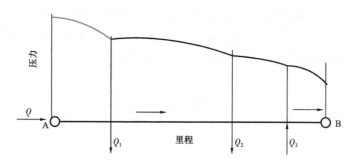

图 6.13　具有分输点和汇入点的管线水力坡降线

长输输气管线中，由于管线允许操作压力的限制，需要建立中间压气站加压以达到输送压力。例如，如图 6.14 所示，从康普顿（Compton）到博蒙特（Beanmont）分输处利用 16in、200mile 长的管线运输 $150 \times 10^6 ft^3/d$ 的天然气。

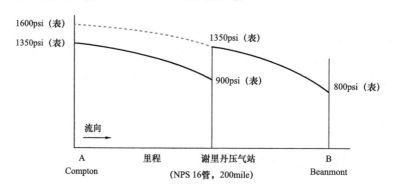

图 6.14　康普顿与博蒙特之间的天然气管线

假设康普顿站需要 1600psi（表）的压力，输送到博蒙特站时，压力变为 800psi（表）；如果管线的最大操作压力为 1350psi（表），显然需要多个压气站，首站设在康普顿，且需提供 1350psi（表）的压力。如果气体从康普顿站输送到中间的某个位置，如谢里丹（Sheridan），气体压降到 900psi（表），则在谢里丹应设置第二个压气站，将气体增压至 1350psi（表）。通过在谢里丹设置压气站，将管线压力维持在最大操作压力。谢里丹压气站的具体位置取决于多种因素，包括管线高程纵断面、该站点的气体压力以及将气体输送到末站需要的压力。该情况下的水力坡降线如图 6.14 所示。上述讨论中，在谢里丹压气站随机选取了 900psi（表）作为进站压力。因此可得到压气站的大致压缩比：

$$\frac{1350 + 14.7}{914.7} = 1.492$$

该值即为用于该气体管线压缩机的压缩比，参照图 6.14，按照该压缩比在 Sheridan 布置中间压气站。

从康普顿站开始，入口压力为 $p_1 = 1350$psi（表），可用气体流动方程计算出压降为 900psi（表）时的长度 L。设流量为 $150 \times 10^6 m^3/d$，摩阻系数 $f = 0.01$，则：

$$150 \times 10^6 = 77.54 \times \frac{1}{\sqrt{0.01}} \times \frac{520}{14.7} \times \left(\frac{1364.7^2 - 914.7^2}{0.6 \times 520 \times L \times 0.9} \right)^{0.5} \times 15.5^{2.5}$$

求解上述方程得 $L = 109.28\text{mile}$，则第二个压气站设在谢里丹，距康普顿大约 109.28mile 的地方，如果在谢里丹压气站将气体增压至 1350psi（表），压缩机的压缩比为：

$$r = \frac{1350 + 14.7}{914.7} = 1.492$$

因此，从谢里丹压气站开始，压力为 1350psi（表），可用气体流动方程得到博蒙特站的进站压力，其中管线长度为 $(200 - 109.28) = 90.7\text{mile}$：

$$150 \times 10^6 = 77.54 \times \frac{1}{\sqrt{0.01}} \times \frac{520}{14.7} \times \left(\frac{1364.7^2 - p_2^2}{0.6 \times 520 \times 90.7 \times 0.9} \right)^{0.5} \times 15.5^{2.5}$$

求解得：

$$p_2 = 1005.5\text{psi}（绝）= 990.82\text{psi}（表）$$

计算结果比博蒙特站实际所需的进站压力 800psi（表）高出很多，需要返回继续进行上述计算，将康普顿站的压力稍微减小到 1300psi（表），使得博蒙特站进站压力刚好等于 800psi（表）。此处由读者自行练习解答。

另外，可控制博蒙特站进站压力为 800psi（表），向前计算出压力为 1350psi（表）的位置，即为谢里丹压气站的实际位置。然后可确定谢里丹压气站的进站压力，取康普顿站的出站压力为 1350psi（表）。该算法会改变谢里丹压气站的压比，通过进站压力与出站压力重新计算压比。此部分将在第 9 章详细讨论。

6.10　压力调节阀和泄压阀

在有中间分输点的长输管线中，可能需要调节气体压力以满足用户的需求。假设图 6.15 中 B 点的压力为 800psi（表），而客户要求的压力为 500psi（表），显然需要将气体压降到所需的压力。可以通过设置压力调节阀来控制下游输送点的压力，而无须考虑上游的压力调节。下面举例说明，如图 6.15 所示。

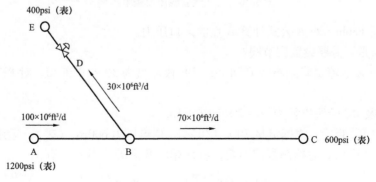

图 6.15　有分输站点的长输管线压力调节示意图

干线 AC 上有一条分支管线 BE，从 A 点到 B 点的流量为 $100 \times 10^6 \text{ft}^3/\text{d}$，A 点压力为 1200psi（表），在 B 点气体分输到分支管路 BE 中，流量为 $30 \times 10^6 \text{ft}^3/\text{d}$。剩余 $70 \times 10^6 \text{ft}^3/\text{d}$ 的气体输送到 C 点，且 C 点压力为 600psi（表）。根据 C 点的压力 600psi（表）及 B 点分输 $30 \times 10^6 \text{ft}^3/\text{d}$ 的流量，可求出 B 点的压力为 900psi（表）。分输管路起点 B 点压力为 900psi（表），流量为 $30 \times 10^6 \text{ft}^3/\text{d}$，输送到 E 点时压力为 600psi（表），如果实际要求的 E 点的压力为 400psi（表），则需设置一个压力调节阀将压力降低 200psi（表）。

如图 6.15 所示，在 D 点设置调节阀，阀上游压力约为 600psi（表），而下游 E 点压力降到 400psi（表）。如果干线流量从 $100 \times 10^6 \text{ft}^3/\text{d}$ 降到 $90 \times 10^6 \text{ft}^3/\text{d}$，而 B 点分输的流量仍为 $30 \times 10^6 \text{ft}^3/\text{d}$，B 点的压力将会小于 900psi（表），同样，分输线 BE 的终点 E 的压力也会小于 600psi（表），然而，压力调节阀后的压力仍为 400psi（表）。如果由于某种原因，D 处的压力下降到 400psi（表）以下，D 点下游的压力就无法维持在 400psi（表）。调节阀只能降低下游压力，而不能增加阀门上游压力。如果阀门上游压力为 300psi（表），保持阀门全开，则下游 E 点的压力也为 300psi（表）。

【例 6.6】 一条天然气管线，管径 16in，壁厚 0.25in，长 50mile，有一条分输管线（管径 8in，壁厚 0.25in，长 15mile），如图 6.16 所示。从 A 点向 B 点输送 $100 \times 10^6 \text{ft}^3/\text{d}$ 气体［气体相对密度为 0.6，黏度为 $0.000008 \text{lb}/(\text{ft} \cdot \text{s})$］。在 B 点（里程 20mile），有一条分输管线 BE，流量为 $30 \times 10^6 \text{ft}^3/\text{d}$，要求 E 点的压力为 300psi（表）。干线 BC 段的流量为 $70 \times 10^6 \text{ft}^3/\text{d}$，C 点的压力为 600psi（表）。假设气体温度为 60℉，管线输气效率为 0.95，标准温度和压力分别为 60℉和 14.7psi（绝），压缩系数 $Z = 0.88$。

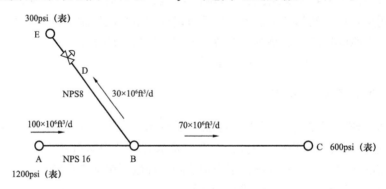

图 6.16 天然气管线压力调节示例

（1）运用 Panhandle A 公式计算 A 点的入口压力。

（2）E 点是否需要设置调节阀？

（3）如果 A 点流量降到 $60 \times 10^6 \text{ft}^3/\text{d}$，BE 段流量为 $30 \times 10^6 \text{ft}^3/\text{d}$，对 BE 段有何影响？

解：

AB 管段及 BC 管段内径为 $16 - 2 \times 0.25 = 15.5\text{in}$

首先考虑 BC 管段，根据流量 $70 \times 10^6 \text{ft}^3/\text{d}$，C 点压力 600psi（表），运用 Panhandle A 方程［式（5.119）］，忽略高程的影响，可计算出 B 点的压力 p_1，有：

$$70 \times 10^6 = 435.87 \times 0.95 \times \left(\frac{60 + 460}{14.7}\right)^{1.0788} \left(\frac{p_1^2 - 614.7^2}{0.6^{0.8539} \times 520 \times 30 \times 0.88}\right)^{0.5394} \times 15.5^{2.6182}$$

求解得：

$$p_1 = 660.39\mathrm{psi}(绝) = 645.69\mathrm{psi}(表)$$

接着计算 AB 管段，流量为 $100 \times 10^6\mathrm{ft}^3/\mathrm{d}$，根据 B 点的压力，可求出 A 点的压力，有：

$$100 \times 10^6 = 435.87 \times 0.95 \times \left(\frac{520}{14.7}\right)^{1.0788} \left(\frac{p_1^2 - 660.39^2}{0.6^{0.8539} \times 520 \times 20 \times 0.88}\right)^{0.5394} \times 15.5^{2.6182}$$

求解得：

$$p_1 = 715.08\mathrm{psi}(绝) = 700.38\mathrm{psi}(表)$$

接下来可计算出 E 点的压力，有：

$$30 \times 10^6 = 435.87 \times 0.95 \times \left(\frac{520}{14.7}\right)^{1.0788} \left(\frac{660.39^2 - p_2^2}{0.6^{0.8539} \times 520 \times 15 \times 0.88}\right)^{0.5394} \times 8.125^{2.6182}$$

求解得：

$$p_2 = 544.90\mathrm{psi}(绝) = 530.2\mathrm{psi}(表)$$

由于 E 点所需的压力为 300psi（表），因此需要在 E 点设置压力调节阀。

如果 A 点的流量降到 $60 \times 10^6\mathrm{ft}^3/\mathrm{d}$，而 BE 管段流量不变，可根据 BC 段运用 Panhandle A 方程［式（5.119）］计算出 B 点的压力：

$$30 \times 10^6 = 435.87 \times 0.95 \times \left(\frac{520}{14.7}\right)^{1.0788} \left(\frac{p_1^2 - 614.7^2}{0.6^{0.8539} \times 520 \times 30 \times 0.88}\right)^{0.5394} \times 15.5^{2.6182}$$

求解得 B 点压力为：

$$p_1 = 624.47\mathrm{psi}(绝) = 609.77\mathrm{psi}(表)$$

在 BE 管段流量为 $3 \times 10^6\mathrm{ft}^3/\mathrm{d}$ 时，运用 Panhandle A 方程［式（5.119）］，根据 B 点的压力可求出 E 点压力，有：

$$30 \times 10^6 = 435.87 \times 0.95 \times \left(\frac{520}{14.7}\right)^{1.0788} \left(\frac{624.47^2 - p_2^2}{0.6^{0.8539} \times 520 \times 15 \times 0.88}\right)^{0.5394} \times 8.125^{2.6182}$$

求解得：

$$p_2 = 500.76\mathrm{psi}(绝) = 486.06\mathrm{psi}(表)$$

新得出的 E 点压力 486.06psi（表）与之前得到的压力 530.2psi（表）相比，下降了约 44psi（表），若想维持 E 点 300psi（表）的压力，仍然需要设置压力调节阀。

因此，答案为：

（1）A 点的压力为 700.38psi（表）。

（2）E 点需要设置调节阀，将压力从 530.2psi（表）降到 300psi（表）。

（3）最后，仍需要压力调节阀将压力从 486.06psi（表）降到 300psi（表）。

6.11　本章小结

在本章，进一步研究了第 5 章介绍的压降方程的应用。类似串联管线、并联管线、带有注入和分输功能的输气管线，可通过分析来确定需要的压力及管线尺寸。通过例题，介绍并分析了串联管线的相对长度和循环管路中的等效管径的概念。其中也包括了液压压力梯度的概念，对中间站在额定压力下不能输送超过管线操作压力的定量气体的问题进行了讨论。在输液管线中，介绍了压头曲线的概念并结合实例进行了讲解。本节同时介绍了计算管线末端储气的方法。

第7章 热力学计算

本章将讨论在温度变化的管线中有关热力学性质对管线压降的影响，同时还对摩阻的影响进行了考查。多数情况下，由于管线沿线液体和气体的温度变化对压降和流速影响很大，需要重点考虑。前面的章节主要是在等温条件下进行讨论的，本章中将与热力系统进行比较。通常，水力计算在考虑传热时，计算过程变得异常复杂，因此用管线水力计算软件模拟管线输送实例来进行分析。

在等温流动中，泵送流体温度并没有显著变化。等温流动管线包括输送水、精炼石油产品（汽油、柴油等）以及其他轻质原油的管线，这些管线中液体温度接近环境温度。多数情况下，重质原油和高黏度的其他液体的输送必须泵送加压，这些液体在泵送前被加热到一定温度（150~180℉）。埋地管线中被加热的液体在输送过程中向周围的土壤传热，导致液体温度下降，反过来影响液体相对密度、黏度及摩阻损失。与等温流动相比，管压受温度影响。接下来探讨在埋地管线等温土壤条件下，输液和输气管线中热力的变化规律。

7.1 等温流动

前面的章节中，主要讨论的是管线稳态下的流体流动，并没有考虑由于管内流体与管外介质热传导引起的管内流体温度的变化。假设管线入口液体温度为70℉。在此温度下依据液体的物性，比如液体的相对密度和黏度计算出雷诺数、摩阻系数以及由摩阻引起的压降。同样，可依据在管线所处地势及温度下液体的相对密度计算出液体压头。在所有的情况下，通常都要考虑恒温下的液体物性。这些计算都基于等温流动。

大多数情况下，液体如水、汽油、柴油及轻质原油的输送都是在恒定的环境温度下进行。管内流体会与管道周围的土壤（埋地管线）或者空气（地上管线）进行热传导。与周围环境的热传导引起的流体温度变化会影响流体物性，如相对密度和黏度，从而影响压降计算。之前假设管线沿线流体温度不变，忽略了热传导，但有时需对管内流体加热到一定温度以降低其黏度，加速输送，这样就降低了对泵的功率要求。

举例说明，高黏度原油（200~800cSt或更高，在60℉温度下）在泵送前加热到160℉，高温度的原油将热量传导给周围的土壤。土壤环境温度在冬天为40~50℉，夏天为60~80℉。因此，需要考虑管内高温流体与周围土壤的温度差异。

冬天120℉和夏天100℉的温差将会引起管内原油和周围土壤的热传导，造成管内流体温度的下降，进而使流体相对密度和黏度发生变化。因此这个例子中，在等温流动的条件下计算压降就会出错。这种加热的液体管线通常是裸露的或者有保温层。

一条20in的埋地管线在入口温度160℉下，以8000bbl/h的流量运送重油。假设在距离入口50mile处的管道，流体温度下降到124℉。160℉和124℉时的流体物性如下：

温度，℉	相对密度	黏度，cSt
160	0.9179	40.55
124	0.9306	103.69

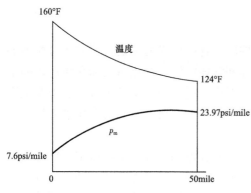

图 7.1　输液管线温度和压降变化曲线

经过计算得出：160℉下，摩阻压降为7.6psi/mile；在50mile处，124℉温度下，摩阻压降增大为23.97psi/mile，如图7.1所示。

可根据平均压降计算出在50mile处的压降，但这样计算不够精确。

一个更好的办法是把50mile分成5mile或者10mile的小段，计算每小段的压降。然后把每一段的压降相加得到总压降。当然，前提是得知道温度在每一段的节点值。根据图7.2所示每一段的节点值，计算出流体物性和摩阻引起的压降。

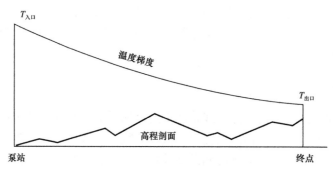

图 7.2　输液管线的热力梯度

要计算出管线沿线的温度变化，必须进行更加复杂的计算，需要考虑土壤的温度、管材的导热系数、保温层、土壤的导热系数以及管材的埋深。下面介绍一种简单的方法，来计算埋地管线的温度变化。这种计算方法起源于阿拉斯加管线系统。此方法在计算温度和压力变化的输液管线时非常准确。

图7.3展示了伴热埋地输液管线的水力坡降线，并与等温流动的水力坡降线进行了对比。

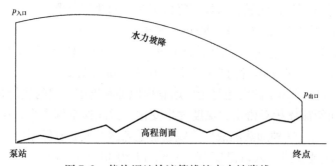

图 7.3　伴热埋地输液管线的水力坡降线

下面用一个实例介绍这些公式的应用。更精确的方法就是通过软件程序，将管线分成更小的部分，计算热平衡和压降，从而绘制出整条管线的压力和温度变化。如 SYSTEK 推出的 LIQTHERM 程序。

7.2　输液管线的热力计算公式

7.2.1　导热系数

导热系数是固体传热的重要参数，英制单位中，单位为 Btu/(h·ft·℉)；国际单位制 (SI) 中，单位为 W/(m·℃)。

对于表面积为 A，厚度为 dx，温差为 dT 的固体传热，英制单位的公式为：

$$H = K(A)(dT/dx) \quad （英制单位） \tag{7.1}$$

式中　H——垂直于表面的热通量，Btu/h；

　　　K——固体导热系数，Btu/(h·ft·℉)；

　　　A——热流单位面积，ft^2；

　　　dx——固体厚度，ft；

　　　dT——固体温差，℉。

dT/dx 表示温度的变化梯度，单位 ℉/ft。式 (7.1) 为傅里叶热传导公式。

从式 (7.1) 可看出，导热系数即为 1m 厚的材料，两侧表面的温差为 1℉，通过 1m^2 面积传递的热量。

钢管和土壤的导热系数如下：

$$K_{钢管} = 29 \text{Btu}/(h·ft·℉)$$

$$K_{土壤} = 0.2 \sim 0.8 \text{Btu}/(h·ft·℉)$$

有时管材外面还有保温层，保温层的导热系数为 $0.01 \sim 0.05 \text{Btu}/(h·ft·℉)$。

国际单位制的公式为：

$$H = K(A)(dT/dx) \quad （SI 单位） \tag{7.2}$$

式中　H——热通量，W；

　　　K——固体导热系数，W/(m·℃)；

　　　A——热流单位面积，m^2；

　　　dx——固体厚度，m；

　　　dT——固体温差，℃。

采用 SI 单位，钢管、土壤和保温层的导热系数如下：

$$K_{钢管} = 50.19 \text{W}/(m·℃)$$

$$K_{土壤} = 0.35 \sim 1.4 \text{W}/(m·℃)$$

$$K_{保温层} = 0.02 \sim 0.09 \text{W}/(m·℃)$$

举例说明，8in 厚的平面钢板，面积为 100ft^2，两侧的温差为 20℉，根据式

（7.1）有：

$$H = 29 \times 100 \times 20 \times 12/8 = 87000 \mathrm{Btu/h}$$

7.2.2 传热系数

热通量计算中也要用到总传热系数。根据式（7.1）得到总传热系数的热通量公式：

$$H = U(A)(\mathrm{d}T) \quad （英制单位） \tag{7.3}$$

式中 U——总传数系数，$\mathrm{Btu/(h \cdot ft^2 \cdot ℉)}$。

其余参数含义同式（7.1）。

采用 SI 单位，式（7.3）可写为：

$$H_{\mathrm{SI}} = U(A)(\mathrm{d}T) \quad （SI 单位） \tag{7.4}$$

式中 U——总传热系数，$\mathrm{W/(m^2 \cdot ℃)}$。

其余参数含义同式（7.2）。

采用英制单位，总传热系数数值范围为 $0.3 \sim 0.6 \mathrm{Btu/(h \cdot ft^2 \cdot ℉)}$；采用 SI 单位，总传热系数数值范围为 $1.7 \sim 3.4 \mathrm{W/(m^2 \cdot ℃)}$。

当分析埋地管线与周围土壤的热传递时，认为热量穿过管壁、保温层传递到土壤。如果 U 代表传热系数，根据式（7.3）得到：

$$H = U(A)(T_{\mathrm{L}} - T_{\mathrm{S}}) \quad （英制单位） \tag{7.5}$$

式中 A——研究范围内管道热传递截面积，$\mathrm{ft^2}$；

T_{L}——液体温度，$℉$；

T_{S}——固体温度，$℉$；

U——总传热系数，$\mathrm{Btu/(h \cdot ft^2 \cdot ℉)}$。

因为计算的是管线沿线温度的变化，在根据式（7.5）计算热传导时就要依据管线的最小截面。

举例说明，100ft 长 16in 的管线，管内流体温度为 $150℉$，土壤温度为 $70℉$，传热系数为：

$$U = 0.5 \mathrm{Btu/(h \cdot ft^2 \cdot ℉)}$$

由式（7.5）计算热通量：

$$H = 0.A(150 - 70)$$

其中

$$A = \pi \times (16/12) \times 100 = 419 \mathrm{ft^2}$$

因此

$$H = 0.5 \times 419 \times 80 = 16760 \mathrm{Btu/h}$$

7.2.3 热平衡

管线分成多段，对于每一段，热平衡根据式（7.6）计算：

$$H_{in} - \Delta H + H_w = H_{out} \qquad (7.6)$$

式中 H_{in}——进入管段的热量，Btu/h；

ΔH——管段向环绕介质（土壤或空气）传递的热量，Btu/h；

H_w——摩擦产生的热量，Btu/h；

H_{out}——管段散发出的热量，Btu/h。

这里考虑了摩擦产生的热量 H_w，对于黏性流体，摩擦会产生额外的热量，从而提高流体的温度。因此考虑摩擦产生的热量能够提高热力分析的精度。

采用国际单位制时，计算公式与式（7.6）相同，用功率单位 W 代替 Btu/h。

式（7.6）在考虑热量损失（获得）及摩擦因素的前提下，计算管线每一段的出口流体温度。下面的章节中，将介绍式（7.6）中每一项的计算方法。

7.2.4 对数平均温差

传热计算中，用对数平均温差（LMTD）来描述温度的差异。下面来计算管内流体的温度和周围介质的对数平均温差。

假设管段长度为 Δx，管线上游起点流体温度为 T_1，下游流体终点温度为 T_2，T_s 代表管线周围土壤的平均温度（地上管线为周围空气温度），对数平均温度 T_m 计算如下：

$$T_m - T_s = \frac{(T_1 - T_S) - (T_2 - T_S)}{\ln[(T_1 - T_S)/(T_2 - T_S)]} \qquad (7.7)$$

式中 T_m——管段对数平均温度，℉；

T_1——进入管段的流体温度，℉；

T_2——离开管段的流体温度，℉；

T_S——周围环境（土壤或其他环境介质）温度，℉。

采用国际单位制时，式（7.7）中所有温度单位为℃。

例：如果土壤平均温度为 60℉，管内流体上游和下游的温度分别为 160℉ 和 150℉，此段管线的对数平均温度计算如下：

$$T_m = 60 + \frac{(160 - 60) - (150 - 60)}{\ln[(160 - 60)/(150 - 60)]} = 60 + 94.88 = 154.88℉$$

计算得到的对数平均温度为 154.88℉，而用简单算术平均的方法计算得到的温度为：

$$(160 + 150)/2 = 155℉$$

结果与对数平均温度差别不大。可看出对数平均温度更加精确地表达了管段内流体的平均温度。式（7.7）中用到的自然对数表明管段内流体温度为指数式衰减。此例中，对数平均温差为：

$$LMTD = 154.88 - 60 = 94.88℉$$

假定传热系数为 0.5Btu/(h · ft² · ℉)，根据式（7.4）计算得到的热通量为：

$$H = 0.5 \times 1 \times 94.88 = 47.44Btu/h$$

7.2.5 管段进出口热量计算

管段进出口热量的计算依据流体的质量流量、比热容及管段进出口温度。管段进出口的热量计算如下:

$$H_{in} = w(c_{pi})(T_1) \quad (英制单位) \tag{7.8}$$

$$H_{out} = w(c_{po})(T_2) \quad (英制单位) \tag{7.9}$$

式中 H_{in}——进入管段流体的热量,Btu/h;

H_{out}——流出管段流体的热量,Btu/h;

c_{pi}——进口处流体的比热容,Btu/(lb·℉);

c_{po}——出口处流体的比热容,Btu/(lb·℉);

w——流速,lb/h;

T_1——进入管段流体的温度,℉;

T_2——流出管段流体的温度,℉。

大多数流体的比热容范围 c_p 为 0.4~0.5Btu/(lb·℉)[0.84~2.09kJ/(kg·℃)],且随着温度的增高而增大。对于石油等流体,如果已知密度或者 API 燃油密度和温度,就可以计算出 c_p。

采用 SI 单位,式(7.8)和式(7.9)写为:

$$H_{in} = w(c_{pi})(T_1) \quad (SI 单位) \tag{7.10}$$

$$H_{out} = w(c_{po})(T_2) \quad (SI 单位) \tag{7.11}$$

式中 H_{in}——进入管段流体的热量,J/s(W);

H_{out}——流出管段流体的热量,J/s(W);

c_{pi}——进口处流体的比热容,kJ/(kg·℃);

c_{po}——出口处流体的比热容,kJ/(kg·℃);

w——流速,kg/s;

T_1——进入管段流体的温度,℃;

T_2——流出管段流体的温度,℃。

7.2.6 埋地管线传热计算

带保温层的埋地管线运输加热的流体。将管线分成的每一段长度为 L,根据下面的公式,计算管内流体与周围介质的传热量。

英制单位:

$$H_b = 6.28(L)(T_m - T_S)/(Parm1 + Parm2) \quad (英制单位) \tag{7.12}$$

$$Parm1 = (1/K_{ins})\ln(R_i/R_p) \quad (英制单位) \tag{7.13}$$

$$Parm2 = (1/K_S)\ln\{2S/D + [(2S/D)^2 - 1]^{1/2}\} \quad (英制单位) \tag{7.14}$$

式中 H_b——传热量,Btu/h;

T_m——管段对数平均温度,℉;

T_S——环境温度，℉；

L——管段长度，ft；

R_i——管段保温层外径，ft；

R_p——管段外径，ft；

K_{ins}——保温层导热系数，Btu/(h·ft·℉)；

K_S——土壤环导热系数，Btu/(h·ft·℉)；

S——管道中心线埋深，ft；

D——管道外径，ft。

Parm1，Parm2——中间变量。

国际单位：

$$H_b = 6.28(L)(T_m - T_S)/(Parm1 + Parm2) \quad (SI 单位) \tag{7.15}$$

$$Parm1 = (1/K_{ins})\ln(R_i/R_p) \quad (SI 单位) \tag{7.16}$$

$$Parm2 = (1/K_S)\ln\{2S/D + [(2S/D)^2 - 1]^{1/2}\} \quad (SI 单位) \tag{7.17}$$

式中　H_b——传热量，W；

T_m——管段对数平均温度，℃；

T_S——环境温度，℃；

L——管段长度，m；

R_i——管段保温层外径，mm；

R_p——管段外径，mm；

K_{ins}——保温层导热系数，W/(m·℃)；

K_S——土壤环导热系数，W/(m·℃)；

S——管道中心线埋深，mm；

D——管道外径，mm。

7.2.7　地上管线的传热计算

与上节所讲的埋地管线计算相似，如果管线分成的每一段长度为 L，根据下面的公式计算管内流体与周围空气的传热量。

英制单位：

$$H_a = 6.28L(T_m - T_S)/(Parm1 + Parm3) \tag{7.18}$$

$$Parm3 = 1.25/\{R_i[4.8 + 0.008(T_m - T_S)]\} \tag{7.19}$$

$$Parm1 = (1/K_{ins})\ln(R_i/R_p) \tag{7.20}$$

式中　H_a——传热量，Btu/h；

T_m——管段对数平均温度，℉；

T_S——环境温度，℉；

L——管段长度，ft；

R_i——管段保温层外径，ft；

R_p——管段外径，ft；

K_{ins}——保温层导热系数，Btu/（h·ft·℉）；

K_S——土壤环导热系数，Btu/（h·ft·℉）；

S——管道中心线埋深，ft；

D——管道外径，ft。

国际单位：

$$H_a = 6.28L(T_m - T_S)/(\text{Parm1} + \text{Parm3}) \qquad (7.21)$$

$$\text{Parm3} = 1.25/\{R_i[4.8 + 0.008(T_m - T_S)]\} \qquad (7.22)$$

$$\text{Parm1} = (1/K_{ins})\ln(R_i/R_p) \qquad (7.23)$$

式中　H_a——传热量，W；

T_m——管段对数平均温度，℃；

T_S——环境温度，℃；

L——管段长度，m；

R_i——管段保温层外径，mm；

R_p——管段外径，mm；

K_{ins}——保温层导热系数，W/（m·℃）；

K_S——土壤环导热系数，W/（m·℃）；

S——管道中心线埋深，mm；

D——管道外径，mm。

7.2.8　摩擦生热

摩擦压降引起流体热量增加。由摩擦引起的热量计算：

英制单位

$$H_w = 2545(\text{HHP}) \qquad (7.24)$$

$$\text{HHP} = (1.7664 \times 10^{-4})Q\gamma h_f L_m \qquad (7.25)$$

式中　H_w——摩擦生热，Btu/h；

HHP——克服管道摩阻所需水力功率；

Q——液体流量，bbl/h；

γ——液体相对密度；

h_f——摩擦水头损失，ft/mile；

L_m——管段长度，mile。

采用国际标准单位，式（7.24）和式（7.25）变成：

$$H_w = 1000(\text{Power}) \qquad (7.26)$$

$$\text{Power} = (0.00272)Q\gamma h_f L_m \qquad (7.27)$$

式中　H_w——摩擦生热，W；

HHP——克服管道摩阻所需水力功率，kW；

Q——液体流量，m^3/h；

γ——液体相对密度；

h_f——摩擦水头损失，m/km；

L_m——管段长度，km。

7.2.9　管段出口温度

根据前面所列的公式计算出管段出口温度。

英制单位：

埋地管线

$$T_2 = (1/wc_p)\left[2545(HHP) - H_b + (wc_p)T_1\right] \tag{7.28}$$

地上管线

$$T_2 = (1/wc_p)\left[2545(HHP) - H_a + (wc_p)T_1\right] \tag{7.29}$$

式中　H_b——埋地管线热传递量，Btu/h；

H_a——地上管线热传递量，Btu/h；

c_p——管道中液体平均比热容。

同式（7.8）与式（7.9）一致，简化后，管段采用基于 c_{pi} 和 c_{po} 的平均比热容。

国际单位：

埋地管线

$$T_2 = (1/wc_p)\left[1000(\text{Power}) - H_b + (wc_p)T_1\right] \tag{7.30}$$

地上管线

$$T_2 = (1/wc_p)\left[1000(\text{Power}) - H_a + (wc_p)T_1\right] \tag{7.31}$$

式中　H_b——埋地管线传热量，W；

H_a——地上管线传热量，W；

Power——摩擦能，kW。

7.2.10　泵效率引起的流体热量

由于离心泵的效率并不是100%，泵的电动机功率和有效功率之差即为能量损失。大多数的能量损失都转换为流体的热量。由此引起的流体温度升高由式（7.32）进行计算：

$$\Delta T = (H/778c_p)(1/E - 1) \tag{7.32}$$

式中　ΔT——温升，℉；

H——泵水头，ft；

c_p——液体比热容，Btu/(lb·℉)；

E——泵效率（小于1）。

当进行热力计算时，温度变化曲线要考虑流体穿过泵站引起的温度升高。例如，如泵站吸入口流体温度降为120℉，出站时温度升高了3℉，那么泵出口温度便为123℉。

【例7.1】 计算当流体经过泵站时的温度变化［比热容为0.45Btu/(lb·℉)］。泵扬程2450ft，泵效率75%。

解：

由式（7.32）得到：

$$\Delta T = [2450/(778 \times 0.45)](1/0.75 - 1) = 2.33℉$$

下面用本章讲到的公式计算原油管线的热力温度曲线。

【例7.2】 管径16in、壁厚0.25in、50mile长的埋地管线，在温度160℉下运送流量为4000bbl/h的重质油，物性如下：

温度，℉	100	140
相对密度	0.967	0.953
黏度，cSt	2277	348

假设管线顶部埋深为36in，保温层厚度为1.5in，保温层导热系数为0.02Btu/(h·ft·℉)，土壤温度为60℉，导热系数为0.5Btu/(h·ft·℉)。利用热平衡公式，计算出管内流体在第一段内出口温度，假设重质油的平均比热容为0.45。

解：

根据式（7.12）和式（7.14），有：

$$Parm1 = (1/0.02)\ln(9.5/8) = 8.5925$$

$$Parm2 = (1/0.5)\ln\{2 \times 44/16 + [(2 \times 44/16)^2 - 1]^{1/2}\} = 4.7791$$

$$H_b = 6.28 \times 5280(T_m - 60)/(8.5925 + 4.7791)$$

或

$$H_b = 2479.76(T_m - 60)Btu/h \qquad (7.33)$$

首先要估算出1mile管段的对数平均温度 T_m，因为它与入口温度、土壤温度以及未知的管段末端的出口温度有关。

作为第一近似值，假设出口温度为150℉，则根据式（7.7）可得：

$$T_m = 60 + \frac{(160 - 60) - (150 - 60)}{\ln[(160 - 60)/(150 - 60)]} \qquad (7.34)$$

或

$$T_m = 154.91℉$$

因此，由式（7.32），H_b 为：

$$H_b = 2479.76 \times (154.91 - 60) = 235354Btu/h$$

摩擦引起的热量 H_w 根据式（7.24）和式（7.25）得出。摩阻压降 h_f 由对数平均温度下的相对密度和黏度计算得出。依据第9章9.2节黏度与温度关系，通过相应的计算可得到在 154.91℉下，相对密度为 0.9478，黏度为 200.22cSt 时雷诺数：

$$Re = \frac{92.24 \times (4000 \times 24)}{15.5 \times 200.22} = 2853$$

通过 Colebrook – White 公式，摩阻系数为：

$$f = 0.034$$

摩擦压降 h_f 通过 Darcy – Weisbach 公式［式（5.26）］计算得到：

$$h_f = 0.034 \times (5280 \times 12/15.5)(v^2/64.4)$$

速度 v 通过式（5.12）计算得到：

$$v = 0.2859 \times 4000/(15.5)^2 = 4.76\text{ft/s}$$

因此，摩阻压降为：

$$h_f = 0.034 \times (5280 \times 12/15.5)(4.76 \times 4.76/64.4) = 48.89\text{ft}$$

通过式（7.25），克服摩阻的水力功率为：

$$HHP = (1.7664 \times 10^{-4}) \times 4000 \times 0.9478 \times 48.89 \times 1.00 = 32.74$$

因此，摩擦产生热量通过式（7.24）得到：

$$H_w = 2545 \times 32.74 = 83323\text{Btu/h}$$

质量流量为：

$$w = 4000 \times 5.6146 \times 0.9478 \times 62.4 = 1.328 \times 10^6\text{lb/h}$$

通过式（7.30），1mile 管道出口液体温度为：

$$T_2 = [1/(1.328 \times 10^6 \times 0.45)] \times$$

$$(83323 - 235354 + 1.328 \times 10^6 \times 0.45 \times 160)$$

$$T_2 = -0.255 + 160 = 159.75℉$$

T_2 在式（7.34）中为二级近似值，用来计算 T_m 及其后接近于 T_2 的值。计算将不断循环直到 T_2 处在误差范围内。这留给读者自行练习。

从前面所述可以看出，人工计算热油管线的温度和压力是非常复杂的，因此需要利用电脑程序计算。

热力计算非常复杂，需要借助电脑程序快速得出结果。电脑程序可将管线分成很多段，计算出前面章节例子中所列出的温度、流体物性及压降。有几个商业软件适用于热力计算，如 SYSTEK 科技公司的 LIQTHERM 软件。

7.3　输气管线等温输送与热力学管线计算对比

前面的章节中，管线的水力分析都是假设气体流量基于等温管线或是恒温的环境。此假设适用于长距离管线，长输管线中的气体温度无限接近或等于环境温度。但根据压缩比的不同，压缩机排出气体的温度有可能比周围空气或土壤的温度高很多。在例10.6中，不考虑热传导的条件下，压缩比为2.0，气体被压缩后温度从60°F升高到了278.3°F。因为管线防腐层的额定温度是140～150°F，所以在压气站的出站端需要对气体进行冷却。本例中，冷却后压缩机的排气温度为140°F，由于周围土壤温度为70°F，所以气体和土壤之间会发生热传导。气体温度在输送的前几英里迅速下降直至与土壤温度相近。此外，长输管线中，土壤温度也是沿着管线变化的，这就会造成在管线的不同位置产生不同的热传导率，如图7.4所示。

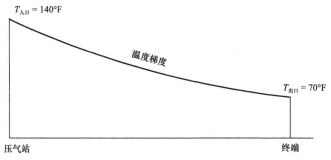

图7.4 输气管线中的温度变化

某些情况下，气体在管线中流动时发生膨胀，会导致气体温度略低于周围土壤温度。这种现象被称为焦耳–汤姆森效应。由于焦耳–汤姆森效应的影响，土壤温度恒定为70°F，而气体温度最终可能降低至0～65°F（图7.5）。

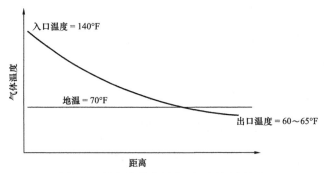

图7.5 输气管线中的焦耳–汤姆森效应

气体温度低于土壤温度的程度，取决于两者之间的温差和焦耳–汤姆森系数。如果忽略这一效应，将导致计算的流速过于保守（压差恒定条件下的流速更低），因为温度越低意味着压降越小，流速也就越高。

管线热力学就是要研究在考虑土壤、钢管以及管线防腐层膨胀的条件下，管线中的压力、温度以及流速的变化规律。如有必要，还要考虑由于气体温度变化导致的管线压力场的变化。例如，如果管线长度为50mile，要将其划分为若干小段，每段1～2mile。然后利用综合流体公式分段考虑气体以及周围土壤的平均温度。首先，根据第一段起点的压力和平均压力，计算第一段终点的压力。然后，将计算得到的第一段终点的压力作为第二段起点的压力，通过计算得到第二段终点的压力。依此类推，最终得到整条管线的压力。需要说明的是，每段间温度的变化必须要考虑综合流体方程中的压缩系数。式（7.43a）是在前面章节中所用到过的综合流体方程：

$$Q = 77.54\left(\frac{T_b}{p_b}\right)\left(\frac{p_1^2 - p_2^2}{GT_f LZf}\right)^{0.5} D^{2.5}$$

可知，假设整条管线中的流体温度 T_f 不变（恒温流体），那么压缩系数 Z 只与每段的平均压力有关。如果流体的温度是变化的，那么根据之前的分析，压缩系数 Z 与每段的平均压力及平均温度有关。因此，如果恒温条件不存在，在给定流量 Q 的条件下，p_1 或 p_2 的计算结果将会发生变化。

如果考虑气体与土壤之间的热传导，那么管线上一个点的温度计算将会变得非常复杂，仅靠手工计算无法完成。接下来讨论这种情况下的热力学计算方法。鉴于手工计算费时费力，必须借助一款合适的水力计算软件来精确考虑温度影响。能够模拟稳态输气管线的软件有很多。这些软件通过土壤温度变化、管线埋深和管线、防腐层、土壤的热传导性来计算气体的温度和压力。其中一款软件叫做 GASMOD，由 SYSTEK 技术有限公司研发。本章将使用 GASMOD 来进行管线热力学分析。

7.4　温度变化和输气管线模拟

要研究一条埋地管线中气体从 A 点被输送到 B 点，先从这条管线上截取长度为 ΔL 的一小段（图 7.6），然后根据热传导原理判断这段管线中的温度是如何变化的。

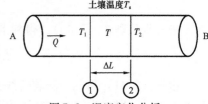

图 7.6　温度变化分析

设 ΔL 这段管线的起点温度为 T_1，终点温度为 T_2，平均温度为 T，外部土壤温度为 T_s，流体的质量流速为 m 且恒定，气体从起点流到终点的温差为 ΔT。那么气体的热量损失可用式（7.35）表示：

$$\Delta H = -mc_p\Delta T \tag{7.35}$$

式中　ΔH——热传导率，Btu/h；

m——质量流量，lb/h；

c_p——气体平均比热容，Btu/(lb·℉)；

ΔT——温差，$\Delta T = T_1 - T_2$，℉。

式（7.35）中的负号表示气体温度从起点的 T_1 变为终点的 T_2 为热量损失过程。

接着，假设从气体到土壤的热传导量与传热系数 U 以及气体与土壤间的温差（$T - T_s$）有关，那么热传导量可表示为：

$$\Delta H = U\Delta A(T - T_s) \tag{7.36}$$

式中　U——热传导系数，Btu/(h·ft²·℉)；

ΔA——管线外壁发生热传导的面积，$\Delta A = \pi D\Delta L$；

T——本段管线的平均温度，℉；

T_s——周围土壤的平均温度，℉；

D——管道内径，ft。

由式（7.35）和式（7.36）可得：

$$- mc_p\Delta T = U\Delta A(T - T_s)$$

整理得：

$$\frac{\Delta T}{T - T_s} = -\left(\frac{\pi UD}{mc_p}\right)\Delta L \tag{7.37}$$

用微积分形式表示为：

$$\int_1^2 \frac{\mathrm{d}T}{T - T_s} = \int_2^1 -\left(\frac{\pi UD}{mc_p}\right)\mathrm{d}L \tag{7.38}$$

积分并整理后得：

$$\frac{T_2 - T_s}{T_1 - T_s} = \mathrm{e}^{-\theta} \tag{7.39}$$

其中

$$\theta = \frac{\pi UD\Delta L}{mc_p} \tag{7.40}$$

进一步整理式（7.40），得到本段管线终点的温度为：

$$T_2 = T_s + (T_1 - T_s)\mathrm{e}^{-\theta} \tag{7.41}$$

由式（7.41）可知，随着管线长度增加，$\mathrm{e}^{-\theta}$ 趋近于 0，此时 T_2 等于 T_s。因此当管线足够长时，可以认为管线中气体的温度等于周围土壤的温度，如图 7.4 所示。

综上所述，可做出以下推论，土壤温度和热传导系数为常数；由于气体膨胀所引起的焦耳 - 汤姆森效应可忽略；计算中需要考虑土壤沿管线的温度变化，方法为将管线分为若干段，并分段考虑土壤温度。由于气体膨胀引起的焦耳 - 汤姆森效应会使气体温度略微降低，因此在长输管线中各点的气体温度会略低于地温或周围土壤温度，如图 7.5 所示。

7.5 建模报告审核

为了阐明输气管线中的热力影响，来分析一条输气管线，首先使用第 3 章中提到的方法。然后对于同一条管线，考虑热传导和土壤温度，再进行分析。后一种方法需要使用计算机建模。这里选用商业建模软件 GASMOD 完成此项工作。然后对比上述两种方法的计算结果。具体结果见例 7.3。

【例 7.3】Rockport 与 Concord 两地之间将建设一条长 240mile 的天然气管线，管径 30in，壁厚 0.5in，材质为 API 5L X60，设计压力 1400psi（表）。Rockport 压气站进气压力为 800psi（表），进气温度为 70℉。假设土壤温度恒定为 60℉。气体流量为 $420 \times 10^6\mathrm{ft}^3/\mathrm{d}$。天然气相对密度为 0.6，黏度为 0.000008lb/(ft·s)。Concord 排气压力需达到 500psi（表）。假设气体温度为 70℉恒定，比热容为 1.29。压缩机绝热效率为 80%，机械效率为 98%。综合流动方程考虑科尔布鲁克摩阻系数，管线内粗糙度为 700μin。求 Rockport 的排气压力及压缩机马力，并将手算结果与 GASMOD 软件所得出的热力学计算结果进行对比。大气压力为 14.7psi（绝），环境温度为 60℉。不考虑高差影响。

解：

$$管线内径 D = 30 - 2 \times 0.500 = 29\text{in}$$

计算雷诺数：

$$Re = 0.0004778 \times \frac{14.7}{60 + 460} \times \frac{0.6 \times 420 \times 10^6}{0.000008 \times 29} = 14671438$$

计算摩阻系数：

$$\frac{1}{\sqrt{f}} = -2\lg\left(\frac{0.0007}{3.7 \times 29} + \frac{2.51}{14671438\sqrt{f}}\right)$$

解得：

$$f = 0.0097$$

计算传输系数：

$$F = \frac{2}{\sqrt{0.0097}} = 20.33$$

为了求压缩系数 Z，需要知道平均压力。由于 Rockport 的排气压力（管线进气压力）未知，近似值取管线排气压力的 110% 作为平均压力，用于求 Z。

平均压力为：

$$p_{\text{avg}} = 1.1 \times (500 + 14.7) = 566.17\text{psi}(绝) = 551.47\text{psi}(表)$$

根据加州天然气协会公式计算压缩系数：

$$Z = \frac{1}{1 + \dfrac{(566.17 - 14.7) \times 344400 \times 10^{1.785 \times 0.6}}{530^{3.825}}} = 0.9217$$

由于不考虑高差影响，高程项可忽略，且 $e^s = 1$。

排气压力为：

$$p_2 = 500 + 14.7 = 514.7\text{psi}(绝)$$

得：

$$420 \times 10^6 = 38.77 \times 20.33 \times \frac{520}{14.7} \times \left(\frac{p_1^2 - 514.7^2}{0.6 \times 530 \times 240 \times 0.9217}\right)^{0.5} \times 29.0^{2.5}$$

解得管线进气压力为：

$$p_1 = 1021.34\text{psi}(绝) = 1006.64\text{psi}(表)$$

将 p_1 代入，求得平均压力：

$$p_{avg} = \frac{2}{3}\Big(1021.34 + 514.7 - \frac{1021.34 \times 514.7}{1021.34 + 514.7}\Big) = 795.87\text{psi}(\text{绝})$$

计算结果与之前得到的 566.17psi（绝）比较，可见差距较大。用这个值计算得到的压缩系数为：

$$Z = \frac{1}{1 + \frac{(795.87 - 14.7) \times 344400 \times 10^{1.785\times0.6}}{530^{3.825}}} = 0.8926$$

接着用这个 Z 值重新计算进气压力

$$420 \times 10^6 = 38.77 \times 20.33 \times \frac{520}{14.7} \times \Big(\frac{p_1^2 - 514.7^2}{0.6 \times 530 \times 240 \times 0.8926}\Big)^{0.5} \times 29.0^{2.5}$$

解得：

$$p_1 = 1009.24\text{psi}(\text{绝}) = 994.54\text{psi}(\text{表})$$

与 1021.34psi（绝）比较，相差约 1%。继续迭代，以求得更精确的值。

利用这一 p_1 计算平均压力：

$$p_{avg} = \frac{2}{3}\Big(1009.24 + 514.7 - \frac{1009.24 \times 514.7}{1009.24 + 514.7}\Big) = 788.72\text{psi}(\text{绝})$$

与 795.87psi（绝）比较，二者相差小于 1%。

用这一平均温度计算 Z 值：

$$Z = \frac{1}{1 + \frac{(788.72 - 14.7) \times 344400 \times 10^{1.785\times0.6}}{530^{3.825}}} = 0.8935$$

再次求 p_1，有：

$$420 \times 10^6 = 38.77 \times 20.33 \times \frac{520}{14.7} \times \Big(\frac{p_1^2 - 514.7^2}{0.6 \times 530 \times 240 \times 0.8935}\Big)^{0.5} \times 29.0^{2.5}$$

解得：

$$p_1 = 1009.62\text{psi}(\text{绝}) = 994.92\text{psi}(\text{表})$$

此时和前一个值相差 0.04%。已满足要求，停止迭代。

Rockport 压气站所需的有效功率为：

$$HP = 0.0857 \times 420 \times \frac{1.29}{0.29} \times (70 + 460) \times \frac{1 + 0.8935}{2} \times \frac{1}{0.8}\Big[\Big(\frac{1009.62}{814.7}\Big)^{\frac{0.29}{1.29}} - 1\Big] = 4962$$

压缩机机械效率为 0.98，根据式（4.17）计算压缩机的轴功率：

$$BHP = \frac{4962}{0.98} = 5063\text{hp}$$

最终结果为：

Rockport 的排气压力为 994.92psi(表)

Concord 的排气压力为 500psi(表)，流速为 $420 \times 10^6 \text{ft}^3/\text{d}$

Rockport 压气站的压缩机功率为 5063hp

需要说明的是，目前的计算结果没有考虑任何高差影响。如果考虑高差影响，计算结果将会不同。

这一计算结果是在假设气体为 70℉ 的恒温气体，且把整条管线作为一个整体考虑所得出的。如前面几章所述，如果将管线分为若干小段进行计算，那么计算精度将会提高。这样做的话，就需要从 Concord 的排气压力开始一段一段地反推每段的起点压力。如果整条管线被分为 100 段，每段 2.4mile，那么第 100 段的起点压力为 p_{100}，终点压力为 Concord 的排气压力 500psi（表）。接着用计算得到的 p_{100} 来计算第 99 段的起点压力 p_{99}。依此类推，直到求得 Rockport 的排气压力 p_1，如图 7.7 所示。

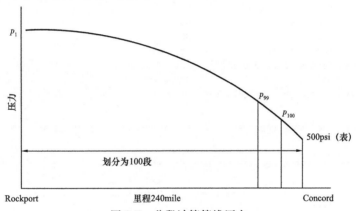

图 7.7　分段计算管线压力

通过将整条管线分段进行计算，计算精度得到提高。当然，采用手算来实现这一过程会非常费时费力，需要借助一款计算机软件来完成模拟。

下面来看一下利用 GASMOD 得到的热力学计算结果。以下是利用 GASMOD 得到的输出文件。

```
************ GASMOD - GAS PIPELINE HYDRAULIC SIMULATION ***********

************ GASMOD - GAS PIPELINE HYDRAULIC SIMULATION ***********
************ Version 6.00.780 ************
DATE:                                3-December-2013    TIME:  13:24:58
PROJECT DESCRIPTION:
Pipeline from Rockford to Concord
Case Number:                         1001
Pipeline data file:                  C:\Users\My Documents\Gasmod\Problem73.TOT

Pressure drop formula:               Colebrook-White
Pipeline efficiency:                 1.00
Compressibility Factor Method:       CNGA

Inlet Gas Gravity(Air=1.0):          0.60000
Inlet Gas Viscosity:                 0.0000080(lb/ft-sec)
Gas specific heat ratio:             1.29
Polytropic compression index:        1.30
```

```
**** Calculations Based on Specified Thermal Conductivities of Pipe, Soil and
Insulation ****


    Base temperature:                          60.00(degF)
    Base pressure:                             14.70(psia)

    Origin suction temperature:                70.00(degF)
    Origin suction pressure:                   800.00(psig)
    Pipeline Terminus Delivery pressure:       500.35(psig)
    Minimum pressure:                          100.0(psig)
    Maximum gas velocity:                      50.00(ft/sec)


    Inlet  Flow rate:                          420.00(MMSCFD)
    Outlet Flow rate:                          420.00(MMSCFD)


    CALCULATION OPTIONS:
    Polytropic compression considered:         YES
    Branch pipe calculations:                  NO
    Loop pipe calculations:                    NO
    Compressor Fuel Calculated:                NO
    Joule Thompson effect included :           NO
    Customized Output:                         NO
    Holding Delivery Pressure at terminus


    ALL PRESSURES ARE GAUGE PRESSURES, UNLESS OTHERWISE SPECIFED AS ABSOLUTE PRESSURES


    **************** PIPELINE PROFILE DATA ***********


    Distance      Elevation      Diameter      Thickness      Roughness
    (mi)          (ft)           (in)          (in)           (in)


    0.00          250.00         30.000        0.500          0.000700
    10.00         250.00         30.000        0.500          0.000700
    20.00         250.00         30.000        0.500          0.000700
    30.00         250.00         30.000        0.500          0.000700
    40.00         250.00         30.000        0.500          0.000700
    50.00         250.00         30.000        0.500          0.000700
    60.00         250.00         30.000        0.500          0.000700
    70.00         250.00         30.000        0.500          0.000700
    100.00        250.00         30.000        0.500          0.000700
    120.00        250.00         30.000        0.500          0.000700
    140.00        250.00         30.000        0.500          0.000700
    150.00        250.00         30.000        0.500          0.000700
    170.00        250.00         30.000        0.500          0.000700
    190.00        250.00         30.000        0.500          0.000700
    200.00        250.00         30.000        0.500          0.000700
    220.00        250.00         30.000        0.500          0.000700
    240.00        250.00         30.000        0.500          0.000700
```

```
************** THERMAL CONDUCTIVITY AND INSULATION DATA ****************

Distance  Cover      Thermal Conductivity        Insul.Thk      Soil Temp
(mi)      (in)       (Btu/hr/ft/degF)            (in)           (degF)
                     Pipe   Soil   Insulation
0.000     36.000     29.000 0.800  0.020          0.000          60.00
10.000    36.000     29.000 0.800  0.020          0.000          60.00
20.000    36.000     29.000 0.800  0.020          0.000          60.00
30.000    36.000     29.000 0.800  0.020          0.000          60.00
40.000    36.000     29.000 0.800  0.020          0.000          60.00
50.000    36.000     29.000 0.800  0.020          0.000          60.00
60.000    36.000     29.000 0.800  0.020          0.000          60.00
70.000    36.000     29.000 0.800  0.020          0.000          60.00
100.000   36.000     29.000 0.800  0.020          0.000          60.00
120.000   36.000     29.000 0.800  0.020          0.000          60.00
140.000   36.000     29.000 0.800  0.020          0.000          60.00
150.000   36.000     29.000 0.800  0.020          0.000          60.00
170.000   36.000     29.000 0.800  0.020          0.000          60.00
190.000   36.000     29.000 0.800  0.020          0.000          60.00
200.000   36.000     29.000 0.800  0.020          0.000          60.00
220.000   36.000     29.000 0.800  0.020          0.000          60.00
240.000   36.000     29.000 0.800  0.020          0.000          60.00


**************** LOCATIONS AND FLOW RATES ****************

Location      Distance    Flow in/out   Gravity  Viscosity    Pressure  GasTemp.
              (mi)        (MMSCFD)                (lb/ft-sec)  (psig)    (degF)

Rockford      0.00        420.0000      0.6000   0.00000800   800.00    70.00
Concord       240.00      -420.0000     0.6000   0.00000800   500.35    60.00


**************** COMPRESSOR STATION DATA **************

FLOW RATES, PRESSURES AND TEMPERATURES:

Name      Flow     Suct.    Disch.    Compr.   Suct.    Disch.   Suct.    Disch.
MaxPipe
          Rate     Press.   Press.    Ratio    Loss.    Loss.    Temp.    Temp
Temp
          (MMSCFD) (psig)   (psig)             (psia)   (psia)   (degF)   (degF)
(degF)

Rockford  420.00   795.00   1006.42   1.2611   5.00     10.00    70.00    105.47
140.00


************* COMPRESSOR EFFICIENCY, HP AND FUEL USED ****************

Name       Distance Compr  Mech.   Overall  Horse    Fuel        Fuel
Installed
                    Effy.  Effy.   Effy.    Power    Factor      Used
(HP)
           (mi)     (%)    (%)     (%)               (MCF/day/HP) (MMSCFD)

Rockford   0.00     80.00  98.00   78.40    5,163.89 0.2000      ------
5000

Total Compressor Station Horsepower:          5,163.89
5,000.

WARNING!
Required HP exceeds the installed HP at compressor station: Rockford
```

209

************** REYNOLD'S NUMBER AND HEAT TRANSFER COEFFICIENT **************

Distance (mi)	Reynold'sNum.	FrictFactor (Darcy)	Transmission Factor	HeatTransCoeff (Btu/hr/ft2/degF)	CompressibilityFactor (CNGA)
0.000	14,671,438.	0.0099	20.13	0.3361	0.8879
10.000	14,671,438.	0.0099	20.13	0.3361	0.8801
20.000	14,671,438.	0.0099	20.13	0.3361	0.8754
30.000	14,671,438.	0.0099	20.13	0.3361	0.8729
40.000	14,671,438.	0.0099	20.13	0.3361	0.8721
50.000	14,671,438.	0.0099	20.13	0.3361	0.8724
60.000	14,671,438.	0.0099	20.13	0.3361	0.8734
70.000	14,671,438.	0.0099	20.13	0.3361	0.8767
100.000	14,671,438.	0.0099	20.13	0.3361	0.8821
120.000	14,671,438.	0.0099	20.13	0.3361	0.8870
140.000	14,671,438.	0.0099	20.13	0.3361	0.8909
150.000	14,671,438.	0.0099	20.13	0.3361	0.8952
170.000	14,671,438.	0.0099	20.13	0.3361	0.9012
190.000	14,671,438.	0.0099	20.13	0.3361	0.9061
200.000	14,671,438.	0.0099	20.13	0.3361	0.9114
220.000	14,671,438.	0.0099	20.13	0.3361	0.9192
240.000	14,671,438.	0.0099	20.13	0.3361	0.9192

******************* PIPELINE TEMPERATURE AND PRESSURE PROFILE ********************

Distance Location (mi)	Diameter (in)	Flow (MMSCFD)	Velocity (ft/sec)	Press. (psig)	GasTemp. (degF)	SoilTemp. (degF)	MAOP (psig)
0.00 Rockford	30.000	420.0000	15.43	996.42	105.47	60.00	1400.00
10.00	30.000	420.0000	15.69	979.75	89.05	60.00	1400.00
20.00	30.000	420.0000	15.96	963.35	78.31	60.00	1400.00
30.00	30.000	420.0000	16.23	947.03	71.43	60.00	1400.00
40.00	30.000	420.0000	16.51	930.64	67.09	60.00	1400.00
50.00	30.000	420.0000	16.80	914.09	64.38	60.00	1400.00
60.00	30.000	420.0000	17.11	897.31	62.70	60.00	1400.00
70.00	30.000	420.0000	17.44	880.24	61.66	60.00	1400.00
100.00	30.000	420.0000	18.54	826.86	60.39	60.00	1400.00
120.00	30.000	420.0000	19.42	789.12	60.15	60.00	1400.00
140.00	30.000	420.0000	20.43	749.30	60.05	60.00	1400.00
150.00	30.000	420.0000	21.00	728.50	60.03	60.00	1400.00
170.00	30.000	420.0000	22.31	684.85	60.01	60.00	1400.00
190.00	30.000	420.0000	23.91	637.95	60.00	60.00	1400.00
200.00	30.000	420.0000	24.86	613.06	60.00	60.00	1400.00
220.00	30.000	420.0000	27.17	559.71	60.00	60.00	1400.00
240.00 Concord	30.000	420.0000	30.30	500.35	60.00	60.00	1400.00

```
******************** LINE PACK VOLUMES AND PRESSURES ********************

    Distance   Pressure    Line Pack
    (mi)       (psig)      (million std.cu.ft)

    0.00       996.42      0.0000
    10.00      979.75      17.3641
    20.00      963.35      17.6640
    30.00      947.03      17.7542
    40.00      930.64      17.6905
    50.00      914.09      17.5188
    60.00      897.31      17.2744
    70.00      880.24      16.9816
    100.00     826.86      48.8875
    120.00     789.12      30.7385
    140.00     749.30      29.1384
    150.00     728.50      13.9433
    170.00     684.85      26.5757
    190.00     637.95      24.7439
    200.00     613.06      11.6489
    220.00     559.71      21.7583
    240.00     500.35      19.5575

    Total line pack in main pipeline =    349.2396(million std.cubic ft)

    Started simulation at:  13:23:10
    Finished simulation at: 13:24:59
    Time elapsed          :  109 seconds
    Time elapsed          :  0 hours  1 minutes  49 seconds
    DATE:  3-December-2013
```

由上述输出报告可知 Rockport 的排气压力为 996.17psi（表），而手算结果为 994.92psi（表）。可见，如果考虑气体温度会沿管线发生变化，那么 Rockport 的进气压力需要比手算结果提高 4psi（表）。这一结果看起来无关紧要，但在很多情况下，温度的变化会对压力产生非常重大的影响。总的来说，手算过程中，气体温度恒定为 70℉，而软件计算过程中展示了气体温度由 Rockport 的 102.92℉ 变化为 Concord 的 60℉ 的过程。气体温度在里程约 190mile 处降至土壤温度 60℉，之后保持不变，如图 7.8 所示。

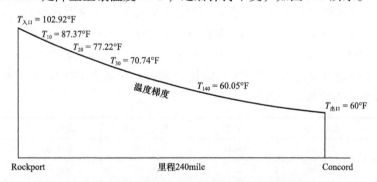

图 7.8　Rockport 至 Concord 温度变化曲线

下面来研究一下考虑高差影响时，天然气从 Rockport 输送到 Concord 的温度与压力变化规律，并考虑引入一条流速为 $200 \times 10^6 \mathrm{ft}^3/\mathrm{d}$ 的支线。

【例7.4】有一条从 Rockport（海拔 250ft）到 Concord（海拔 800ft）的天然气管线，长 240mile（图 7.9）。管径 30in，壁厚 0.500in，材质为 API 5L X60，设计压力 1400psi（表）。

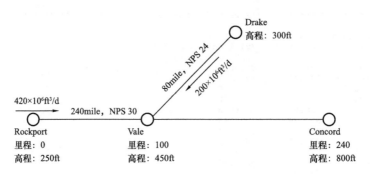

图 7.9 Rockport 到 Concord 的天然气管线及支线示意图

管线沿程海拔高度如下表所示：

里程, mile	高程, ft	位置	里程, mile	高程, ft	位置
0. 00	250. 00	Rockport	120. 00	500. 00	
10. 00	300. 00		140. 00	400. 00	
20. 00	200. 00		150. 00	600. 00	
30. 00	320. 00		170. 00	700. 00	
40. 00	400. 00		190. 00	710. 00	
50. 00	375. 00		200. 00	720. 00	
60. 00	410. 00		220. 00	750. 00	
70. 00	430. 00		240. 00	800. 00	Concord
100. 00	450. 00	Vale			

Rockport 的进气压力为 800psi（表），进气温度 70℉。土壤温度恒定为 60℉。气体流速为 $420 \times 10^6 \text{ft}^3/\text{d}$，相对密度为 0.6，黏度 0.000008lb/（ft·s）。在里程为 100mile，海拔 450ft 处，有一条长 80mile 的支线，管径 24in，壁厚 0.375in，来自于 Drake 的天然气以 $200 \times 10^6 \text{ft}^3/\text{d}$ 的流速汇入干线。Drake 的海拔为 300ft，汇入点的海拔为 450ft。

支线沿程海拔高度如下表所示：

里程, mile	高程, ft	位置	里程, mile	高程, ft	位置
0. 00	300. 00	Drake	50. 00	250. 00	
10. 00	100. 00		70. 00	300. 00	
20. 00	125. 00		80. 00	450. 00	Vale
40. 00	200. 00				

支线进气温度为 70℉。

Concord 排气压力需达到 500psi（表）。假设气体温度为 70℉ 恒定，比热容为 1.29。压缩机绝热效率为 80%，机械效率为 98%。综合流动方程考虑科尔布鲁克摩阻系数，管线内粗糙度为 700μin。求 Rockport 的排气压力及压缩机马力，并用手算结果与 GASMOD 所得出的热力学计算结果进行对比。大气压力为 14.7psi（绝），环境温度为 60℉。

解：

$$管线内径 D = 30 - 2 \times 0.500 = 29\text{in}$$

首先来计算里程为 100mile 处支线汇入点的压力。因为从汇入点到 Concord 这段管线，里程已知（140mile），Concord 的排气压力已知 [500psi（表）]，流速已知（$620 \times 10^6 \text{ft}^3/\text{d}$）。而从 Rockport 到汇入点这段管线，仅知道里程（100mile）和流速（$420 \times 10^6 \text{ft}^3/\text{d}$），起点与终点的压力均未知。求得汇入点的压力后，才能对 Rockport 的排气压力进行求解。

计算流速为 $620 \times 10^6 \text{ft}^3/\text{d}$ 时的雷诺数：

$$Re = 0.0004778 \times \frac{14.7}{60 + 460} \times \frac{0.6 \times 620 \times 10^6}{0.000008 \times 29} = 21657837$$

计算摩阻系数，有：

$$\frac{1}{\sqrt{f}} = -2\lg\left(\frac{0.0007}{3.7 \times 29} + \frac{2.51}{21657837\sqrt{f}}\right)$$

解得：

$$f = 0.0096$$

根据式（5.29）计算传输系数：

$$F = \frac{2}{\sqrt{0.0096}} = 20.41$$

为了求压缩系数 Z，需要知道平均压力。由于注入点处的压力未知，近似值取 Concord 的排气压力的 110% 作为平均压力，用于求 Z。

平均压力为：

$$p_{\text{avg}} = 1.1 \times (500 + 14.7) = 566.17\text{psi}(绝) = 551.47\text{psi}(表)$$

计算压缩系数：

$$Z = \frac{1}{1 + \dfrac{(566.17 - 14.7) \times 344400 \times 10^{1.785 \times 0.6}}{530^{3.825}}} = 0.9217$$

由于汇入点和 Concord 间存在 350（800 − 450）ft 的高差，计算高差影响。

计算高差影响参数：

$$s = 0.0375 \times 0.6 \times \frac{800 - 450}{530 \times 0.9217} = 0.0161$$

计算等效里程：

$$L_{\text{e}} = \frac{140 \times (1.0163 - 1)}{0.0161} = 141.74\text{mile}$$

计算汇入点处的压力：

$$620 \times 10^6 = 38.77 \times 20.41 \times \frac{520}{14.7} \times \left(\frac{p_1^2 - 1.0163 \times 514.7^2}{0.6 \times 530 \times 141.74 \times 0.9217} \right)^{0.5} \times 29^{2.5}$$

解得:

$$p_1 = 1122.49 \text{psi}(绝) = 1107.79 \text{psi}(表)$$

将 p_1 代入式(3.67)求得平均压力:

$$p_{avg} = \frac{2}{3} \left(1122.49 + 514.7 - \frac{1122.49 \times 514.7}{1122.49 + 514.7} \right) = 856.2 \text{psi}(绝) = 841.5 \text{psi}(表)$$

计算结果和之前得到的 551.47psi(绝)比较,可见差距较大。用这个值计算得到的压缩系数为:

$$Z = \frac{1}{1 + \dfrac{(856.2 - 14.7) \times 344400 \times 10^{1.785 \times 0.6}}{530^{3.825}}} = 0.8852$$

接着用这个 Z 值重新计算进气压力:

$$620 \times 10^6 = 38.77 \times 20.41 \times \frac{520}{14.7} \times \left(\frac{p_1^2 - 1.0163 \times 514.7^2}{0.6 \times 530 \times 141.74 \times 0.8852} \right)^{0.5} \times 29^{2.5}$$

解得:

$$p_1 = 1104.88 \text{psi}(绝) = 1090.18 \text{psi}(表)$$

与前一个 p_1 值比较,相差 1.6%。继续迭代,求得更精确的值。

再次计算平均压力:

$$p_{avg} = \frac{2}{3} \left(1104.88 + 514.7 - \frac{1104.88 \times 514.7}{1104.88 + 514.7} \right) = 845.63 \text{psi}(绝) = 830.93 \text{psi}(表)$$

用这一平均温度计算 Z 值:

$$Z = \frac{1}{1 + \dfrac{(845.63 - 14.7) \times 344400 \times 10^{1.785 \times 0.6}}{530^{3.825}}} = 0.8865$$

再次求汇入点处的压力 p_1:

$$620 \times 10^6 = 38.77 \times 20.41 \times \frac{520}{14.7} \times \left(\frac{p_1^2 - 1.0163 \times 514.7^2}{0.6 \times 530 \times 141.74 \times 0.8865} \right)^{0.5} \times 29^{2.5}$$

解得:

$$p_1 = 1106.15 \text{psi}(绝) = 1091.45 \text{psi}(表)$$

此时前后计算结果相差 0.12%。结果已足够接近,停止迭代。

综上所述,汇入点的压力 $p_1 = 1106.15 \text{psi}$(绝)= 1091.45psi(表)。

由于汇入点的压力已求得,即从 Rockport 到汇入点这段管线的终点压力已知,结合前面各种已知条件，Rockport 的排气压力可求。

流速为 $420 \times 10^6 \text{ft}^3/\text{d}$ 时的雷诺数 $Re = 14671438$，摩阻系数 $f = 0.0097$，传输系数 $F = 20.33$。

为了求压缩系数 Z，需要知道平均压力。由于 Rockport 的排气压力未知，近似值取汇入点的压力的 110% 作为平均压力，用于求 Z。

平均压力为：

$$p_{\text{avg}} = 1.1 \times 1106.15 = 1216.77 \text{psi}(绝) = 1202.07 \text{psi}(表)$$

计算压缩系数：

$$Z = \frac{1}{1 + \dfrac{(1216.77 - 14.7) \times 344400 \times 10^{1.785 \times 0.6}}{530^{3.825}}} = 0.8437$$

由于 Rockport 和汇入点间存在 200（450 − 250）ft 的高差，需要通过式（5.72）计算高差影响。

计算高程调整系数：

$$s = 0.0375 \times 0.6 \times \frac{450 - 250}{530 \times 0.8437} = 0.0101$$

计算等效里程：

$$L_e = \frac{100 \times (1.0101 - 1)}{0.0101} = 100 \text{mile}$$

计算 Rockport 的排气压力：

$$420 \times 10^6 = 38.77 \times 20.33 \times \frac{520}{14.7} \times \left(\frac{p_1^2 - 1.0101 \times 1106.15^2}{0.6 \times 530 \times 100 \times 0.8437}\right)^{0.5} \times 29^{2.5}$$

解得：

$$p_1 = 1238.04 \text{psi}(绝) = 1223.34 \text{psi}(表)$$

接下来，利用 GASMOD 软件进行热力学计算，以下是利用 GASMOD 得到的输出文件。

```
************ GASMOD - GAS PIPELINE HYDRAULIC SIMULATION ***********
************ Version 6.00.780 ************
DATE:                             3-December-2013    TIME:  14:56:03
PROJECT DESCRIPTION:
Pipeline from Rockford to Concord with injection at Vale
Case Number:                      1001
Pipeline data file:               C:\Users\My Documents\Gasmod\Problem74.TOT

Pressure drop formula:            Colebrook-White
Pipeline efficiency:              1.00
Compressibility Factor Method:    CNGA

Inlet Gas Gravity(Air=1.0):       0.60000
Inlet Gas Viscosity:              0.0000080(lb/ft-sec)
Gas specific heat ratio:          1.29
```

```
**** Calculations Based on Specified Thermal Conductivities of Pipe, Soil and
Insulation ****

Base temperature:                        60.00(degF)
Base pressure:                           14.70(psia)

Origin suction temperature:              70.00(degF)
Origin suction pressure:                 800.00(psig)
Pipeline Terminus Delivery  pressure:    499.66(psig)
Minimum pressure:                        100.0(psig)
Maximum gas velocity:                    50.00(ft/sec)

Inlet  Flow rate:                        420.00(MMSCFD)
Outlet Flow rate:                        620.00(MMSCFD)

CALCULATION OPTIONS:
Polytropic compression considered:       NO
Branch pipe calculations:                YES
Loop pipe calculations:                  NO
Compressor Fuel Calculated:              NO
Joule Thompson effect included :         NO
Customized Output:                       NO
Holding Delivery Pressure at terminus

ALL PRESSURES ARE GAUGE PRESSURES, UNLESS OTHERWISE SPECIFED AS ABSOLUTE PRESSURES
**************** PIPELINE PROFILE DATA ***********

   Distance      Elevation       Diameter        Thickness       Roughness
   (mi)          (ft)            (in)            (in)            (in)

   0.00          250.00          30.000          0.500           0.000700
   10.00         300.00          30.000          0.500           0.000700
   20.00         200.00          30.000          0.500           0.000700
   30.00         320.00          30.000          0.500           0.000700
   40.00         400.00          30.000          0.500           0.000700
   50.00         375.00          30.000          0.500           0.000700
   60.00         410.00          30.000          0.500           0.000700
   70.00         430.00          30.000          0.500           0.000700
   100.00        450.00          30.000          0.500           0.000700
   120.00        500.00          30.000          0.500           0.000700
   140.00        400.00          30.000          0.500           0.000700
   150.00        600.00          30.000          0.500           0.000700
   170.00        700.00          30.000          0.500           0.000700
   190.00        710.00          30.000          0.500           0.000700
   200.00        720.00          30.000          0.500           0.000700
   220.00        750.00          30.000          0.500           0.000700
   240.00        800.00          30.000          0.500           0.000700

************** THERMAL CONDUCTIVITY AND INSULATION DATA ****************

Distance   Cover      Thermal Conductivity          Insul.Thk      Soil Temp
(mi)       (in)       (Btu/hr/ft/degF)              (in)           (degF)
                      Pipe    Soil    Insulation
0.000      36.000     29.000  0.800   0.020         0.000          60.00
10.000     36.000     29.000  0.800   0.020         0.000          60.00
20.000     36.000     29.000  0.800   0.020         0.000          60.00
30.000     36.000     29.000  0.800   0.020         0.000          60.00
40.000     36.000     29.000  0.800   0.020         0.000          60.00
50.000     36.000     29.000  0.800   0.020         0.000          60.00
60.000     36.000     29.000  0.800   0.020         0.000          60.00
70.000     36.000     29.000  0.800   0.020         0.000          60.00
100.000    36.000     29.000  0.800   0.020         0.000          60.00
120.000    36.000     29.000  0.800   0.020         0.000          60.00
140.000    36.000     29.000  0.800   0.020         0.000          60.00
150.000    36.000     29.000  0.800   0.020         0.000          60.00
170.000    36.000     29.000  0.800   0.020         0.000          60.00
190.000    36.000     29.000  0.800   0.020         0.000          60.00
200.000    36.000     29.000  0.800   0.020         0.000          60.00
220.000    36.000     29.000  0.800   0.020         0.000          60.00
240.000    36.000     29.000  0.800   0.020         0.000          60.00
```

```
**************** LOCATIONS AND FLOW RATES ****************
```

Location	Distance (mi)	Flow in/out (MMSCFD)	Gravity	Viscosity (lb/ft-sec)	Pressure (psig)	GasTemp. (degF)
Rockford	0.00	420.0000	0.6000	0.00000800	800.00	70.00
Vale	100.00	200.0000	0.6000	0.00000800	1085.66	60.46
Concord	240.00	-620.0000	0.6000	0.00000800	499.66	60.00

```
****************  COMPRESSOR STATION DATA **************
```

FLOW RATES, PRESSURES AND TEMPERATURES:

Name MaxPipe Temp (degF)	Flow Rate (MMSCFD)	Suct. Press. (psig)	Disch. Press. (psig)	Compr. Ratio	Suct. Loss. (psia)	Disch. Loss. (psia)	Suct. Temp. (degF)	Disch. Temp (degF)
Rockford 140.00	420.00	800.00	1223.93	1.5204	0.00	0.00	70.00	132.24

```
************* COMPRESSOR EFFICIENCY, HP AND FUEL USED ****************
```

Name Installed (HP)	Distance (mi)	Compr Effy. (%)	Mech. Effy. (%)	Overall Effy. (%)	Horse Power	Fuel Factor (MCF/day/HP)	Fuel Used (MMSCFD)
Rockford 10000	0.00	80.00	98.00	78.40	9,512.55	0.2000	------

Total Compressor Station Horsepower: 9,512.55   10,000.

```
************* REYNOLD'S NUMBER  AND  HEAT TRANSFER COEFFICIENT **************
```

Distance CompressibilityFactor (mi)	Reynold'sNum.	FrictFactor (Darcy)	Transmission Factor	HeatTransCoeff (Btu/hr/ft2/degF)	(CNGA)
0.000	14,671,438.	0.0099	20.13	0.3361	0.8820
10.000	14,671,438.	0.0099	20.13	0.3361	0.8678
20.000	14,671,438.	0.0099	20.13	0.3361	0.8578
30.000	14,671,438.	0.0099	20.13	0.3361	0.8516
40.000	14,671,438.	0.0099	20.13	0.3361	0.8479
50.000	14,671,438.	0.0099	20.13	0.3361	0.8460
60.000	14,671,438.	0.0099	20.13	0.3361	0.8454
70.000	14,671,438.	0.0099	20.13	0.3361	0.8465
100.000	21,657,838.	0.0098	20.25	0.3365	0.8515
120.000	21,657,838.	0.0098	20.25	0.3365	0.8588
140.000	21,657,838.	0.0098	20.25	0.3365	0.8650
150.000	21,657,838.	0.0098	20.25	0.3365	0.8721
170.000	21,657,838.	0.0098	20.25	0.3365	0.8821
190.000	21,657,838.	0.0098	20.25	0.3365	0.8903
200.000	21,657,838.	0.0098	20.25	0.3365	0.8998
220.000	21,657,838.	0.0098	20.25	0.3365	0.9148
240.000	21,657,838.	0.0098	20.25	0.3365	0.9148

```
******************** PIPELINE TEMPERATURE AND PRESSURE PROFILE ********************
```

Distance Location (mi)	Diameter (in)	Flow (MMSCFD)	Velocity (ft/sec)	Press. (psig)	GasTemp. (degF)	SoilTemp. (degF)	MAOP (psig)
0.00 Rockford	30.000	420.0000	12.60	1223.93	132.24	60.00	1400.00
10.00	30.000	420.0000	12.76	1208.55	107.14	60.00	1400.00
20.00	30.000	420.0000	12.87	1197.93	90.16	60.00	1400.00
30.00	30.000	420.0000	13.05	1181.33	79.02	60.00	1400.00
40.00	30.000	420.0000	13.22	1166.01	71.88	60.00	1400.00
50.00	30.000	420.0000	13.36	1153.82	67.38	60.00	1400.00
60.00	30.000	420.0000	13.52	1139.84	64.56	60.00	1400.00
70.00	30.000	420.0000	13.68	1126.20	62.81	60.00	1400.00
100.00 Vale	30.000	620.0000	20.94	1085.66	60.46	60.00	1400.00
120.00	30.000	620.0000	22.18	1023.93	60.24	60.00	1400.00
140.00	30.000	620.0000	23.59	961.87	60.12	60.00	1400.00
150.00	30.000	620.0000	24.57	922.83	60.09	60.00	1400.00
170.00	30.000	620.0000	26.73	847.14	60.05	60.00	1400.00
190.00	30.000	620.0000	29.53	765.53	60.02	60.00	1400.00
200.00	30.000	620.0000	31.32	720.84	60.02	60.00	1400.00
220.00	30.000	620.0000	36.25	620.90	60.01	60.00	1400.00
240.00 Concord	30.000	620.0000	44.79	499.66	60.00	60.00	1400.00

```
******************** LINE PACK VOLUMES AND PRESSURES ********************
```

Distance (mi)	Pressure (psig)	Line Pack (million std.cu.ft)
0.00	1223.93	0.0000
10.00	1208.55	20.6236
20.00	1197.93	21.5215
30.00	1181.33	22.0920
40.00	1166.01	22.3347
50.00	1153.82	22.4188
60.00	1139.84	22.3750
70.00	1126.20	22.2208
100.00	1085.66	65.2595
120.00	1023.93	41.3944
140.00	961.87	38.6798
150.00	922.83	18.2378
170.00	847.14	34.0286
190.00	765.53	30.7115
200.00	720.84	14.0359
220.00	620.90	25.1636
240.00	499.66	20.7997

```
Total line pack in main pipeline =   441.8972(million std.cubic ft)
```

```
************* PIPE BRANCH CALCULATION SUMMARY ***********

Number of Pipe Branches =  1

BRANCH TEMPERATURE AND PRESSURE PROFILE:

Incoming Branch File: C:\Users\Shashi\My Documents\Gasmod\VALEBRANCH.TOT

Branch Location: Vale  at  100 (mi)

Distance  Elevation  Diameter  Flow      Velocity   Press.    Gas Temp. Amb Temp.
Location
(mi)      (ft)       (in)      (MMSCFD)  (ft/sec)   (psig)    (degF)    (degF)

0.00      150.00     24.000    200.000   9.76       1170.51   130.57    60.00
Drake
10.00     100.00     24.000    200.000   9.76       1161.56   90.53     60.00
20.00     125.00     24.000    200.000   9.92       1151.22   72.50     60.00
40.00     200.00     24.000    200.000   10.10      1130.29   61.97     60.00
50.00     200.00     24.000    200.000   10.18      1120.90   60.77     60.00
70.00     200.00     24.000    200.000   10.35      1101.91   60.12     60.00
80.00     450.00     24.000    200.000   10.51      1085.16   60.05     60.00
Vale


Total line pack in branch pipeline C:\Users\Shashi\My Documents\Gasmod\VALEBRANCH.TOT
= 111.6601(million std.cubic ft)

Compressor Power reqd. at the beginning of branch: 4,199.20 HP
Compression ratio: 1.48
Suction temperature: 70.00 (degF)
Suction pressure: 800.00 (psig)
Suction piping loss: 5.00 (psig)
Discharge piping loss: 10.00 (psig)
Started simulation at:  14:54:03
Finished simulation at: 14:56:04
Time elapsed         :  121 seconds
Time elapsed         : 0 hours  2 minutes  1 seconds
DATE: 3-December-2013
```

从热力学计算报告中得知，Rockport 的排气压力为 1224psi（表），而将气体视为恒温的手算结果为 1223psi（表），结果相差不大。但在很多情况下，温度随管线的变化会对压力造成很大的影响，特别是在管线长度较短的情况下。例如，如果有一条类似于从 Rockport 到汇入点的长 100mile 的管线，热力学计算能够展示温度从 132.24℉ 迅速降到 60.65℉ 的过程。所以将温度视为 70℉ 恒定，且整条管线作为一个整体分析的绝热分析过程，所给出的压力是与事实矛盾的。下面请读者做一个练习。

综上所述，手工计算过程将气体视为恒定位 70℉，热力学计算则展示了温度从 Rockport 的 132.24℉ 迅速降到接近土壤温度的 60℉ 的 60.01℉ 的过程。

Rockport 压气站的进气压力为 800psi（表），排气压力为 1224psi（表），压缩比为 1.52。这导致排气温度上升到了 132.24℉，与第 4 章中关于压缩机的分析一致。如果压缩比进一步升高，排气压力也将随之升高。管线防腐层的额定温度为 140℉，为了保护防腐层，排出的气体必须被冷却。从 GASMOD 的报告中可知，气体在里程 0mile 处（Rockport）的温度为 132.23℉，随着气体流动，温度迅速下降，到达 50mile 处降为 67.38℉。和前面章节所讨论的一样，温度是呈指数下降的。从 50mile 往后，温度下降的速度变缓，直到在 240mile 处（Concord）接近土壤温度。从 170mile 处到 Concord 之间，气体温度接近土壤温度的 60℉，基本不变。因此这 70mile 的管线中的气体可视为是恒温的。最后 70mile 这段管线用手算得到的结果和用 GASMOD 得到的结果非常相近。下面来验证这一说法。

计算雷诺数 $Re = 21657837$。

计算摩阻系数：

$$\frac{1}{\sqrt{f}} = -2\lg\left(\frac{0.007}{3.7 \times 29} + \frac{2.51}{21657837\sqrt{f}}\right)$$

解得：

$$f = 0.0096$$

计算传输系数：

$$F = \frac{2}{\sqrt{0.0096}} = 20.41$$

为了求压缩系数 Z，需要知道平均压力。由于 170mile 处的压力未知，近似取 850psi（表）作为平均压力，用于求 Z。

计算压缩系数：

$$Z = \frac{1}{1 + \dfrac{850 \times 344400 \times 10^{1.785 \times 0.6}}{520^{3.825}}} = 0.8765$$

由于 170mile 处和 Concord 间存在 100（800 - 700）ft 的高差，计算高差影响。

计算高程调整系数：

$$S = 0.0375 \times 0.6 \times \frac{800 - 700}{520 \times 0.8765} = 0.0049$$

计算等效里程：

$$L_e = \frac{70 \times (1.0049 - 1)}{0.0049} = 70.17\text{mile}$$

计算 70mile 处的压力：

$$620 \times 10^6 = 38.77 \times 20.41 \times \frac{520}{14.7} \times \left(\frac{p_1^2 - 1.0049 \times 514.7^2}{0.6 \times 520 \times 70.17 \times 0.8765}\right)^{0.5} \times 29^{2.5}$$

$$p_1 = 851.59\text{psi（绝）} = 836.89\text{psi（表）}$$

与 850psi（表）比较。将 $p_1 = 851.59$psi（绝），$p_2 = 514.7$psi（绝）代入式（3.67），重新计算平均压力：

$$p_{\text{avg}} = \frac{2}{3}\left(851.59 + 514.7 - \frac{851.59 \times 514.7}{851.59 + 514.7}\right) = 696.99\text{psi（绝）}$$

重新计算压缩系数：

$$Z = \frac{1}{1 + \dfrac{682.29 \times 344400 \times 10^{1.785 \times 0.6}}{520^{3.825}}} = 0.8984$$

重新计算 70mile 处的压力，有：

$$620 \times 10^6 = 38.77 \times 20.41 \times \frac{520}{14.7} \times \left(\frac{p_1^2 - 1.0049 \times 514.7^2}{0.6 \times 520 \times 70.17 \times 0.8984} \right)^{0.5} \times 29^{2.5}$$

得：

$$p_1 = 858.30\text{psi}(绝) = 843.6\text{psi}(表)$$

这个值与之前计算得到的 836.39psi（表）相比，二者相差不到 1%，停止迭代。这个值与用 GASMOD 计算得到的 847psi（表）相比，仅相差 0.5%。因此，将最后 70mile 管线中气体视为恒温的假设是成立的。如果再将最后 70mile 管线划分为若干段来考虑，结果将会更加精确。

在管线足够长的情况下，将管线中的气体假设为恒温气体，所求得的压力以及压缩机功率是可以满足要求的。但当管线较短时，就必须将整条管线划分为若干段，并分段考虑每段间管线与周围土壤间传热的影响。

7.6 本章小结

本章探讨了与等温流动相比，热力对管线水力的影响。在输送高黏度液体时，需加热输送，有时管输液体的温度比环境温度还高。这种温差会导致管内流体与周围的土壤（埋地管线）或者空气（地上管线）发生热传导，从而使得管线沿线的温度不同。与等温流动不同，加热输送时的水力计算需要将管线分成很多小段，根据每段平均温度下的流体物性计算压降。用实例讲解了管线沿线的温度变化，同时也介绍了管内流体与周围介质在考虑管线、土壤及保温层导热系数前提下的传热计算方法。此外还介绍了由于泵效率引起的摩擦生热。用水力计算模拟软件演示了计算方法。

另外，还讨论了输气管线中热效应对压降和压缩机功率的影响，并举例验证了绝热计算和热力学计算之间的不同。在例题中使用水力模拟软件演示了热力学计算方法。

7.7 习题

（1）用热力学计算方法计算一条长 4mile，管径 20in，壁厚 0.375in，流速 $200 \times 10^6 \text{ft}^3/\text{d}$ 的管线的温度变化曲线。

（2）从 Mobile 到 Savannah 之间有一条长 200mile 的管线，管径 24in，壁厚 0.500in，天然气流速 $300 \times 10^6 \text{ft}^3/\text{d}$，相对密度 0.65，黏度 0.000008lb/(ft·s)，设计压力 1400psi（表）。Mobile 的进气压力为 1200psi（表），进气温度 80℉。土壤温度恒定为 60℉。Savannah 的排气压力要达到 900psi（表）。假设天然气恒温，为 70℉。利用效率为 0.95 的 Panhandle B 公式计算在没有压缩机的情况下的自由气体流量，并与用热力学计算方法得到的结果进行对比。大气压力为 14.7psi（绝），环境温度为 60℉。

第8章 输送功率

本章介绍输液管线和输气管线所需的功率。

8.1 功率要求

前面的章节中已经讨论了运送一定量的流体所需压力的计算方法。根据管线的流量和最大允许操作压力,需要考虑泵站的设置来满足输送压力要求。泵站所需压力由离心泵或者容积式泵提供。泵的操作和性能将在后面的章节讲述。本章只讨论泵送一定量流体所需的功率,并不区分泵的种类。

8.1.1 有效功率

功率是指在单位时间内所做功的大小。在英制单位中,能量单位是 ft·lb,功率用 hp 表示,1hp 为 33000ft·lb/min 或者 550ft·lb/s。

在国际单位中,能量单位为 J;功率单位为 W,kW 使用更普遍。1hp = 0.746kW。

为了解释做功、能量和功率的概念,假设为了一个社区需要在 24h 内将 15000gal 的生活用水提高至 500ft 处,则做功大小为:

$$(150000/7.48) \times 62.34 \times 500 = 625066845 \text{ft·lb} \approx 6.25 \times 10^8 \text{ft·lb}$$

其中假设水的密度为 62.34lb/ft³,1ft³ = 7.48gal。

功率(HP)为:

$$HP = \frac{6.25 \times 10^8}{24 \times 60 \times 33000} = 13.2 \text{hp}$$

由于没有考虑泵效率,这一功率叫作有效功率(HHP)。

流体流过管线时,摩擦会引起压降。这就需要在考虑摩擦和高程变化的前提下计算出管线起点所需的能量。根据运输时间,得到功率。

【例 8.1】管线输送 4000bbl/h 的流体,经过泵站后出站压力为 1000psi。如果进站压力为 50psi,泵站需要加压 950psi,如在流动温度下流体的相对密度为 0.85,计算此流量下的有效功率。

解:

液体流量(lb/min)计算:

$$Q = 4000 \text{bbl/h} \times 5.6146 \text{ft}^3/\text{bbl} \times 1\text{h}/60\text{min} \times 0.85 \times 62.34 \text{lb/ft}^3$$

$$= 19834.14 \text{lb/min}$$

其中水的密度为 62.34lb/ft³。

因此所需功率为:

$$HP = (19834.14 \times 950 \times 2.31/0.85)/33000 = 1552hp$$

上述计算中，没有考虑功率损失，也就是假设泵的效率为100%，因此有效功率是依据泵效率为100%计算出的，即：

$$HHP = 1552hp$$

8.1.2 轴功率

轴功率（BHP）考虑了泵效率。如果效率为75%，则根据上例：

$$轴功率 = 有效功率 / 泵效率$$

即：

$$BHP = HHP/0.75 = 1552/0.75 = 2070$$

如果为电动泵，则电动机的功率为：

$$电动机功率 = 轴功率 / 电动机效率$$

通常情况下，电动泵的效率很高，为95%~98%，则电动机功率为：

$$2070/0.98 = 2112$$

由于最接近的标准功率为2500hp，这就需要功率为2500hp的电动机驱动上例中的泵。泵厂通常用gal/min作为流量单位，ft作为压头单位，因此需要进行单位转化。

$$4000bbl/h = \frac{4000 \times 42}{60} = 2800gal/min$$

压力950psi转化为压头：

$$\frac{950 \times 2.31}{0.85} = 2582ft$$

因此对泵的要求转述如下：

泵需要在流量2800 gal/min下提供2582ft的压头，电动机功率为2500hp，后面的章节将详细讨论泵的性能。

依据常用单位的轴功率的公式表示如下：

$$BHP = Qp/(2449E) \tag{8.1}$$

式中　Q——流量，bbl/h；

　　　p——压差，psi；

　　　E——效率（小于1）。

在流量单位采用gal/min，压力单位采用psi或者用水头（in）表示的情况下，轴功率表达式为：

$$BHP = (GPM)(H)(Spgr)/(3960E) \tag{8.2}$$

以及

$$BHP = (GPM)p/(1714E) \tag{8.3}$$

式中　GPM——流量，gal/min；

$\quad$ H——水头差，ft；

$\quad$ p——压差，psi；

$\quad$ E——效率（小于1）；

$\quad$ Spgr——流体相对密度。

采用 SI 单位，以 kW 为单位的功率可表达为：

$$Power(kW) = \frac{QH\text{Spgr}}{367.46E} \tag{8.4}$$

和

$$Power(kW) = \frac{Qp}{3600E} \tag{8.5}$$

式中　Q——流量，m³/h；

$\quad$ H——水头差，m；

$\quad$ Spgr——流体相对密度；

$\quad$ E——效率（小于1）；

$\quad$ p——压力，kPa。

【例 8.2】一个水分输系统需要一个泵在流量 5000gal/min 的条件下加压至 2500ft，假设泵由电动机驱动，泵效率为 82%，电动机效率为 96%，计算有效功率、泵的轴功率及电动机功率。

解：

有效功率

$$HHP = \frac{5000}{7.48} \times 62.34 = \frac{2500}{33000} = 3157\text{hp}$$

轴功率

$$BHP = 3157/0.82 = 3850\text{hp}$$

电动机功率

$$HP = 3850/0.96 = 4010\text{hp}$$

【例 8.3】水管线流量为 320 L/s，需泵加压至水头 750m，泵效率为 80%，电动机效率为 98%。

解：

利用式（8.4），可得：

$$泵功率 = \frac{320 \times 60 \times 60}{1000} \times \frac{750 \times 1.0}{367.46 \times 0.80}$$

$$= 2939\text{kW}$$

电动机功率 = 2939/0.98 = 3000kW

8.2　重力和黏度影响

从之前的讨论中可看出泵的轴功率与流体的密度成正比。因此,如果泵送水所需的功率为1000,那么当泵送相对密度为0.85的重油时的功率为:

$$0.85 \times 1000 = 850hp$$

同样地,如果泵送相对密度大于1的流体,那么功率会更大,通过式(8.4)可得到。

因此可推出,在相同的压力和流量下,随着流体的相对密度增大,所需功率也相应增大。所需功率也受流体黏度影响。水的黏度为1.0cSt。如果泵送流量为3000gal/min,加压至2500ft,效率为85%,则轴功率为:

$$BHP = \frac{3000 \times 2500 \times 1.0}{0.85 \times 3960} = 2228.16hp$$

如果泵送流体黏度为1000SSU,那么就需用美国水利协会的离心泵黏度更正图更正压头、流量和效率。此内容会在泵与压缩机一章中详细介绍。泵送高黏度的流体时所需的轴功率增大。可看出,高黏度的流体使泵效率下降许多,因此泵送高黏度流体时需要更大的压力及功率。

8.3　输气管线泵功率需求

压缩机的能量需求取决于气体的压力和流量。功率代表了单位时间所消耗的能量,也取决于气体压力和流量。气体流量上升,压力也上升,功率需求也随之上升。由于能量可以定义为一个力所做的功,因此可以说能量需求是同压气站的流量和排气压力相关的。

假设气体流量为 Q,其单位为 ft^3/d,压气站的进气和排气压力分别为 p_s 和 p_d,压气站在流量一定的条件下将气体提升 $p_d - p_s$ 的压力,则供给气体的能量为 $(p_d - p_s)QC_1$,其中常数 C_1 取决于所运用的单位。

这是一种简化的计算方法,由于气体的性质随着温度和压力而变化,同时还需考虑不同压缩过程(绝热或多变)的压缩系数。因此,对于功率的计算还需从另外一个角度得到。

已有压缩机定义的前端单位质量气体的能量消耗,因此,通过乘以质量流量,可计算出总的能耗。再引入压缩机效率,可得到压缩气体所需要的功率:

$$HP = \frac{M\Delta H}{\eta} \qquad (8.6)$$

式中　HP——压缩机功率,hp;

　　　M——气体的质量流量,lb/min;

　　　ΔH——压缩机水头,ft;

　　　η——压缩机效率,%。

另一个考虑进气压缩系数的压缩气体所耗功的普适方程如下:

$$HP = 0.0857 \frac{\gamma}{\gamma - 1} QT_1 \frac{Z_1 + Z_2}{2} \frac{1}{\eta_a} \left[\left(\frac{p_2}{p_1} \right)^{\frac{\gamma-1}{\gamma}} - 1 \right] \qquad (8.7)$$

式中　HP——压缩机功率，hp；

　　　γ——气体比热比（理想气体比热比也称绝热指数）；

　　　Q——气体体积流量，$10^6 \text{ft}^3/\text{d}$；

　　　T_1——进气温度，°R；

　　　p_1——进气压力，psi（绝）；

　　　p_2——排气压力，psi（绝）；

　　　Z_1——吸气时气体压缩系数；

　　　Z_2——排气时气体压缩系数；

　　　η_a——压缩机绝热（多变）效率。

以国际单位制来表示此方程：

$$P = 4.0639 \frac{\gamma}{\gamma - 1} QT_1 \frac{Z_1 + Z_2}{2} \frac{1}{\eta_a} \left[\left(\frac{p_2}{p_1} \right)^{\frac{\gamma-1}{\gamma}} - 1 \right] \qquad (8.8)$$

式中　P——压缩机功率，kW；

　　　γ——气体比热比（理想气体比热比也称绝热指数）；

　　　Q——气体体积流量，$10^6 \text{m}^3/\text{d}$；

　　　T_1——进气温度，K；

　　　p_1——进气压力，kPa（绝）；

　　　p_2——排气压力，kPa（绝）；

　　　Z_1——吸气时气体压缩系数；

　　　Z_2——排气时气体压缩系数；

　　　η_a——压缩机绝热（多变）效率。

其中绝热效率 η_a 值在 0.75 ~ 0.85 之间变动，考虑到压缩机的驱动效率为 η_m，可得到压缩机驱动轴所需要的功率为：

$$BHP = \frac{HP}{\eta_m} \qquad (8.9)$$

HP 是由前面的方程算出的功率，将它代入计算压缩机的绝热效率 η_a。驱动机机械效率 η_m 的取值为 0.95 ~ 0.98，总效率 η_o 是 η_a 和 η_m 的乘积：

$$\eta_o = \eta_a \eta_m \qquad (8.10)$$

将绝热压缩方程中的体积 V 消除后，可看出气体的排气温度与气体的吸气温度和压缩比有关，关系如下：

$$\frac{T_2}{T_1} = \left(\frac{p_2}{p_1} \right)^{\frac{\gamma-1}{\gamma}} \qquad (8.11)$$

绝热效率也可定义为绝热温升和实际温升的比值。因此，如果气体由压缩引起的温度

从 T_1 升高至 T_2，那么实际温升为 $T_2 - T_1$。

理论绝热温升由以下的绝热温压关系算出，此处认为气体的压缩系数与式（8.11）中一样：

$$\frac{T_2}{T_1} = \frac{Z_1}{Z_2}\left(\frac{p_2}{p_1}\right)^{\frac{\gamma-1}{\gamma}} \tag{8.12}$$

或

$$T_2 = T_1 \frac{Z_1}{Z_2}\left(\frac{p_2}{p_1}\right)^{\frac{\gamma-1}{\gamma}} \tag{8.13}$$

因此，理论绝热温升为：

$$T_1 \frac{Z_1}{Z_2}\left(\frac{p_2}{p_1}\right)^{\frac{\gamma-1}{\gamma}} - T_1$$

绝热效率为：

$$\eta_a = \frac{T_1 \frac{Z_1}{Z_2}\left(\frac{p_2}{p_1}\right)^{\frac{\gamma-1}{\gamma}} - T_1}{T_2 - T_1} \tag{8.14}$$

其中 T_2 是气体实际排气温度。

简化后得到：

$$\eta_a = \frac{T_1}{T_2 - T_1}\left[\frac{Z_1}{Z_2}\left(\frac{p_2}{p_1}\right)^{\frac{\gamma-1}{\gamma}} - 1\right] \tag{8.15}$$

例如，气体进口温度为 80℉，吸排气压力分别为 800psi（绝）和 1400psi（绝），出口温度为 200℉，$\gamma = 1.4$，压缩系数为 1.0，那么可得到绝热效率为：

$$\eta_a = \frac{80 + 460}{200 - 80}\left[\left(\frac{1400}{800}\right)^{\frac{1.4-1}{1.4}} - 1\right] = 0.7802 \tag{8.16}$$

因此，得出绝热效率等于 0.7802。

【例 8.4】计算压缩机所需功率。假设为绝热压缩，工质为 $106 \times 10^6 \text{ft}^3/\text{d}$ 气体，进口温度 68℉，进口压力 725psi（绝），假设进出口压缩系数分别为 $Z_1 = 1.0$，$Z_2 = 0.85$，绝热指数 $\gamma = 1.40$，绝热效率 $\eta_a = 0.8$。如果驱动机机械效率为 0.95，问需要多少轴功率 BHP？并计算气体出口温度。

解：

按式（8.7），所需功率为：

$$\text{HP} = 0.0857\left(\frac{1.40}{1.40 - 1}\right) \times 106 \times (68 + 460) \times \frac{1.0 + 0.85}{2} \times \frac{1}{0.8}\left[\left(\frac{1305}{725}\right)^{\frac{1.40-1}{1.40}} - 1\right] = 3550\text{hp}$$

按式（8.9），算出机械效率为 0.95 时所需的轴功率为：

227

$$\text{BHP} = \frac{3550}{0.95} = 3737\text{hp}$$

气体出口温度由式（8.13）得出：

$$T_2 = (68+460)\frac{\frac{1}{0.85}\left(\frac{1305}{725}\right)^{\frac{0.4}{1.4}}-1}{0.8}+(68+460)=786.46°\text{R}=326.46℉$$

求得出口温度为 326.46℉。

【例 8.5】 $3\times10^6\text{m}^3/\text{d}$，20℃的天然气，从 5MPa 等熵压缩到 9MPa（绝对压力），采用等熵效率为 0.80 的离心式压缩机，请计算压缩机所需功率。假设进出口压缩系数分别为 $Z_1=0.95$，$Z_2=0.85$。若驱动机机械效率为 0.95，则需要多少驱动功率? 并计算出口气体温度。

解：

按式（8.8），压缩机所需功率为：

$$P = 4.0639\times3\times\frac{1.40}{0.40}\times(20+273)\times\frac{0.95+0.85}{2}\times\frac{1}{0.8}\left[\left(\frac{9}{5}\right)^{\frac{0.40}{1.40}}-1\right]=2572\text{kW}$$

按式（8.9），轴功率为：

$$\text{BHP}=\frac{2572}{0.95}=2708\text{kW}$$

按式（8.13），出口温度为：

$$T_2=\frac{20+273}{0.8}\times\left[\frac{0.95}{0.85}\left(\frac{9}{5}\right)^{\frac{0.4}{1.4}}-1\right]+(20+273)=410.94\text{K}=137.94℃$$

8.4 本章小结

本章中，通过实例讨论了输液和输气管线有效功率、轴功率及电动机功率。下一章将更详细地介绍泵站及其功率。

第9章 泵 站

9.1 引言

本章介绍应用于输液管线上的泵站和泵送设备。介绍泵站在水力平衡条件下的最佳选址位置。同时，介绍离心泵和容积式泵的性能，离心泵的相似定律、汽蚀余量以及如何计算泵功率。此外，还将介绍美国水利协会的黏度更正表。比较串联泵和并联泵的性能以及如何根据管网特性曲线和泵特性曲线确定工作点。接下来介绍泵站的主要设备，如泵、电动机和控制阀，以及不同工况下通过变频泵变频节能。

9.2 泵站

9.2.1 多级泵站管线系统

第6章介绍了如何计算从A点到B点输送一定流量液体所需的压力。结论是为了满足流量和管线允许操作压力的要求，需要在管线沿线建立多个泵站。在考虑摩阻损失、管线高程的前提下，计算出的输送压力为1950psi（表）。如果管线允许满载流压力为1200psi（表），就需要两个泵站达到输送要求。管线起点处的一级泵站的出站压力为1200psi（表），随后由于摩阻和高程，管压逐渐降低，最终降至最小压力，比如说50psi（表）。随后二级泵站就会继续加压，保证将流体输送到终点。

如何确定中间加压泵站的位置是关键。如果管线的管径和壁厚不变，高程不变，沿线没有分输点和汇入点，那么二级泵站位于管线的中点，即如果管线长100mile，那么一级泵站位于起点处（0），二级泵站位于50mile处。

9.2.2 水力平衡和泵站要求

假设通过计算得出100mile长的管线、输送流量为5000gal/min，到达终点时达到最小压力50psi（表），所需的起点压力为1950psi（表）。1950psi（表）可以分成两级975psi（表），也可以分成三级650psi。实际上，由于管线允许操作压力的限制，不能在起点处加压至1950psi（表），因此，在长输管线中，通过中间泵站压力被分成两级或多级。

上述实例中，应实行如下方案。起点处泵站加压至975psi（表），由于摩阻影响，在管线的某一点（大约中点处），压降为0。在此处，通过设立中间泵站加压至975psi（表）。当然此时不考虑管线高程的影响。

975psi（表）足够克服剩余段的摩阻。在管线终点管压降至0。但在管线任意处的液体压力都要高于液体在此温度下的饱和蒸汽压。另外，中间泵站也有最小吸入压力的要求。因此不能允许管压降至0。相应地，要将二级泵站的位置设在管压降至最小吸入压力处，比如50psi。最小吸入压力需要根据不同的泵作出说明，可能大于50psi。列出所有可能的吸入损失和限制条件。假定任一泵站的最小吸入压力为50psi。因此，起点的泵送压力为1025psi，将二级泵站设定在压降至50psi的位置。二级泵站加压至1025psi，然后泵送流体至终点，压降为50psi。因此每级泵站对液体提供975psi的压力，满足总压1950psi和流量5000gal/min的要求。

在以上的分析中，如果考虑管线高程，那么中间泵站的位置将与之前讨论的有所不同。

当每级泵站提供相同的能量时，就可以认为泵站达到水力平衡，这样在每一个泵站管内流体增加的能量相同。对于干线输送管线（没有支线），每级泵站的相同加压会达到水力平衡。但由于管线地势的原因，可能无法将中间泵站修建在理论上的水力平衡点。有可能水力平衡点正好位于沼泽或者河流中间。因此需要经过勘察后重新为中间泵站选址。如果重新选址后，泵站位于52mile处，那么水力平衡将会失效。根据中间泵站的位置，重新进行水力计算后，会发现泵站不再有水力平衡，泵站也不会提供相同的压力。因此，虽然希望所有泵站都达到水力平衡，但这并不现实。泵站在水力平衡点有很多优势，比如每一个泵站可以使用相同型号的泵、电动机及其他配套设备。

第7章介绍了水力坡降以及泵站选址，介绍了计算管网系统中两个泵站出口压力的方法，得出在特定流量下的总压。接下来要讨论计算水力平衡下的泵站压力。

图9.1展示了管线沿线的高程变化，但并没有明显的波峰。首先，总压p_T是根据一定的流速和流体物性计算出来的。如果只在管线起点设置泵站，那么就如图9.1中所示，由p_T降为终点的p_{del}。由于p_T可能大于管线的允许操作压力，假设三个泵站所提供的压力不能超过管线的允许操作压力，那么每个泵站所提供的压力为p_D，低于管线的允许操作压力。如果p_S代表泵站的吸入压力，根据水力坡降的关系式得：

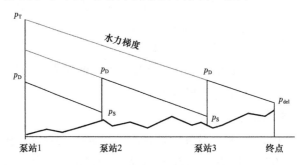

图9.1　多级泵站的水力坡降

$$p_D + (p_D - p_S) + p_D - p_S = p_T \tag{9.1}$$

由于式（9.1）是有一个初始泵站和两个中间泵站的关系式，因此可得到N个泵站的关系式：

$$p_D + (N-1)(p_D - p_S) = p_T \tag{9.2}$$

求解N得到：

$$N = (p_\text{T} - p_\text{s})/(p_\text{D} - p_\text{S}) \tag{9.3}$$

式（9.3）在已知 p_D 和 p_T 时可用来求解达到水力平衡时泵的数量。

用式（9.3）求解，得到泵的出口压力为：

$$p_\text{D} = (p_\text{R} - p_\text{s})/N + p_\text{s} \tag{9.4}$$

例如，假设总压为 2950psi（表），泵的吸入压力为 50psi（表），出口压力为 1200psi（表），则由式（9.3）得：

$$N = \frac{2950 - 50}{1200 - 50} = 2.52$$

圆整到整数 $N = 3$。

因此，需要三个泵站将排出压力限制到 1200psi（表）。根据式（9.4），每个泵站的出口压力为：

$$p_\text{D} = (2950 - 50)/3 + 50 = 1017\text{psi}(表)$$

计算完水力平衡下的出口压力，就可以安排泵站的位置。假设如图 9.1 所示，需要三个泵站。如图 9.1 所示，水力坡降线在管线高程线之上，从 A 点的 p_T 到 D 点的 p_del。因为管线的高程用 ft 表示，因此压力也要用英制单位表示。p_T 和 p_del 也要转化为英制单位。首先起点为 A 点泵站的排出压力 p_D，之后平行于水力坡降线画线，第二个泵站的位置 B 点将位于满足吸入压力为 p_s 的地点，之后用同样的方法来计算出第三个泵站的位置。

前面的分析中，进行了简单的假设。假设在管径流量不变的前提下，每英里的压降（水力坡降线斜率）为常数。由于管径和壁厚的变化，水力坡降线的斜率将会变化，下面进行分析。

9.2.3 壁厚变化

从图 9.2 所示的典型水力坡降线可看出，由于摩阻的影响，水压从泵站到末站不断下降。依据管线的允许操作压力，管线下游泵站的泵压可能为 1200psi（表），然后在到达一个泵站之前，压力下降范围为 50~100psi（表）。如果管线沿线壁厚不变，那么管线下游部分的压力较低。因此，在由泵站到下一个泵站或末站之间减小壁厚。例如，在管线下游终端管线壁厚为 0.375in，在靠近泵站入口的管段可以降为 0.250in。

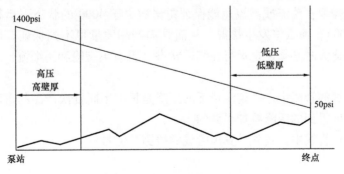

图 9.2 管线变径的水力坡降

考虑管线强度，在靠近泵站出口的位置管线壁厚会大一点，以承受较高的出口压力。随着管压的下降，在到达下一泵站或者末站时管线壁厚可以减小，这就叫作管线变径。

但管线变径需要慎重考虑。假设有两个泵站，第二个泵站由于某种原因关闭，流量将降低，水力坡降线也将变平缓，如图9.3所示。

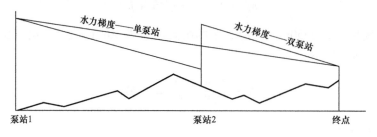

图9.3　泵站关闭的水力坡降

从图9.3可看出，第二个泵站之前的管压高于第二个泵站正常运行时的压力。因此，第二个泵站关闭时，变径必须满足管压的要求。

9.2.4　管线压力等级变化

正如上一节所提到的管线壁厚变化，管线压力等级也同样如此。高管压段的管线压力等级为 API 5LX52，低管压段可降至 API 5LX42，以节约成本。这就是管线压力等级变化。管线设计时考虑变径和压力等级变化用来降低管材成本，但有时这并不可行，必须考虑管压增高的情况，比如泵站关闭、泵启动及阀门关闭等。因此在变径和变压力等级时需要考虑瞬态工况造成的压力波动。

9.2.5　不满输和明渠流

大多数的管线都是满输。但由于管线地势的变化，管线某一段可能不满输，从而导致明渠流或不满流。有些管线中，不满输通常是不可避免的。当成批次输送高蒸汽压的液体时，不满流是不允许的。当输送高蒸汽压的液体时，液体蒸发会造成泵的损坏。在管线批次输送时，不满流会造成批次的混合，这对于产品质量来说是不允许的。

9.2.6　不同液体的批次顺序输送

批次顺序输送是管线在最小掺混的情况下同时输送不同液体。在连续输送时不可避免地会在交界处发生掺混。比如，汽油、柴油和煤油可能从炼油厂批次顺序输送到油库。批次顺序输送管线需要在湍流或高流速能保证雷诺数大于4000的状态下运行。如果为层流（雷诺数小于2000），那么将发生掺混，从而管输产品质量得不到保证。批次顺序输送管线在管线高程变化大时必须还是运行在满输状态（没有不满输和明渠流）以避免不同批次的产品掺混。

批次顺序输送的管线中，一定流量下的压降是根据不同批次产品的密度、黏度及各批次产品的输送长度得到的压降叠加得到的。

批次顺序输送管线中，要先计算出管线的线路总输量：

USCS 单位

$$线路总输量(bbl) = 5.129LD^2 \qquad (9.5a)$$

式中　D——管线内径，ft；

　　　L——管线长度，mile。

SI 单位

$$线路总输量(m^3) = 7.855 \times 10^4 LD^2 \tag{9.5b}$$

式中　D——管线内径，mm；

　　　L——管线长度，km。

【例 9.1】管径 12in，壁厚 0.250in，120mile 长的成品油管线，如图 9.4 所示，在流量 1500gal/min 下从 Douglas 炼油厂向 Hampton 输送三种产品。瞬态工况下展示了这三种油品在管线内的批次顺序。

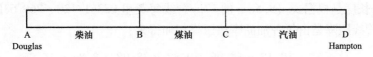

图 9.4　批次输送管线

假设柴油和煤油的批次流量分别为 50000bbl 和 30000bbl，剩余的为汽油的批次流量，计算在此流量下个各油品的压降。

三种油品物性如下：

产品	相对密度	Hazen – Williams 压头损失系数 C
柴油	0.85	125
煤油	0.82	135
汽油	0.74	140

解：

先计算管线总输量，由式（9.5a）得：

$$线路总输量 = 5.129 \times 120 \times 12.25^2 = 92361bbl$$

$$汽油批次输量 = 92361bbl - 80000bbl = 12361bbl$$

根据式（9.5a）得出柴油的输送长度为 64.96mile、煤油为 38.98mile，汽油为 16.06mile。

可计算出各批次油品的压头损失系数，例如对于水而言，$C = 120$，12in 的管线，流量为 3000gal/min，1000ft 的管线压头损失为 20.39ft。

$$柴油压头损失 = 20.39 \times \left(\frac{120}{C} \times \frac{Q}{3000}\right)^{1.852}$$

$$= 20.39 \times \left(\frac{120}{125} \times \frac{1500}{3000}\right)^{1.852}$$

$$= 5.24ft/1000ft$$

单位转化为 psi/mile：

柴油压头损失 = $(5.24 \times 0.85/2.31) \times 5.28\text{psi/mile} = 10.18\text{psi/mile}$

类似地，可得到煤油和汽油的压头损失计算结果。

油品名	压损	分输长度
柴油	10.18psi/mile	64.96mile
煤油	9.82psi/mile	38.98mile
汽油	8.86psi/mile	16.06mile

前面提到了每种油品在管线中的长度，柴油输送从 0 到 64.96mile，煤油从 64.96mile 到 103.94mile。汽油从 103.94mile 到 120.0mile，如图 9.4 所示。

批次输送长度是根据式（9.5a）的 12in 管线每英里 92361/120 = 769.68bbl 计算得来。100mile 长的管线压降是由每种油品摩擦压降相加得来：

$$总压降 = 10.18 \times 64.96 + 9.82 \times 38.98 + 8.86 \times 16.06$$

$$= 1186.4\text{psi}(表)$$

此外，高程水头和 Hampton 处的出口压力加上 1186.4psi（表）的摩擦压头损失可得到 Douglas 炼油厂的总压。

在管道批次顺序输送油品（如汽油和柴油）时，流量会随着管道中油品的不同而变化。为了优化批次输量，减小泵的投资，管线系统中存在一个最优化的批次输量。需要在一段时间内进行分析，比如一周或者一个月，来决定不同数量下的流量和泵预算。在一定的批次顺序组合下，预算最小，并结合供应方和市场的需求，即为此管线系统的最优批次顺序。

9.2.7 离心泵和往复泵

长距离输液管道从首站至末站常常要用到离心泵和往复泵。为了增大流量，需要更大的泵压。在输液管线中离心泵比较常用，主要是因为与往复泵相比，离心泵操作便利、成本低。

往复式泵属于容积式泵，主要用于输油管线的集输系统。

由于叶轮提供的离心速度，离心泵增加了流体的动能。这部分动能在蜗壳内转化为压力能，叶轮速度越快，压力越大。叶轮直径越大，速度也越快，因此压力也越大。与容积式泵相比，离心泵效率较低。但离心泵能够高转速运行从而提供更大的流量和压力。离心泵的维护要求也比容积式泵低。

容积式泵，如往复泵，从入口到出口挤压一定体积的液体。这种泵运行速度比离心泵低。往复泵能够引起排出流量脉动。螺杆泵和齿轮泵都属于容积式泵，与往复式泵相比，流量均匀。

因为在流量和压力调节上的灵活度，输液管线中离心泵较为常用。输油管线中，当从油田集输系统注入主管线时，可以使用往复泵。图 9.5 和图 9.6 所示分别为离心泵和往复泵照片。

图 9.5　典型离心泵

图 9.6　往复泵

离心泵主要分为径流泵、轴流泵和混流泵。径流泵依靠离心力产生压力能。轴流泵通过叶轮推动液体产生压力能。径流泵用于扬程高的场合，而轴流泵和混流泵用于流量大、扬程低的场合。

离心泵的性能用泵的一系列特性曲线表示。这些曲线显示泵的压头、效率和功率是如何随着流量（也称为容量）而变化的，如图 9.7 所示。

压头曲线在左纵轴上显示扬程，流量则在横轴显示。这条曲线称为 H—Q 曲线或压头—流量曲线。谈论泵的时候，容量一词经常和流量一词交替使用。效率曲线称为 E—Q 曲线，表示泵的效率随流量的变化。功率曲线，如有效功率—容量曲线，表示在不同流量下所需的功率。另一个重要的曲线为净正吸入压头（NPSH）—流量曲线。NPSH 或净正吸入压头对于泵送高蒸汽压液体非常重要，本章稍后讨论。

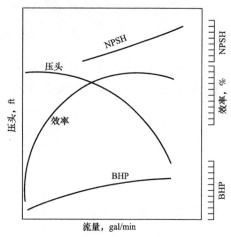

图 9.7　典型的离心泵性能曲线

性能曲线根据特定的模型泵绘制（10in 叶轮，转速 3560r/min）。厂家的泵曲线经常依据泵送液体为水得到。当泵送其他液体时，曲线就要根据密度和黏度进行调整。在 USCS 单位中，产生的压力用 ft 水头、流量用 gal/min 表示。SI 单位中，压力用 m 水头、流量用 m^3/h 或 L/s 表示。USCS 单位中，功率用轴功率 BHP，SI 单位中，功率用 kW 表示。

除了这 4 种特性曲线，供货商会提供为不同叶轮直径绘制的压头（扬程）曲线和等效率曲线，如图 9.8 所示。

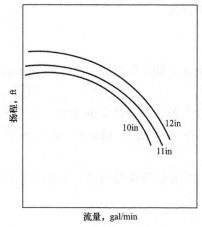

图 9.8　不同叶轮直径的离心泵性能曲线

图 9.9 为离心泵厂家提供的综合特性曲线。

235

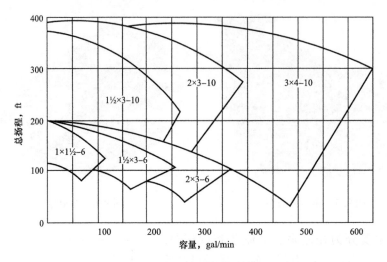

图 9.9 离心泵综合特性曲线

容积泵在不同压力下连续泵送一定体积的液体。它能在一定的流量下提供任何压力，受结构的限制，固定的流量取决于泵的结构。图 9.10 为典型的容积泵性能曲线。

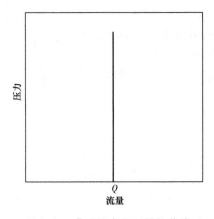

图 9.10 典型的容积泵性能曲线

9.2.8 不同流量下的离心泵压头和效率

图 9.7 为典型泵的特性曲线，展示了在转速 3560r/min 和叶轮直径 16 $\frac{15}{16}$ in 下不同流量下压头、效率和有效功率曲线。

可看出 $H—Q$ 曲线为下垂曲线，在零流量时，为最大值；随着流量的增大，压头不断降低。曲线的终点代表最大流量及相应的压头。全闭压头为 1320ft，最大流量为 7000gal/min。

泵的压头用水的高程表示。因此不管何种液体，都用水的高程表示。假如泵在流量 4000gal/min 下压头为 1290ft，根据式（9.10）得到泵压为：

泵送水时

$$泵压 = 1280 \times 1/2.31 = 554psi$$

泵送汽油时

$$泵压 = 1280 \times 0.74/2.31 = 410\text{psi}$$

对于水和石油，如果黏度小于 10cSt，压头曲线是一样的。在高黏度下，压头曲线就会变化，本章稍后会解释。实际上，在图 9.7 中，当泵送黏度为 1075SSU（236cSt）的原油，压头在流量 4000gal/min 时降为 1260ft。黏度会显著影响泵效率。泵送水时，在流量为 4000gal/min 时效率为 82.5%，但对于黏性液体，效率降为 70%。最大效率为泵送水在流量 5500gal/min 下的 86%。最大效率点下的流量和压头被称为最佳工况点（BEP）。图 9.7 的 BEP 下，$Q = 5500\text{gal/min}$，$H = 1180\text{ft}$，$E = 86\%$。

压头—流量曲线为转速 3560r/min 和叶轮直径 16 ¹⁵⁄₁₆ in 的泵性能曲线。在同样的泵结构下，可包含不同的叶轮直径。最大直径为 18½in，同样地，供货商也会提供最小直径的叶轮。图 9.11 展示了在一定转速下不同叶轮直径的压头曲线。可以看出 9in 和 12in 的曲线平行于 10in 的曲线。不同叶轮直径下的 H—Q 曲线符合相似定律，稍后进行介绍。

与不同叶轮直径下的 H—Q 曲线相似，也可以得到不同转速下的 H—Q 曲线。如果叶轮直径为 10in，初始 H—Q 曲线是在转速 3560r/min 下，通过改变转速，可得到一系列的平行曲线，如图 9.12 所示。

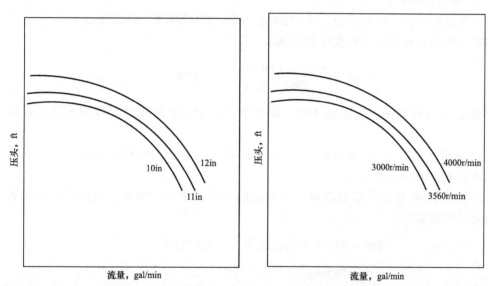

图 9.11　不同叶轮直径下的压头—流量曲线　　图 9.12　不同叶轮转速下的压头—流量曲线

泵可以逐级提供压力。单级泵可以在流量 2500gal/min 下提供 200ft 的压头。三级泵在同样的流量下可提供 600ft 的压头。在流量 3500gal/min 下提供 2400ft 的压头需要六级泵，每级需要提供 400ft 的压头。降级是减少泵的级数降低压头的过程。如果需在流量 3500gal/min 下提供 1600ft 的压头，就要将六级泵降为四级泵。

如选用离心泵，就需要将操作点选在离 BEP 最近的点。为了以后能增加流量，初始操作点选在 BEP 的左侧。因此，当增加管线输送流量时，操作点会向右侧移动，从而逐渐提高效率。

9.2.9 不同流量下的 BHP

通过 H—Q 曲线和流量效率曲线，可得出泵的轴功率：

$$\text{BHP} = \frac{QH\gamma}{3960E} \qquad (\text{USCS 单位}) \tag{9.6}$$

式中 Q——泵流量，gal/min；

       H——压头，ft；

       E——泵效率，小于 1；

       γ——流体相对密度（水为 1）。

采用 SI 单位，功率 P（kW）表示为：

$$P(\text{kW}) = \frac{QH\gamma}{367.46E} \qquad (\text{SI 单位}) \tag{9.7}$$

式中 Q——泵流量，m^3/h；

       H——压头，m；

       E——泵效率，小于 1；

       γ——流体相对密度（水为 1）。

例如，在图 9.7 中，在 BHP 点，$Q = 5500\text{gal/min}$，$H = 1180\text{ft}$，$E = 86\%$。

根据式（9.6），在此流量下水的 BHP 为：

$$\text{BHP} = \frac{5500 \times 1180 \times 1.0}{3960 \times 0.86} = 1906$$

同样地，可以计算任一流量的 BHP。图 9.7 中在 H—Q 曲线之下即为不同流量下的 BHP。

在 BHP 实线之上，有一段虚曲线，表示 $\gamma = 0.943$、黏度为 1075SSU 的原油。由于高黏度，原油的 BHP 线在水的上方。

之前计算的 BHP 是泵所需的功率。电动机的效率为 $95\% \sim 98\%$。因此，在效率为 95% 时电动机的功率为：

$$\text{HP} = \text{BHP}/\text{电动机效率} = 1906/0.95$$

$$= 2006\text{hp}$$

9.2.10 不同流量下的汽蚀余量

除了前面讨论的 H—Q 曲线和 E—Q 曲线，还有第 4 种曲线：NPSH（净正吸入压头）曲线。NPSH 曲线位于其余曲线之上，如图 9.13 所示。

NPSH 曲线表示在一定流量下的泵叶轮吸入最低净压头的变化。NPSH 随着流量增加而增加。NPSH 代表在泵入口克服摩擦损失和液体饱和蒸汽压的富余压头。稍后详细介绍 NPSH。

9.2.11 比转速

离心泵的比转速用来比较几何相似的泵和区分不同种类的离心泵。

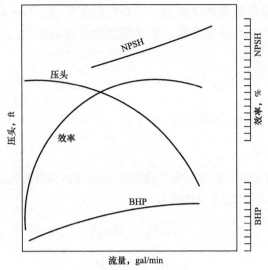

图 9.13　不同流量下的 NPSH 曲线

比转速为几何相似泵在流量 1gal/min 下产生 1ft 的压头的速度，由式（9.8）计算：

$$N_S = NQ^{1/2}/H^{3/4} \qquad (9.8)$$

式中　N_S——泵比转速；

　　　N——泵叶轮转速，r/min；

　　　Q——容积流量，gal/min；

　　　H——压头，ft。

Q 和 H 为最大叶轮直径的最佳工况点数据。H 为多级泵的每级压头。

吸入比转速为：

$$N_{SS} = NQ^{1/2}/(\mathrm{NPSH_R})^{3/4} \qquad (9.9)$$

式中　N_{SS}——吸入比转速；

　　　N——泵叶轮转速，r/min；

　　　Q——容积流量，gal/min；

　　　$\mathrm{NPSH_R}$——BEP 工况下汽蚀余量。

当用这些公式计算泵的比转速和吸入比转速时，计算单吸泵和双吸泵的 N_S 时使用全流量 Q，计算双吸泵的 N_{SS} 使用一半的流量。

表 9.1 为离心泵的比转速范围。

表 9.1　离心泵比转速范围

描述	应用	比转速 N_S
径向叶片	低容量/高扬程	500 ~ 1000
弗朗西斯螺纹类型	中等容量/中等扬程	1000 ~ 4000
混合流类型	中等到高容量，低到中等扬程	4000 ~ 7000
轴流式	高容量/低扬程	7000 ~ 20000

【**例 9.2**】计算五级双吸泵的比转速。并在最佳工况点，12in 叶轮在转速 3560r/min、流量 3000gal/min 时产生 2200ft 的压头，如果汽蚀余量为 25ft，计算吸入比转速。

解：

$$N_{S} = NQ^{1/2}/H^{3/4} = 3560 \times 3000^{1/2}/(2200/5)^{3/4} = 2030$$

$$N_{SS} = NQ^{1/2}/NPSH_{R}^{3/4} = 3560 \times (3000/2)^{1/2} = 12332$$

9.2.12 离心泵相似定律

相似定律用于在离心泵叶轮直径和转速发生变化时预测泵的性能。

叶轮直径变化时，相似定律表达式为：

$$Q_2/Q_1 = D_2/D_1 \tag{9.10}$$

$$H_2/H_1 = (D_2/D_1)^2 \tag{9.11}$$

式中 Q_1，Q_2——初始状态、最终状态的流量；

　　　　H_1，H_2——初始状态和最终状态的水头；

　　　　D_1，D_2——叶轮直径。

同样，如果叶轮直径不变、叶轮转速变化时，流量正比于转速，压头正比于转速比的平方。当叶轮直径变化时，BHP 正比于转速比的立方。

叶轮转速变化时，有：

$$Q_2/Q_1 = N_2/N_1 \tag{9.12}$$

$$H_2/H_1 = (N_2/N_1)^2 \tag{9.13}$$

式中 Q_1，Q_2——初始状态和最终状态的流量；

　　　　H_1，H_2——初始状态和最终状态的水头；

　　　　N_1，N_2——初始状态和最终状态的叶轮直径。

相似定律对于转速变化时是准确的。但对于叶轮直径的变化只在变化小的情况下比较准确。供货商必须提供相似定律的修正系数。当叶轮直径和转速发生变化时，保证效率不变。

【**例 9.3**】10in 叶轮的离心泵压头和效率如下：

Q, gal/min	0	800	1600	2400	3000
H, ft	3185	3100	2900	2350	1800
E, %	0	55.7	78	79.3	72

泵由恒速电动机驱动，转速为 3560r/min。

（1）利用相似定律得出 11in 叶轮泵的性能参数。

（2）如果泵由变频电动机驱动，转速范围为 3000～4000r/min，计算 10in 叶轮直径在转速 4000r/min 下的 $H—Q$ 曲线。

解:

(1) 针对叶轮直径变化,利用相似定律,有:

$$流量修正系数 C_Q = 11/10 = 1.1$$

$$水头修正系数 C_H = 1.1^2 = 1.21$$

因此,通过将 10in 叶轮直径下的流量 Q 乘以流量系数 1.1,水头 H 乘以水头系数 1.21,可以得到一组新的在 11in 叶轮直径下 $Q—H$ 数据:

Q,gal/min	0	880	1760	2640	3300
H,ft	3854	3751	3509	2844	2178

这些流量—水头数据表征了 11in 叶轮的预期性能。11in 叶轮的效率—流量曲线几乎与 10in 叶轮的一致。

(2) 针对转速变化,利用相似定律,有:

$$流量修正系数 C_Q = 4000/3560 = 1.1236$$

$$水头修正系数 C_H = 1.236^2 = 1.2625$$

因此,通过将泵转速 3560r/min 下的流量 Q 乘以流量修正系数 1.1236,水头 H 乘以水头修正系数 1.2625,可以得到一组新的表征泵转速在 4000r/min 下的 $Q—H$ 数据:

Q,gal/min	0	899	1798	2697	3371
H,ft	4021	3914	3661	2967	2273

这些流量—水头数据表征了 10in 叶轮在 4000r/min 下的预期性能。新的效率—流量曲线几乎与在 3560r/min 时一致。

9.2.13 密度和黏度对泵性能的影响

离心泵生产厂家所提供的特性曲线一般是用常温清水测定的。当泵输送黏性液体时,黏度大于 10cSt,$H—Q$ 曲线和 $E—Q$ 曲线就要进行修正。泵的有效功率随液体的密度而变化,因此需要校正。对于黏性液体,压头、流量和效率曲线都要进行校正,泵的有效功率也要根据液体密度进行校正。美国水利协会给出了基于清水的黏度修正表。如图 9.14 所示,对应用于高黏度液体的泵,泵的生产厂家需要提供液体的物性,也要提供黏度修正表。根据此前的分析,可利用这些修正表绘制黏度修正的泵曲线。

美国水利协会的黏度修正曲线通过清水曲线得到 Q、H 和 E 的最佳工况点,称为 100% 最佳工况点。设置 60%、80% 和 120% 流量的最佳工况点。通过这 4 组数据,得到修正系数 C_Q、C_H 和 C_E,这些系数用来计算得到 Q、H 和 E,进而得到 60%、80% 和 120% 流量时的最佳工况点。例 9.4 介绍了这种方法。此外需要注意的是,对于多级泵,H 为每一级的数据。

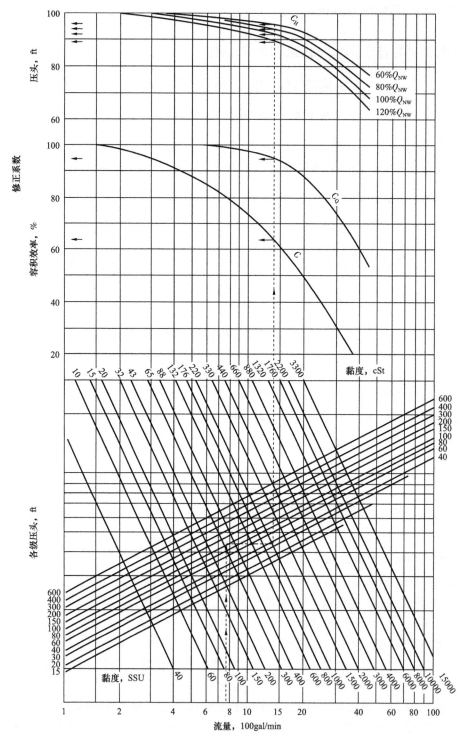

图 9.14 黏度修正表

Q_{NW}——最佳工况点下的流量

【例 9.4】 单级泵，泵送清水，60%、80%、100% 和 120% 的最佳工况点数据如下：

Q, gal/min	450	600	750	900
H, ft	114	108	100	86
E,%	72.5	80.0	82.0	79.5

计算相对密度为 0.90、黏度为 1000SSU 的油的黏度修正曲线。

解：

最佳工况点为：

$$Q = 750, H = 100, E = 82$$

先建立 60%、80%、100% 和 120% 四种工况点。在 450gal/min、600gal/min、750gal/min 和 900gal/min 流量下。由于压头值为每级泵的，可通过插值得到 C_Q、C_H 和 C_E。

通过美国水利协会表格（表 9.14），得到流量、水头和效率的修正系数 C_Q、C_H 和 C_E 如下：

C_Q	0.95	0.95	0.95	0.95
C_H	0.96	0.94	0.92	0.89
C_E	0.635	0.635	0.635	0.635

相对应的 Q 值分别为 450gal/min（60% Q_{NW}）、600gal/min（80% Q_{NW}）、750gal/min（100% Q_{NW}）以及 900gal/min（120% Q_{NW}）。

通过这些修正系数，将水力性能曲线中的流量 Q 乘以 C_Q，H 乘以 C_H，E 乘以 C_E，得到黏度修正曲线中的 Q、H 和 E，结果如下：

Q_v	427	570	712	855
H_v	109.5	101.5	92.0	76.5
E_v	46.0	50.8	52.1	50.5
BHP_v	23.1	25.9	28.6	29.4

最后一行中的 BHP 黏度通过式（9.17）计算得到。

为得到修正系数，美国水利协会表格包含了两个独立表格：一个表格适用于泵送能力不大于 100gal/min，每级压头在 6～400ft 之间的较小的泵；另一个表格适用于泵送能力在 100～10000gal/min，每级压头在 15～600ft 之间的较大的泵。需要注意的是，当数据来自水力性能曲线，必须对每一级压头都进行修正，因为美国水利协表格是基于每一级的压头而不是泵的总压头。因此，如果一个六级泵在 2500gal/min 流量、3000ft 压头下，效率为 85%，那么每一级黏在表格里应用会是 3000/6 = 500ft。水力曲线上的总压头（不是每一级）可以通过乘以美国水利协会表格上的修正系数来得到六级泵的黏度修正压头。

9.2.14　串联泵和并联泵

前面讨论了单级泵。管线输送液体时，需要的泵不止一台。这些泵可以串联或者并联。串联泵用来增大扬程，并联泵用来增大流量。当泵串联时，每台泵的流量是相同的，扬程是每台泵扬程的叠加。当泵并联时，流量分摊到每台泵，每台泵的扬程是相同的。串联泵和并联泵如图 9.15 和图 9.16 特性曲线所示。

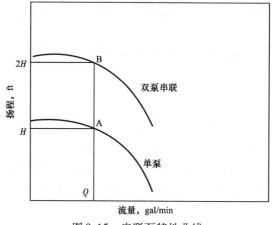

图 9.15　串联泵特性曲线

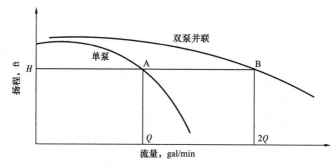

图 9.16　并联泵特性曲线

　　串联泵和并联泵的选择取决于诸多因素，包括管线的高程和操作便利性。图 9.17 为串联泵和并联泵性能曲线比较。可以看出，并联泵用于大流量场合，串联泵用于大扬程场合。

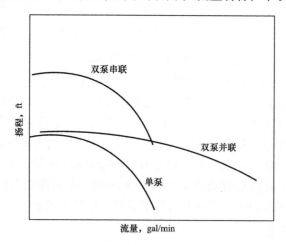

图 9.17　串联泵和并联泵性能曲线比较

一方面，如果管线的高程基本不变，那么泵压主要用来克服管线的摩阻损失；另一方面，如果管线高程变化大，那么泵压就要用来克服管线的高程提升和摩阻损失。后面的这种情况，如果两台泵串联，但其中一台关闭，那么剩余的一台只能提供一半的压头，就不足以提供足够的高程提升和流量。如果两台泵并联，其中一台关闭，那么剩余的一台仍然可以提供足够的压头。因此并联泵常用于高程变化的管线，串联泵常用于高程变化不大的管线。

【例 9.5】 一台大功率泵和一台小功率泵串联，泵的 $H—Q$ 特性如下：

泵 1	Q，gal/min	0	800	1600	2400	3000
	H，ft	2389	2325	2175	1763	1350
泵 2	Q，gal/min	0	800	1600	2400	3000
	H，ft	796	775	725	588	450

（1）计算两泵串联后的特性曲线。

（2）这两台泵能并联吗？

解：

（1）串联泵在每台泵中水头逐级增加。因此在串联配置下，总扬程等于每一个泵在相应流量下的扬程相加，泵 1 和泵 2 串联的综合性能如下：

Q，gal/min	0	800	1600	2400	3000
H，ft	3185	3100	2900	2351	1800

（2）为得到满意度较高的并联配置，两个泵必须具有相似的扬程区间，才能保证在每个扬程区间下，相应的流量可以加到泵的组合性能中。泵 1 和泵 2 在并联配置中不匹配，因此它们不可以并联。

9.2.15　泵的特性曲线与管网特性曲线

前文讨论了管网特性曲线。本节将讲解管网特性曲线和泵特性曲线是如何决定工况点（Q、H）的。

管网特性曲线是代表泵送一定流量液体所需要的压力（流量越大压力越大），泵 $H—Q$ 特性曲线反映了在不同流量下泵的扬程。两条曲线的交点即为工况点，如图 9.18 所示。

如图 9.18 所示，管网特性曲线和柴油泵特性曲线的交点 A 代表当泵输送柴油时的工况点；同样地，泵输送汽油时的工况点为 B 点。因此，当完全输送柴

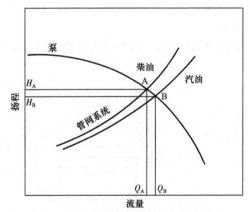

图 9.18　输送柴油和汽油时的管网特性曲线与泵的特性曲线

油时，流量为 Q_A，泵的扬程为 H_A；完全输送汽油时，流量为 Q_B，泵的扬程为 H_B。

9.2.16 多台泵的管网特性曲线

图 9.19 为管网特性曲线与单泵和双泵串联与并联时的特性曲线。点 A、点 C 和点 B 为相应的工况点。

在这样的管网系统中，通过对比并联泵发现，串联泵可提供更高的扬程。通过图 9.19 可看出，串联运行方式适用于管网特性曲线较陡峭的场合，并联运行方式适用于管网特性曲线较平坦的场合。

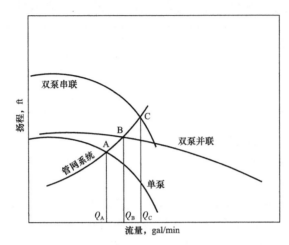

图 9.19 多台泵的管网特性曲线

9.2.17 必备汽蚀余量和有效汽蚀余量

离心泵的汽蚀余量是泵吸入口处单位重量液体所具有的超过汽化压力的富余能量。当吸入口压力小于液体汽化压力时，就会发生汽蚀。这会损坏叶轮。

为了使泵运行良好，有效汽蚀余量 $NPSH_A$ 要大于必备汽蚀余量 $NPSH_R$。有效汽蚀余量考虑了管路系统中的吸液罐的表面压头、大气压、阻力损失和液体的饱和蒸汽压。下面介绍计算过程。

如图 9.20 所示，两个罐由管路和离心泵连接。

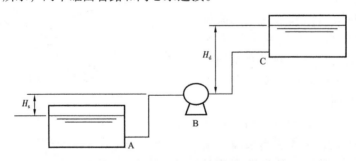

图 9.20 离心泵的静吸入压头和静输出压头示意图

液面到泵吸入口中心线的距离称为静吸入压头（H_s），准确地说应为当泵的中心高于如图 9.20 所示的吸入液面时的吸入高度。如果吸入液面高于泵的中心线时，称为泵的静吸入压头。同样地，液面到泵吸入口中心线的距离为静输出压头（H_d）。总静压头即为静吸入压头和静输出压头之和，表示输出液面和吸入液面之间的距离，UCGS 单位时，以 ft 为单位，SI 单位时，以 m 为单位。

摩阻压头为管线内由摩擦阻力引起的损失。表示为克服管路、装置和泵内摩擦阻力所引起的压头损失。

在泵的吸入端，有效吸入压头会因存在摩阻损失而降低。净吸入压头（H_{net}）为泵中心线处的有效吸入压头：

$$H_{net} = H_s - H_{fs} \tag{9.14}$$

式中 H_{fs}——泵吸入管道的摩阻水头损失。

汽蚀余量为吸入压头加上吸入罐液面上的大气压减去液体在流动温度下的饱和蒸汽压。

$$NPSH_A = (p_a - p_v)(2.31/\gamma) + H + E_1 - E_2 - h_f \tag{9.15}$$

式中 p_a——大气压，psi；

p_v——流动温度下的饱和蒸汽压；

γ——流动温度的流体相对密度；

H——罐液位水头，ft；

E_1——罐底高程，ft；

E_2——泵吸入高程，ft；

h_f——泵前管道的摩阻损失压头，ft。

【例9.6】长度 500ft、直径 16in 的管线通过离心泵输送储罐内的液体，如图 9.21 所示。吸入口的摩阻损失压头为 12.5ft。

（1）计算在流量 3500gal/min 下的汽蚀余量。

（2）若 3500gal/min 下的 $NPSH_R = 24$ft，4500gal/min 下的 $NPSH_R = 52$ft，增大流量能否引起汽蚀？

（3）如果发生汽蚀，怎样做才能在流量 4500gal/min 时避免汽蚀发生？

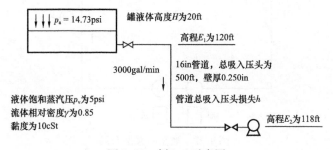

图 9.21　例 9.6 示意图

解：

（1）通过式（9.15）计算有效汽蚀余量：

$$\mathrm{NPSH_A} = (p_\mathrm{a} - p_\mathrm{v})(2.31/\gamma) + H + E_1 - E_2 - h_\mathrm{f}$$

$$= (14.7 - 10) \times 2.31/0.85 + 20 + 125 - 115 - 12.5 = 30.27\mathrm{ft}$$

（2）因为在 3500gal/min 流量工况下，$\mathrm{NPSH_R} = 24\mathrm{ft}$，而且 $\mathrm{NPSH_A} > \mathrm{NPSH_R}$，泵不会出现汽蚀。然后，核算更高的流量。

在 4500gal/min 流量下，估算水头损失：

$$h_\mathrm{f} = (4500/3500)^2 \times 12.5 = 20.7\mathrm{ft}$$

在更高流量下重新计算 $\mathrm{NPSH_A}$，得到：

$$\mathrm{NPSH_A} = (14.7 - 10) \times 2.31/0.85 + 20 + 125 - 115 - 20.7 = 22.07\mathrm{ft}$$

由泵数据表明，在 4500gal/min 流量下，$\mathrm{NPSH_R} = 52\mathrm{ft}$，泵不具备足够的汽蚀余量（$\mathrm{NPSH_A} < \mathrm{NPSH_R}$），因此在更高流量下将发生汽蚀。

（3）在流量 4500gal/min 下避免发生汽蚀的一种解决方法是将泵的吸入端调至低于液面的 30ft 处，但这并不实际。另一种解决方法是在主泵和罐之间再增加一台泵，能够提高压头从而避免汽蚀发生。

9.2.18 泵站的结构

图 9.22 为一个典型泵站的简化布局。除图中所示，泵站还会包括其他辅助设备，如过滤器、流量计等。

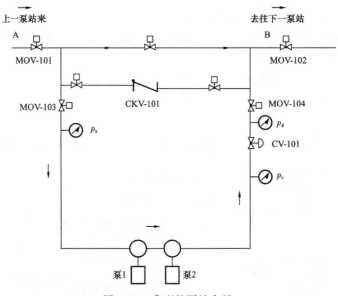

图 9.22 典型的泵站布局

MOV - 101，MOV - 102，MOV - 103，MOV - 104—电动切断阀；CKV - 101—止回阀；CV - 101—电动调节阀

进站管线与泵站的临界点 A 处设立一个电动切断阀 MOV - 101，出站管线与泵站的临界点 B 处设立一个电动切断阀 MOV - 102。

当泵检修或者其他原因导致不能通过泵时就要关闭旁路阀 MOV - 103 和 MOV - 104。

在主管线设有一个止回阀 CKV - 101，主要防止倒流。此泵站为串联泵形式。每台泵的流量相同，总压为两台泵产生的压力之和。在泵的吸入端压力为 p_s，输出端压力为 p_d。恒速电机驱动泵时，管路上会有一个电动调节阀 CV - 101。电动调节阀用来调节出站压力。

如果由变频泵驱动，管路上就不需要电动调节阀，因为泵可以调节输出压力。

除了图中所示的阀门外，泵的吸入端和输出端还会有其他阀门。泵的输出端还有止回阀，用来防止倒灌。

9.2.19 调节压力和节流压力

如果 Δp_1 和 Δp_2 代表串联泵泵 1 和泵 2 产生的压力，那么：

$$p_c = p_S + \Delta p_1 + \Delta p_2 \tag{9.16}$$

式中 p_c——泵 2 的泵口压力或调节阀上游压力。

节流阀的节流压力定义为：

$$p_{thr} = p_c - p_d \tag{9.17}$$

式中 p_{thr}——调节阀节流压力；

p_d——泵站出口压力。

节流压力表示泵压和管路系统所需压力的差值。p_d 为管路输送液体所需的压力，p_c 为泵产生的压力。如果泵由变频电动机驱动，那么 p_d 和 p_c 就会相等，就不存在节流压力，也就不需要调节阀。因为是调节阀前的压力，此压力也被称为调节压力。节流压力为无用压力，因此泵站需要降低节流压力。变频泵站就不存在节流压力，泵压会完全符合泵站的输出压力。

9.2.20 变频泵

如果有两台或多台泵串联，那么需要其中一台为变频泵；如果为并联泵，那就需要每台都为变频泵，因为并联泵需要在相同流量下提供相同的压头。如果两台泵串联，则需要其中一台为变频泵，这样就可以通过调节一台泵的输出压力来达到泵站的输出压力要求。

9.2.21 变频泵与调节阀

在单台泵站，调节阀用来调节给定流量下的压力。

从 Essex 泵站到 Kent 末站的管线距离为 120mile，管径 16in，壁厚 0.250in，最大允许操作压力（MAOP）为 1440psi，如图 9.23 所示。管线的设计压力为 1400psi，流量为 2800gal/min（4000bbl/h）（在 60℉下相对密度为 0.89，黏度为 30cSt），Kent 末站的输出压力为 50psi，Esses 泵站的吸入压力为 50psi，因此泵站前后压差为 1400 - 50 = 1350psi。假设 Essex 泵站为单台泵，且

$$Q = 2800gal/min, H = 3800ft$$

将压头 3800ft 单位转化为 psi：

$$3800 \times 0.89/2.31 = 1464psi$$

泵站的出口压力为：

$$1464 + 50 = 1514\text{psi}$$

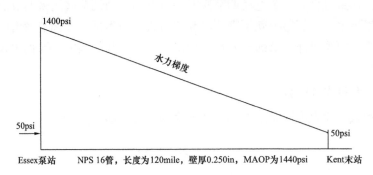

图 9.23　Essex 泵站到 Kent 末站的管线水力坡降图

因为管线最大允许操作压力为 1440psi，超出了 74psi，因此调节阀需要将压力调节到 1400psi。图 9.24 中的曲线 2 为系统调节曲线。

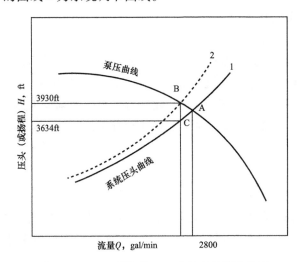

图 9.24　Essex 泵站到 Kent 末站系统调节曲线

图 9.24 中的系统压头曲线 1 表示从 Essex 泵站到 Kent 末站压力随流量变化的情况。在流量 $Q = 2800\text{gal/min}$（4000bbl/h）时，C 点为输出压力 1400psi 的操作点。C 点的压头为：

$$1400 \times 2.31/0.89 = 3634\text{ft}$$

因为泵的吸入压力为 50psi，在流量 2800gal/min 时，泵的输出压头为 3800ft，加上吸入压头，即：

$$3800 + 50 \times 2.31/0.89 = 3930\text{ft}$$

泵的特性曲线和管路特性曲线交点 A 为工况点，流量大于 2800gal/min，而且 A 点处输出压力大于 C 点处输出压力，为了使输出压力控制在最大允许操作压力内，需要进行调压。因此使用调节阀将工况点由 A 点移动到 B 点，压头为 3930ft。BC 两点的压降为：

$$H_{BC} = 3930 - 3634 = 296ft$$

也被称为节流压力：

$$p_{节流} = 296 \times 0.89/2.31 = 114psi$$

因此，由于稍高点的泵压和设计压力的限制，需要一个调节阀将流量为 2800gal/min（4000bbl/h）时的压力限制在 1400psi。

图 9.24 中经过 B 点的虚线为经调节阀调压后的虚拟系统压头曲线。

前面的分析是基于恒速电动机。如果为变频泵，转速范围为 60% ~ 100%，转速为 3560r/min，那么转速范围为 2136 ~ 3560r/min。

由于泵的转速范围为 2136 ~ 3560r/min，因此根据相似定律，泵的特性曲线就会发生变化。因此就可在 C 点找到符合条件的压头曲线，从而确定泵的转速。

从前面的讨论中可看出，变频泵能提供所要求的输出压力，避免节流压力。但变频泵成本高，调节阀的价格大约为 150000 美元，而变频泵的价格为 300000 ~ 500000 美元，因此需要综合考虑成本。

9.3　本章小结

本章讨论了输液管线中的泵站和泵站的组成，分析了泵站的最佳位置，比较了离心泵和容积式泵，并介绍了相应的特性曲线。介绍了离心泵的相似定律、汽蚀余量以及如何计算泵压。此外还介绍了黏度修正曲线，比较了串联泵和并联泵的工作性能，以及泵特性曲线和管网特性曲线相交得出的工况点。介绍了泵站的主要组成，如泵和调节阀。讨论了在不同工况点下变频泵的使用。

第10章 压 气 站

10.1 引言

本章将讨论天然气输送管线压气站的尺寸和数量。压气站的最佳位置和操作压力要基于管线流量、最大允许工作压力（MAOP）和管线沿线的地形。对比用于天然气输送的离心式和容积式压缩机的性能特点和经济性。稍后讨论典型的压气站的设计和使用的设备。探讨等温、绝热和多变过程的压缩工艺以及所需要的压缩机功率。还将解释压缩气体的排放温度和气体冷却对管线输量的影响。

10.2 压气站的位置

输气管线设置压气站用以提供将气体从一个位置输送到另一位置所需要的压力。由于管线最大允许工作压力（MAOP）的限制，长输管线需要设置多个压气站。压气站的位置和压力取决于最大允许工作压力、压缩比、可用功率、环境和岩土工程因素。

来看一条管线，从英国多佛港（Dover）运输 $200 \times 10^6 ft^3/d$ 的天然气到格里姆斯比（Grimsby）的工业厂房，距离为 70mile。首先，计算要确保将最低压力为 500psi（表）的天然气输送到格里姆斯比，在多佛所需的天然气输送压力。假设管线的最大允许工作压力（MAOP）为 1200psi（表），可算出在多佛所需的天然气压力是 1130psi（表）。需要明确的是，在多佛压气站足以提供在格里姆斯比规定的 500psi（表）的压力。如果管线长度为 150mile，计算表明，在格里姆斯比输送相同量天然气的终点压力为 500psi（表），多佛的压力需要达到 1580psi（表）。很明显，因为这超出了 MAOP，就需要在多佛设置更多的压气站。

确定了需要两个压气站，就要找到多佛和格里姆斯比之间的第二压气站。要在哪里设置压气站？如果水力特性（管线尺寸和地面剖面）在整条管线均匀分布，合乎逻辑的地点是在多佛和格里姆斯比之间的中点。为简单起见，假设管线高程分布相当平坦，因此海拔差异可以忽略，确定在中间点肯特（Kent）设置压气站，如图 10.1 所示。接下来要确定两个压气站的压力。

由于 MAOP 是 1200psi（表），假定这是压缩机在多佛的泄压压力。由于摩擦，气体的压力从多佛到肯特将下降，如图 10.1 所示。假设气体在肯特的压力达到 900lbf，然后在肯特推进到 1200psi（表）的压气站。因此，在肯特的压缩机站的吸入压力为 900psi（表）、排放压力为 1200psi（表）。天然气将继续从压力为 1200psi（表）的肯特输送到格里姆斯比。当天然气到达格里姆斯比，压力不一定等于所需的终端输出压力 500psi（表）。因此，如果在格里姆斯比要保持所需的压力，肯特压气站的排放压力就需要调整。另外，肯特压气站可以按 1200psi（表）排放，但沿管线位置就需要调整。

252

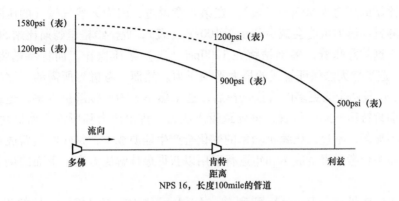

图 10.1　带有两座压气站的输气管道

假设 900psi（表）的吸入压力在肯特压气站很常见，也可以是 700psi（表）或 1000psi（表）。实际值取决于所谓的压缩比（r）。压缩比是压缩机排气压力和吸气压力之比，压力用绝对单位表示。

$$r = \frac{p_d}{p_s} \tag{10.1}$$

式中　p_d，p_s——压缩机入口压力和出口压力，采用绝压单位。

在本案例中，采用假设的数值，肯特压气站的压缩比为：

$$r = \frac{1200 + 14.7}{900 + 14.7} = 1.33$$

在本次计算中，假设大气压为 14.7psi（绝），当吸入压力为 700psi（表）而不再是 900psi（表）时，压缩比为：

$$r = \frac{1200 + 14.7}{700 + 14.7} = 1.7$$

典型的离心式压气机的压缩比大约是 1.5。数值越大的压缩比意味着压缩机的功率越大，而较小的压缩比意味着更少的功率要求。对于天然气管线，最好是保持平均的管线压力尽可能高，以减少总的压缩功率需求。因此，如果在肯特的吸入压力下降到 700psi（表）或更低，管线中的平均压力将低于 900psi（表）。显然，需要在压气站的数量、吸气压力、压缩所需功率之间进行权衡。本章稍后会详细讨论这一点。

回到先前的例子，需要调整肯特压气站的位置或调整其排出压力来保证格里姆斯比的压力达到 500psi（表）。此外，可把中间压气站设定在 1200psi（表）泄压，最终将气体传送到格里姆斯比站的压力为 600psi（表）。如果计算表明，通过在肯特站泄压使得格里姆斯比站压力为 600psi（表），必须满足在格里姆斯比站达到最低合同交付压力［500psi（表）］的要求。然而，产生了额外的 100psi（表）的相关压力。如果电厂可以使用这一额外能量，那么就没有造成浪费。另外，如果电厂要求 500psi（表）为最大值，那么在交货点就必须安装一个压力调节阀。在格里姆斯比，额外的 100psi（表）会通过压力调节器或压力控制阀减少能源的浪费。另一种选择是保持肯特压气站在中点，降低其排出压力使得格里姆斯比站的压力为500psi（表）。在第8章说过，因为天然气管线的压降是非线性的，肯特站的排出压力可能会减少到小于100psi（表），提供给格里姆斯比站500psi（表）的固定压力。这就意味着，多佛站将在1200psi（表）泄压操作，而肯特站将在1150psi（表）泄压。这当然无法保证管线的最大平均压力。然而，考虑到所需的压缩机总功率以及成本费用，比较两个或更多的替代选择后，这依然不失为最佳解决方案。通过稍微向上游或下游移动肯特压气站的位置，将导致吸入压力、排出压力和所需压缩机功率的变化。成本的变化不显著，不过，压缩机功率的变化会产生能源成本，每年的运营成本将发生变化，因此必须综合考虑资金成本和年运行费用以获得最佳解决方案。下面的例子可说明这种方法。

【例10.1】从丹比（Danby）到利兹（Leeds）建设一条140mile长的天然气管线，MAOP为1400psi（表），厚壁管NPS 16，直径0.250in。气体的相对密度和黏度分别为0.6和8×10^{-6}lb/（ft·s）。管线粗糙度（e）假定为700（基础压力和基体温度分别是14.7psi（绝）和60℉，气体流量为175×10^{6}ft³/d，在80℉时所需的利兹站压力为800psi（表）。确定压气站的数量和位置，不考虑沿管线的高程变化。假设$Z=0.85$。

解：

通过Colebrook – White公式来计算压降。

首先计算雷诺数：

$$Re = \frac{0.0004778 \times 175 \times 10^{6} \times 0.6 \times 14.7}{15.5 \times 8 \times 10^{-6} \times 520} = 11437412$$

相对粗糙度为：

$$e/D = \frac{700 \times 10^{-6}}{15.5} = 4.5161 \times 10^{-5}$$

通过Colebrook – White公式，得到摩擦系数：

$$\frac{1}{\sqrt{f}} = -2\lg\left(\frac{4.516 \times 10^{-5}}{3.7} + \frac{2.51}{11437412\sqrt{f}}\right)$$

通过迭代计算，得到：

$$f = 0.0107$$

忽略高程影响，计算得到丹比（Danby）站所需的压力为：

$$175 \times 10^{6} = 77.54 \times \frac{1}{\sqrt{0.0107}} \times \frac{520}{14.7} \times \left(\frac{p_1^2 - 814.7^2}{0.6 \times 540 \times 140 \times 0.85}\right)^{0.5} \times 15.5^{2.5}$$

求解丹比站的压力，得到：

$$p_1 = 1594\text{psi(绝)} = 1594 - 14.7 = 1579.3\text{psi(表)}$$

从图10.2可看出，由于MAOP是1400psi（表），不能在丹比站压力为1579.3psi（表）时泄压。

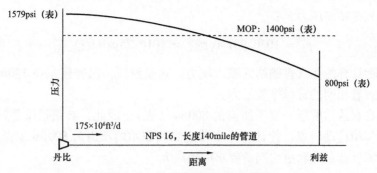

图 10.2　丹比至利兹天然气管线

需要在丹比站将排放压力减少到 1400psi（表），在丹比和利兹之间安装中间压气站，如图 10.3 所示。

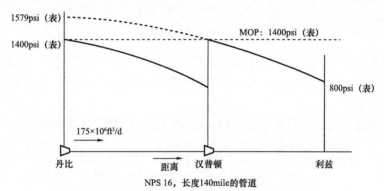

图 10.3　带有中间压气站的丹比至利兹管线

首先，假设中间压气站设在汉普顿（Hampton）、丹比和利兹之间。从丹比到汉普顿的管段，计算汉普顿压气站的吸入压力。

通过通用流体公式，计算如下：

$$175 \times 10^6 = 77.54 \times \frac{1}{\sqrt{0.0107}} \times \frac{520}{14.7} \times \left(\frac{1414.7^2 - p_2^2}{0.6 \times 540 \times 70 \times 0.85}\right)^{0.5} \times 15.5^{2.5}$$

计算出汉普顿站的压力（入口压力）为：

$$p_2 = 1030.95\text{psi}(\text{绝}) = 1016.25\text{psi}(\text{表})$$

在汉普顿，如果把天然气从 1015.25psi（表）增压至 1400psi（表）（最大允许操作压力），则汉普顿站的压缩比为：

$$r = \frac{1414.7}{1030.95} = 1.37$$

这是个合理的离心式压缩机压缩比。接下来，计算汉普顿起始压力为 1400psi（表）时，至利兹的输送压力。

对于从汉普顿到利兹的 70mile 管段，依据流动方程，得到：

$$175 \times 10^6 = 77.54 \times \frac{1}{\sqrt{0.0107}} \times \frac{520}{14.7} \times \left(\frac{1414.7^2 - p_2^2}{0.6 \times 540 \times 70 \times 0.85}\right)^{0.5} \times 15.5^{2.5}$$

计算得到利兹站的压力 p_2：

$$p_2 = 1030.95 \text{psi}（绝） = 1016.25 \text{psi}（表）$$

这正是前面计算的在汉普顿站的吸入压力。这是液压，汉普顿站在 140mile 管线的中点，与丹比站有着相同的管线排放压力。

计算出的在利兹站的压力高于所需的 800psi（表）；因此，必须把汉普顿位置的压气站向丹比方向稍稍移动一点，使计算得出传递到利兹站的压力为 800psi（表）。要用普通的流动方程计算汉普顿和利兹之间所要求的距离 L。

$$175 \times 10^6 = 77.54 \times \frac{1}{\sqrt{0.0107}} \times \frac{520}{14.7} \times \left(\frac{1414.7^2 - 814.7^2}{0.6 \times 540 \times L \times 0.85}\right)^{0.5} \times 15.5^{2.5}$$

计算得：

$$L = 99.77 \text{mile}$$

因此，汉普顿压气站必须位于距离利兹约 99.8mile，或距离丹比 40.2mile 的地点。把汉普顿站从管线中点（70mile 处）移开，得到在汉普顿站较高的吸入压力及其不同的压缩比。可有如下计算：

通过通用流体公式，对丹比至汉普顿之间 40.2mile 的管段计算得到：

$$175 \times 10^6 = 77.54 \times \frac{1}{\sqrt{0.0107}} \times \frac{520}{14.7} \times \left(\frac{1414.7^2 - p_2^2}{0.6 \times 540 \times 40.2 \times 0.85}\right)^{0.5} \times 15.5^{2.5}$$

解得：

$$p_2 = 1209.3 \text{psi}（绝） = 1194.6 \text{psi}（表）$$

因此，汉普顿站压缩机入口压力为 1194.6psi（表）。

压缩比为：

$$r = \frac{1414.7}{1209.3} = 1.17$$

图 10.4 显示了修改后的汉普顿压气站位置。

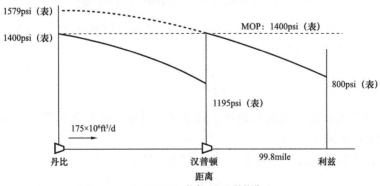

图 10.4　丹比至利兹的管道重新布置汉普顿压气站位置

10.3　液压平衡

前面的讨论中，认为每一个压气站有相同的排出压力和相同的压缩比。然而，若要在终点站提供所需要的输出压力，就需要移动中间压气站的位置，从而改变其压缩比。从压缩比的定义和式（10.1）可看出，每个压气站均在相同的吸入压力和排出压力下运行，这样，在终点站将会有足够的压力。如果没有中间站的注入或分输（除了起点和终端），如例 10.1 那样，则每台压缩机所需的压缩气体量相同。因此，如果压力和流量保持不变，则每个压缩机站需要相同数量的电源，这被称为液压平衡。在具有多个压气站的长输管线，如果每个压缩机站增加了等量的能量给天然气，这就是一条液压平衡管线。

液压平衡管线的优点是所有压缩设备完全一样，这样只需要维持最小备件库存，从而降低管线的维护成本。同时，用泵输送相同体积的气体通过管线，液压平衡压缩机站需要的总功率比非液压平衡的压缩机站要少。

下面回顾气体压缩不同的过程，如等温压缩、绝热压缩和多变压缩，然后估算所需的压缩机功率。

10.4　等温压缩

等温压缩时，气体的压力和体积变化而温度保持恒定。等温压缩与其他形式的压缩相比，需要的工作量最小，但这只在理论上可行；在实践中，让气体压缩机始终保持在一个恒定的温度是不现实的。

图 10.5 显示了等温压缩过程中压力与体积的变化关系。点 1 代表入口条件下的压力 p_1、体积 V_1 和温度 T_1，点 2 是最后的压缩条件下压力 p_2、体积 V_2 和恒定的温度 T_1。

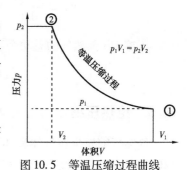

图 10.5　等温压缩过程曲线

压力 p 和体积 V 的关系在等温压缩中可表述为：

$$pV = C \tag{10.2}$$

式中 C 为常数。

通过第一章节中基础的 Boyle's 法则，通过添加下标 1 和 2，得到：

$$p_1V_1 = p_2V_2 \tag{10.3}$$

压缩 1lb 天然气在等温压缩过程中所做的功采用 USCS 单位可表述为：

$$W_i = \frac{53.28}{G}T_1\ln\left(\frac{p_2}{p_1}\right) \qquad （\text{USCS 单位}） \tag{10.4}$$

式中　W_i——等温压缩做功，ft·lb/lb；

　　　G——气体相对密度；

　　　T_1——入口温度，℉；

　　　p_1——入口压力，psi（绝）；

　　　p_2——出口压力，psi（绝）。

p_1 与 p_2 的比值也被叫作压比。

采用国际标准单位，可表述为：

$$W_i = \frac{286.76}{G} T_1 \ln\left(\frac{p_2}{p_1}\right) \quad （\text{SI 单位}）\tag{10.5}$$

式中　W_i——等温压缩做功，J/kg；

　　　G——气体相对密度；

　　　T_1——入口温度，K；

　　　p_1——入口压力，kPa（绝）；

　　　p_2——出口压力，kPa（绝）。

【例 10.2】在 80℉ 的条件下，将气体由初始压力 800psi（表）等温压缩至 1000psi（表），气体相对密度为 0.6，计算压缩 4lb 天然气所需的功。采用 14.7psi（绝）和 60℉ 作为标准压力和温度。

解：

通过式（10.4），有：

$$W_i = \frac{53.28}{0.6}(80 + 460)\ln\left(\frac{1000 + 14.7}{800 + 14.7}\right) = 10527 \text{ft} \cdot \text{lb/lb}$$

压缩 4lb 天然气的总功为：

$$W_T = 10527 \times 4 = 42108 \text{ft} \cdot \text{lb}$$

10.5　绝热压缩

绝热压缩发生在气体和环境之间没有热传递的情况下。绝热和等熵是同义词，尽管等熵的真正意思是不变的熵。实际上，无摩擦的绝热过程称为等熵过程。绝热压缩过程中，气体的压力和体积的关系为：

$$pV^\gamma = C\tag{10.6}$$

式中　γ——气体的绝热指数或等熵指数，$\gamma = c_p/c_V$，数值范围在 1.2~1.4 之间。

　　　c_p——比定压热容；

　　　c_V——比定容热容；

　　　C——常数。

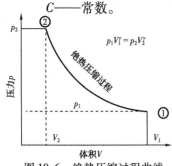

图 10.6　绝热压缩过程曲线

在绝热压缩过程中，开始状态和最终状态分别用角标 1 和 2 表示，可以表示为：

$$p_1 V_1^\gamma = p_2 V_2^\gamma\tag{10.7}$$

图 10.6 显示的绝热压缩曲线表征了气体压力变化与体积变化的关系。

压缩 1lb 天然气在绝热压缩过程中所做的功采用 USCS 单位可表述为：

$$W_a = \frac{53.28}{G} T_1 \frac{\gamma}{\gamma - 1} \left[\left(\frac{p_2}{p_1} \right)^{\frac{\gamma-1}{\gamma}} - 1 \right] \quad \text{（USCS 单位）} \tag{10.8}$$

式中　W_a——绝热压缩做功，$ft \cdot lb/lb$；

　　　G——气体相对密度；

　　　T_1——入口温度，℉；

　　　p_1——入口压力，psi（绝）；

　　　p_2——出口压力，psi（绝）。

采用国际标准单位，可表述为：

$$W_a = \frac{286.76}{G} T_1 \frac{\gamma}{\gamma - 1} \left[\left(\frac{p_2}{p_1} \right)^{\frac{\gamma-1}{\gamma}} - 1 \right] \quad \text{（SI 单位）} \tag{10.9}$$

式中　W_a——绝热压缩做功，J/kg；

　　　G——气体相对密度；

　　　T_1——入口温度，K；

　　　p_1——入口压力，kPa（绝）；

　　　p_2——出口压力，kPa（绝）。

其他参数与上文定义相同。

【例 10.3】在 60℉ 条件下，将初始压力 500psi（表）的天然气绝热压缩至 1000psi（表），气体相对密度为 0.6，绝热指数为 1.3。计算压缩 5lb 天然气所做的功。采用 14.7psi（绝）和 60℉ 作为标准压力和温度。

解：

通过式（10.8），有：

$$W_a = \frac{53.28}{0.6} \times (60 + 460) \times \frac{1.3}{0.3} \times \left[\left(\frac{1014.7}{514.7} \right)^{\frac{0.3}{1.3}} - 1 \right] = 33931 ft \cdot lb/lb$$

因此，绝热压缩 5lb 天然气所做的总功为：

$$W_T = 33931 \times 5 = 169655 ft \cdot lb$$

【例 10.4】在 20℃ 条件下，将 2kg 初始压力 70kPa 的气体绝热压缩至 2000kPa，气体相对密度为 0.65，绝热指数为 1.4。采用 101kPa 和 15℃ 作为标准压力和温度。

解：

通过式（10.9），绝热压缩 1kg 气体所做功为：

$$W_a = \frac{286.76}{0.65} \times (20 + 273) \times \frac{1.4}{0.4} \times \left[\left(\frac{2000 + 101}{700 + 101} \right)^{\frac{0.4}{1.4}} - 1 \right] = 143512 J/kg$$

因此，绝热压缩 2kg 天然气所做的总功为：

$$W_T = 143512 \times 2 = 287024 J$$

10.6　多变压缩

多变压缩和绝热压缩类似，但与绝热压缩不同，它可以有热传导。在多变压缩的过程中，气体的压力和体积的关系如下：

$$pV^n = C \tag{10.10}$$

式中 n——多变指数；

C——与式（10.6）中不同的常量。

与前文类似，从初始状态到最终状态，有：

$$p_1 V_1^n = p_2 V_2^n \tag{10.11}$$

因为多变压缩与绝热压缩类似，多变压缩过程中所做的功很容易通过用多变指数 n 替换式（10.10）和式（10.11）中的绝热指数 γ 来得到。

【例 10.5】天然气在 60℉，初始压力 500psi（表）的条件下进行绝热压缩，压缩至 1000psi（表），气体相对密度为 0.6，采用 14.7psi（绝）和 60℉作为标准状态。采用多变指数 1.5 计算压缩 5lb 天然气所做的功。

解：

通过式（10.8），绝热压缩 1lb 气体所做的功为：

$$W_p = \frac{53.28}{0.6} \times (60 + 460) \times \frac{1.5}{0.5} \times \left[\left(\frac{1014.7}{514.7} \right)^{\frac{0.5}{1.5}} - 1 \right] = 35168 \text{ft} \cdot \text{lb/lb}$$

因此，绝热压缩 5lb 天然气的总功为：

$$W_T = 35168 \times 5 = 175840 \text{ft} \cdot \text{lb}$$

10.7 压缩气体的泄放温度

天然气的绝热压缩或多变压缩，只要有初始温度、初始压力和最终压力，可以算出气体的最终温度，算法如下。初始条件被称为吸入条件，最终状态被称为泄放条件。

根据式（10.6）的绝热压缩和第 1 章学过的理想气体定律，消除体积 V，得出压力、温度和压缩系数之间的关系：

$$\frac{T_2}{T_1} = \frac{Z_1}{Z_2} \left(\frac{p_2}{p_1} \right)^{\frac{\gamma-1}{\gamma}} \tag{10.12}$$

式中 T_1——入口温度，℉；

T_2——出口温度，℉；

Z_1——入口气体压缩系数；

Z_2——出口气体压缩系数。

其他参数在上述章节公式中已定义。

用多变指数 n 替换式（10.12）中的绝热指数 γ，容易得到多变压缩的出口温度：

$$\frac{T_2}{T_1} = \frac{Z_1}{Z_2} \left(\frac{p_2}{p_1} \right)^{\frac{n-1}{n}} \tag{10.13}$$

式中所有参数都已在上述章节定义。

【例 10.6】天然气通过绝热压缩（$\gamma = 1.4$），入口温度为 60℉，压比为 2.0。计算出口温度，假设 $Z_1 = 0.99$，$Z_2 = 0.85$。

解：

通过式（10.12），有：

$$\frac{T_2}{60 + 460} = \frac{0.99}{0.85}(2.0)^{\frac{0.4}{1.4}} = 1.4198$$

$$T_2 = 1.4198 \times 520 = 738.3°R = 278.3℉$$

因此，气体出口温度为 278.3℉。

10.8　压缩功率要求

从此前的计算可看出，通过压缩过程输送至天然气的能量数量取决于气体的压力和流量。后者与气体的流速成正比。功率（美制单位用马力［hp］，SI 单位用千瓦［kW］）表示单位时间内消耗的能量，同样取决于气体的压力和流量。当流量增加，压力也会增加，所需的功率也会增加。气体压缩机的功率可通过待会要解释的气体流量和压气站的排放压力来表述。

如果气体流量 Q（单位：ft^3/d）和压气站的吸入压力和排出压力分别为 p_1 和 p_2，压气站提供的压差（$p_2 - p_1$）称为水头。排出压力取决于压缩类型（绝热压缩或是多变压缩）。

水头压力由压缩机决定，被定义为提供给每单位质量气体的能量（单位：$ft \cdot lb/lb$）。因此，通过气体的质量流量乘以压缩机的水头，可计算出单位时间内供给气体的总能量，也就是功率。将功率除以压缩机的效率，得到压缩机的输入功率。采用美制单位时压缩机的功率方程为：

$$HP = 0.0857\left(\frac{\gamma}{\gamma - 1}\right)QT_1\frac{Z_1 + Z_2}{2}\frac{1}{\eta_a}\left[\left(\frac{p_2}{p_1}\right)^{\frac{\gamma-1}{\gamma}} - 1\right] \tag{10.14}$$

式中　HP——压缩功率，hp；

　　　γ——气体绝热指数；

　　　Q——气体流速，$10^6 ft^3/d$；

　　　T_1——入口温度，℉；

　　　p_1——入口压力，psi（绝）；

　　　p_2——出口压力，psi（绝）；

　　　Z_1——入口条件下的压缩系数；

　　　Z_2——出口条件下的压缩系数；

　　　η_a——绝热压缩效率，小于 1。

采用 SI 单位时，压缩机功率计算公式写为：

$$P = 4.0639\frac{\gamma}{\gamma - 1}QT_1\frac{Z_1 + Z_2}{2}\frac{1}{\eta_a}\left[\left(\frac{p_2}{p_1}\right)^{\frac{\gamma-1}{\gamma}} - 1\right] \tag{10.15}$$

式中 P——压缩功率，kW；

  γ——气体绝热指数；

  Q——气体流速，$10^6\,m^3/d$；

  T_1——入口温度，K；

  p_1——入口压力，kPa；

  p_2——出口压力，kPa；

  Z_1——入口条件下的压缩系数；

  Z_2——出口条件下的压缩系数；

  η_a——绝热压缩效率，小于1。

绝热压缩效率 η_a 通常数值范围为 0.75～0.85。通过考虑压缩机驱动机械效率 η_m，计算驱动压缩机的刹车功率：

美制单位下

$$BHP = \frac{HP}{\eta_m} \tag{10.16}$$

式中 HP 为考虑压缩机绝热压缩系数 η_a 计算出的功率。

SI 单位下

$$刹车功率 = \frac{P}{\eta_m} \tag{10.17}$$

驱动机械效率 η_m 范围为 0.95～0.98。因此，总效率 η_o 为绝热压缩效率 η_a 和驱动机械效率 η_m 的乘积，即：

$$\eta_o = \eta_a \eta_m \tag{10.18}$$

通过绝热压缩公式［式（10.6）］，考虑理想条件，忽略体积变化，出口温度仅与入口温度和压比有关，有：

$$\frac{T_2}{T_1} = \left(\frac{p_2}{p_1}\right)^{\frac{\gamma-1}{\gamma}} \tag{10.19}$$

绝热效率 η_a 也可被定义为绝热温升和实际温升的比率。那么，如果气体的温度因为压缩从 T_1 增加到 T_2，实际的温度上升是（$T_2 - T_1$）。

考虑气体压缩系数，理论上的绝热温升从如下的绝热压力和绝热温度的关系得出，类似式（10.12）：

$$\frac{T_2}{T_1} = \frac{Z_1}{Z_2}\left(\frac{p_2}{p_1}\right)^{\frac{\gamma-1}{\gamma}} \tag{10.20}$$

简化后计算 T_2：

$$T_2 = T_1 \frac{Z_1}{Z_2}\left(\frac{p_2}{p_1}\right)^{\frac{\gamma-1}{\gamma}} \tag{10.21}$$

因此，绝热压缩效率为：

$$\eta_a = \frac{T_1 \dfrac{Z_1}{Z_2}\left(\dfrac{p_2}{p_1}\right)^{\frac{\gamma-1}{\gamma}} - T_1}{T_2 - T_1} \tag{10.22}$$

简化得到：

$$\eta_a = \frac{T_1}{T_2 - T_1}\left[\left(\frac{Z_1}{Z_2}\right)\left(\frac{p_2}{p_1}\right)^{\frac{\gamma-1}{\gamma}} - 1\right] \tag{10.23}$$

式中 T_2 为出口气体实际温度。

如果入口气体温度为 80℉，入口压力和出口压力分别为 800psi（绝）和 1400psi（绝）。除此之外，如果出口温度为 200℉，可通过式（10.23）计算得到绝热压缩效率。假设气体压缩系数近似为 1.0，γ 取值 1.4，绝热压缩效率为：

$$\eta_a = \frac{80 + 460}{200 - 80}\left[\left(\frac{1400}{800}\right)^{\frac{1.4-1}{1.4}} - 1\right] = 0.7802 \tag{10.24}$$

即绝热压缩效率为 0.7802。

【例 10.7】 在入口气体流量 $100 \times 10^6 \text{ft}^3/\text{d}$、温度 70℉、压力 725psi（绝）工况下，计算压缩机绝热压缩下的压缩机功率。出口压力 1305psi（绝）。假设入口处和出口处压缩系数 $Z_1 = 1.0$，$Z_2 = 0.85$。绝热指数 $\gamma = 1.4$，绝热压缩效率 $\eta_a = 0.8$。如果压缩机驱动机械效率 $\eta_m = 0.95$，求压缩机刹车功率为多少？同时估算压缩机出口气体温度。

解：

通过式（10.5），所需功率为：

$$0.0857 \times 100 \times \frac{1.40}{0.40} \times (70 + 460) \times \frac{1 + 0.85}{2} \times \frac{1}{0.8} \times \left[\left(\frac{1305}{725}\right)^{\frac{0.40}{1.40}} - 1\right] = 3362 \text{hp}$$

通过式（10.17），压缩机驱动刹车功率基于机械效率 0.95 计算，有：

$$\text{BHP} = \frac{3362}{0.95} = 3539$$

压缩机出口气体温度通过式（10.23）并经过简化计算得到：

$$T_2 = (70 + 460)\frac{\dfrac{1}{0.85} \times \left(\dfrac{1305}{725}\right)^{\frac{0.4}{1.4}} - 1}{0.8} + (70 + 460)$$

$$= 789.44\degree\text{R} = 329.44\degree\text{F}$$

即出口温度为 329.44℉。

【例 10.8】 天然气在 $4 \times 10^6 \text{m}^3/\text{d}$ 和 20℃是等熵压缩（$\gamma = 1.4$）从吸入压力 5MPa 到排出压力 9MPa。离心压缩机效率为 0.82，在吸入和排出的条件是 $Z_1 = 0.95$ 和 $Z_2 = 0.85$，计算所需的假设的压缩机功率。如果压缩机驱动的机械效率是 0.95，所需的驱动功率是多少？计算气体的泄放温度。

解：

通过式（10.15），所需功率为：

$$P = 4.0639 \times \frac{1.40}{1.4-1} \times 4 \times (20+273) \times \left(\frac{0.95+0.85}{2}\right) \times \frac{1}{0.82} \times \left[\left(\frac{9}{5}\right)^{\frac{1.4-1}{1.40}} - 1\right] = 3346\text{kW}$$

即压缩机功率为3346kW。

通过式（10.17），计算驱动所需功率（BP）如下：

$$\text{BP} = 3346/0.95 = 3522\text{kW}$$

压缩机出口气体温度通过式（10.23）计算得到：

$$T_2 = \frac{20+273}{0.82} \times \left[\frac{0.95}{0.85}\left(\frac{9}{5}\right)^{\frac{0.4}{1.4}} - 1\right] + (20+273) = 408.07\text{K}$$

$$= 135.07\text{℃}$$

10.9 优化压缩机的位置

前面讨论了从丹比到利兹电厂有两个压缩机站的天然气输送管线。本节将探讨考虑所需的总功率，如何找到中间压气站的最佳位置。10.3节讨论了液压平衡。下面的例子中，将考虑液压平衡和非平衡的压气站的最优位置。

【例10.9】输气管线长240mile，材质为NPS 30，壁厚0.500in，从佩森（Payson）至道格拉斯（Douglas）。起点的压气站在佩森，两个中间压气站暂定放在威廉姆斯（Williams）（里程桩80）和雪花镇（Snowflake）（里程桩160），如图10.7所示。没有中间分输或注入，佩森站入口流量为 $900 \times 10^6 \text{ft}^3/\text{d}$。道格拉斯站的终点压力要求为600psi（表），管线的最大允许工作压力（MAOP）为1400psi（表）。不考虑高程的影响，假设管线恒定气流温度为80℉，恒定值的传输系数 $F=20$，压缩系数 $Z=0.85$；气体的相对密度为0.6，基本压力为14.7psi（绝），基本温度为60℉。使用1.38的多变压缩系数和0.9的压缩效率。目的是确定中间压气站的选址。

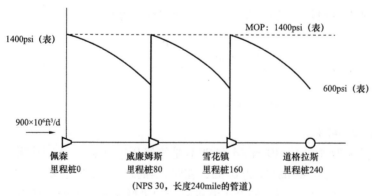

图10.7　有3个压缩机站的天然气管线

解：

首先，分开计算这三段，即佩森至威廉姆斯管段、威廉姆斯至雪花镇（Snowflake）管段、雪花镇至道格拉斯管段，下游压力从上游压力为 1400psi（表）计算。因此，利用总流量方程计算佩森至威廉姆斯管段，算出佩森站压力为 1400psi（表）时下游威廉姆斯站的压力，此压力就是威廉姆斯压气站的吸入压力。接下来重复计算，从威廉姆斯至雪花镇管段的计算基于威廉姆斯站 1400psi（表）的上游压力，这是位于下游的雪花镇压气站的吸入压力。最后，计算从雪花镇至道格拉斯的第三段，基于雪花镇压气站 1400psi（表）的上游压力，算出最后在道格拉斯站的输送压力。这样就算出了威廉姆斯站和雪花镇站的两个中间压气站的吸入压力，还算出了在道格拉斯站的最终交付压力。因为进行了从佩森至道格拉斯管段的正演计算，在道格拉斯站的压力计算值不见得等于 600psi（表）的输出压力。由于输送压力通常是一个理想值或收缩值，因此要调整在雪花镇的压气站的位置，以保证在道格拉斯站达到预期的输出压力，正如前面对丹比至利兹管线所做的调整。

另一种方法是进行反向计算，即从道格拉斯至佩森管段。这种情况下，要先开始计算第三管段，计算出上游压力为 1400psi（表）时雪花镇压气站的位置。那么，要先定位雪花镇压气站，使得雪花镇站的排放压力达到 1400psi（表），道格拉斯站的输送压力达到 600psi（表）。第二管段在威廉姆斯站的上游压力为 1400psi（表），现在可重新计算位于雪花镇的压气站的吸入压力。威廉姆斯站的位置没有变化，在威廉姆斯站的吸入压力和先前计算出的数值相同，所以不必重复计算第一管段。确定三个压气站的配置后，在道格拉斯站已取得理想的输出压力，每个压气站最大允许工作压力下的排放压力达到 1400psi（表）。但这就是威廉姆斯和雪花镇之间中间压气站的最佳位置吗？换言之，所有的压气站都取得了水力平衡吗？只有在每个压气站以相同的压缩比运行，每个压气站增加了相同数量的功率时，才可以说这些压气站得到了优化，取得了液压平衡。即使排气压力相同，威廉姆斯站和雪花镇站的位置也不见得会有相同的吸入压力。因此，很可能威廉姆斯站的压缩比比雪花镇站或佩森站要低，反之亦然，无法产生水力平衡。不过，如果压缩比足够接近，所要求的压缩机的大小相同，仍然能取得水力平衡，压气站处在最佳位置。

下面来计算和确定压气站的位置需要调整多少。首先对 3 个管段进行反向计算，下游在道格拉斯站的压力为 600psi（表），上游雪花镇站的压力为 1400psi（表）。带着这些限定条件，来计算雪花镇和道格拉斯之间的管线长度 L（单位：mile）。

通过通用流体方程，忽略高程变化，有：

$$900 \times 10^6 = 38.77 \times 20.0 \times \frac{520}{14.7} \times \left(\frac{1414.7^2 - 614.7^2}{0.6 \times 540 \times L \times 0.85} \right)^{0.5} \times 29^{2.5}$$

计算管段长度，得到长度 $L = 112.31$mile。

因此，为了能达到雪花镇压气站出口压力 1400psi（表），输送到道格拉斯站气体压力为 600psi（表），雪花镇压气站设置在距道格拉斯站 11231mile 处，或者距离佩森站（240 − 112.31）= 127.69mile 处。

下一步，威廉姆斯压气站的位置保持在里程桩 80 处，在第二管段计算由威廉姆斯站 1400psi（表）开始的下游雪花镇压气站的压力。计算雪花镇压气站的吸入压力。

用通用流动方程，忽略高程变化，有：

$$900 \times 10^6 = 38.77 \times 20.0 \times \frac{520}{14.7} \times \left(\frac{1414.7^2 - p_2^2}{0.6 \times 540 \times 47.69 \times 0.85} \right)^{0.5} \times 29^{2.5}$$

其中威廉姆斯压气站和雪花镇压气站之间的管段长度计算为 $127.69 - 80 = 47.69\text{mile}$。

计算雪花镇站的入口压力，得到：

$$p_2 = 1145.42\text{psi}(绝) = 1130.72\text{psi}(表)$$

因此，雪花镇压气站的压比为：

$$r = 1414.7/1145.42 = 1.24$$

下一步，对佩森至威廉姆斯管段，计算威廉姆斯站在 1400psi（表）的压力时下游佩森压气站的压力。计算出的压力是威廉姆斯压气站的吸入压力。

用通用流动方程，忽略高程变化，有：

$$900 \times 10^6 = 38.77 \times 20.0 \times \frac{520}{14.7} \times \left(\frac{1414.7^2 - p_2^2}{0.6 \times 540 \times 80 \times 0.85} \right)^{0.5} \times 29^{2.5}$$

计算威廉姆斯压气站的入口压力，得到：

$$p_2 = 919.20\text{psi}(绝) = 904.5\text{psi}(表)$$

因此，威廉姆斯压气站的压比为：

$$r = 1414.7/919.2 = 1.54$$

因此，计算出威廉姆斯压气站需要的压缩比 $r = 1.54$，雪花镇压气站需要的压缩比 $r = 1.24$。显然，这不是液压平衡压气站系统。再进一步，若不知道佩森压气站的吸入压力，假设佩森站在与威廉姆斯站 [905psi（表）压力] 大致相同的吸入压力下接收气体，佩森和威廉姆斯压气站有相同的压缩比 1.54。这种情况下，雪花镇压气站要在 1.24 的压缩比之下运行。如何平衡这些压气站？一个方法是获得相同的压缩比，简单地将雪花镇压气站向道格拉斯站移动，使其吸入压力从 1131psi（表）下降到 905psi（表），同时保持雪花镇站在 1400psi（表）的压力泄压。这样，即可确保 3 个压气站在以下的吸气压力（p_s）、排气压力（p_d）和压缩比（r）下运行：

$$p_s = 904.5\text{psi}(表)$$

$$p_d = 1400\text{psi}(表)$$

$$r = \frac{1400 + 14.7}{904.5 + 14.7} = 1.54$$

不过，由于雪花镇压气站比此前更靠近道格拉斯站（127.69），在雪花镇站 1400psi（表）的排气压力会导致道格拉斯压气站出现较高的输送压力，比图 10.8 所示要求的 600psi（表）还要高。

如果用户接受在道格拉斯的附加压力，那就没有问题。但如果用户不接受超过 600psi（表）的压力，就必须在道格拉斯站安装压力调节器，使压力降低到 600psi（表），如图

10.8 所示。因此，平衡压气站的位置的同时，还要考虑在交付地点消除多余压力的问题。压力调节意味着浪费功率。决策层面需要充分考虑压缩机站的平衡与压力调节的负作用。

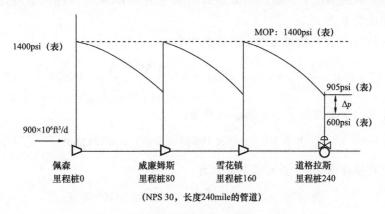

图 10.8　道格拉斯站压力调节示意图

为了说明这种压力调节的情况，要确定雪花镇压气站的位置变更，以取得水力平衡。假定在威廉姆斯站的排放压力为 1400psi（表），在雪花镇站的吸入压力为 904.5psi（表），计算出第二管段的长度。

用通用流动方程，忽略高程变化，有：

$$900 \times 10^6 = 38.77 \times 20.0 \times \frac{520}{14.7} \times \left(\frac{1414.7^2 - 919.2^2}{0.6 \times 540 \times L \times 0.85} \right)^{0.5} \times 29^{2.5}$$

对第二管段长度进行计算，得到：

$$L = 80\text{mile}$$

因此，雪花镇压气站应位于威廉姆斯 80mile 处，或在里程桩 160 的位置。可算出是因为高程忽略不计，佩森至威廉姆斯管段的压力分布与威廉姆斯至雪花镇管段的压力分布相同。与位于里程桩 160 的雪花镇压气站在 1400psi（表）的压力下排放，可得出结论，在道格拉斯站的输送压力也将是 904.5psi（表），因为全部 3 个管段的水力相同。可看出在道格拉斯站的压力超过预期约 305psi（表）。如前所述，需要安装压力调节器让道格拉斯站的输送压力降到 600psi（表）。对比之前计算的液压平衡，佩森站和威廉姆斯站的压缩比为 1.54，雪花镇压气站在 1.24 的低压缩比下运行。相同的功率安装成本接近，对比这两种情况。首先用式（10.14）计算每个压气站所需的功率，假设平衡压气站为多变压缩，压缩比为 1.54。有：

$$HP = 0.0857 \times 900 \times \frac{1.38}{0.38} \times (80 + 460) \times \frac{1 + 0.85}{2} \times \frac{1}{0.9} \times (1.54^{\frac{0.38}{1.38}} - 1) = 19627\text{hp}$$

因此，在水力平衡情况下需求的总功率为：

$$总功率\ HP_T = 3 \times 19627 = 58881\text{hp}$$

在每装机功率花费 2000 美元情况下，有：

$$总费用 = 2000 \times 58881 = 117.76 \times 10^6 \text{ 美元}$$

在水力不平衡的情况下，佩森和威廉姆斯压气站在 1.54 的压缩比下运行，而雪花镇压气站的压缩比为 1.24。

通过式（10.14），雪花镇压气站需要的功率为：

$$HP = 0.0857 \times 900 \times \frac{1.38}{0.38} \times (80 + 460) \times \frac{1 + 0.85}{2} \times \frac{1}{0.9} \times (1.24^{\frac{0.38}{1.38}} - 1) = 9487 \text{hp}$$

因此，在水力平衡情况下需求的总功率为：

$$总功率 HP_T = 2 \times 19627 + 9487 = 48741 \text{hp}$$

在每装机功率花费 2000 美元情况下，有：

$$总费用 = 2000 \times 48741 = 97.48 \times 10^6 \text{ 美元}$$

液压平衡的情况下要求的更多功率为 58881 − 48741 = 10140，追加成本约为 117.76 × 10^6 ~97.48 × 10^6 美元或 20.28 × 10^6 美元。液压平衡的情况下除了额外的功率成本，还需要安装压力调节器，会造成能源浪费和额外的设备成本。因此，使用相同的设备，在液压平衡情况下，可通过使用相同的配件、减少零件库存或是追加成本进行权衡。不值得为此再花费 2000 万美元。这种情况下，最好的解决办法是让佩森和威廉姆斯压气站有相同的压缩比（压缩比为 1.54），雪花镇压气站需要较小的压缩比和功率（压缩比为 1.24）这样才可为道格拉斯站提供所需的 600psi（表）的压力。

10.10 串联和并联压缩机

压缩机串联时，每个单元的压缩气体量相同，但压缩比不同，气体总压的增加如图 10.9 所示，是分步实现的。

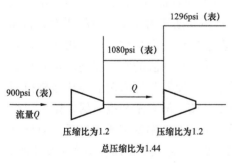

图 10.9 串联压缩机示意图

从图 10.9 可看出，第一台压缩机以 1.2 的压缩比压缩气体，吸入压力从 900psi（绝）升至 1080psi（绝）；第二台压缩机以相同的体积和压缩比，排放压力从 1080psi（绝）升至 1080 × 1.2 = 1296psi（绝）。因此，在串联的两个相同的压缩机的压缩比为 1296/900 = 1.44。就这样分两步实现压力的增加。每个压缩周期结束时，按式（10.23）计算，气体的温度会上升到一定值。因此，采用多段压缩，除非气体在各段之间冷却，气体的最终温度可能过高。高的气体温度不理想，因为随着气流温度的升高，气体管线的输送量降低。因此，压缩机串联，气体可冷却到压缩各阶段之间原有的吸气温度，串联起来的压缩机终端最终温度不是很高。假设算出的压缩机排气温度为 232℉，吸气温度为 70℉，压缩比为 1.4。如果这两个压缩机串联且压缩各阶段间无冷却气体，最终气体温度将达到：

$$\frac{(232 + 460)(232 + 460)}{70 + 460} = 903.5°R = 443.5°F$$

则该管线输送温度过高。另外，如果在气体压缩进入第二台压缩机之前，将气体冷却到 70°F，最后从第二台压缩机出来的气体最终温度约为 232°F。

压缩机并联安装，可压缩出大量气体，需要由多个相同压缩比的压缩机完成。如图 10.10 所示，3 台有着相同的压缩比（1.4）的压缩机可提供 $900 \times 10^6 ft^3/d$ 气体流量，吸入压力达到 900psi（绝）。本例中，每台压缩机将把 $300 \times 10^6 ft^3/d$ 的气体从 900psi（绝）的压力压缩至排放压力为：

$$p_2 = 900 \times 1.4 = 1260psi（绝）$$

与压缩机串联相比，压缩机并联时气体的排出温度不会很高，因为压缩过程气体经过一个压缩比压缩。每个并联压缩机排气侧的气体温度大致相同，与单压缩机的压缩比相同。因此，3 台并联压缩机在压缩比为 1.4 时压缩的气体体积相同，70°F 作为起始温度时，最终排放温度为 232°F，在此温度下可达到高效的天然气输送；同时，温度不能超出管线防腐材料的限制。一般来说，管线防腐层要求气体温度不能超过 140 ~ 150°F。

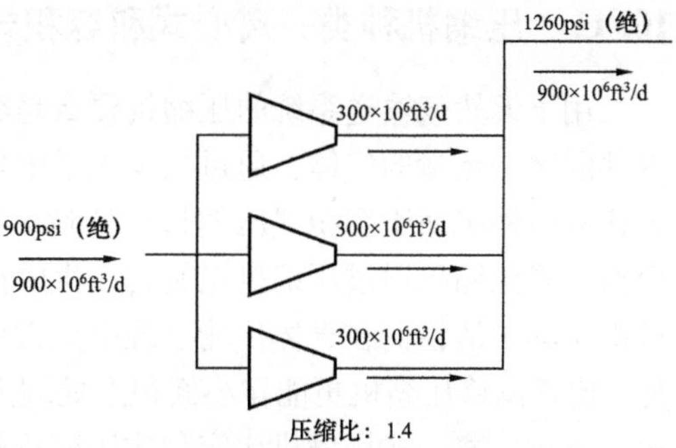

图 10.10 并联压缩机示意图

此前说过压缩比是排放压力和吸入压力之比；压缩比越高，气体泄放的温度就更高。

假设考虑吸入温度为 80°F，吸入压力为 900psi（绝），排放压力为 1400psi（绝）。压缩比为 1400/900 = 1.56。用式（10.19）计算排气温度：

$$\frac{T_2}{80 + 460} = \left(\frac{1400}{900}\right)^{\frac{1.3-1}{1.3}} = 598.36°R \text{ 或 } 138.36°F$$

如果压缩比从 1.56 增加到 2，排气温度也将达到 173.67°F，可以看出，排放的气体温度随着压缩比的提高大幅提高。由于天然气管线气体温度的增加会导致输量降低，所以必须降低压缩机排出的气体温度，以确保最大限度的管线输量。

通常情况下，天然气管线中使用的离心式压缩机的压缩比为 1.5 ~ 2.0，可能有这种情况：出现较低的气体接收压力和高排放压力，要通过管线输送一定体积的气体，就需要高压缩比。因此需要往复式压缩机，制造商将往复式压缩机的最大压缩比限定在 5 ~ 6 之间。这是因为压缩机组件上承受的高压力会带来昂贵的材料费用和复杂的安全需求。

假设一台压缩机要求气体的吸入压力从 200psi（绝）升至 1500psi（绝），这就需要 7.5 的总压缩比。因为压缩比超出了可接受范围，就需要分段压缩。如果使用两台串联的压缩机提供必要的压力，每台压缩机需要约 2.74 的压缩比。第一台压缩机将压力从 200psi（绝）压缩至 200 × 2.74 = 548psi（绝）。第二台压缩机将气体压力从 548psi（绝）增加到约 548 × 2.74 = 1500psi（绝）。一般情况下，如果 n 个压缩机串联安装，以达到所需的总压缩率，则可分别算出每一台压缩机的压缩比为：

$$r = (r_t)^{\frac{1}{n}} \tag{10.25}$$

式中　r——每台压缩机的压缩比；

　　　r_t——总压缩比；

　　　n——串联压缩机数目。

串联完全相同的压缩机，功率需求将减到最小。因此上例中，假设串联的两台相同的压缩机的压缩比为 2.74，总压缩比为 7.5，比起串联两台压缩比分别为 2.5 和 3.0 的压缩机，是更优的选择。为进一步说明，如果总压缩比要求为 20，用 3 台压缩机串联，最经济的选择是使用 3 台完全相同的压缩机，其压缩比为 $(20)^{1/3} = 2.71$。

10.11　压缩机种类：离心式和容积式

用于天然气输送系统的压缩机要么是容积式、要么是离心式。容积式压缩机在压缩机内部圈闭一定量的气体，通过减少流量来增加压力。高压气体通过排气阀进入管线。活塞式往复压缩机属于容积式压缩机的范畴。这些压缩机有固定的体积，能够产生高压缩比。而离心式压缩机通过压缩机轮旋转产生的离心力，将动能转化为气体的压能。离心式压缩机由于其灵活性而在气体传输系统中更常用。离心式压缩机的初始成本和维护费用相对较低，比正位移压缩机更能在小面积上处理大流量的气体。离心式压缩机高速运转时结构平衡。不过，离心式压缩机比容积式压缩机的效率要低。

容积式压缩机具有压力范围内的灵活性，效率高，并能在各种压力下输送压缩气体。对天然气的组分也不敏感。容积式压缩机压力范围可高达 30000psi，单位功率可从很低到超过 20000hp。容积式压缩机按所要求的压缩比可以是单级或多级。容积式压缩机每级的压缩比不能大于 4，因为高压缩比会造成高排放压力，会影响容积式压缩机的阀门寿命。各压缩阶段之间要使用换热器，这样将压缩的加热气体冷却到原来的进气温度，再进行下一步的压缩。容积式压缩机所需的功率通常是从压缩机制造商提供的图表来估计。下面的公式可用于计算速度慢、压缩比大于 2.5、天然气相对密度为 0.65 的大型压缩机：

$$BHP = 22rNQF \tag{10.26}$$

式中　BHP——轴功率，hp；

　　　22——常数；

　　　r——每一级的压比；

　　　N——级数；

　　　Q——气体流速［处于入口温度和压力 14.4psi（绝）下］，$10^6 \text{ft}^3/\text{d}$；

　　　F——级数决定的系数，单级压缩为 1.0，两级压缩为 1.08，三级压缩为 1.10。

在式（10.26）中，当气体相对密度为 0.8～1.0，常数 22 修正为 20；同样，当压缩比为 1.5～2.0 时，常数 22 需替换为 16～18 之间的数值。

【例 10.10】计算在两级压缩，压缩比为 7，流速为 $5 \times 10^6 \text{ft}^3/\text{d}$，处于压力 14.4psi（绝）、温度 70℉下所需的轴功率。

解：

对于两级压缩，每级压比为：$\sqrt{7.0} = 2.65$。

通过式（10.26），得到：

$$BHP = 22 \times 2.65 \times 2 \times 5 \times 1.08 = 629.64 hp$$

离心式压缩机可以是单轮或多轮、单级或多级。单级离心式压缩机在实际工作条件下的容积范围是 $100 \sim 150000 ft^3/min$（实际立方英尺每分钟，ACFM）。多级离心式压缩机的工作容积范围为 $500 \sim 200000 ACMF$。离心式压缩机的运行转速范围为 $3000 \sim 20000 r/min$。转速的上限受压缩机轮尖端的速度和叶轮产生的应力限制。技术进步已使得压缩机轮可在 $30000 r/min$ 以上的转速下运行。离心式压缩机由电动机、汽轮机或燃气轮机驱动。有时，要用增速装置来提升到所需的速度以产生压力。

10.12 压缩机性能曲线

典型的可在不同速度驱动的离心式压缩机的性能曲线显示为以 ACFM 为单位的压头承受的入口流量的图形，或是不同百分比的设计速度下产生的压力。图 10.11 就是典型的离心式压缩机的性能曲线或特性图。

图 10.11 中左侧的限制曲线称为喘振线，相应的右侧曲线称为石墙限。在不同旋转速度下的离心式压缩机的性能遵循所谓的亲和定律。根据亲和定律，随着离心式压缩机转速的变化，入口流量和压头分别随着转速和转速的平方发生相应的变化。

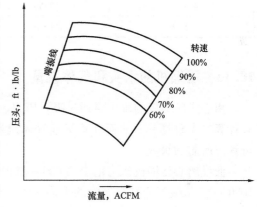

图 10.11 典型离心式压缩机性能曲线

压缩机速度的变化：

$$\frac{Q_2}{Q_1} = \frac{N_2}{N_1} \tag{10.27}$$

$$\frac{H_2}{H_1} = \left(\frac{N_2}{N_1}\right)^2 \tag{10.28}$$

式中 Q_1，Q_2——初始以及最终流速；

H_1，H_2——初始及最终压头；

N_1，N_2——初始及最终压缩机速率。

除此之外，压缩机功率与速率的三次方成正比，即：

$$\frac{HP_2}{HP_1} = \left(\frac{N_2}{N_1}\right)^3 \tag{10.29}$$

【例 10.11】离心式压缩机在转速 $18000 r/min$ 下的体积流量 Q 和水头 H 如下：

Q, ACFM	H, ft·lb/lb	Q, ACFM	H, ft·lb/lb
360	10800	600	8200
450	10200	700	5700
500	9700	730	4900

解：

$$压缩机转速比 = \frac{20000}{18000} = 1.11$$

流量比是 1.11，扬程比是 1.11^2，即 1.232。

利用比例定律确定这台压缩机在转速 20000r/min 下的性能：

Q, ACFM	H, ft·lb/lb	Q, ACFM	H, ft·lb/lb
399.6	13306	666.0	10102
499.5	12566	777.0	7022
555.0	11950	810.0	6037

10.13 压缩机的水头和气体流量

离心式压缩机的水头要通过吸入压力、排放压力、压缩系数以及多变指数或绝热指数来计算。先解释一下如何计算标准气体流量（ACFM）。知道每一级产生的最大水头，就可算出所需的级数。

假设离心压缩机压力范围为 800～1440psi（绝），吸气温度为 70℉，气体流量为 $80 \times 10^6 ft^3/d$。从吸气侧到排气侧的平均压缩系数为 0.95。入口的压缩系数为 1，多变指数为 1.3，天然气的相对密度为 0.6。压缩机的水头可由前面介绍的公式计算。

$$H = \frac{53.28}{0.6} \times 0.95 \times (70 + 460) \times \frac{1.3}{0.3} \times \left[\left(\frac{1440}{800} \right)^{\frac{0.3}{1.3}} - 1 \right]$$

$$= 28146 \text{ft·lb/lb}$$

实际入口流速通过气体法则计算如下：

$$Q_{act} = \frac{80 \times 14.7 \times 1.0}{800} \times \frac{70 + 460}{60 + 460} \times \frac{10^6}{24 \times 60}$$

$$= 1040.5 \text{ft}^3/\text{min（ACFM）}$$

如果根据生产厂家的数据，此特定的压缩机每级的最大水头为 10000ft·lb/lb，则达到所要求的水头所需的极数为：

$$n = \frac{28146}{10000} = 3$$

圆整为最接近的整数。下一步，假设该压缩机的最大设计转速为 16000r/min，根据亲和定律，三级压缩机所需的实际运行速度为：

$$N_{act} = 16000 \sqrt{\frac{28146}{3 \times 10000}} = 15498$$

因此，要在气体流量为 1040.5 ACFM 的条件下产生 28146ft·lb/lb 的水头，三级压缩机的转速要达到 15498r/min。

10.14　压缩机站管线损失

当气体进入压缩机的吸入侧，要流经压缩机站内复杂的管路系统。同样，离开压缩机的压缩气体要通过由阀门及管件组成的压缩机泄放系统，进入主管线，再到下一个压缩机站或输送终端，如图 10.12 所示。

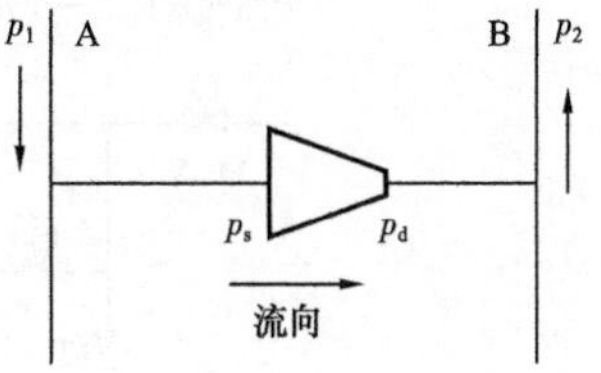

从图 10.12 可看出，在压缩机站边上吸入侧的 A 点，其气体压力是 p_1；随着气体流经吸入管路，从 A 点到 B 点，压力值降到 p_s；吸入侧的管路由阀门、管件、

图 10.12　压缩机站吸入与排出管线

过滤器和仪表组成，造成 Δp_s 的压降。因此，压缩机的实际吸气压力为：

$$p_s = p_1 - \Delta p_s \tag{10.30}$$

式中　p_s——压缩机入口压力，psi（绝）；

　　　p_1——压气站入口压力，psi（绝）；

　　　Δp_s——压气站入口管线压损，psi。

通过压缩机后，气体压力由 p_s 升到 p_d，压缩比为：

$$r = \frac{p_d}{p_s} \tag{10.31}$$

式中　r——压缩比；

　　　p_d——压缩机出口压力，psi。

压缩气体从压缩机出口管道流出，一直到压气站出站阀到达 D 点，产生压力损失。如果压气站出站压力为 p_2，那么：

$$p_2 = p_d - \Delta p_d \tag{10.32}$$

【例 10.12】一座长输管线压气站有如下边界条件：压气站进站压力 850psi（表），出站压力 1430psi（表）。入口管线和出口管线压力损失分别为 5psi 和 10psi。计算压气站压缩机的压缩比。

解：

通过式（10.30），压缩机入口压力为：

$$p_s = 850 - 5 = 845psi（绝）$$

类似地，压缩机出口压力为：

$$p_d = 1430 + 10 = 1440\text{psi}(绝)$$

因此，压缩比为：

$$r = 1440/845 = 1.7$$

10.15 压缩机站示意图

典型的压气站流程示意图如图 10.13 所示，显示了阀门、管路和压缩机的布局。

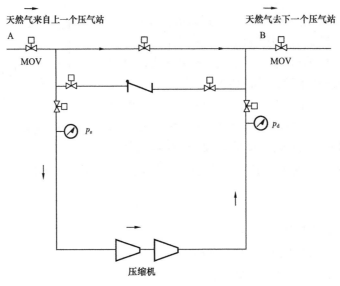

图 10.13 典型的压气站流程图

MOV——电动阀

10.16 本章小结

本章讨论了输送压缩天然气所需要的管线压力。对压缩一定量的气体所需要的压缩比、功率及排气温度进行了解释和举例说明；讨论了天然气长输管线中间压气站的选址和如何将能量损失最小化，论述了液压平衡和如何确定压缩机站的最优位置；对不同的压缩过程，如等温压缩、绝热压缩、多变压缩，进行了解释；介绍了不同类型压缩机，如容积式压缩机和离心式压缩机的优缺点；探讨了串联和并联的离心式压缩机，以及离心式压缩机的性能曲线，并举例介绍了使用亲和定律来研究转速对流量和水头的影响。最后讨论了压缩机站场管路的压降，以及压降对压缩比和功率的影响。

第 11 章　串联和并联管线

11.1　串联管线

前面的章节中，假定管线全长都是相同的直径。实际上，油气长输管线通常是由不同长度、不同直径的管线串联连接起来的。

假设一条由两段不同的长度和管径的管道连接在一起的管线。一条长度为 1000ft、直径为 16in 的管段，与另一条长度为 500ft、直径 14in 的管段相连接。在连接处，就需要有异径接头，俗称大小头，将 16in 的管线与 14in 的管道连接起来。大小头使得管径从 16in 顺利过渡到 14in。可计算出通过这 16in/14in 管线系统的总压降、16in 和 14in 管段各自的压降，以及通过大小头的压力损失的总和。

有些情况下，管线由不同管径的管段串联，输送不同体积的流体，如图 11.1 所示。

图 11.1 中，AB 管段的直径为 16in，每天输送 $100 \times 10^6 \mathrm{ft}^3/\mathrm{d}$ 的天然气，B 点分输 $20 \times 10^6 \mathrm{ft}^3/\mathrm{d}$ 之后，余下的 $80 \times 10^6 \mathrm{ft}^3/\mathrm{d}$ 流经直径 14in 的 BC 管段。

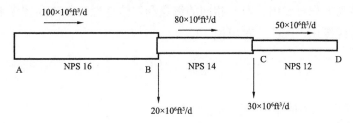

图 11.1　串联管线示意图

在 C 点，分输量为 $30 \times 10^6 \mathrm{ft}^3/\mathrm{d}$，余下的 $50 \times 10^6 \mathrm{ft}^3/\mathrm{d}$ 通过直径 12in 的 CD 管段，输送到终点站 D。

很显然，AB 管段流量最大（$100 \times 10^6 \mathrm{ft}^3/\mathrm{d}$），而 CD 管段运输量最小（$50 \times 10^6 \mathrm{ft}^3/\mathrm{d}$）。因此，出于经济考虑，AB 管段和 CD 管段应采用不同管径，如图 11.1 所示。如果从 A 点到 D 点都用 16in 的相同管径，会浪费管材，提高成本。一般只有从进入管线到管线终端流量相同，没有中间分输或注入时，才使用相同的管径。

不过，现实中没办法预知确定管线未来的交付量。所以，很难确定每段不同管线的最初尺寸。因此，许多情况下，尽管有中间交付，管线全长还是采用了相同的直径。即使是同一公称管径，不同的管段，可能有壁厚变化，因此每个管段有不同的管内径。壁厚变化是对管线沿线的压力补偿。钢管的强度与外径和壁厚的关系在第 5 章已经讨论过了。

图 11.1 中，将气体或液体从串联管道的 A 点输送到 D 点所需的压力是通过在每个管段（如 AB 段、BC 段）运用适合的压降方程来计算得出的。

串联管线系统压力计算的另一种方法是使用等长概念。这种方法可用于全程都是输量不变的均匀流动的管线，没有中间交付或注入。来解释一下对相同流量通过所有管段的管线系统的计算方法。假设第一管段的内径 D_1、长度 L_1，第二管段内径 D_2、长度 L_2，依此类推。可基于直径 D_1 计算出第二管段的等效长度，其压降匹配直径 D_2 的原有管段。直径为 D_2、长度为 L_2 的管道的压降等于直径为 D_1 等效长度为 L_{e2} 的管道的压降。

因此第二个管段能由一段长度为 L_{e2}、直径为 D_1 的管子代替，第三个直径为 D_3、长度为 L_3 的管段可以由一段长度为 L_{e3}、直径为 D_1 的管子代替。故而将这三个管段转换成如下所述的直径为 D_1 的管段：

管段 1—直径 D_1、长度 L_1；

管段 2—直径 D_1、长度 L_{e2}；

管段 3—直径 D_1、长度 L_{e3}。

为了方便起见，选择了管段 1 的直径作为要使用的基准直径，以从其他管道尺寸进行转换。现在将串联管道系统简化为一条直径为 D_1 的连续管道，其等效长度由式（11.1）给出：

$$L_e = L_1 + L_{e2} + L_{e3} \qquad (11.1)$$

此串联的管道系统所需的进口压力就可根据直径 D_1 和长度 L_e 计算出来。现在解释如何计算等效长度。

11.1.1 等效长度：输气管线

通过通用流动方程可看出，对于相同的流量和气体特性，忽略高程影响，压差 $p_1^2 - p_2^2$ 和管径的 5 次方成反比。因此，可以说

$$\Delta p_{sq} = \frac{CL}{D^5} \qquad (11.2)$$

式中 Δp_{sq}——管段压力的平方差，$\Delta p_{sq} = p_1^2 - p_2^2$；

C——常数；

L——管子长度；

D——管道内径。

C 值取决于流速、气体性质、气体温度、基础压力和基础温度。因此，对于流量恒定的串联管道中的所有管段，常数 C 都是相同的。

从式（11.2）中可以得出结论，相同压降的等效长度与直径的 5 次方成正比。因此在前面讨论的串联管道示例中，直径为 D_2、长度为 L_2 的第二个管段的等效长度为：

$$\frac{CL_2}{D_2^5} = \frac{CL_{e2}}{D_1^5} \qquad (11.3)$$

简化后可得到：

$$L_{e2} = L_2 \left(\frac{D_1}{D_2}\right)^5 \qquad (11.4)$$

类似地，对于直径为 D_3、长度为 L_3 的第三个管段，其等效长度为：

$$L_{e3} = L_3 \left(\frac{D_1}{D_3}\right)^5 \tag{11.5}$$

因此与，依据直径 D_1 计算得出的三个管段的总的等效长度 L_e 为：

$$L_e = L_1 + L_2 \left(\frac{D_1}{D_2}\right)^5 + L_3 \left(\frac{D_1}{D_3}\right)^5 \tag{11.6}$$

从式（11.6）可以看出，如果 $D_1 = D_2 = D_3$，总等效长度则变为 $L_1 + L_2 + L_3$。

现在就可通过管长 L_e、均匀直径 D_1 和恒定流量 Q 计算出此串联管线系统的压降。下面举例说明等效长度法。

【例 11.1】 气体管线。

图 11.2 所示的串联管道系统由一段长度 12mile、直径 16in、壁厚 0.375in 的管道与另外两段长度为 24mile、直径 14in、壁厚 0.250in 和长度 8mile、直径 12in、壁厚 0.250in 的管道组成。计算气体流量为 $100 \times 10^6 \text{ft}^3/\text{d}$ 时该管道系统起点 A 处所需的入口压力。气体以 500psi（表）的输送压力输送至终点 B。气体相对密度和黏度分别为 0.6 和 0.000008lb/(ft·s)。假设气体温度恒为 $60\,^\circ\!F$。压缩系数选用 0.90，通用流体方程的达西摩阻系数取 0.02。

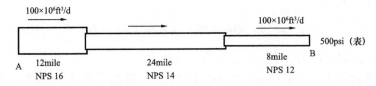

图 11.2　气体管线中的串联管线

基础温度和基础压力分别为 $60\,^\circ\!F$ 和 14.7psi（绝）。

将使用等效长度法的计算结果与分别计算每个管段压力的更详细方法进行比较。

解：

$$\text{管段 1 内径} = 16 - 2 \times 0.375 = 15.25\text{in}$$

$$\text{管段 2 内径} = 14 - 2 \times 0.250 = 13.5\text{in}$$

$$\text{管段 3 内径} = 12.75 - 2 \times 0.250 = 12.25\text{in}$$

使用式（11.6）计算管道的等效长度，基础直径取为 16in。

$$L_e = 12 + 24 \times \left(\frac{15.25}{13.5}\right)^5 + 8 \times \left(\frac{15.25}{12.25}\right)^5$$

即

$$L_e = 12 + 44.15 + 23.92 = 80.07\text{mile}$$

因此，在计算入口压力 p_1 时将整个串联管线视为从 A 点到 B 点的一段长度为 80.07mile、直径为 15.25in 的管道。

$$\text{出口压力} = 500 + 14.7 = 514.7\text{psi（绝）}$$

气体流量取一般情况下的值，忽略高程影响并将相应的值代入公式，得到：

$$10 \times 10^6 = 77.54 \times \frac{1}{\sqrt{0.02}} \times \frac{520}{14.7} \times \left(\frac{p_1^2 - 514.7^2}{0.6 \times 520 \times 80.07 \times 0.9} \right)^{0.5} \times 15.25^{2.5}$$

移项并简化之后，得到：

$$p_1^2 - 514.7^2 = 724642.99$$

最后求出入口压力 p_1 为：

$$p_1 = 994.77\text{psi}(\text{绝}) = 980.07\text{psi}(\text{表})$$

接下来与前面的结果进行比较，采用当量长度法，更详细地单独计算各管段的压降，并将结果相加。

已知出口 B 点的压力为 500psi（表），先假设管段 3 长 8mile。因此，用如下的通用流动方程，可计算出管段 3 起点处的压力：

$$10 \times 10^6 = 77.54 \times \frac{1}{\sqrt{0.02}} \times \frac{520}{14.7} \times \left(\frac{p_1^2 - 514.7^2}{0.6 \times 520 \times 80.07 \times 0.9} \right)^{0.5} \times 12.25^{2.5}$$

求解得到压力 p_1 为：

$$p_1 = 693.83\text{psi}(\text{绝}) = 679.13\text{psi}(\text{表})$$

这是管段 3 的起点压力，也是管段 2 的终点压力。

接下来计算管段 2（长度 24mile 的 NPS 14 管段），算出下游压力为 679.13psi（表）时所需的上游压力 p_1。用通用流动方程计算，得到：

$$10 \times 10^6 = 77.54 \times \frac{1}{\sqrt{0.02}} \times \frac{520}{14.7} \times \left(\frac{p_1^2 - 693.83^2}{0.6 \times 520 \times 24 \times 0.9} \right)^{0.5} \times 13.5^{2.5}$$

求解得到压力 p_1 为：

$$p_1 = 938.58\text{psi}(\text{绝}) = 923.88\text{psi}(\text{表})$$

这是管段 2 的起点压力，也是管段 1 的终点压力。

接下来考虑管段 1（长度 12mile 的 NPS 16 管段），算出下游压力为 923.88psi（表）时所需的上游压力 p_1。用通用流动方程计算，得到：

$$10 \times 10^6 = 77.54 \times \frac{1}{\sqrt{0.02}} \times \frac{520}{14.7} \times \left(\frac{p_1^2 - 938.58^2}{0.6 \times 520 \times 12 \times 0.9} \right)^{0.5} \times 15.25^{2.5}$$

求解得到 p_1 为：

$$p_1 = 994.75\text{psi}(\text{绝}) = 980.05\text{psi}(\text{表})$$

这与之前使用等效长度法计算的 980.07psi（表）吻合得很好。

【例 11.2】一段由三个不同的管段串联而成的天然气管道，在 20℃下以 $3.0 \times 10^6 \text{m}^3/\text{d}$ 的均匀流量输送天然气。管段 1 为长度 20km、公称直径 DN500、壁厚 12mm 的管道；管段 2

为长度 25km、公称直径 DN400、壁厚 10mm 的管道；管段 3 为长度 10km、公称直径 DN300、壁厚 6mm 的管道。入口压力为 8500kPa。假设地形平坦，使用通用流动方程，科尔布鲁克摩擦系数取 0.02，计算输送压力。天然气相对密度为 0.65，黏度为 0.000119mPa·s，压缩系数 Z 为 0.9，基础温度为 15℃ 且基础压力 = 101kPa。对比使用等效长度法和单个管段压降法的计算结果。

解：

$$管段 1 内径 = 500 - 2 \times 12 = 476mm$$

$$管段 2 内径 = 400 - 2 \times 10 = 380mm$$

$$管段 3 内径 = 300 - 2 \times 6 = 288mm$$

采用等效长度法：

基础直径取为 500mm 时，使用式（11.6）计算管道的等效长度，有：

$$L_e = 20 + 25 \times \left(\frac{500 - 2 \times 12}{400 - 2 \times 10}\right)^5 + 10 \times \left(\frac{500 - 2 \times 12}{300 - 2 \times 6}\right)^5$$

求解，得：

$$L_e = 20 + 77.10 + 123.33 = 220.43km$$

因此，给定的管道系统可被认为是公称直径 DN500、壁厚 12mm、长度 220.43km 的一条管线。

出口压力 p_2 用通用流动方程计算，有：

$$3 \times 10^6 = 1.1494 \times 10^{-3} \times \frac{15 + 273}{101} \times \left(\frac{8500^2 - p_2^2}{0.65 \times 293 \times 0.9 \times 0.02 \times 220.43}\right)^{0.5} \times 476^{2.5}$$

求解 p_2，得到：

$$8500^2 - p_2^2 = 25908801$$

即

$$p_2 = 6807kPa(绝)$$

假定输入压力为绝对值。

因此，输送压力为 6807kPa（绝）。

接下来分别计算 3 个管段的输送压力，计算长度为 20km 的管段 1 终点处的出口压力 p_2，有：

$$3 \times 10^6 = 1.1494 \times 10^{-3} \times \frac{15 + 273}{101} \times \left(\frac{8500^2 - p_2^2}{0.65 \times 293 \times 0.9 \times 0.02 \times 20}\right)^{0.5} \times 476^{2.5}$$

求解 p_2，得到：

$$p_2 = 8361kPa(绝)$$

因此，管段 1 的终点压力或管段 2 的起点压力为 8361kPa（绝）。

接下来重复计算 DN400、25km 长的管段 2。

已知 $p_1 = 8361$kPa（绝），有：

$$3 \times 10^6 = 1.1494 \times 10^{-3} \times \frac{15 + 273}{101} \times \left(\frac{8361^2 - p_2^2}{0.65 \times 293 \times 0.9 \times 0.02 \times 25} \right)^{0.5} \times 380^{2.5}$$

求解 p_2，得到：

$$p_2 = 7800\text{kPa（绝）}$$

这是管段 2 末端的压力，也是管段 3 的入口压力。

最终，依据 $p_1 = 7800$kPa（绝）计算最后一个管段（公称直径 DN300，长度 10km）的出口压力为：

$$3 \times 10^6 = 1.1494 \times 10^{-3} \times \frac{15 + 273}{101} \times \left(\frac{7800^2 - p_2^2}{0.65 \times 293 \times 0.9 \times 0.02 \times 10} \right)^{0.5} \times 288^{2.5}$$

求解 p_2，得到：

$$p_2 = 6808\text{kPa（绝）}$$

因此输送压力为 6808kPa（绝）。

这与之前用等效长度法计算出的 6807kPa 相比，更加精确。

11.1.2 管线当量长度：输液管线

当相同的摩擦压力损失发生在等效管线或管线系统时，一条管线就相当于其等效管线或管线系统。由于压降可由管径和管长的无限组合引起，必须规定一个直径来计算等效长度。

假设一段长度为 L_A、内径为 D_A 的 A 管段与另一段长度为 L_B、内径为 D_B 的 B 管段串联连接，如果用一条长度为 L_E、直径为 D_E 的管线来取代这两个管线系统。

依据管径 D_E 得到的等效长度 L_E 有如下等式：

$$L_E / (D_E)^5 = L_A / (D_A)^5 + L_B / (D_B)^5 \tag{11.7}$$

这个等效长度公式的前提是两段管线串联系统的总摩阻损失正好等于这条等效管线的摩阻损失。

因为管线单位长度的压降与管径的 5 次方成反比。如果将管径 D_A 当作基础管径，且设置 $D_E = D_A$ 时，上述等式可以变换为：

$$L_E = L_A + L_B (D_A / D_B)^5 \tag{11.8}$$

那么，就有了基于管径 D_A 的等效长度 L_E。这段长度为 L_E、管径为 D_A 的管道会产生与长度 L_A 和长度 L_B 两段串联管道相同的摩阻压降。问题已简化为计算均匀管径为 D_A 的一段管长。

此前讨论的等效长度法只是近似值。此外，如果考虑高程变化，就变得更为复杂，除非管道沿线没有控制高程。

举例说明等效管长的概念。

假设有一条管径 16in × 壁厚 0.281in 的长度为 20mile 的管线，和另一条管径 14in × 壁厚 0.250in 的长度为 10mile 的管线串联连接。此管线的等效长度为：

$$20 + 10 \times (16 - 0.562)^5 / (14 - 0.50)^5 = 39.56\text{mile} \qquad (\text{管径为 16in})$$

实际长度为 30mile，管径分别为 16in 和 14in 的管线被替换为与一条单一管径 16in 的长度为 39.56mile 的管线来进行压降计算。注意这里不考虑连接 16in 管道与 14in 管道的管件。本来这里要有一个 16 × 14 的大小头，它也有自己的等效长度。准确地说，应该从附录 A.9 里面的表格确定大小头的等效长度，并将结果和上面的长度相加，以获得总的等效长度，包括了管件。

等效长度管确定后，可计算出基于该管线尺寸的压降。

【例 11.3】液体管道。一段由三个管段串联成的成品油管道，以 60000bbl/d 的恒定流量输送柴油。第一段为长度 20mile、直径 20in、壁厚 0.5in 的管道。第二段为长度 15mile、直径 16in、壁厚 0.25in 的管道。最后一段为长度 10mile、直径 14in、壁厚 0.250in 的管道。入口压力为 1400psi（表）。假设地形平坦，使用 Colebrook - White 压降方程，绝对管道粗糙度取 0.002in，计算输送压力。柴油相对密度为 0.85、黏度为 5.0cSt。对比使用等效长度法和使用单个管段压降法的计算结果。

解：

计算雷诺数，有：

对于管径为 20in 的管段

$$Re = \left(\frac{92.24 \times 60000}{5 \times (20 - 1.0)}\right)^{2.0} = 58257$$

对于管径为 16in 的管段

$$Re = \left(\frac{92.24 \times 60000}{5 \times 15.5}\right)^{2.0} = 71412$$

对于管径为 14in 的管段

$$Re = 81991$$

接下来，使用 Colebrook - White 方程计算每种尺寸管段的摩阻系数 f：

对于 20in 的管段

$$\frac{1}{\sqrt{f}} = -2\lg\left(\frac{0.002}{3.7 \times 19} + \frac{2.51 \times 1}{58257 f^{0.5}}\right)$$

求解得：

$$f = 0.02(\text{对应的 } F = 14.14)$$

对于 16in 的管段

$$\frac{1}{\sqrt{f}} = -2\lg\left(\frac{0.002}{3.7 \times 15.5} + \frac{2.51 \times 1}{71412 f^{0.5}}\right)$$

求解得：

$$f = 0.0198（输送系数 F = 14.21）$$

同理，对于一个 14in 的管段，可得：

$$f = 0.0194（输送系数 F = 14.36）$$

接下来，计算直径 20in、16in 和 14in 管段的每英里压降 p_m：
对于 20in 管段

$$p_m = 0.2421 \times \left(\frac{60000}{14.14}\right)^{2.0} \times \frac{0.85}{19^5} = 1.5\text{psi/mile}$$

对于 16in 管段

$$p_m = 0.2421 \times \left(\frac{60000}{14.21}\right)^{2.0} \times \frac{0.85}{15.5^5} = 4.10\text{psi/mile}$$

对于 14in 管段

$$p_m = 0.2421 \times \left(\frac{60000}{14.36}\right)^{2.0} \times \frac{0.85}{13.5^5} = 8.36\text{psi/mile}$$

整个管道的总压降为：

$$(1.5 \times 20) + (4.1 \times 15) + (8.36 \times 10) = 175.1\text{psi}$$

因此管道末端的输送压力为：

$$1400 - 175.1 = 1224.9\text{psi}$$

接着使用等效长度法计算结果：
将每个节段的基础直径转换为 20in，则可得到中间一段管道（16in）的等效长度为

$$[(20 - 1)/(15.5)]^5 \times 15 = 41.5\text{mile}$$

同理，有：第三个管段（14in）的等效长度为：

$$[(20 - 1)/(13.5)]^5 \times 10 = 55.22\text{mile}$$

因此，整个管道的等效长度为：

$$20.0 + 41.5 + 55.22 = 116.72\text{mile}$$

于是整个管道的总压降为：

$$116.72 \times 1.5 = 175.08\text{psi}$$

这与之前计算的结果一致。

11.2 并联管线

有时两段或更多段的管道连接在一起，这样流体分流到支管，最终在下游汇入单一管

线，如图 11.3 所示。这样的管道系统被称为并联管线。也称为环状管线系统，其中的每条并联管线都是一个环路。敷设并联管线或环路是因为压力限制，需要降低管线某一段的压降，或为了增加瓶颈部分的流量。如图 11.3 所示，通过从 B 点到 E 点增加一段环路，有效降低了管线从 A 点到 F 点的总压降，因为从 B 点到 E 点，流体分流到了两条管道。

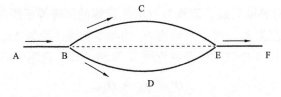

图 11.3 并联管线

图 11.3 中，流体流经管线 AB 段，在 B 点部分流量分流到 BCE 段，剩余的流经 BDE 管线；在 E 点，恢复到原来的流量，通过 EF 段。这里假设整条管线系统都是水平的，在高程上没有变化。

为了在并联管线系统中解决压力和流速，如图 11.3 所示，在并联管线中使用以下两个原则：

（1）总流量守恒。

（2）在每段平行管只有正常的压力损失。

根据总流量守恒原理，进入各管段接头的总流量必须等于离开接头时的总流量。

因此，有：

进口总流量 = 出口总流量

因此，图 11.3 中，所有的流量进入和离开 B 点必须符合上述原则。如果流入 B 点的流量为 Q，在 BCE 支管的流量为 Q_{BC}，在 BDE 支管的流量为 Q_{BD}，按上述的总流量守恒原则可得：

$$Q = Q_{BC} + Q_{BD} \tag{11.9}$$

并联管线的第二原则，要求在 BCE 支管的压降必须等于 BDE 支管的压降。这是因为 B 点代表了每段支管共同的上游压力，而在 E 点的压力是共同的下游压力。把这两个压力分别称为压力 p_B 和 p_E，可得：

$$\text{支管 BCE 的压降} = p_B - p_E \tag{11.10}$$

$$\text{支管 BDE 的压降} = p_B - p_E \tag{11.11}$$

假定流量 Q_{BC} 和 Q_{BD} 的流向分别是 BCE 和 BDE，如果在 B 点和 E 点之间有管段 3，如图 11.3 中所示虚线，那么可以说，共同的压降 $p_B - p_E$ 同样适用于 B 点和 E 点之间的第三段并联管线。

针对第 3 段并联管线，可改写式（11.9）和式（11.10）为：

$$Q = Q_{BC} + Q_{BD} + Q_{BE} \tag{11.12}$$

$$\Delta p_{BCE} = \Delta p_{BDE} = \Delta p_{BE} \tag{11.13}$$

式中 Δp 是平行管道各自的压降。

与串联管道中的等效长度概念类似，可以计算并联管道的等效管径。

11.2.1　并联管线等效直径：输液管线

图 11.3 中每段并联管线都有共同的压降，可用一条长度为 L_E、直径为 D_E 的管线替代 B 点和 E 点之间的所有并联管线，流量为 Q 时的管线的压降等于所有并联管线的压降，即流量为 Q 时，等效长度为 L_E、等效直径为 D_E 的单个管道压降为 Δp_{BCE}。

现在假设只有图 11.3 中的两条并联管线 BCE 和 BDE，忽略虚线 BE，则有：

$$Q = Q_{BC} + Q_{BD} \tag{11.14}$$

以及

$$\Delta p_{EQ} = \Delta p_{BCE} = \Delta p_{BDE} \tag{11.15}$$

依据式（11.15），等效管道的压降 Δp_{EQ} 可以写成：

$$\Delta p_{EQ} = K L_E Q^2 / D_E^5 \tag{11.16}$$

其中 K 是一个常数，其值取决于液体本身属性。

则式（11.16）可以转换成：

$$K L_E Q^2 / D_E^5 = K L_{BC} Q_{BC}^2 / D_{BC}^5 = K L_{BD} Q_{BD}^2 / D_{BD}^5 \tag{11.17}$$

简化之后，得到：

$$L_E Q^2 / D_E^5 = L_{BC} Q_{BC}^2 / D_{BC}^5 = L_{BD} Q_{BD}^2 / D_{BD}^5 \tag{11.18}$$

假设每个回路的长度与等效长度相同，则可以进一步简化为：

$$L_{BC} = L_{BD} = L_E \tag{11.19}$$

则得到：

$$Q^2 / D_E^5 = Q_{BC}^2 / D_{BC}^5 = Q_{BD}^2 / D_{BD}^5 \tag{11.20}$$

将式（11.20）中的 Q_{BC} 代替 Q_{BD}，则得到：

$$Q^2 / D_E^5 = Q_{BC}^2 / D_{BC}^5 \tag{11.21}$$

以及

$$Q_{BC}^2 / D_{BC}^5 = (Q - Q_{BC}) / D_{BD}^5 \tag{11.22}$$

根据式（11.21）和式（11.22）可以求解两个流量 Q_{BC} 和 Q_{BD}，以及依据已知的 Q、D_{BC} 和 D_{BD} 求解得到等效直径 D_E。

下面的例子可以说明并联管线系统的等效直径方法。

【例 11.4】液体管线中的并联管线。一个与图 11.3 所示类似的位于水平面上的输水并联管道系统，有关数据如下：

$$流量\ Q = 2000\text{gal/min}$$

AB 管段长度 4000ft、内径 15.5in，BCE 管段长度 8000ft、内径 12in，BDE 管段长度 6500ft、内径 10in，EF 管段长度 3000ft、内径 15.5in。

（1）计算通过每个并联管道的流量，以及 B 点和 E 点之间 5000ft 长的单管的等效直径，以代替两个并联管道的直径。

（2）确定起点 A 处所需的压力，使得在终点 F 处提供 50psi（表）的输送压力。取 Hazen – Williams 方程的系数 $C = 120$。

解：

$$Q_1 + Q_2 = 2000$$

$$Q_1^2 L_1 / D_1^5 = Q_2^2 L_2 / D_2^5$$

其中下标 1 和 2 分别代表支管 BCE 和 BDE。

$$(Q_2 / Q_1)^2 = (D_2 / D_1)^5 (L_1 / L_2) = (10/12)^5 \times (8000/6500)$$

$$Q_2 / Q_1 = 0.7033$$

求解得到：

$$Q_1 = 1174\text{gal/min}$$

$$Q_2 = 826\text{gal/min}$$

5000ft 长的单管的等效直径的计算如下：

$$2000^2 \times 5000 / D_E^5 = 1174^2 \times 8000 / 12^5$$

得：

$$D_E = 13.52\text{in}$$

因此，B 点和 E 点之间可用一条等效直径为 13.52in、长度为 5000ft 的管道来代替原并联管道。

11.2.2　天然气管线中的并联管线

与前一节中液体管线的并联管线相似，气体管线系统也可以有并联管线或环路。计算每段气体管线的并联管线的压降，方法只是稍有不同。

根据并联管线的原则 2，BCE 管段中的压降必须等于 BDE 管段中的压降，这是因为这两段支管线有共同的起点 B 和终点 E，因此支管 BCE 和 BDE 的压降等于 $p_B - p_E$。

因此，可以写出：

$$\Delta p_{BCE} = \Delta p_{BDE} = p_B - p_E \tag{11.23}$$

Δp 代表压降；Δp_{BCE} 是支管 BCE 的直径、长度以及流量 Q_1 的函数；同样，Δp_{BDE} 是支管 BCE 直径、长度以及流量 Q_2 的函数。

为了计算并联管线中的压降，首先要确定在 B 节点的分流，已知 Q_1 和 Q_2 之和必须等

于给定的输入流量 Q；如果 BCE 和 BDE 管段的长度和内径相等，可得出结论两段支管的流量平分相等。

因此，对于相同的管道回路有：

$$Q_1 = Q_2 = \frac{Q}{2} \tag{11.24}$$

为了进一步说明，假定一个给定的流量 Q 和一个在管道终点下指定的交付压力（p_F），计算最后的 EF 管段所需的压力。可使用通用流动方程，用 p_E 取代上游压力。通过计算 p_E，可考虑一条管线循环如 BCE，上游压力 $p_1 = p_B$，下游压力 $p_2 = p_E$。

这种计算只有在完全相同的管路才正确。否则，通过支管线 BCE 和 BDE 的流量 Q_1 和 Q_2 并不相等。从计算出的 p_E 值，现在管段 AB 可应用通用流动方程，流量为 Q，下游压力 $p_2 = p_E$，可算出上游压力 p_1。

现在考虑管路不相同的情况。这意味着，管段 BCE 和 BDE 的长度和直径不同。这种情况下，必须通过平衡每一段支管的压降，确定这两个支管的分流量。因为 Q_1 和 Q_2 是两个未知数，用流量守恒原理和共同压降原则确定 Q_1 和 Q_2 的数值。采用通用流动方程进行计算。

支管 BCE 中因摩擦产生的压降可通过以下公式计算得出：

$$p_B^2 - p_E^2 = \frac{K_1 L_1 Q_1^2}{D_1^5} \tag{11.25}$$

式中　K_1——取决于气体特性如气体温度等的常数；
　　　L_1——支管 BCE 的长度；
　　　D_1——支管 BCE 的内径；
　　　Q_1——通过支管 BCE 的流量。
其他符号的含义同前文。

K_1 是一个取决于气体性质、气体温度和基础压力的参数，且平行管道系统中支管 BCE 和 BDE 的基础温度相同。因此将其视为一个支管到支管的之间的常数。

同理，支管 BDE 中因摩擦产生的压降可通过以下公式计算得出：

$$p_B^2 - p_E^2 = \frac{K_2 L_2 Q_2^2}{D_2^5} \tag{11.26}$$

式中　K_2——与 K_1 类似的常数；
　　　L_2——支管 BDE 的长度；
　　　D_2——支管 BDE 的内径；
　　　Q_2——通过支管 BDE 的流量。
其他符号的含义同前文。

在式（11.25）和式（11.26）中，常数 K_1 和 K_2 相等，因为它们不由支管 BCE 和 BDE 的直径或长度决定。

结合这两个等式，可以对通过每个支管的压降有如下描述：

$$\frac{L_1 Q_1^2}{D_1^5} = \frac{L_2 Q_2^2}{D_2^5} \tag{11.27}$$

进一步简化后可得到流量 Q_1 和 Q_2 之间的关系：

$$\frac{Q_1}{Q_2} = \left(\frac{L_2}{L_1}\right)^{0.5} \left(\frac{D_1}{D_2}\right)^{0.5} \tag{11.28}$$

结合式（11.27）和式（11.28），可以求得流量 Q_1 和 Q_2。

为了说明这一点，考虑入口流量 $Q = 100 \times 10^6 \mathrm{ft}^3/\mathrm{d}$ 以及支管的数据如下：支管 BCE 长度 $L_1 = 10 \mathrm{mile}$、内径 $D_1 = 15.5 \mathrm{in}$，支管 BDE 长度 $L_2 = 15 \mathrm{mile}$、内径 $D_1 = 13.5 \mathrm{in}$。

根据式（11.24），有：

$$Q_1 + Q_2 = 100$$

由式（11.28），得到两个流量的比值为：

$$\frac{Q_1}{Q_2} = \left(\frac{15}{10}\right)^{0.5} \left(\frac{15.5}{13.5}\right)^{0.5} = 1.73$$

根据上述两式求解 Q_1 和 Q_2，得：

$$Q_1 = 63.37 \times 10^6 \mathrm{ft}^3/\mathrm{d}$$

$$Q_2 = 36.63 \times 10^6 \mathrm{ft}^3/\mathrm{d}$$

一旦算出了 Q_1 和 Q_2 的值，就可以很容易地计算出支管 BCE 和 BDE 的共同压降。

并联管线计算压降的另一种方法是使用等效直径。该方法中，以一定长度的当量直径管道替代管线回路 BCE 和 BDE。等效直径的管道可采用通用流动方程计算。有着相同压降 Δp 的等效管线用来替换两段支管，其直径为 D_e，长度和其中一条支管相同，比如说 L_1。

因为流量为 Q 时等效直径管的压降和任何一条支管都相同，可计算如下：

$$p_B^2 - p_E^2 = \frac{K_e L_e Q^2}{D_e^5} \tag{11.29}$$

由式（11.24）有 $Q = Q_1 + Q_2$，式中 K_e 表示在管道流量 Q 下长度为 L_e 的当量直径管道的常数。$p_B^2 - p_E^2$ 的值与每个支管对应的值分别相等，由此可得到：

$$\frac{K_1 L_1 Q_1^2}{D_1^5} = \frac{K_2 L_2 Q_2^2}{D_2^5} = \frac{K_e L_e Q^2}{D_e^5} \tag{11.30}$$

并且令 $K_1 = K_2 = K_e$，$L_e = L_1$，将式（11.30）简化成如下形式：

$$\frac{L_1 Q_1^2}{D_1^5} = \frac{L_2 Q_2^2}{D_2^5} = \frac{L_1 Q^2}{D_e^5} \tag{11.31}$$

依据式（11.30）和式（11.31），求解等效直径 D_e：

$$D_e = D_1 \left[\left(\frac{1 + \mathrm{Const}_1}{\mathrm{Const}_1}\right)^2\right]^{1/5} \tag{11.32}$$

其中

$$\text{Const}_1 = \sqrt{\left(\frac{D_1}{D_2}\right)^5 \frac{L_2}{L_1}} \tag{11.33}$$

单个流量 Q_1 和 Q_2 的计算公式为:

$$Q_1 = \frac{Q\text{Const}_1}{1 + \text{Const}_1} \tag{11.34}$$

$$Q_2 = \frac{Q}{1 + \text{Const}_1} \tag{11.35}$$

为了说明等效直径法,考虑入口流量 $Q = 100 \times 10^6 \text{ft}^3/\text{d}$ 以及支管的数据如下:支管 BCE 长度 $L_1 = 10\text{mile}$、内径 $D_1 = 15.5\text{in}$;支管 BDE 长度 $L_2 = 15\text{mile}$、内径 $D_1 = 13.5\text{in}$。

根据式 (11.33),有:

$$\text{Const}_1 = \sqrt{\left(\frac{15.5}{13.5}\right)^5 \frac{15}{10}} = 1.73$$

根据式 (11.32),有:

$$D_e = 15.5 \left[\left(\frac{1 + 1.73}{1.73}\right)^2\right]^{1/5} = 18.6\text{in}$$

因此,NPS 16 和 NPS 14 的平行管道可由内径为 18.6in 的等效管道代替。

接下来,计算两条平行管道中的流速,有:

$$Q_1 = \frac{100 \times 1.73}{1 + 1.73} = 63.37 \times 10^6 \text{ft}^3/\text{d}$$

以及

$$Q_2 = 36.63 \times 10^6 \text{ft}^3/\text{d}$$

算出等效直径 D_e 之后,可通过等效管径的总流量 Q 计算出平行管段的压降。

【例 11.5】气体管线。如图 11.3 所示有两条并联管道组成的气体管道,以 $100 \times 10^6 \text{ft}^3/\text{d}$ 的流量运行。第一个管段 AB 长 12mile、NPS 16、壁厚 0.250in;BCE 环路长 24mile、NPS 14、壁厚 0.250in;BDE 环路长 16mile,NPS 12、壁厚 0.250in;最后一段 EF 长 20mile、NPS 16、壁厚 0.250in。假设气体相对密度为 0.6,计算 F 点处的出口压力、管道回路起点和终点的压力以及通过它们的流量。A 点入口压力 $p_A = 1200\text{psi}$(表),气体流动温度为 80℉,基础温度为 60℉,基础压力为 14.73psi(绝)。压缩系数 $Z = 0.92$。取通用流动方程中的 Colebrook 摩擦系数 $f = 0.015$。

解:

由式 (11.28),经过两个回路的流量之比值为:

$$\frac{Q_1}{Q_2} = \left(\frac{16}{24}\right)^{0.5}\left(\frac{14 - 2 \times 0.25}{12.75 - 2 \times 0.25}\right)^{0.5} = 1.041$$

且由式（11.24），有：

$$Q_1 + Q_2 = 100$$

求解 Q_1 和 Q_2，得到：

$$Q_1 = 51.0 \times 10^6 \text{ft}^3/\text{d}, Q_2 = 49.0 \times 10^6 \text{ft}^3/\text{d}$$

接下来，考虑到第一个管段 AB，将根据 A 点处的入口压力 1200psi（表），使用通用流动方程计算 B 点处的压力。

$$10 \times 10^6 = 77.54 \times \frac{1}{\sqrt{0.015}} \times \frac{520}{14.73} \times \left(\frac{1214.73^2 - p_2^2}{0.6 \times 540 \times 12 \times 0.9} \right)^{0.5} \times 15.5^{2.5}$$

求解 B 点处的压力，得到：

$$p_2 = 1181.33\text{psi}（绝） = 1166.6\text{psi}（表）$$

这是环路部分管段起始点 B 处的压力。接下来，以 B 点处压力 1181.33psi（绝）为起始压力，考虑通过 NPS 14 管道的流量为 $51 \times 10^6 \text{ft}^3/\text{d}$，计算支管 BCE 中 E 点处的出口压力。

依据通用流动方程，可以得到：

$$51 \times 10^6 = 77.54 \times \frac{1}{\sqrt{0.015}} \times \frac{520}{14.73} \times \left(\frac{1181.33^2 - p_2^2}{0.6 \times 540 \times 24 \times 0.92} \right)^{0.5} \times 13.5^{2.5}$$

求解 E 点处的压力，得到：

$$p_2 = 1145.63\text{psi}（绝） = 1130.9\text{psi}（表）$$

现在采用等效直径法计算压力。
由式（11.33），有：

$$\text{Const}_1 = \sqrt{\left(\frac{13.5}{12.25} \right)^5 \frac{16}{24}} = 1.041$$

由式（11.32），计算等效直径为：

$$D_e = 13.5 \left[\left(\frac{1 + 1.041}{1.041} \right)^2 \right]^{1/5} = 17.67\text{in}$$

因此，可以用一条长度为 24mile 长、内径为 17.67in、流量为 $100 \times 10^6 \text{ft}^3/\text{d}$ 的单条管道代替 B 点和 E 点之间的两条支管。

在前面已经计算出 B 点处的压力：

$$p_2 = 1181.33\text{psi}（绝）$$

依据这个压力，可以计算等效管径下 E 点处的下游压力，有：

$$100 \times 10^6 = 77.54 \times \frac{1}{\sqrt{0.015}} \times \frac{520}{14.73} \times \left(\frac{1181.33^2 - p_2^2}{0.6 \times 540 \times 24 \times 0.92} \right)^{0.5} \times 17.67^{2.5}$$

求解 E 点处的出口压力，得：

$$p_2 = 1145.60\text{psi(绝)}$$

这与之前计算所得结果几乎一致。

F 点处的压力将与之前计算的压力相同。

因此，使用等效直径法，平行管道 BCE 和 BDE 可以替换为长度为 24mile、内径为 17.67in 的单管。

【例 11.6】 气体管线（SI 单位制）。一条长 60km 的 DN500 的天然气管道。20℃ 时，气体流量为 $5.0 \times 10^6 \text{m}^3/\text{d}$。使用带有修正 Colebrook – White 摩阻系数的通用流动方程。计算输送压力为 4 MPa（绝）时的入口压力。管道粗糙度为 0.015mm。为了增加通过管道的流量，整条管线都采用壁厚 12mm、公称通径 DN 500 的管子。在同样的输送压力下，计算气体流量为 $8.0 \times 10^6 \text{m}^3/\text{d}$ 时的输送压力。气体相对密度为 0.65，黏度为 0.000119 泊。压缩系数 $Z = 0.88$。基础温度为 15℃，基础压力为 101kPa。如果入口压力和出口压力与之前保持相同，则应将管道的长度调整为多少才能实现流量的增加？

解：

$$\text{管道内径 } D = 500 - 2 \times 12 = 476\text{mm}$$

$$\text{流量 } Q = 5.0 \times 10^6 \text{ m}^3/\text{d}$$

$$\text{基础温度 } T_b = 15 + 273 = 288\text{K}$$

$$\text{气体温度 } T_f = 20 + 273 = 293\text{K}$$

$$\text{输送压力 } p_2 = 4\text{MPa}$$

计算雷诺数：

$$Re = 0.5134 \times \frac{101}{288} \times \frac{0.65 \times 5 \times 10^6}{0.000119 \times 476} = 10330330$$

依据修正的 Colebrook – White 方程，传输系数为：

$$F = -4 \lg\left(\frac{0.015}{3.7 \times 476} + \frac{1.4125F}{10330330}\right)$$

经过逐次迭代求解，得到：

$$F = 19.80$$

接下来运用通用流动方程计算入口压力，有：

$$5 \times 10^6 = 5.747 \times 10^{-4} \times 19.80 \times \frac{273 + 15}{101} \times \left(\frac{p_1^2 - 4000^2}{0.65 \times 293 \times 60 \times 0.88}\right)^{0.5} \times 476^{2.5}$$

求解入口压力，得：

$$p_1 = 5077\text{kPa(绝)} = 5.08\text{MPa(绝)}$$

因此，流量为 $5 \times 10^6 \text{m}^3/\text{d}$ 时入口压力为 5.08MPa。

接着计算在流量为 $8 \times 10^6 \mathrm{m^3/d}$ 时，长度 60km、DN500 管道的新的入口压力。

因为该回路的尺寸与主管线相同，各平行支管段分担的流量将为总流量的一半，即 $4 \times 10^6 \mathrm{m^3/d}$。

计算流经其中一个回路的流体的雷诺数：

$$Re = 0.5134 \times \frac{101}{288} \times \frac{0.65 \times 4 \times 10^6}{0.000119 \times 476} = 8264264$$

依据修正的 Colebrook - White 方程，传输系数为：

$$F = -4 \lg\left(\frac{0.015}{3.7 \times 476} + \frac{1.4125F}{8264264}\right)$$

经过逐次迭代求解，得到：

$$F = 19.70$$

保持同之前一样的输送压力（4MPa），采用通用流动方程计算入口压力：

$$4 \times 10^6 = 5.747 \times 10^{-4} \times 19.70 \times \frac{273 + 15}{101} \times \left(\frac{p_1^2 - 4000^2}{0.65 \times 293 \times 60 \times 0.88}\right)^{0.5} \times 476^{2.5}$$

求解入口压力，得：

$$p_1 = 4724\mathrm{kPa(绝)} = 4.72\mathrm{MPa(绝)}$$

因此，在流量为 $8 \times 10^6 \mathrm{m^3/d}$ 时整个管道的入口压力为 4.72MPa。

接下来，保持入口压力和出口压力分别为 5077kPa 和 4000kPa，在新的流量为 $8 \times 10^6 \mathrm{m^3/d}$ 的情况下，假设整个管道从入口处起长度为 Lkm。要计算出 L 的值，首先得计算出管道回路终点处的压力。由于每条平行管道分担 $4 \times 10^6 \mathrm{m^3/d}$ 的流量，此时的计算要用到之前计算得出的雷诺数和传输系数。

$$Re = 8264264, F = 19.70$$

根据通用流动方程，计算长为 Lkm 的管道回路末端处出口压力，有：

$$4 \times 10^6 = 5.747 \times 10^{-4} \times 19.70 \times \frac{273 + 15}{101} \times \left(\frac{5077^2 - p_2^2}{0.65 \times 293 \times L \times 0.88}\right)^{0.5} \times 476^{2.5}$$

求解出压力与回路长度相关，得：

$$p_2^2 = 5077^2 - 105291.13L \tag{11.36}$$

接下来，对长度为 $(60 - L)$ km 的管段应用通用流量方程，该管段的流量为 $8 \times 10^6 \mathrm{m^3/d}$。

流量为 $8 \times 10^6 \mathrm{m^3/d}$ 时流体的雷诺数为：

$$Re = 0.5134 \times \frac{101}{288} \times \frac{0.65 \times 8 \times 10^6}{0.000119 \times 476} = 16528528$$

依据修正的 Colebrook - White 方程，传输系数为：

$$F = -4\lg\left(\frac{0.015}{3.7 \times 476} + \frac{1.4125F}{16528528}\right)$$

经过逐次迭代求解，得到：

$$F = 19.96$$

采用通用流动方程计算长度为（60 − L）km 管段的入口压力，有：

$$8 \times 10^6 = 5.747 \times 10^{-4} \times 19.96 \times \frac{273 + 15}{101} \times \left[\frac{(p_2^2 - 4000^2)}{0.65 \times 293 \times (60 - L) \times 0.88}\right]^{0.5} \times 476^{2.5}$$

简化后得到：

$$p_2^2 = 4000^2 + 410263.77(60 - L) \tag{11.37}$$

依据式（11.36）和式（11.37），消去 p_2，求解 L，有：

$$5077^2 - 105291.13L = 4000^2 + 410263.77(60 - L)$$

得：

$$L = 48.66\text{km}$$

因此，长度 60km 的管线，其中 48.66km 必须要用平行管路，管线入口的流量为 $8 \times 10^6 \text{m}^3/\text{d}$，这样入口和出口的压力才会相同，和之前流量为 $5 \times 10^6 \text{m}^3/\text{d}$ 时同理。

如果在管线下游终点安装环管段会有影响吗？结果会一样吗？下一节，来探讨安装管道环路的最佳位置。

11.3 安装管道环路：输气管线

前面的例子中，可看出环路管段对整条管线减少压降和增加流量的效果。还探讨了管道环路的一部分，从上游端开始。如何确定管道环路最佳地点？应该建在管线的上游、下游或是管线的中间部分？分析如下。

3 套方案如图 11.4 所示。

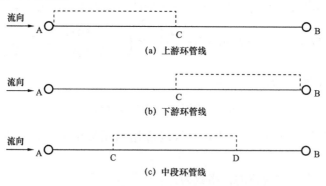

图 11.4 环路位于管线不同位置时的情形

图 11.4（a）所示为一段长度为 L 的管线，有 X mile 长的环管线，起点为上游的 A 点。图 11.4（b）所示为相同长度 X 的环管线，但位于下游的 B 点。图 11.4（c）显示环管线

在管线的中段。为了解题方便，假设这三条环管线只要长度相同，建设成本都是一样的。

　　为了确定最优情况，必须要了解管线从入口到出口的距离不同，压降也不同。研究发现，如果气体的温度全程是恒定的，上游环管线的压降比下游环管线压力的降低，速度要慢。因此，下游段的压降比上游段大。为了降低整体压降，环管线要建在上游，前提是气体温度在整条管线是恒定的。

　　现实中，由于气体流动和周围的土壤之间（埋地管线）或外部空气（地面管线）的传热，管输气体的温度将沿管线发生变化。如果管线入口处气体温度高于周围的土壤温度（埋地管线），天然气的热量会传导给土壤，从管线入口到管线出口的温度会下降。如果在管线入口压缩气体，气体温度要比压缩机站的下游土壤温度高很多。热的气体会导致更高的压降（从通用流动方程可看出压力随气体流量和温度变化）。这种情况下，上游段和下游段相比有更大的压降。因此，考虑热传导的影响，环管路应建在上游以获得最大效益。如图 11.4（c）中在该管线中间段建管道环路不可行。因此可得出结论，如果气体的温度沿整条管线是恒定的，应在管线下游建管道环路，如图 11.4（b）所示。如考虑热量的传导和气体温度沿管线的变化，建管道环路的更好位置在上游端，如图 11.4（a）所示。

　　环管线将在第 14 章有更多的讨论，来看几个案例和管线的经济学问题。

第 12 章 仪表和阀门

本章将讨论用于检测管输液体的各种方法和工具，介绍计算液体流速和流量的公式，压力仪读数及其局限性，以及常用仪表能达到的精度等内容。目前研究的重点是流量的计量，以改进仪表的精度，特别是产品交接计量的时候。

12.1 背景

对液体和固体流量的计量已有几个世纪的历史。在古代，罗马人使用特定的流量计进行从沟渠向城市的房屋供水的计量，以控制用水量，防止浪费。同样地，古代中国人用制盐工艺中的卤锅来进行盐水计量。后来，商品必须要经过计量再进行分配，便于最终用户为其付费。现代社会，加油站计量加油量，用户再根据加油量付费；自来水公司用水表计量住户的用水量；居民和工业用户的天然气用量用燃气表计量。所有这些，目的都是确保供应商和用户在约定的价格下收费或付费。此外，工业生产中，为特定生产目的取得工艺的最佳效果，经常需要精确计量一定量的液体和气体。多数情况下，消费者、特定的监管或公共机构（如计量部门）会有定期检查计量装置以确保其精确度的需求或要求，如有必要，还会对照极其精确的主设备对计量仪表进行校准。

12.2 流量计

有多种仪表可测量液体在管线中的流速。有些仪表测流速，有些仪表直接测量体积流量或质量流量。以下是在管线行业中常用的流量计：
（1）文丘里流量计；
（2）流量喷嘴；
（3）孔板流量计；
（4）流量管；
（5）转子流量计；
（6）涡轮流量计；
（7）涡街流量计；
（8）磁性流量计；
（9）超声波流量计；
（10）容积式流量计；
（11）质量流量计；
（12）皮托管。

前 4 种仪表被称为可变压头流量计，因为流速是按仪表上的压降测定的，压降随流动变化。最后一种，皮托管，实际测量的是液体的流速，故也称为测速探头。从测量出的速度，利用质量守恒方程可计算出流量：

$$质量流量 = 流速 \times 密度 = 面积 \times 速度 \times 密度 \tag{12.1}$$

或

$$M = Q\rho = Av\rho$$

由于液体密度实际上是恒定的，因此作如下描述：

$$Q = Av \tag{12.2}$$

式中 A——流体横截面积；

v——流速；

ρ——液体密度。

下文将讨论常见仪表有关的工作原理和公式。

12.3 文丘里流量计

文丘里流量计，也叫文丘里管，属于可变压头流量计的范畴。其工作原理如图 12.1 所示。图中的文丘里计为赫歇尔型，从主管段平滑过渡逐渐收缩变窄，之后再恢复到原始的管径。

从主管段到喉颈段逐渐收缩的角度范围一般为 $21° \pm 2°$。同样地，对于这种设计的文丘里流量计，从喉颈段逐步扩展到主管段，角度范围为 $5° \sim 15°$。这样的设计使能量损失最小化，泄放系数（稍后介绍）接近 1.0。这种类型的文丘里管径为 $4.0 \sim 48\text{in}$。喉颈段直径可能略有差异，但喉颈段直径和主管段直径之比（d/D），也被称为孔径比（β），范围在 $0.30 \sim 0.75$ 之间。

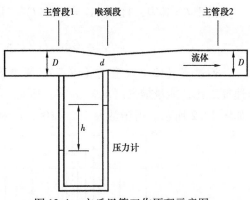

该仪表主管段的流体压力为 p_1，喉颈段的压力为 p_2。

图 12.1 文丘里管工作原理示意图

因为流量是恒定的（$Q = Av$，当流体流经喉颈段时流速会提高。根据伯努利方程，在喉颈段的流速增大，压力减小。当流量继续增加，压力持续减小，节流面积增大导致流速减小，相应的液体压力增大到高于喉颈段的压力。

基于质量守恒方程 [式 (12.1)]，可用伯努利方程、连续性方程计算得到流量。

如果将主管段 1 和喉颈段作为参照面，并对这两段应用伯努利方程，可以得到：

$$p_1/\gamma + v_1^2/(2g) + Z_1 = p_2/\gamma + v_2^2/(2g) + Z_2 + h_\text{L} \tag{12.3}$$

且根据连续性方程，有：

$$Q = A_1 v_1 = A_2 v_2 \tag{12.4}$$

式中 γ——液体相对密度；

h_L——主管段 1 和主管段 2 之间由于摩擦引起的压降。

简化这些方程可以得到：

$$v_1 = \sqrt{\left[2g(p_1 - p_2)/\gamma + (Z_1 - Z_2) - h_L\right]/\left[(A_1/A_2)^2 - 1\right]} \quad (12.5)$$

即使文丘里管垂直放置，由于高度差引起的压力差 $Z_1 - Z_2$ 也是可以忽略不计的。这里可舍去摩擦损失项 h_L 并用一个流量系数 C 包含这一项，那么式（12.5）可以改写成：

$$v_1 = C\sqrt{\left[2g(p_1 - p_2)/\gamma\right]/\left[(A_1/A_2)^2 - 1\right]} \quad (12.6)$$

上述公式给出了液体在主管段 1 中的流速。类似地，依据式（12.4），流体在喉颈段的流速 v_2 可通过式（12.7）计算：

$$v_2 = C\sqrt{\left[2g(p_1 - p_2)/\gamma\right]/\left[1 - (A_2/A_1)^2\right]} \quad (12.7)$$

那么根据式（12.4），体积流量 Q 为：

$$Q = A_1 v_1$$

因此

$$Q = CA_1\sqrt{\left[2g(p_1 - p_2)/\gamma\right]/\left[(A_1/A_2)^2 - 1\right]} \quad (12.8)$$

由于 $\beta = d/D$，且 $A_1/A_2 = (D/d)^2$，因此可以将 β 值代入式（12.8），得到：

$$Q = CA_1\sqrt{\left[2g(p_1 - p_2)/\gamma\right]/\left[(1/\beta)^4 - 1\right]} \quad (12.9)$$

通过式（12.5）至式（12.7），流量系数 C 实际代表流体通过文丘里管的速度和理想速度之比，能量损失（h_L）为零。因此，C 小于 1。C 的数值取决于主管段 1 的雷诺数，如图 12.2 所示。雷诺数大于 2×10^5，C 的值保持恒定在 0.984。

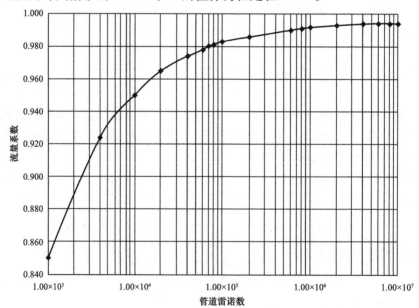

图 12.2　文丘里管流量计的流量系数

对于直径 2 ~ 10in 的尺寸较小的管线，比起更大的粗糙的铸造仪表，经过加工的文丘里管有更好的表面光洁度。这些小尺寸的文丘里管的 C 值为 0.995，雷诺数大于 2×10^5。

12.4　流量喷嘴

典型的流量喷嘴由三部分组成：首先是主管段 1，其次是过流面积逐渐减少的短圆柱段，最后扩展到主管段 3，如图 12.3 所示。

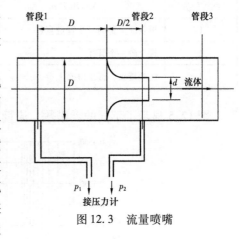

图 12.3　流量喷嘴

美国机械工程师协会（ASME）、国际标准化组织已经定义了这些流量喷嘴的几何形状和适用方程。因为从主管段直径 D 到喷嘴直径 d 逐步收缩，管段 1 和管段 2 之间的能量损失很小。流量喷嘴可使用的方程从式（12.6）到式（12.8），与文丘里管相同。雷诺数在 10^6 以上时，流量喷嘴的流量系数 C 为 0.99 或更好。雷诺数较低时，通过狭窄段之后由于管径突然扩展，会发生较大的能量损失，因此 C 值较低。

根据孔径比 β 和雷诺数，流量系数 C 可从式（12.10）计算：

$$C = 0.9975 - 6.53 \sqrt{(\beta/R)} \qquad (12.10)$$

其中

$$\beta = d/D$$

且 R 是基于管子直径 D 的雷诺数。

与文丘里管相比，流量喷嘴结构上更紧凑，因为它不需要直径逐渐减小的过渡段，以及从喉颈段到主管的尺寸逐渐扩大段。不过，会有较大的能量损失（压头损失），因为流量喷嘴直径突然扩大到主管直径，对比在文丘里管的逐渐扩大，会产生更大的湍流和涡流。

12.5　孔板流量计

孔板流量计由一块平板和一个精密加工的锋利的孔组成，同心放置在管中，如图 12.4 所示。液体流经管线时，接近孔隙时流量突然变小，通过孔隙恢复正常直径后又突然变大。这形成了缩流断面或流颈。缩流断面时流量的减少导致速度增大，从而降低了在狭窄段的压力，类似此前讨论的文丘里管。

使用此前用于文丘里管和喷嘴的方程，根据管段 1 与管段 2 的压力差，可测量流体流量。因为通过突然收缩的节流孔后又急剧扩张，孔板流量计的流量系数 C 比文丘里流量计或流量喷嘴低得多。此外，根据不同的

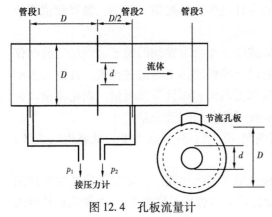

图 12.4　孔板流量计

试压位置，管段 1 与管段 2 处的流量系数是不同的。

孔板流量计有 3 种可能的试压位置，见表 12.1。

表 12.1　孔板流量计测压口

试压位置	入口压力 p_1	出口压力 p_2
1	板表面上游的一个管道直径	进口下游的一半管道直径
2	板上游一个管径	缩颈
3	法兰接头，板出口面上游 1in	法兰接头，下游 1in

图 12.5 显示了不同的雷诺数、流量系数 C 值和孔径比 β（d/D）的各种变化。

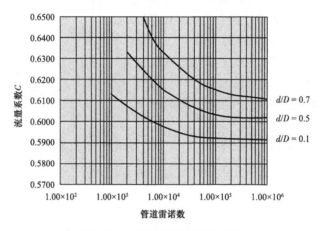

图 12.5　孔板流量计流量系数

比较前面所讨论的三种流量计，可得出结论：孔板由于突然收缩随后突然扩大，能量损失最大；文丘里管与流量喷嘴相比，能量损失较小。

流管是专有的可变压头流量计，设计造成的能量损失最少。各公司都有自己专属版权设计。

12.6　涡轮流量计

涡轮流量计可用于各种场合。食品工业用它来计量牛乳、奶酪、奶油、糖浆和植物油等。涡轮流量计也在石油工业中广泛应用。

基本的涡轮流量计是一个速度测量仪。液体流经一个自由转动的转子，同轴安装在仪表上。仪表的上游和下游，要有一定长度的直管段，确保液体平稳通过仪表。液体撞击转子使其旋转，转速与流速成正比。由测出的转速和流动面积可计算出流量。涡轮流量计必须进行校准，因为流量取决于摩擦与湍流情况和转子部分的制造公差。

对于黏度接近于水的黏度的液体，流速范围是 10∶1；对于高黏度、低黏度的液体，流速范围降到 3∶1。密度的影响与黏度类似。

使用涡轮流量计需要前后有直管段。直管段有助于消除涡流。上游直管段长度要达到 10D，其中 D 是管线直径。流体经过涡轮流量计之后的直管段长度为 5D。涡轮流量计分两段式和三段式，取决于仪表配件的数量。必须遵循美国石油学会（API）的石油计量标准手册进行液体流量的计量。此外，必须安装旁通管件以隔离仪表，便于其维修保养。交接计量时要连续进行流量的计量，如果主表被取出进行测试维修，旁通管件上要有完整的备用仪表。

流动温度下的计量，基准温度（如 60℉）下的流量用以下公式计算：

$$Q_b = Q_f M_f F_t F_p \tag{12.11}$$

式中　Q_b——基准工况下的流量，如温度为 60℉，压力为 14.7psi；

　　　Q_f——操作工况下的测量流量，如温度为 80℉，压力为 350psi；

　　　M_f——仪表校正系数，基于仪表校正数据，用于校正仪表读数；

　　　F_t——温度校正系数，用于将流动温度校正为基准温度；

　　　F_p——用于将流动压力校正为基准压力的压力校正系数。

12.7　容积式流量计

容积式流量计，也称为 PD 表，最常用于测量住宅的水和天然气消费量。PD 表可以很好地测量小流量。当在稳定流动的管道中需要保持高精确度时，就会使用这些仪表。PD 表在 20∶1 的流量范围内可精确到 ±1%。它们适用于批量输送，及清洁、无沉淀和无腐蚀性混合的液体。

PD 表的工作原理是，测量容器中固定数量的流体，流体不断地流入和排出，根据排出流体体积进行流量累计并显示。当液体流过流量计时，流量计内会有一定的压降，这是一个内部几何函数。PD 表不需要涡轮流量计的那种叶片结构，因此其结构更为紧凑。然而，与涡轮流量计相比，PD 表体积更大也更重。此外，当停输和重新启动时，可能发生仪表干扰。这就需要某种形式的旁通管道与阀门，以防止压力上升损坏仪表。

PD 表的精度取决于运动部件与静止部件之间的间隙。因此，精密机械零件必须保持精度。PD 表不适合于泥浆或液体悬浮颗粒物的流量测量，这些颗粒会堵塞组件并对仪表造成损坏。PD 表有往复活塞式、旋转盘式、旋转活塞、滑片式和旋转叶片式等几种形式。

现代的许多石油设施使用 PD 表来测量原油和成品油。这些表都必须定期进行校准以确保准确的流量测量。石油工业中使用的大多数 PD 表都会利用主表（即仪表校验系统，它作为一个固定的单元安装在 PD 仪上）进行定期测试，比如每天或每周。

【例 12.1】温度为 70℉时，用一个文丘里管流量计测量水的流速。水流进入直径 6.625in、壁厚 0.250in 的管道，管子的喉部直径为 2.4in。文丘里管为 Herschel 型，是一个带有水银压力计的粗糙铸件。压力计读数显示压差为 12.2in Hg。计算管道中水的流速和体积流量。取汞的相对密度为 13.54。

解：

温度为 70℉时，相对密度和黏度分别为 $\gamma = 62.3 \text{lb/ft}^3$，$\nu = 1.05 \times 10^{-5} \text{ft}^2/\text{s}$。

首先假设雷诺数大于 2×10^5。

因此，根据图 12.2，对应的流量系数 C 为 0.984，$\beta = 2.4/(6.625 - 0.5) = 0.3918$，其值在 0.3~0.75 之间。

$$A_1/A_2 = (1/0.3918)^2 = 6.5144$$

根据压力守恒，压力计会给出两点处压力差的读数。

$$p_1 + \gamma_w(y + h) = p_2 + \gamma_w y + \gamma_m h$$

式中 y——文丘里管中心线以下较高汞柱的深度；

γ_w，γ_m——水和汞的相对密度。

简化，得到：

$$(p_1 - p_2)/\gamma_w = (\gamma_m/\gamma_w - 1)h = (13.54 \times 62.4/62.3 - 1) \times 12.2/12 = 12.77\text{ft}$$

那么根据式（12.6），得到：

$$v_1 = 0.984 \sqrt{(64.4 \times 12.7)/(6.5144^2 - 1)} = 4.38\text{ft/s}$$

接着验证雷诺数的值：

$$Re = 4.38 \times (6.125/12)/(1.05 \times 10^{-5}) = 2.13 \times 10^5$$

因为这里雷诺数的值大于 2×10^5，故对 C 的假设是正确的。

$$体积流量 Q = A_1 v_1$$

$$流速 = 0.7854 \times (6.125/12)^2 \times 4.38 = 0.8962\text{ft}^3/\text{s}$$

或

$$流速 = 0.8962 \times (1728/231) \times 60 = 402.25\text{gal/min}$$

【例 12.2】温度为 70℉ 下，用孔板流量计测量管号为 40 的 2in 管道中煤油的流速。孔的直径为 1in。假设经过孔的压差为 0.54psi，计算此时通过孔板流量计的体积流量。煤油的相对密度为 0.815，黏度为 $2.14 \times 10^{-5}\text{ft}^{-2}/\text{s}$。

解：

因为流速取决于流量系数 C，而流量系数 C 又取决于 β 和雷诺数，需要通过反复试算来求解。

管号为 40 的 2in 管道外径为 2.375in、壁厚为 0.154in。

$$\beta = 1.0/(2.375 - 2 \times 0.154) = 0.4838$$

首先，假设流量系数 C 的值（例如 0.61），并根据式（12.6）计算流速。接着计算雷诺数并能够根据图 12.5 得到一个更准确的 C 值。重复该方法几次，将得到更精确的 C 值，并最终得到流速。

$$煤油的密度 = 0.815 \times 62.3 = 50.77\text{lb/ft}^3$$

$$面积比 A_1/A_2 = (1/0.4838)^2 = 4.2717$$

根据式（12.6），得到：

$$v_1 = 0.61\text{sqrt}[(64.4 \times 0.54 \times 144)/50.77]/(4.2717^2 - 1)$$

$$雷诺数\ Re = 1.4588 \times (2.067/12)/(2.14 \times 10^{-5}) = 11742$$

利用此雷诺数的值，再根据图 12.5，可得到流量系数 $C = 0.612$。

因为之前假设 $C = 0.61$，所以与计算得到的 C 值相差不大。在新的 C 值基础上重新计算：

$$v_1 = 0.612\mathrm{sqrt}[(64.4 \times 0.54 \times 144)/50.77]/(4.2717^2 - 1)$$

$$雷诺数\ Re = 1.46 \times (2.067/12)/(2.14 \times 10^{-5}) = 11751$$

这与之前得到的雷诺数的值十分接近。

因此采用最后一次计算得到的值计算流速。

$$体积流量\ Q = A_1 v_1$$

$$流速 = 0.7854 \times (2.067/12)^2 \times 1.46 = 0.034 \mathrm{ft}^3/\mathrm{s}$$

或

$$流速 = 0.034 \times (1728/231) \times 60 = 15.27 \mathrm{gal/min}$$

本章讨论了应用于输气管道的各种类型的阀门和流量计。介绍了阀门的设计、结构规范、结构特点、不同类型阀门的应用及其性能特点，以及气体管道中流量测量的重要性、仪器的准确度、使用的规范和标准。回顾了用于孔板流量计的美国国家标准（ANSI）和 API 标准及美国气体协会（AGA）的公式。由于测量管道中气体流量的一个小误差就会造成几千美元的收入损失，努力改进测量方法是很重要的。因此，天然气运输公司及相关行业一直在研究如何更好地提高流量测量精度。关于气体流量测量的详细讨论，读者可参阅参考书目中列出的出版物。

12.8　阀门的作用

阀门安装在管道和管道系统上，主要有以下几方面的作用：（1）维护管段的隔离；（2）流体流程切换；（3）截断管道中的部分流量；（4）保护管道，防止管道发生破裂时的流体流失。对于输送天然气等可压缩性流体的长输管线，设计规范和监管的要求规定，在一定间距的干线管道上应该设置截断阀。例如，美国运输部 CFR 第 49 部分（第 192 节）要求在 1 级位置上安装干线阀门，阀门之间要相隔 20mile。此前在第 6 章中讨论过。

如图 12.6 所示为典型的设置了干线截断阀的输气管线。

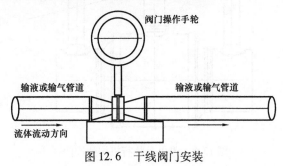

图 12.6　干线阀门安装

12.9 阀门的种类

用于天然气工业管线的各种类型的阀门包括闸阀、球阀、旋塞阀、球阀、蝶阀、截止阀、止回阀、控制阀、安全阀和调压阀。下面的章节将详细讨论。

阀门的连接方式可以是螺纹连接、焊接或法兰连接。天然气工业中，大型阀门一般为焊接连接，阀门由焊接接头连接在管道的任意一侧，防止气体泄漏到大气中。较小尺寸的阀门使用螺纹连接。典型的管口焊接主线路阀门包括管线任意一侧的小阀门，如图 12.7 所示。

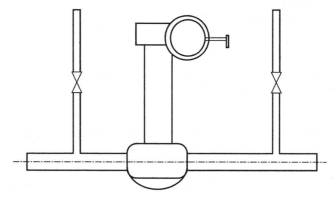

图 12.7 干线截断阀

阀门的操作可采用手动、电动或气动，如图 12.8 所示。

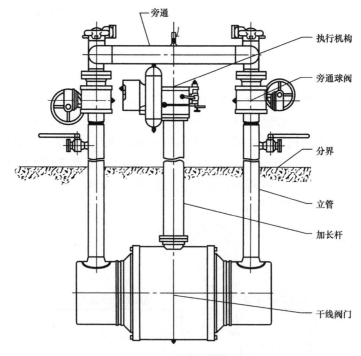

图 12.8 带电动执行机构的阀门

12.10 制造材料

用于燃气管线阀门的钢材和钢构必须符合规范，如 ASME、API 和 ANSI 的标准。某些腐蚀性气体有特殊的性质和需求，可使用特殊的材料。输气管线使用的阀门和管件，其设计和施工需要符合 12.11 节列出的标准和规范。

这里指的是阀门材质和各种阀门的部件，如阀杆、楔、盘等，根据压力等级需求有各种材料。阀门制造商的产品使用一些形式的编码系统。然而，采购的材料必须指定阀门类型和要求的操作条件。下面是一些典型的要求：NPS 12，ANSI 600 法兰端阀门，铸钢，采用 13% 铬，钨铬钴合金饰面，单楔 CS，SS 304 座环，#2308 ABC。

阀门执行机构可由连接在阀杆上的手轮或操纵杆组成。齿轮系统用于较大的阀门。电驱动的阀门在管线系统中很常用。

阀门正常运行条件下的额定压力为内部压力。例如，ANSI 600 指的是安全阀操作压力可达到 1440psi（表）。大多数输气管线运行的压力等级见表 12.2。

如果指定为 ANSI 600 级阀门，阀门生产商必须在更高等级的水压试验中测试压力阀。通常要达到水压阀额定压力的 150%。这比水压试验压力 ［125% 的最大操作压力（MOP）］ 要大，见第 6 章。

表 12.2 ANSI 输气管线运行压力等级

压力等级	允许压力，psi	压力等级	允许压力，psi
150	275	600	1440
300	720	900	2160
400	960	1500	3600

12.11 规范

以下列出了输气管道中阀门和配件在设计施工中使用的适用标准和规范。

ASME B31.8：输气和配气管道系统；

ASME B16.3：可锻铸铁螺纹配件；

ASME B16.5：管道法兰和法兰管件；

ASME B16.9：工厂制造的锻钢对焊配件；

ASME B16.10：阀门结构长度；

ASME B16.11：承插焊及螺纹连接管件；

ASME B16.14：钢铁制管螺塞、衬套和防松螺母；

ASME B16.20：管道法兰用金属垫片；

ASME B16.21：管道法兰用非金属垫片；

ASME B16.25：对焊段；

ASME B16.28：钢制对焊小半径弯头和回头弯；

ASME B16.36：节流孔板法兰；

ANSI B16.5：钢制管法兰及法兰管件；

ANSI/ASTM A182：高温用锻制或轧制合金钢和不锈钢法兰、锻制管件、阀门和部件；

API 593：球墨铸铁旋塞阀；

API 594：对夹式止回阀；

API 595：铸铁闸阀；

API 597：钢制文丘里闸阀；

API 59：钢制旋塞阀；

API 600：钢制闸阀；

API 602：紧凑型铸钢闸阀；

API 603：150 级耐腐蚀闸阀；

API 60：球墨铸铁闸阀；

API 066：紧凑型碳钢闸阀（加长阀体）；

API 609：150psi（表）和 150℉的蝶阀；

API 6D：管道阀门；

MSS DS – 13：耐腐蚀铸造法兰阀门；

MSS SP – 25：阀门、管件、法兰和管接头的标准标记方法。

12.12　闸阀

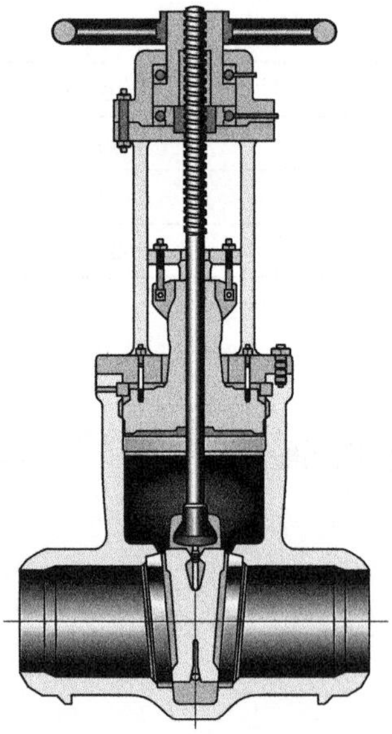

图 12.9　典型闸阀

闸阀通常用于完全截断流体流动，在全开位置，提供全流量通道。因此，它是在全关或全开位置工作。闸板阀由阀体、阀座和阀瓣、主轴和阀盘操作。阀座和闸板一起执行关闭流体流动的作用。一个典型的闸阀如图 12.9 所示。

闸阀通常不适用于调节流量或带压或部分开启状态操作。在这种情况下应该采用旋塞阀或控制阀。必须注意的是，由于闸阀的结构类型，需要转动手轮多次才能完全开启或关闭阀门。当闸阀完全开启时，闸阀的流量阻力和等效长径比（L/D）约为 8。常用阀门和配件的 L/D 由表 12.3 中列出。

石油或天然气中用于干线的闸阀必须全口径或通过管线的设计，以使用于清管或监测管道的刮板或清管器能够顺利通过。这种闸板阀门被称为全通径闸阀或通球闸阀。

表 12.3　阀门和附件等效长径比

名称	L/D	名称	L/D
闸阀	8	直通旋塞阀	18
截止阀	340	三通旋塞阀	30
角阀	55	旋塞支阀	90
球阀	3	摆动式止回阀	50

续表

名称	L/D	名称	L/D
提升止回阀	600	标准支流三通	60
标准弯头：90°	30	斜接弯头：α=0°	2
标准弯头：45°	16	斜接弯头：α=30°	8
长径标准弯头：90°	16	斜接弯头：α=60°	25
标准分流三通	20	斜接弯头：α=90°	60

12.13 球阀

球阀是由一个装有与管道内径相等孔的大球体组成的阀体。当球旋转时，在全开位置，阀门提供流体和刮刀或清管器不受限制流动所需的通管或全孔。与闸阀相比，球阀在全开状态下的流体阻力很小。当全开时，球阀的 L/D 比值约为 3.0。球阀和闸阀一样，一般用于全开或全关位置。典型的球阀如图 12.10 所示。

与闸阀不同，球阀从全开到全闭位置，手轮只需要转 1/4 圈。球阀这种快速开启和关闭的特性，在紧急事件时迅速动作并隔离管段是非常重要的。

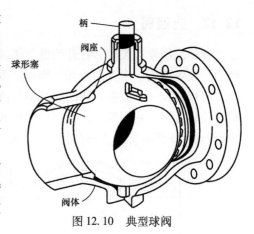

图 12.10 典型球阀

12.14 旋塞阀

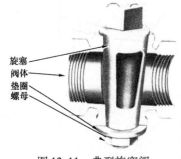

图 12.11 典型旋塞阀

旋塞阀的起源可以追溯到阀门工业的初期。它是一种简单的装置，通过简单的 1/4 的转动手柄来关闭或允许流体在管道中的流动。在这个意义上，它类似于球阀。旋塞阀通常用于螺纹管和小口径管线。旋塞阀可以是手轮操作的，也可以使用扳手或齿轮装置操作。根据设计的不同，这种阀门 L/D 在 18~90 之间。一个典型的旋塞阀如图 12.11 所示。

12.15 蝶阀

蝶阀最初用于不需要绝对紧密关闭的场合。然而，多年来，这些阀门的密封性由橡胶或弹性材料制成，这种密封与其他类型的阀门密封类似，能够提供良好的关闭性能。蝶阀用于空间有限的地方。

与闸阀不同，蝶阀可用于节流或调节流量，也可用于全开和全关状态。过蝶阀的压力损失与闸阀相比很小。这种类型的阀门的 L/D 比大约是闸阀的 1/3。蝶阀用于大尺寸和小尺寸阀门。它们可能是手轮操作或使用扳手或传动机构。典型的蝶阀如图 12.12 所示。

图 12.12 典型蝶阀

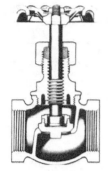

图 12.13　典型截止阀

12.16　截止阀

　　截止阀的命名与其外部形状有关。截止阀适用于手动和自动操作。与闸阀不同，截止阀可用于调节流量或压力以及完全关断流量，也可用作减压阀或止回阀。与闸阀或球阀相比，球阀在全开的位置有相当高的压力损失。这是由于穿过阀流体的流动方向改变。这种类型的阀门的 L/D 比大约是 340。截止阀大小最大到 NPS 16。截止阀通常是手轮操作。典型的截止阀如图 12.13 所示。

12.17　止回阀

　　流体流经常在关闭和打开位置，还具有在下游压力超过了上游压力的时候关闭流动的能力。流体是朝一个方向流动。因此，防止流体通过阀门回流。因为通过阀门的流体流动，可以只在一个方向，止回阀必须是流动的正常方向正确安装。箭头标记在阀体的外侧指示流体方向。止回阀可分为旋启式止回阀和升降式止回阀。止回阀 L/D 比范围从旋启式止回阀的 50 到升降式止回阀的 600。典型的止回阀如图 12.14 所示。

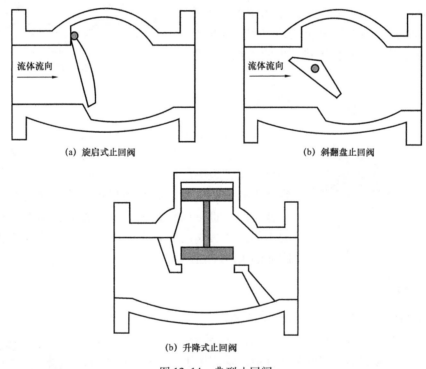

（a）旋启式止回阀　　　　　　　（b）斜翻盘止回阀

（b）升降式止回阀

图 12.14　典型止回阀

12.18　压力控制阀

　　压力控制阀用于自动控制管线中的某一点的压力。在这方面，它类似于一个压力调节

器。而压力调节器通常是用来保持恒定的下游压
力，压力控制阀是用来控制上游压力。上游和下游
是相对于管线上阀门的位置而言的。一般来说，在
控制阀周围安装一个旁路管道系统，以便在紧急情
况下或在控制阀上进行维护工作时隔离控制阀，如
图 12.15 所示。

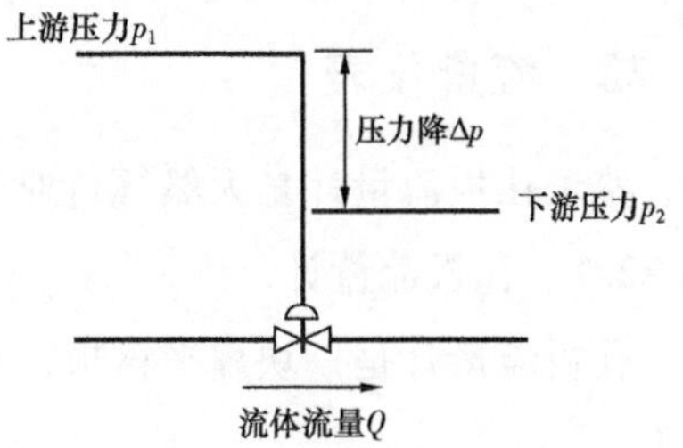

图 12.15　压力控制阀

12.19　压力调节器

压力调节器是一种类似于控制阀的阀门。它的作用是控制或调节管道系统某一段的压
力。例如，在主管道的侧管上，用于向客户输送天然气，客户端可能需要较低的压力。如
果主管道与侧管道连接处的压力为 800psi（表），而客户管道的压力为 600psi（表），则使
用压力调节器将压力降低 200psi（表），如图 12.16 所示。

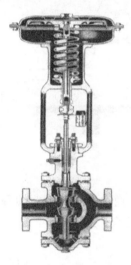

图 12.16　压力调节器

12.20　泄压阀

泄压阀用于在管道压力达到一定值时，通过释放管道压
力，对一段管道进行保护。例如，如果一条管线系统的最大
操作压力为 1400psi（表），泄压阀可以设置在 1450psi（表）。
任何导致管道压力超过正常 1400psi（表）的不正常情况都会
导致安全阀在 1450psi（表）的设定值打开，并将气体排放到
大气或安全阀容器中，从而保护管道免受超压而导致管道的
破裂。安全阀设定值［1450psi（表）］和管道最大操作压力
MOP［1400psi（表）］之间的差值将取决于实际应用、阀门
类型和压力的预期波动，一般来说，为 20～50psi（表）。该
差值太小将导致安全阀频繁操作，会造成很多情况下有价值
的气体浪费。泄压阀的设定点和管线最大操作压力之间的差
值过大可能使泄压阀无效。

12.21　流量的测量

为了正确计算管道沿线从一点到另一点的输气量，应进行管道内气体流量测量。煤气
的销售端和消费端都有按商定的价格提供准确计量的需求。在大输量管道上，即使是很小
的流量测量误差也会给各方造成巨大的损失。例如，一条输量 $3 \times 10^8 ft^3/d$ 的天然气管道，
气价为 50 美分/$10^3 ft^3$，若气体流量测量时有 1% 的误差，就会导致卖方或买方每年损失 50
多万美元。优质、准确的气体管道流量测量的重要性不言而喻。多年来，气体流量测量技
术有了很大的进展。许多机构联合开发了通过安装在管道上的孔板流量计来测量天然气流
量的标准和程序。AGA、API、ANSI 和 ASME 共同认可了天然气孔板计量标准。AGA 测量
委员会的第 3 号报告被认为是这方面的主要标准。此标准也得到了 ANSI 和 API 的认可，
被称为 ANSI/API 2530 标准。在讨论孔板流量计时，应参考该标准的内容。

12.22 流量仪表

鉴于孔板流量计是天然气行业中使用的主要的流量测量仪器，先来讨论孔板流量计。

12.22.1 孔板流量计

孔板流量计是一块扁平钢板，有一个有锋利边缘的同心加工孔，位于管内，如图 12.4 所示。

当气体通过管道，然后通过孔板时，由于气体接近孔板时横截面积减小，流动速度增大，压力相应减小。经过孔口后，截面面积再次增加回到全管径，这导致气体膨胀和流量减少。通过孔口的加速流动和随后的扩张形成了一条射流或一个喉径。三种不同类型的孔板流量计如图 12.17 所示。

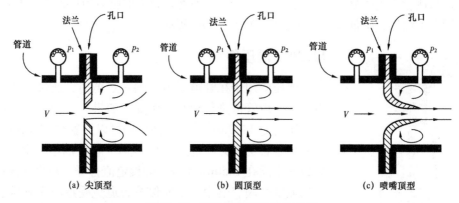

图 12.17　不同类型的孔板流量计

不同类型的孔板流量计具有不同的顶部形状，这影响着气流通过孔板时的收缩程度。收缩系数 C_c 是根据射流的横截面积与喉径横截面积的比较来定义的，定义如下：

$$C_c = \frac{A_c}{A_o} \tag{12.12}$$

式中　C_c——收缩系数；

　　　A_c——射流的横截面积，in^2；

　　　A_o——喉颈横截面积，in^2。

通过孔板流量计的流量计算公式为：

$$Q = C_c C_v A_o \sqrt{\frac{2[(p_1 - p_2)/\rho + g(z_1 - z_2)]}{1 - C_c^2 (A_o/A)^2}} \tag{12.13}$$

式中　Q——流速，ft^3/s；

　　　C_c——收缩系数；

　　　C_v——流量系数；

　　　A_o——喉径横截面积，in^2；

　　　A——包含孔板的管道横截面积，in^2；

p_1——上游压力，psi（表）；

p_2——下游压力，psi（表）；

ρ——气体密度，lb/ft^3；

z_1——上游高程，ft；

z_2——下游高程，ft；

g——重力加速度。

当上下游测压口之间的高差可以忽略时，计算孔板流量计的流量方程可以简化为：

$$Q = C_c\,C_v\,A_o\sqrt{\frac{2(p_1 - p_2)/\rho}{1 - C_c^2\,(A_o/A)^2}}\qquad(12.14)$$

式中所有符号已在前文给出定义。

对于图 12.17 所示的圆顶型和喷嘴顶型孔流量计，C_c 的值可以取 1.0。表明这些类型的孔口没有射流。对于高雷诺数或紊流的 C_c 由式（12.15）计算：

$$C_c = 0.595 + 0.29\left(\frac{A_o}{A}\right)^{\frac{5}{2}}\qquad(12.15)$$

式中所有符号已在前文给出定义。

孔板流量计通常采用法兰接头或管接头进行压力测量，压力测量与它们的位置有关。法兰接头要求上游接头位于距上游最近的板面的距离为 1in，下游接头位于距下游最近的板面的距离为 1in。管接头，上游位于距离接头面为 2.5 倍管子的内径，下游接头面位于距离接头不小于板面 8 倍管子的内径。

参见图 12.18，这说明了法兰接头和管接头的位置。

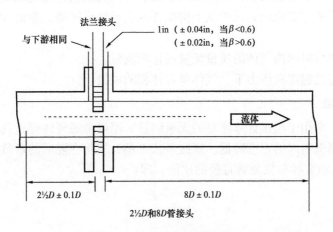

图 12.18　法兰接头和管接头

首先必须解释在孔板流量计算中使用的几个术语。孔板的压差是上游和下游端面之间的压力差值。孔板直径定义为 4 个或 4 个以上内径测量等距的算术平均值。在 AGA3/ANSI 2530 标准中规定了孔板直径的严格公差，见表 12.4。

表 12.4　孔板直径公差

孔板直径，in	公差，in	孔板直径，in	公差，in
0.250	±0.0003	0.750	±0.0005
0.375	±0.0004	0.875	±0.0005
0.500	±0.0005	1.000	±0.0005
0.625	±0.0005	1.000 以上	±0.0005（每英寸直径）

12.22.2　仪表管

仪表管是安装了孔板和校准叶片的管段。典型的仪表管由孔板和叶片组成，如图 12.19 所示。

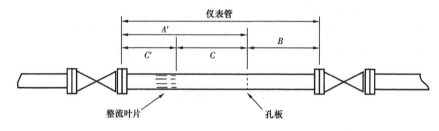

图 12.19　仪表管安装

该仪表管 A，B，C 和 C' 的尺寸取决于孔口管的直径比，也被称为 β 比，在 AGA 3 号报告中有规定。例如，$\beta = 0.5$ 时，有

$$A = 25, A' = 10, B = 4, C = 5, C' = 5.5 \tag{12.16}$$

这些数字实际上是管线或仪表管直径的倍数。叶片在孔板的位置取决于具体的安装要求。安装导流叶片的主要原因是减少从上游配件的孔板流量扰动。参见 AGA 3 号报告各类仪表管配置。

孔板流量是单位时间内气体的质量流量或体积流量。

密度是在特定的温度和压力下，气体单位体积的质量。

12.22.3　膨胀系数

膨胀系数是一个用于校正计算流量的无量纲量，用以考虑气体通过孔板时，由于速度增加和相应静压降低引起的密度降低。膨胀系数 Y 的计算将在随后的章节中讨论。

β 比定义为孔板直径与仪表管直径的比值，即：

$$\beta = \frac{d}{D} \tag{12.17}$$

式中　β——β 比；

　　　d——孔板直径，in；

　　　D——仪表管直径，in。

对于带有法兰接头的孔板流量计，β 比为 0.15 ~ 0.70。对于带有管接头的孔板流量计，β 比为 0.20 ~ 0.67。

ANSI 2530/AGA 3 号报告中描述的孔板流量计基本流量方程为：

$$q_m = \frac{C}{(1-\beta^4)^{0.5}} Y \frac{\pi}{4} d^2 (2g\rho_f\Delta p)^{0.5} \qquad (12.18)$$

或

$$q_m = KY\frac{\pi}{4} d^2 (2g\rho_f\Delta p)^{0.5} \qquad (12.19)$$

$$K = \frac{C}{(1-\beta^4)^{0.5}} = \frac{CD^2}{(D^4-d^4)^{0.5}} \qquad (12.20)$$

式中　q_m——气体质量流量，lb/s；

ρ_f——气体密度，lb/ft^3；

C——流量系数；

Y——膨胀系数；

g——重力加速度，ft/s^2；

Δp——经过孔板的压降，psi；

K——流量系数。

这些方程是利用能量守恒方程、质量守恒方程、热动力学方程和气体的状态方程得到的。

本质上，这些公式给出了气体的质量流量。需要用密度把质量流量转化成体积流量。式（12.18）和式（12.20）中流量系数 C 约为 0.6，流体系数 K 为 0.6 ~ 0.7。通过试验数据确定了流量系数 K 和膨胀系数 Y。标准（基础条件）下的体积流量由质量流量计算，有：

$$q_v = \frac{q_m}{\rho_b} \qquad (12.21)$$

式中　q_v——体积流量，ft^3/s；

q_m——质量流量，lb/s；

ρ_b——基准温度下的气体密度，lb/ft^3。

对于低压缩性流体，如在温度 60℉ 和压力 1atm 下的水，膨胀系数 Y 取 1.0。气体的膨胀系数在下一节中讨论。流动温度下，流体系数 K 随流量仪表管直径 D、孔板直径 d、质量流量 q_m、流体密度和黏度的变化而变化。对于气体，K 也随压差与静压的比值和气体的比热比而变化。在许多情况下，流体系数 K 被认为是雷诺数、声比、仪表管直径和 β 比的函数。重新整理式（12.18），得到：

$$KY = \frac{4q_m}{\pi d^2 (2g\rho_f\Delta p)^{0.5}} \qquad (12.22)$$

有几个经验公式可用于计算流体系数 K。以下公式由白金汉（Buckingham）和比恩（Bean）提出并得到了国家标准局的认可，且被列入 AGA 3 号报告中。

$$K_e = 0.5993 + \frac{0.007}{D} + \left(0.364 + \frac{0.076}{D^{0.5}}\right)\beta^4 + 0.4\left(1.6 - \frac{1}{D}\right)^5 \left[\left(0.07 + \frac{0.5}{D}\right) - \beta\right]^{2.5} -$$

$$\left(0.009 + \frac{0.034}{D}\right)(0.5 - \beta)^{1.5} + \left(\frac{65}{D^2} + 3\right)(\beta - 0.7)^{2.5} \qquad (12.23)$$

式中　K_e——孔板入口处的雷诺数 $R_d = d\ (10^5/15)$ 时的流体系数；

D——仪表管直径，in；

d——孔板直径，in；

β——β 比。

对于管接头：

$$K_e = 0.5925 + \frac{0.0182}{D} + \left(0.440 - \frac{0.06}{D}\right)\beta^2 + (0.935 + D)\beta^5 + 1.35\beta^{14} + \frac{1.43}{D^{0.5}}(0.25 - \beta)^{2.5}$$

$$(12.24)$$

所有符号已在前面定义。

对于法兰接头和管接头，K_o 由如下式子计算：

$$K_o = \frac{K_e}{1 + \frac{15 \times 10^{-6}E}{d}} \qquad (12.25)$$

其中的参数 E 由式（12.26）得到：

$$E = d(830 - 5000\beta + 9000\beta^2 - 4200\beta^3 + B) \qquad (12.26)$$

式（12.26）中参数 B 的定义如下：

对于法兰接头

$$B = \frac{530}{D^{0.5}} \qquad (12.27)$$

对于管接头

$$B = \frac{530}{D} + 75 \qquad (12.28)$$

因此最终流体系数 K 为：

$$K = K_o\left(1 + \frac{E}{R_d}\right) \qquad (12.29)$$

式中　K_o——无限大孔口雷诺数对应的流体系数；

R_d——孔板入口处的雷诺数。

上述公式中使用的雷诺数计算方法为：

$$R_d = \frac{v_f d\rho_f}{\mu} \qquad (12.30)$$

式中　R_d——孔板入口处的雷诺数；

v_f——孔板入口处液体流速，ft/s；

d——孔板直径，ft；

ρ_f——流动工况下液体密度，lb/ft³；

μ——液体动态黏度，lb/(ft·s)。

只要仪表管的内径大于 1.6in 且 β 比在 0.10~0.75 之间，则使用上述公式计算的流体系数 K 值适用于根据 AGA 3 号报告制造和安装的孔板流量计。

根据 AGA 3 号报告，流体系数 K 的不确定性关系如下：

对于法兰接头，当 0.15 < β < 0.70 时，不确定性为 ±5%；

当 β < 0.15 或 β > 0.70 时，不确定性大于 ±1.0%；

对于管接头，当 0.20 < β < 0.67 时，不确定性为 ±0.75%；

当 β < 0.20 或 β > 0.67 时，不确定性大于 ±1.5%。

12.22.4　膨胀系数

膨胀系数 Y 有两种方式计算。第一种方法利用上游压力，第二种方法使用下游压力计算。关于上游压力的膨胀系数 Y_1，有：

对于法兰接头

$$Y_1 = 1 - (0.41 + 0.35\beta^4)\frac{x_1}{k} \tag{12.31}$$

对于管接头

$$Y_1 = 1 - [0.333 + 1.145(\beta^2 + 0.7\beta^5 + 12\beta^{13})]\frac{x_1}{k} \tag{12.32}$$

其中

$$x_1 = \frac{p_{f1} - p_{f2}}{p_{f1}} = \frac{h_w}{27.707 p_{f1}} \tag{12.33}$$

式中　Y_1——基于上游压力的膨胀系数；

x_1——压差与上游绝对静压之比；

h_w——60℉时上游接头和下游接头之间的压差；

p_{f1}——上游接头处的静压，psi（绝）；

p_{f2}——下游接头处的静压，psi（绝）；

x_1/k——声学比；

k——气体比热比。

当 x 的值取 0~0.20 之间时，使用上述式得到的 Y_1 值的公差在 0~±0.5% 之间。当 x 取更大值时，这一不确定性更大。对于法兰接头，当 β 比在 0.10~0.80 之间时 Y_1 值有效。对于管接头，β 比的范围是 0.10~0.7。

根据下游压力，使用以下公式计算膨胀系数 Y_2：

对于法兰接头

$$Y_2 = Y_1 \left(\frac{1}{1-x_1}\right)^{0.5} \tag{12.34}$$

$$Y_2 = (1+x_2)^{0.5} - (0.41+0.35\beta^4)\frac{x_2}{k(1+x_2)^{0.5}} \tag{12.35}$$

对于管接头

$$Y_2 = (1+x_2)^{0.5} - [0.333 + 1.145(\beta^2 + 0.7\beta^5 + 12\beta^{13})]\frac{x_2}{k(1+x_2)^{0.5}} \tag{12.36}$$

压力比 x_2 为:

$$x_2 = \frac{p_{f1} - p_{f2}}{p_{f2}} = \frac{h_w}{27.707 p_{f2}} \tag{12.37}$$

所有符号已在前面给出定义。

用于式（12.6）的流动气体密度必须由状态方程或表格求得。在流动方程中使用正确的密度是很重要的。否则，流量测量的不确定度可高达 10%。一般情况下，气体密度可由第 1 章讨论的理想气体定律计算，再用压缩系数加以修正。将实际气体方程向后推，利用气体的重力，得到如下方程（详请参阅第 1 章）：

$$\rho_f = \frac{m}{V} = \frac{G_i M p_f}{Z_f R T_f} \tag{12.38}$$

$$\rho_{f1} = \frac{G_i M p_{f1}}{Z_{f1} R T_f} \tag{12.39}$$

$$\rho_b = \frac{G_i M p_b}{Z_b R T_b} \tag{12.40}$$

式中　m——气体质量；

　　　V——气体体积；

　　　G_i——气体相对密度（空气相对密度为 1.00）；

　　　M——气体摩尔质量；

　　　p_f——气体绝对压力；

　　　Z_f——流动温度下的压缩系数；

　　　R——气体常数；

　　　T_f——绝对流动温度；

　　　下标 f1——上游接头的流动工况；

　　　下标 f2——下游接头的流动工况；

　　　下标 b——基础工况。

在 14.73psi（绝）和 60℉的基准条件下，通过基于实际气体相对密度的其他两个方程得出上游接头流动工况和基础工况下的气体密度：

$$\rho_{f1} = \frac{M Z_b G p_{f1}}{0.99949 R Z_{f1} T_f} \tag{12.41}$$

$$\rho_b = \frac{MGp_b}{0.99949RT_b} \qquad (12.42)$$

已知上游接头工况下和基础工况下的气体密度后，可以用以下等式计算体积流量。该等式是根据前面章节中列出的等式推导出来的。即：

$$q_v = \frac{\pi}{4} \frac{\sqrt{2g}KY_1 d^2 \sqrt{(\rho_{fl}\Delta p)}}{\rho_b} \qquad (12.43)$$

结合到目前为止出现过的所有方程式，AGA 3 号报告中给出了通过孔板流量计的气体流量的简洁方程：

$$Q_v = C\sqrt{h_w p_f} \qquad (12.44)$$

式中　Q_v——基础工况下的气体流速，ft^3/h；

　　　h_w——60℉时上游接头和下游接头之间的压差；

　　　p_f——绝对静压，psi（绝）；

　　　C——孔板流量常数。

孔板流量常数 C 的取值由多个因素的乘积决定，这些因素包括雷诺数、膨胀系数、基本压力、基本温度、流动温度、气体重力和气体的超压缩系数等，有：

$$C = F_b F_{pb} F_{tb} F_{tf} F_{gr} F_{pv} Y \qquad (12.45)$$

式中　F_b——基础孔板系数；

　　　F_r——雷诺数系数；

　　　F_{pb}——压力基准系数；

　　　F_{tb}——温度基准系数；

　　　F_{tf}——流动温度系数；

　　　F_{gr}——气体相对密度系数；

　　　F_{pv}——超压缩系数；

　　　Y——膨胀系数。

AGA 3 号报告中给出了构成孔板流量常数 C 的这些系数值的定义，并在附录 B 中列出了这些系数。

这些系数可以分别通过下列等式计算：

基础孔板系数

$$F_b = 338.178d^2 K_o \qquad (12.46)$$

其中 K_o 由式（12.25）得出。

雷诺数系数

$$F_r = 1 + \frac{E}{R_d} \qquad (12.47)$$

$$K = K_o F_r \qquad (12.48)$$

压力基准系数

$$F_{pb} = \frac{14.73}{p_b} \qquad (12.49)$$

温度基准系数

$$F_{tb} = \frac{T_b}{519.67} \qquad (12.50)$$

流动温度系数

$$F_{tf} = \left(\frac{519.67}{T_f}\right)^{0.5} \qquad (12.51)$$

气体相对密度系数

$$F_{gr} = \left(\frac{1}{G_r}\right)^{0.5} \qquad (12.52)$$

上述所有符号已在前文给出定义。

12.23 文丘里流量计

文丘里流量计工作原理是基于伯努利方程。它由一个平稳的渐缩管组成，从主管道的尺寸缩小到一个最小的部分，即喉部，最后逐渐扩大到原来的管道直径。

赫歇尔型文丘里流量计从主管到喉部段收缩角在 21°±2° 范围。从喉部到主管段的逐步扩大角在 5°~15° 的范围。这种设计造成的能量损失最小，因此可以假定流量系数为 1.0。文丘里流量计的尺寸范围为 4.0~48.0in。β 比（等于 d/D），一般范围为 0.30~0.75。

假设主管段的气压力是 p_1，喉部的气压为 p_2。当气体流过文丘里管，在狭窄的咽喉部气体流速增加。相应地，根据伯努利方程，喉道部分的压力减小。气体离开喉部截面后，由于管道截面积的增大，气体流速降低，达到原来的流速。

在喉部之前，主管段的气体流速由已知的压力 p_1 和 p_2 计算出来，有：

$$v_1 = \frac{\sqrt{\dfrac{2g(p_1 - p_2)}{\rho} + (Z_1 - Z_2) - h_L}}{\left(\dfrac{A_1}{A_2}\right)^2 - 1} \qquad (12.53)$$

忽略高差 $Z_1 - Z_2$ 和摩擦损失 h_L，该方程可简化为：

$$v_1 = C \frac{\sqrt{\dfrac{2g(p_1 - p_2)}{\rho}}}{\left(\dfrac{A_1}{A_2}\right)^2 - 1} \qquad (12.54)$$

式中 v_1——喉部之前主管段的气体流速；

ρ——平均气体密度；

A_1——管子横截面积；

A_2——喉部横截面积；

C——流量系数。

通过速度乘以横截面积计算出体积流量，得到：

$$Q = CA_1 \frac{\sqrt{\left[\dfrac{2g(p_1 - p_2)}{\rho}\right]}}{\left(\dfrac{A_1}{A_2}\right)^2 - 1} \qquad (12.55)$$

使用 β 系数，简化此前的方程式，有：

$$Q = CA_1 \frac{\sqrt{\left[\dfrac{2g(p_1 - p_2)}{\rho}\right]}}{\left(\dfrac{1}{\rho}\right)^4 - 1} \qquad (12.56)$$

流量系数 C 是一个小于 1 的数，它取决于在主管段的雷诺数。雷诺数大于 2×10^5，C 的值保持恒定在 0.984。

在较小的管径，如 2 ~ 10in，文丘里流量计为机械加工，因此相较于尺寸较大的、毛坯铸造的流量计，有更好的表面光洁度。当雷诺数大于 2×10^5 时，文丘里流量计的 C 值为 0.995。

12.24　流量喷嘴

流量喷嘴是测量流量的另一种装置。包括主管段，然后是逐渐减小的截面和较短的圆柱形截面，最后是逐渐膨胀到原始管径的截面。

雷诺数大于 10^6 时，流量喷嘴的流量系数 C 约为 0.99。雷诺数较低时，由于在喷管喉部之后的能量损失较大，C 值较低。

流量系数 C 取决于 β 比和雷诺数。计算公式为：

$$C = 0.9975 - 6.53\sqrt{\frac{\beta}{R}} \qquad (12.57)$$

其中

$$\beta = d/D$$

式中　R——基于管径 D 的雷诺数。

【例 12.3】内径为 12.09in 的管道上安装了一个直径 4in 的孔板流量计。在水深 30in 处测量压差，上游静态压力为 600psi（表）。气体重力为 0.6，气体流动温度为 70℉。基准温度和基准压力分别为 60℉ 和 14.7psi（绝）。假设计算对象为法兰接头，以标准单位 ft^3/h 计算流速。当地大气压为 14.5psi（绝）。

解：

根据 AGA 3 附录计算基础孔板系数 F_b：

$$F_b = 3258.5$$

$$(hp)^{0.5} = [30 \times (600 + 14.5)]^{0.5} = 135.78$$

$$F_r = 1 + \frac{0.0207}{135.78} = 1.0002 \quad F_{pb} = \frac{14.73}{14.7} = 1.002$$

$$F_{tb} = \frac{60 + 460}{519.67} = 1.006$$

$$F_{tf} = \left(\frac{519.67}{70 + 460}\right)^{0.5} = 0.9902$$

$$F_{gr} = \left(\frac{1}{0.6}\right)^{0.5} = 1.291$$

$$F_{pv} = 1.0463$$

$$\frac{h}{p} = \frac{30}{614.5} = 0.0488$$

$$\beta = \frac{4}{12.09} = 0.3309$$

$$Y = 0.9995$$

$C = 3258.5 \times 1.0002 \times 1.002 \times 1.006 \times 0.9902 \times 1.291 \times 1.0463 \times 0.9995 = 4391.96$

根据式（12.44），计算得到流速为：

$$Q_v = 4391.96 \times 135.78 = 596340 \text{ft}^3/\text{h}$$

12.25 小结

在这一章，讨论了常用输液管线流量测量的装置和管线用的不同类型的阀门。综述了球阀、闸阀、旋塞阀、蝶阀的几种型号。在测量装置中，介绍了可变水头流量计，如文丘里流量管、流量喷嘴、孔板流量计，对计算速度和压降流量方程进行了解释。讨论了流量系数的重要性以及它如何随雷诺数和 β 比值的变化情况。通过一个实例说明了一种通过孔板流量计计算流量的试错方法。对于流量计的更详细的描述和分析，读者应该参考各行业使用的标准。

在天然气管道部分，介绍了与天然气运输有关的阀门和流量测量的主题。对各种类型的阀门的使用及其功能进行了综述。回顾了所使用的各种类型的阀门及其功能。阐述了流量测量在天然气交易中的重要性。详细讨论了常用的测量装置——孔板流量计。回顾了基于 AGA 3 号报告的计算方法，并对文丘里流量计和喷嘴进行了讨论。

第 13 章　管线经济学

本章将讨论管线的成本和影响管线经济性的各种因素，包括初始资本的主要构成和重复出现的年度成本。还要研究如何在输量、项目周期、利率和融资的基础上计算管道运输的收费。

13.1　经济分析

任何管线投资项目，都必须进行管线系统的经济分析，以确保有合适的设备和材料，用合适的成本进行必要的服务和保证企业的盈利收入。前面的章节讲了运输一定体积的产品的定管线尺寸、管线材料、泵设备等。本章中，要分析成本的影响以及如何在投资中决定最具经济性的管径和泵设备，以得到最佳投资回报率（ROR）。

管线系统的主要投资包括管线、泵站、储罐、阀门、管件、仪表。一旦开始进行管线的投资和安装，以及沿线泵站和其他设施建设，就要为这些设施每年的运营和维护（O&M）投入成本。年成本还包括一般及行政管理费用（G&A），包括人工费、租赁费和其他与管线系统的安全、高效运行相关的必要的经常性费用。管线运营的收益主要来自用管线输送产品的公司的管线运费。管线建设的投资来自业主和融资。项目也会有来自业主和融资金融机构的投资障碍和收益率要求。监管部门也会要求最大收益和通过管道运输服务取得的投资回报，项目的经济分析必须考虑到所有这些因素，合理的项目寿命为 20~25 年，有些时候会更长。

这些概念将在本章稍后进行实例说明。讨论各成本分量的细节之前，有必要用个简单的例子来说明运价计算和服务成本。

【例 13.1】考虑一条正在修建的新管道，用于将原油从油库输送到炼油厂。在第一阶段（前 10 年），预计运输量为 100000bbl/d。计算表明，完成这一输量需要一条直径为 16in、长 100mile 的管道，并且需要配备两个泵站。所有设施的成本估计为 72×10^6 美元。包括电费、O&M 和 G&A 等在内的年度运营成本，估计为 500 万美元。该项目的债务权益比率为 80/20。债务利率为 8%，监管机构允许的 ROR 为 12%。考虑项目寿命为 20 年，总税率为 40%。

（1）这条管道的年服务成本是多少？

（2）基于 100000bbl/d 的固定吞吐率和 95% 的负荷系数，在监管指导原则范围内可以收取多少关税？

（3）在第二阶段，销量预计将增长 20%（第 11~第 20 年）。假设泵站和其他设施的成本没有变化，估算第二阶段的维修费率。在这一阶段，年运营成本增加 7×10^6 美元，采取与前一阶段相同的负载系数。

解：

（1）所有设施的总成本为 72×10^6 美元。首先根据给定的 80/20 债务权益比率计算债务资本和权益资本。

$$债务资本 = 0.80 \times 72 \times 10^6 = 57.6 \times 10^6 \; 美元$$

$$权益资本 = 72 \times 10^6 - 57.6 \times 10^6 = 14.4 \times 10^6 \; 美元$$

以 8% 的年利率从银行或金融机构借得 57.6×10^6 美元的资本。为了在 20 年的项目寿命期内偿还这笔债务，必须在年度成本中考虑这笔债务的利息支付。

同样，14.4×10^6 美元的股权投资可能挣得 12% 的 ROR。由于税率为 40%，股权的年度成本将进行调整，以补偿税率。

$$每年的利息费用 = 57.6 \times 10^6 \times 0.08 = 4.61 \times 10^6 \; 美元$$

$$每年的股权成本 = 14.4 \times 10^6 \times 0.12/(1-0.4) = 2.88 \times 10^6 \; 美元$$

假设 20 年内的折旧是线性的，那么对于总投资 72×10^6 美元，每年的折旧计算结果如下：

$$每年的折旧 = 72 \times 10^6/20 = 3.6 \times 10^6 \; 美元$$

通过将年利息费用、年股权成本和年折旧成本加上年运维成本，可以得到运营管道的年总服务成本。

$$总服务成本 = 4.61 \times 10^6 + 2.88 \times 10^6 + 3.60 \times 10^6 + 5.00 \times 10^6 = 16.09 \times 10^6 \; 美元/a$$

（2）根据管道的总服务成本，现在可以计算出将要收取的关税率，该税率分摊在 100000bbl/d 的流量和 95% 的负荷系数上：

$$关税税率 = (16.09 \times 10^6)/(365 \times 100000 \times 0.95) = 0.4640 \; 美元/bbl$$

（3）在第 2 阶段，新的流量为 120000bbl/d，总服务成本为：

$$总服务成本 = 4.61 \times 10^6 + 2.88 \times 10^6 + 3.60 \times 10^6 + 7.00 \times 10^6 = 18.09 \times 10^6 \; 美元/a$$

修正之后的关税税率变成：

$$关税税率 = (18.09 \times 10^6)/(365 \times 120000 \times 0.95) = 0.5217 \; 美元/bbl$$

13.2　资本成本

一条管线项目资本成本主要包括下列组件：

（1）管线；

（2）泵站；

（3）储罐和汇管管线；

（4）阀门、管件等；

（5）计量站；

（6）监视控制与数据采集系统（SCADA）和电信；

（7）工程建设管理；

（8）环境许可；

（9）路权获取成本；

（10）其他项目费用，如用在建设资金补贴（AFUDC）和应急。

13.2.1　管线成本

管线的资本成本包括安装材料和人工费。估算材料成本，要使用以下方法：

$$管材费用 = 10.68 \times (D - t)t \times 2.64 \times L \times 每吨单价$$

或

$$PMC = 28.1952L(D - t)tC_{pt} \tag{13.1}$$

式中　PMC——管材费用，美元；

　　　L——管道长度，mile；

　　　D——管子外径，in；

　　　t——管子壁厚，in；

　　　C_{pt}——管子单价，美元/t。

换算成国际单位制：

$$PMC = 0.02463L(D - t)tC_{pt} \tag{13.2}$$

式中　PMC——管材费用，美元；

　　　L——管道长度，km；

　　　D——管子外径，mm；

　　　t——管子壁厚，mm；

　　　C_{pt}——管子单价，美元/t。

由于管道要经防腐处理、包装并运送到现场，项目必然要增加部分材料成本，或者将这些项目的实际成本加到管道材料成本中。

管线安装成本和劳动力成本一般是以美元/ft 或美元/mile（$/ft 或 $/mile）的管线单价来表示。建筑承包商将根据地形、施工条件、进入难度和其他因素的详细分析，估算安装某条管道的人工成本。对于不同尺寸管道的人工成本，可以获得历史数据。在本节中，将使用近似的方法，承包商应该考虑到当前的劳动力成本及地理和地形问题来验证这些方法。一个好的方法是用单位长度（如每英里）管子单位直径（如 in）的费用来表示人工成本。例如，可以说，一条特定的直径为 16in 管道的安装成本为 15000 美元/（in·mile）。因此，对于一条长 100mile、16in 的管道，可以估计劳动力成本为：

$$管道人工成本 = 15000 \times 16 \times 100 = 2400 万美元$$

换算成每英尺费用成本，即为：

$$\frac{24 \times 10^6}{100 \times 5280} = 45.50 美元/ft$$

除了安装直管的人工成本外，还可能有其他的建设成本，如道路穿越工程、铁路穿越工程、河流穿越工程等，这些成本通常被估算为每一项的一次性费用，并加到总管道安装成本中。例如，可能有 10 个公路穿越，总计花费 200 万美元，一个主要的河流穿越工程可能花费 50 万美元。为简单起见，先暂时忽略这些项目。

13.2.2　泵站成本

为了估算泵站的成本，要详细分析从设计图纸中提取的材料，获取供应商对主要设备的报价，如泵、驱动器、开关设备、阀门、仪表等，以及估算泵站的人工成本。

泵站的大致成本可以用安装单位功率（hp）的成本来估算。考虑到与泵站有关的所有设施，这是一个综合单价。例如，可使用每马力（hp）1500 美元的安装成本，而一个 5000hp 的泵站将花费：

$$1500 \times 5000 = 750 \text{ 万美元}$$

这里使用了每马力 1500 美元的综合单价。这个数字包括了所有的材料费、设备成本以及人工费。每马力的安装成本可以从最近建造的泵站的历史数据中得到。较大功率泵站的综合成本将较小，而较小功率泵站的综合成本比较高，这反映了规模经济。

13.2.3　储罐和管汇成本

根据建筑图纸和供应商报价，可以相当准确地估算出储罐和管汇成本。

一般来说，储罐的供应商对安装油罐的报价单位采用美元/bbl。因此，如果有个 5×10^4bbl 容量的储罐，可估算如下。

基于 10 美元/bbl 的安装油罐报价，总报价为：

$$50000 \times 10 = 50 \text{ 万美元}$$

当然，要将总储罐成本增加 10%~20%，以计入其他附属管道和设备。

与安装的功率成本一样，储罐的单位成本随着储罐尺寸的增大而降低。例如，储量为 30×10^4bbl 的油罐的单位成本可能是 6 美元/bbl 或 8 美元/bbl，而较小的 5×10^4bbl 油罐的单位成本是 10 美元/bbl。

13.2.4　阀门和管件成本

此类项目也可按总管道成本的百分比来估算。不过，如果已知几个主线路截断阀位置的一次性总成本，则阀门和配件的总成本可估算如下：

一条典型的 16in 主管线截断阀的安装成本可能为每处 100000 美元，包括材料费和人工成本。如果在一条管道上安装 10 个这样的截断阀，间距 10mile，那么阀门和管件的成本估算为 100 万美元。

13.2.5　计量站成本

对于完整的场地，计量站可以以一笔固定价格进行估算。例如，一个带有仪表、阀门和管道配置的 10in 仪表站，其价格包括材料费和人工成本在内，可能为每站 25 万美元。如果管道上有两个这样的计量站，估计总计量站费用为 50 万美元。

13.2.6　SCADA 和通信系统成本

这里的成本包括 SCADA 系统、电话和微波等相关费用，SCADA 系统的成本包括从中控室对管线设备的远程监控、操作和控制。根据管道的长度、泵站和阀门站等的数量，这些设施的成本可能要花费 200 万 ~ 500 万美元甚至更多。基于项目总成本的估算可能在 2% ~ 5% 之间。

13.2.7　设计和施工管理成本

设计和施工管理包括初步和详细的工程设计成本，以及管理和检查管道、泵站和其他设施施工的人工成本。通常占管道工程总成本的 15% ~ 20%。

13.2.8　环境和许可成本

在过去，环境和许可费用在管线系统的总成本里只占很小比例。近年来，由于严格的环保法规要求，已包括环境影响报告、动植物、鱼类、濒危物种、敏感地区（如印第安人埋葬地点）以及减轻栖息地限制等。后者的成本包括获得新的面积，以补偿受管道路线影响的地区。新土地将被分配给公园、野生动物保护区等。

许可费用中包括管道建设许可证相关费用，如道路穿越工程许可费、铁路穿越工程许可费、河流和溪流穿越工程许可费，以及允许泵站和油库使用防污染设备的费用。

环境和许可成本可能高达项目总成本的 10% ~ 15%。

13.2.9　征地费用

在私人土地、农场、公路和铁路沿线修建管道必须要获得通行权（ROW）。除了初始的收购费用外，管道公司还需要支付每年的租赁成本，以获得管道的地役权和维护权。年度的征地费用为支出成本，要计入管道的运营成本中。例如，征地费用为 2000 万美元，要计入管道的总资金成本。此外，若 ROW 的年租金为每年 50 万美元，应并入其他运营成本，如管道的运营维护成本，一般费用与行政费用等。

历史上，施工作业带（ROW）成本占管道项目总成本的 6% ~ 8%。

13.2.10　其他项目成本

其他项目成本包括 AFUDC、法律和监管成本以及应急成本。应急费用包括意外情况和设计更改，包括将管道改道绕过敏感地区、泵站，以及在工程开始时未预料到的设施更改。AFUDC 和应急费用将占整个项目成本的 15% ~ 20%。

13.3　运营成本

管线的年度运营成本主要包括以下几部分：

（1）泵站能源成本（电力或天然气）；

（2）泵站设备维修成本（设备大修、维修等）；

（3）管线维修成本，包括沿线检查、空中巡逻、管线更换、搬迁等成本；

（4）SCADA 和电通信成本；

（5）阀门和计量站维护成本；

（6）罐区的运行和维护成本；

（7）公用成本（水、天然气等）；

（8）持续的环境和许可成本；

（9）ROW 及租赁成本；

（10）住房及租赁成本；

（11）行政管理成本（包括薪资）。

此清单中，泵站成本包括电能和设备维护成本，费用巨大。每个泵站每天24h运行，一年运行350天，停机两周进行维护。根据9～10美分/（kW·h）的电力成本计算，这将导致每年600万～700万美元的运营和维修成本。除了动力成本，其他运营维护成本还包括每年的主维护和日常开销，根据涉及的设备不同，费用从50万美元到100万美元不等。

13.4 可行性研究和经济的管线尺寸

在许多情况下，必须研究建造新管道系统的技术和经济可行性，以提供液体从储存设施到炼油厂或从炼油厂到油库的运输服务。其他类型的研究可能包括扩大现有管道系统的能力，以处理因市场需求增加或炼油厂扩建而增加的吞吐量的技术和经济可行性研究。

一般的管线项目，需要重头设计的管线系统包括分析最佳的管线路由，最优的管线尺寸，泵送设备需要运送给定体积的液体。在这一节中，来学习如何在资本和运营成本分析的基础上确定管线系统的经济管径。

假设有这样一个项目，要建造一条100mile长的管道，将输量为8000bbl/h的成品油从炼油厂输送到储存设施。摆在面前的问题是：什么样的管径和泵站处理这些输量是最优的选择？

假设选择16in管径的管线来处理指定的流量，计算出这个系统需要两个泵站，每个泵站的功率为2500hp。这个管道和泵站系统的总成本可以计算出来，称之为16in方案的成本。如果选择20in的管线，将需要设计一座2000hp的泵站。在第一种情况下，需要较大的功率和较小的管径，16in的管线系统比20in的少了大约20%的管线。在第一种情况下，需要的功率较大而管线较短，然而，16in方案需要的功率是20in方案的2.5倍。因此，每年16in系统泵站运营成本高于20in的情况，因为5000hp的泵站电力成本高于20in系统的2000hp泵站成本。因此，确定最优的管径尺寸，必须分析投资成本和年度运营成本来确定方案，以确定在考虑合理的项目寿命的情况下，总成本最小的方案。将考虑货币的时间价值来进行这些计算，并选择投资现值最低的方案。

一般情况下，至少要评估3～4种不同管线尺寸，并计算出每一种管径的总投资成本和运营成本。如前一段所述，在考虑到项目生命周期中资金的时间价值后，选择管道尺寸和泵站配置将是总投资最小的选择。举例来说明这一点。

【例13.2】某城市计划建一条24mile长的水管线，输量为1440×10^4gal/d。从首站到末站静压头为250ft，输送到管线终点至少需要50psi的压力。

管线的操作压力限制在1000psi，使用的钢管屈服强度为52000psi，在连续工作的基础上确定最佳管径和此流量下泵所需的功率，假设运行350天，每天24h。驱动泵的电力成本基于8美分/（kW·h）。贷款的利率为每年8%。利用Hazen-Williams方程，影响因子C取100。

假设管材成本为700美元/t，管道安装成本为2000美元/（in·mile），对于泵站，假设每马力的总安装成本为1500美元，计算其他管径和泵站的总成本，使用25%的系数。

计算分析：

首先要确定管径范围。考虑20in的管道，壁厚为0.25in，平均的水流速度为：

$$v = 0.4085 \times 10000/19.52 = 10.7\text{ft/s}$$

其中：10000gal/min 是基于 1440×10^4 gal/d 的流量。

流速不是很高，因此，20in 的管线可作为备选方案，与另外两种公称直径22in 和24in 的管线相比较。

首先，假设直径22in 和24in 管线的壁厚为 0.5in，之后计算在给定的最大允许操作压力（MAOP）下的实际需要的壁厚。利用比率，22in 的管线流速大约为：

$$10.7 \times (19.5/21)^2 = 9.2\text{ft/s}$$

24in 的管线流速为：

$$10.7 \times (19.5/23)^2 = 7.7\text{ft/s}$$

因此所选的直径为20in、22in 和24in 管线的水流速度为 7.7 ~ 10.7ft/s，哪一个是管线中可接受的流速？

接下来，需要在最大操作压力为 1000psi 的情况下，为每种尺寸的管线选一个合适的壁厚。

利用内部设计压力计算公式［式（4.3）］计算所需管管线壁厚：

对于 20in 的管线

$$t = 1000 \times 20/(2 \times 52000 \times 0.72) = 0.267\text{in}$$

对于 22in 的管线

$$t = 1000 \times 22/(2 \times 52000 \times 0.72) = 0.294\text{in}$$

对于 24in 的管线

$$t = 1000 \times 24/(2 \times 52000 \times 0.72) = 0.321\text{in}$$

使用最接近商业化的管壁厚度，选择以下三种尺寸：20in，壁厚 0.281in（MAOP = 1052psi）；22in，壁厚 0.312in（MAOP = 1061psi）；24in，壁厚 0.344in（MAOP = 1072psi）。

修正后的每种管径的 MAOP 值，略高于所需最小壁厚的 MAOP 值，如上述括号内所示。经修正后的管线壁厚，流速计算纠正如下：

$$v_{20} = 10.81\text{ft/s}$$

$$v_{22} = 8.94\text{ft/s}$$

$$v_{24} = 7.52\text{ft/s}$$

接下来，计算在给定流量为 10000gal/min 的情况下，每种管径中由于摩擦力所产生的压降，利用 Hazen – Williams 压降公式，影响因子 C 取 100。

对于 20in 的管线：

$$10000 \times 60 \times 24/42 = 0.1482 \times 100 (20 - 2 \times 0.281)^{2.63} (p_\text{m}/1.0)^{0.54}$$

重新整理并计算出摩阻压降 p_m，得到：

$$20\text{in 的管线} \ p_\text{m} = 63.94\text{psi/mile}$$

同理，得出 22in 和 24in 管线的压降为：

$$22\text{in 的管线} \ p_\text{m} = 40.25\text{psi/mile}$$

$$24\text{in 的管线} \ p_\text{m} = 26.39\text{psi/mile}$$

现在可计算每种管径所需的总压力，考虑 24mile 管线的摩阻和 250ft 高差的压头，及管线终端 50psi 的最小输送压力。

起点泵站需要的总压力为：

20in 的管线

$$(63.94 \times 24) + 250 \times 1.0/2.31 + 50 = 1692.79\text{psi}$$

22in 的管线

$$(40.25 \times 24) + 250 \times 1.0/2.31 + 50 = 1124.23\text{psi}$$

24in 的管线

$$(26.39 \times 24) + 250 \times 1.0/2.31 + 50 = 791.59\text{psi}$$

由于管线的最大允许操作压力为 1000psi，很明显，对于 20in 和 22in 管线的情况需要两个泵站，而 24in 管线一个泵站就能满足需求。

在泵效率为 80% 的情况下，根据上述总压力及 10000gal/min 的流量计算每种情况所需的总启动功率（BHP）。同样假设泵需要的最小吸入压力为 50psi。

20in 的管线

$$\text{BHP} = 10000 \times (1693 - 50)/(0.8 \times 1714) = 11983\text{hp}$$

22in 的管线

$$\text{BHP} = 10000 \times (1124 - 50)/(0.8 \times 1714) = 7833\text{hp}$$

24in 的管线

$$\text{BHP} = 10000 \times (792 - 50)/(0.8 \times 1714) = 5412\text{hp}$$

将之前的 BHP 值增加 10% 作为实际安装的功率值，并选择最接近功率的电动机，在 20in 的管道系统中使用 14000hp，在 22in 的管道系统中使用 9000hp，在 24in 的管道系统中使用 6000hp。

如果选择下一个最接近功率的电动机时把 95% 的效率考虑进去，会得到相同功率的电动机。

为了计算设备的资本成本，使用价格为 700 美元/t 的钢管。安装管道的人工成本为 2000 美元/(in·mile)。

假定泵站的安装成本为 1500 美元/hp。

考虑到本章前面所讨论的其他成本条目，将管线和泵站的合计成本增加 25%。

三种管径的估算建设成本总结如下：

基于总建投资成本，可看出 24in 系统是最优的方案，然而，在决定最优管径之前需要再看下运营成本。

接下来，计算每种方案的运营成本，其中耗电量计入泵站的成本。正如本章前面部分所讨论的，很多其他因素成为年运营成本的一部分，比如运行和维修成本（O&M），日常和行政管理成本（G&A）等，为简单起见，提高泵站的电力成本，增加一个系数，以将其他运营成本考虑在内。

利用三个方案中每个泵站计算出的 BHP 和 8 美分/（kW·h）的电力成本，可得出一年 350 天、一天连续运行 24h 的年度营运成本为：

20in 管线

$$11983 \times 0.746 \times 24 \times 350 \times 0.08 = 6.0 \times 10^6 \text{ 美元/a}$$

22in 管线

$$7833 \times 0.746 \times 24 \times 350 \times 0.08 = 9.93 \times 10^6 \text{ 美元/a}$$

24in 管线

$$5412 \times 0.746 \times 24 \times 350 \times 0.08 = 2.71 \times 10^6 \text{ 美元/a}$$

严格来说，由于电动机启动和停机所需要的电费增加会影响运营成本，电力公司会根据电动机的千瓦等级来收费。价格为 4~6 美元/（kW·月）。使用 5 美元/（kW·月）的平均需求费用，得到以下 12 个月期间泵站的需求费用：

$$14000 \times 5 \times 12 = 84 \text{ 万美元}$$

$$9000 \times 5 \times 12 = 54 \text{ 万美元}$$

$$6000 \times 5 \times 12 = 36 \text{ 万美元}$$

将之前计算出的电能成本与需求电费相加，得出总的年度成本为：20in 管线 6.84×10^6 美元/a，22in 管线 4.47×10^6 美元/a，24in 管线 3.07×10^6 美元/a。

在这些数额的基础上增加 50% 的系数，为其他运营成本，例如运行和维修成本（O&M），日常和行政管理成本（G&A）等，得到每个方案的总年度成本为：20in 管线 10.26×10^6 美元/a，22in 管线 6.7×10^6 美元/a，24in 管线 4.6×10^6 美元/a。

用 20 年作为项目的生命周期，按 8% 的利率进行现金流分析，取得这些年度运营成本的现值。然后，表 13.1 中所列前文算出的总投资成本被增加到年运营成本的现值，之后会得出三种方案的现值（PV）。

表 13.1　三种不同管径管线的投资成本　　　　单位：10^6 美元

资本成本	20in 管线	22in 管线	24in 管线
管线	2.62	3.21	3.85
泵站	21.00	13.50	9.00
其他	5.91	4.18	3.21
合计	29.53	20.88	16.07

20in 管线系统的现值为 29.53 美元 $+ 1026 \times 10^6$ 美元/a 在 8% 的利率下持续 20 年的现值，或者：

$$PV_{20} = 29.53 + 100.74 = 130.27 \times 10^6 \text{ 美元}$$

同样地，对于 22in 和 24in 管线系统，有：

$$PV_{22} = 20.88 + 65.78 = 86.66 \times 10^6 \text{ 美元}$$

$$PV_{24} = 16.07 + 45.16 = 61.23 \times 10^6 \text{ 美元}$$

因此，基于投资的净现值，可得出这样的结论，24in 的管线系统和一个 6000hp 的泵站是首选的方案。

为了简单起见，对前面进行的计算做几个假设，考虑成本的主要构成，如管线和泵站成本，及在小计中增加了其他成本的百分比。同样，在计算年度成本现值时为每年取了常数。

更严格的计算办法是要求每年将年度费用提高一定百分比，以考虑通货膨胀和生活费用的调整。消费者价格指数可以用于这方面的考量。就资本成本而言，如果对阀门、仪表和储罐的成本进行更详细的分析，而不是使用管道和泵站成本的固定百分比，能得到更准确的结果。本章的目的是向读者介绍经济分析的重要性，及选择经济管径的简单方法。

此外，关于服务费用和关税计算一节，介绍了运输公司如何在项目中融资和为其服务收取费用。

13.5 天然气管线系统费用的组成

在天然气管线系统中，初始投资主要用于管线、压缩机站、干线阀室、计量设施、通信系统和 SCADA。其他费用包括环境和许可费用，路权（ROW）、购置成本，工程建设管理、法律和监管成本，应急及建设期间所用资金津贴（AFUDC）。

经常用到的年度成本包括运行和维护成本（O&M），燃料、能源和公用事业成本，租金、许可费用及年度 ROW 成本。运行和维护成本（O&M）将包括工资和一般行政管理费用（G&A）。

任何为输送天然气而建造的管道系统都将产生资本成本和年度运营成本。如果确定了管道的使用寿命（比如 20 年或 30 年），可按年计算所有成本，也可以减少必要的收入流，以摊销管道项目的总投资。扣除费用和税费后的收入加上利润除以运输量的百分比将给出必要的运输关税。资本成本、经营成本和运输关税的计算将用一个例子来说明。

在这一章，需要将年度现金流或费用转换成现值，反之亦然。一个有用的公式关于一系列年度支付额在规定利率下的现值如下所示：

$$PV = \frac{R}{i}\left[1 - \frac{1}{(1+i)^n}\right] \tag{13.3}$$

式中 PV——现值，美元；
       R——现金流，美元；
       i——利率，十进制值；

n——项目周期，a。

例：每年 10000 美元，支付 20 年，以每年 10% 的利率计算，产生的现值为：

$$PV = \frac{10000}{0.1}\Big[1 - \frac{1}{(1 + 0.1)^{20}}\Big] = 85136 \text{ 美元}$$

类似地，可把 1000 万美元的现值转换成年度成本，按 30 年 8% 的利息，由式（13.3）有：

$$10000000 = \frac{R}{0.08}\Big[1 - \frac{1}{(1 + 0.08)^{30}}\Big]$$

从中解出年度成本 R，得到：

$$R = 888274 \text{ 美元}$$

接下来用一个简单的例子来计算服务成本和运输关税。

【例 13.3】一条天然气管线，输量为 $1 \times 10^8 \text{ft}^3/\text{d}$，负荷系数为 95%。投资成本估计为 6000 万美元，每年的运行费用是 500 万美元。项目生命周期为 25 年，以 10% 的利率分期付款，计算这条管线的服务成本和运输关税。

解：

所有成本将被按照 25 年的项目周期和 10% 的利率转换为年值。这是基于每年的服务成本。将这个成本除以每年管线的运输能力，即可得到运输关税。

在 10% 的利率，25 年生命周期的基础上，6000 万美元的投资成本第一次转化为年度现金流。由式（13.3），有：

$$\text{年度投资成本} = \frac{60 \times 0.10}{1 - \frac{1}{(1 + 0.10)^{25}}} = 661 \text{ 万美元}$$

这个假设不计入管线在 25 年使用寿命结束后的残值。

因此，25 年的生命周期和 10% 的折现率，6000 万美元的投资成本相当于 661 万美元的年度成本。加上 500 万美元的年度运营成本，总年度成本为：

$$661 \text{ 万美元} + 500 \text{ 万美元} = 1161 \text{ 万美元}$$

这个成本定义为发生在每一年的成本。事实上，准确来说，应考虑到其他一些因素，如税率、资产折旧和利润率，以得出真正的服务成本。

运输关税的定义是服务成本除以年运输量。在 95% 负荷系数和 $1 \times 10^8 \text{ft}^3/\text{d}$ 流量下，运输关税为：

$$\frac{11.61 \times 10^6 \times 10^3}{100 \times 10^6 \times 365 \times 0.95} = 0.3348 \text{ 美元}/10^3\text{ft}^3$$

换言之，对于这条管线，运输每千立方英尺（MCF）的天然气需要向提供运输的管道所有者支付大约 33.5 美分。这是一个非常粗略和简单的计算关税的例子，现实中，必须考虑到许多其他因素，以得出准确的服务成本。例如，由于通货膨胀和其他原因，每年的运营成本在管道的使用寿命中会逐年变化。纳税、资产折旧和管道寿命结束时的残值也必须考虑在内。然而，前面的分析提供了一个快速的概述，用于计算运输成本的粗略价值的方法。

13.6 投资费用

一条管线项目的投资费用包含以下主要部分：

（1）管线；

（2）压缩机站；

（3）干线阀室；

（4）计量站；

（5）调压站；

（6）SCADA 和通信系统；

（7）环保和许可；

（8）路权的获得；

（9）工程和建设管理。

此外，还有其他费用，例如建设期间所用资金津贴（AFUDC）和处理意外事件的费用。接下来讨论上述投资成本的每个主要类别。

13.6.1 管线

管线安装成本包含管线材料、防腐层、管件和实际安装和人工成本。第 6 章介绍了一个简单的公式来计算单位长度管线的质量。再根据管线长度，可计算出管线的总质量。有了每吨管材的成本，可以计算出总的管材成本。了解了单位长度管线的建设成本，同样可以计算出安装管线的人工费。这两部分的总和就是管线的投资费用。

对于一条给定长度的管线，管线安装成本可按以下方式计算得出：

$$\mathrm{PMC} = \frac{10.68(D - t)tLC \times 5280}{2000} \tag{13.4}$$

式中　PMC——管线安装成本，美元；

　　　L——管线长度，m；

　　　D——管线外径，in；

　　　t——管线壁厚，in；

　　　C——管线材料成本，美元/t。

转为国际单位制：

$$\mathrm{PMC} = 0.02463(D - t)TLC \tag{13.5}$$

式中　PMC——管线安装成本，美元；

　　　L——管线长度，km；

　　　D——管线外径，mm；

　　　t——管线壁厚，mm；

　　　C——管线材料成本，美元/t。

通常，管线会有额外的防腐层和包装，因此，必须加上这部分的成本，或在缺少实际成本的情况下，可在裸管成本的基础上增加一小部分百分比，比如 5%，来计算这些额外的费用和运送至施工现场的运输费用。

例：采用式（13.4），对于 100mile 管线，NPS 20，壁厚 0.5in，管线材料成本为 800 美元/t，总管线安装成本为：

$$PMC = \frac{10.68 \times (20 - 0.5) \times 0.5 \times 100 \times 800 \times 5280}{2000} = 2199 \text{ 万美元}$$

如果管线有外防腐层和包装，运送到现场需要 5 美元/ft 的额外费用，此成本加裸管成本的计算为：

$$5 \times 5280 \times 100 = 264 \text{ 万美元}$$

因此，总的管线安装成本变为：

$$2199 + 264 = 2463 \text{ 万美元}$$

安装管线的人工成本可表示为每单位长度多少美元。例如，在某一建设环境中的特殊尺寸管线，人工成本可能为 60 美元/ft 或 316800 美元/mile。数额取决于管线是否安装在空旷的原野、田地或城市道路。这些数额通常来自承包商，要考虑管沟开挖的难度，管线安装和施工区域的回填量。各种管径管线的施工成本有大量的历史数据。有时，管线安装成本是按每英寸管径每英里管线多少美元来表示。例如，NPS 16 的管线安装成本可以是 15000 美元/(in·mile)。因此，安装 20mile NPS 16 的管线，估算安装管线的人工成本为：

$$15000 \times 16 \times 20 = 480 \text{ 万美元}$$

转换为单位长度基础上的成本为：

$$\frac{4.8 \times 10^6}{20 \times 5280} = 45.45 \text{ 美元/ft}$$

表 13.2 列出了典型管线的安装成本。必须记住一点，这些数字必须与熟悉施工地点的工程承包商讨论后进行复核。

表 13.2　典型管线安装成本

管道直径，in	平均成本，美元/(in·mile)	管道直径，in	平均成本，美元/(in·mile)
8	18000	20	20100
10	20000	24	33950
12	22000	30	34600
16	14900	36	40750

对于直管的安装成本，其他几个施工成本也要加到里面，包括穿越公路、高速路和铁路的成本，还有穿越溪流和河流的成本。这些可能是一次性支付的成本，应被增加到管线的安装成本中，计入输送管线的建设成本。例如，一条管线可能包括两次公路和高速路的

穿越，总计为 30 万美元，此外两次河流的穿越花费 100 万美元。与长距离安装的管线相比，公路和河流的穿越费用只占一小部分。

13.6.2　压缩机站

通过管线输送气体，必须安装一个或多个压缩机站以提供必要的气体压力。一旦决定了压缩机站设备和管线系统的细节，便可从工程图纸中得出详细的材料清单。基于设备供应商的报价，可得到一个压缩机站的详细估算成本。在缺乏厂家数据和成本的大致规模的情况下，想得到压缩机站的成本，可用全包价格来估算安装成本（以每功率多少美元计）。例如，2000 美元/hp 的安装成本，对于一个 5000hp 的压缩机站投资成本估算如下：

$$2000 \times 5000 = 1000 \text{ 万美元}$$

在此类计算中，2000 美元/hp 的全包价格预计包括安装压缩机站之内的压缩机设备、管线、阀门、仪表、控制系统的材料和设备成本及人工成本。通常，该成本数额随着压缩机功率等级的增加而减少。因此，一个 5000hp 的压缩机站安装成本估计为 2000 美元/hp，而 20000hp 的压缩机站大概为 1500 美元/hp。这些参数仅出于举例说明的目的。事实上，全包价格数值必须由管线成本历史数据及压缩机站承包商和压缩机站设备供应商共同磋商决定。一般情况下，管线和压缩机站的成本构成了项目总成本的大部分。

13.6.3　干线阀室

出于安全原因以及维护和维修的考虑，安装主管路截断阀来隔离管道的各个部分。当管线发生破裂时，可通过关断损坏管线破裂位置两侧的截断阀而截断。干线阀室按指定间距安装在沿线管线上。设备费用被指定为一次性支付，包括主阀和执行器，泄放阀和管线及涵盖了整个截断安装的其他管线和管件。一般来说，可从工程承包商处得到一个典型干线阀室的一次性支付价格表。例如，一座 NPS 16 干线阀室的安装估价可能为每座 10 万美元。在 100mile 内，NPS 16 的管线，运输部规定每 20mile 安装一座干线阀室。因此，在这种情况下，100mile 管线会有 6 个干线阀室。在每座阀室 10 万美元的条件下，安装所有干线阀室的总成本将为 60 万美元。这要加入管线设施的投资成本中。

13.6.4　计量站和压力调节

安装计量站是为了测量通过管线的气体流量。计量站包括流量计、阀门、管件、仪表和控制系统。对于指定地点的计量站安装成本同样可按固定价格估算，包括材料费和人工费。如果在 100mile 输气管线中有 4 个这样的计量站，计量站的总成本将为 120 万美元。计量站成本同干线阀室成本一样要计入管线总成本中。

为了满足下游用户需求，调压站要安装在输气管线的特定位置以降低压力，或保护一段最大操作压力较低的管线。这样的压力调节站也可按每座一次性的价格估算增加至管线投资成本中。

13.6.5　SCADA 和通信系统

通常情况下，在一条天然气管线中，管线沿线的压力、流量和温度是受到监控的，利用各种阀门和计量设施上的远程终端控制单元发出的电子信号，经过电缆、微波或卫星通信系统传送到中央控制中心。通常所说的 SCADA 系统就是指这些设施。SCADA 通常是从中央控制中心远程监控、操作和控制天然气管线系统。此外，监控管线沿线阀门的状态、流量、温度和压力，同样监控压缩机站。许多情况下，由 SCADA 远程控制压缩机的启机和停车。SCADA 系统的费用为 200 万～500 万美元不等，甚至更高，这取决于管线的长度、压气站数量、阀室数量和计量站。有时估算这种差异为项目总投资的 2%～5%。

13.6.6　环保和许可

环保和许可成本与管线、压缩机站、阀门和计量站有关，用于确保这些设施不会给大气与河流带来污染，不会破坏生态系统，包括动植物、鱼、野生动物和濒临绝种的动植物。对于许多美国原住民宗教和墓葬地点等敏感地区必须考虑和给予补贴以缓解特定地区的习惯。许可成本可能包括压缩设备的改变，管线重新定线，如由管线设施的有毒排放不会危及环境、人类和动植物的生命。很多时候，成本中包含了对受到管线施工干扰地区的土地收购补偿。这样的土地收购将用于公共用途，如公园或野生动物保护区。许可成本同样包含环境研究、环境影响报告的准备及公路、铁路和河流穿越的许可费用。这些环境和许可成本大约占项目总成本的 10%～15%。

13.6.7　路权的获得

ROW 是从私人业主、州政府、当地政府和联邦机构获得许可的费用。这些费用可在获得权限的时间内一次付清并在一定时期内交付额外的年费。例如，ROW 可能从私人农场、合作社、土地管理局和铁路部门获得。获得路权的初始费用包含在管线投资成本中。土地的年租金或租赁费用被视为一种开支。后者将被包括在年度成本中，例如运营成本。这些也包括工资和能源成本。举个例，一个天然气管线的路权成本为 3000 万美元，这个成本应当计入管线总投资成本中。另外，ROW 年度租赁要支付 30 万美元，这将被计入其他年度成本，例如运行维护成本和管理成本。对于大多数管线，初始的 ROW 成本占项目总成本的 6%～10%。

13.6.8　工程和建设管理

工程费用是指与管道、压缩站和其他设施的设计和图纸准备有关的费用。包括初步设计和详细的工程设计费用，包括技术要求说明、操作手册、采办文件、设备验收和在工程中与材料设备采办相关的其他成本。建设管理成本包含外业成本，及租赁设施、办公设备、交通运输和其他与监督管理建设中的管线和设施有关的成本。在典型的管线项目中，工程和建设管理成本占项目总成本的 15%～20%。

13.6.9　其他项目成本

除了前面讨论的各类主要成本外，还有一些其他成本应包含在项目总成本中。包括向联邦能源管理委员会（FERC）和国家机构提交申请所必需的法律和监管成本，他们具有覆盖州和州之间天然气的管辖权。同样包括在项目计划阶段未考虑到的不可预见的成本或超出预期的部分。随着项目的进行，新的议题和问题浮出表面，这将增加额外的资金投入。这些通常包含在应急成本的类别中。最后一类称为应急及建设期间所用资金津贴（AFUDC），意在涵盖在不同的建设阶段项目融资有关的成本。不可预见和 AFUDC 成本将占项目总成本的 15%～20%（表 13.3）。

表 13.3 典型天然气管道项目成本分析明细表

类别	在项目总成本中占比,%	成本,10^6 美元
管线		160.00
压缩机站		20.00
干线阀室		1.20
计量站		1.20
调压站		0.10
SCADA 和通信系统	2 ~ 5	5.48
环保和许可	10 ~ 15	21.90
路权的获得	6 ~ 10	14.60
工程和建设管理	15 ~ 20	36.50
不可预见项目	10	26.10
小计		287.08
营运资本		5.00
AFUDC	5	14.35
总计		306.43

13.7 运营成本

一旦管线、压缩机站及附属设施安装完成,管线投入运行,年度运营成本将覆盖整个管线的生命周期。这个周期可能为 20 ~ 30 年或者更长。年度运营成本包含如下主要几类:

(1) 压缩机站燃料和电力成本;

(2) 压缩机站设备维护和维修成本;

(3) 管线维护(如管线修复、重置,空中巡逻和监控)成本;

(4) SCADA 和通信系统成本;

(5) 阀门、调压和计量站维护成本;

(6) 公用事业(如水、天然气等)成本;

(7) 年度或定期的环境和许可成本;

(8) 租金和其他周而复始的 ROW 成本;

(9) 行政管理和薪资成本。

压缩机站成本包括定期的设备维修和大修成本。例如,一台燃气驱动的涡轮增压压缩机每 18 ~ 24 个月不得不大修一次(表 13.4)。

表 13.4 典型天然气管道的年度运营成本

类 别	年度运营成本,美元/a	类 别	年度运营成本,美元/a
薪资	860000	车辆开销	72800
日常开支(20%)	172000	办公费用(6%)	92880
行政管理(50%)	516000	辅助材料和工具	100000

类　别	年度运营成本，美元/a	类　别	年度运营成本，美元/a
压缩机站维护	—	天然气控制	100000
消耗材料	50000	SCADA 合约和维护	200000
定期维护保养	150000	内腐蚀检测（75 万美元/3 年）	250000
ROW 支付	350000	普通保护调查	100000
公共事业成本	150000	总 O&M	3163680

【例 13.4】一条正在建设的天然气管线，将天然气从天然气处理厂输送到 100mile 外的发电厂。在第一阶段，持续 10 年，预计输气量为 $120 \times 10^6 \text{ft}^3/\text{d}$，负荷系数为 95%。管道尺寸为 NPS 16，壁厚为 0.250in，需要两个总功率 5000hp 的压缩机站。总管线成本约为 80 万美元/mile，压缩机站成本为 2000 美元/hp。年度运营成本约为 800 万美元。管线建设项目将按 6% 的利率借款所需资本的 80%。监管允许的最佳回报率（ROR）占产权资本的 14%。考虑项目寿命为 20 年和 40% 的总税率。

（1）计算这条管线的年度运营成本和运输关税（美元/ $\times 10^3 \text{ft}^3$）；

（2）第二阶段，再持续 10 年，项目增加输量到 $150 \times 10^6 \text{ft}^3/\text{d}$。计算第二个阶段的运输关税，考虑投资成本增加 2000 万美元，年度成本增加 1000 万美元，负荷系数与第一阶段相同。

解：

（1）首先计算第一阶段的总投资成本。

$$管线成本 = 800000 \times 100 = 8000 \text{ 万美元}$$

$$压气站成本 = 2000 \times 5000 = 1000 \text{ 万美元}$$

$$总投资成本 = 8000 + 1000 = 9000 \text{ 万美元}$$

9000 万美元成本的 80% 将以 6% 的利率借 20 年。

每年应偿还的贷款为：

$$分期付款的费用 = \frac{90 \times 0.8 \times 0.06}{1 - \left(\frac{1}{1.06}\right)^{20}} = 628 \text{ 万美元}$$

因此，在整个项目周期的 20 年内需要每年支付 628 万美元的服务成本去偿还 7200 万美元的贷款（9000 万美元的 80%）。1800 万美元（9000 – 7200）剩余的资本，每年 14% 的最佳回报率（ROR）是被允许的。

因此，1800 万美元的 14% 应包含在服务成本中，称为股权收益成本。

$$年度股权收益成本 = 0.14 \times 1800 = 252 \text{ 万美元}$$

由于税率是 40%，调整后的年度股权收益为：

$$\frac{252}{1 - 0.4} = 420 \text{ 万美元}$$

接下来将每年 800 万美元的运营成本加到刚刚计算的年度股权收益成本上，得到年度服务成本：

$$年度需偿还的债款 = 628 万美元$$

$$年度股权收益 = 420 万美元$$

$$年度运营成本 = 800 万美元$$

因此：

$$年度服务成本 = 628 + 420 + 800 = 1848 万美元$$

在输量 $120 \times 10^6 \text{ft}^3/\text{d}$，负荷系数 95% 条件下，运输关税为：

$$\frac{18.48 \times 10^6 \times 10^3}{120 \times 10^6 \times 365 \times 0.95} = 0.4441 \text{ 美元}/10^3 \text{ft}^3$$

（2）在第二阶段的 10 年中，资本成本增加了 2000 万美元。额外的 2000 万美元按之前所做，假设为筹资 80% 的贷款和 20% 的股权资金。每年还款的年度成本为：

$$年度还款成本 = \frac{20 \times 0.8 \times 0.06}{1 - \left(\frac{1}{1.06}\right)^{10}} = 217 万美元$$

剩余的资本 400 万美元（2000 − 1600）是股权成本根据监管指南可赚取 14% 的利益。必须强调的是，在本例中利益率和最佳回报率（ROR）是近似的，只用来达到举例说明的目的。在特定的项目中实际的 ROR 将取决于各种因素，例如经济，当前的 FERC 条例，国家法律，范围从低至 8% 到高达 16% 不等或更多。同样，分期还款的利率 6%，也只是举例说明的数值。实际还款利率取决于很多因素，例如经济状况，货币供应量和美国联邦储备理事会收取的联邦利率（最优惠利率）。这个比率将随着国家在哪里建管线和多国银行给管线项目融资而变化。

对于第二阶段，年度股权收益是：

$$400 \times 0.14 = 56 万美元$$

按 40% 的税率，调整后的股权收益是：

$$\frac{56}{1 - 0.4} = 93 万美元$$

因此，对于第二阶段，投资增加了 2000 万美元，运营成本增加了 200 万美元，将导致服务成本的增加：

$$年度服务成本 = 217 + 93 + 200 = 510 万美元$$

概括起来，对于第二阶段，总服务成本是：

$$1848 + 510 = 2358 万美元$$

在输量为 $150 \times 10^6 \text{ft}^3/\text{d}$ 和 95% 的负荷系数条件下，第二阶段的关税是：

$$\frac{23.58 \times 10^6 \times 10^3}{150 \times 10^6 \times 365 \times 0.95} = 0.4534 \text{ 美元} /10^3\text{ft}^3$$

13.8　确定经济管径

在指定的管线运输程序中，有一个经济的或最优的管径使设备成本达到最小化。例如，一条管线需要运输 $100 \times 10^6\text{ft}^3/\text{d}$ 天然气从气源位置到终点，可能需要许多种不同的管材和管径。可选择使用 NPS 14，NPS 16 和 NPS 18 或一些其他管径。对于给定的体积流量，使用最小直径的管线会带来最大的压降和最高的功率要求；最大的管线尺寸将带来最小的压降，因此所需的功率最低。所以，NPS 14 管线系统将有最小的管材成本和最高的功率要求。另外，NPS 18 管线系统将有最低的功率需求，但因为单位长度管线的重量不同而有相当大的管材成本。如何确定最优管径，将在下面的示例中说明。

【例 13.5】从美国南部到意大利的佛罗伦萨，建造一条输量为 $150 \times 10^6\text{ft}^3/\text{d}$ 的天然气管线，长度为 120mile 开外。考虑三种管径方案，NPS 14，NPS 16 和 NPS 18，壁厚均为 0.25in。确定最经济的管径，考虑管线材料成本、压缩机站成本和燃料成本。管径选取基于 20 年的项目周期和每年 8% 折算现金流的现值（PV）。管线材料成本按 800 美元/t，压气站安装成本按 2000 美元/hp。燃料气估算为 3 美元/10^6ft^3。

如下信息来自水力分析：

NPS 14 管线，两座压气站，总计 8169hp，燃料消耗是 $1.64 \times 10^6\text{ft}^3/\text{d}$；

NPS 16 管线，一座压气站，总计 3875hp，燃料消耗是 $0.78 \times 10^6\text{ft}^3/\text{d}$；

NPS 18 管线，一座压气站，总计 2060hp，燃料消耗是 $0.41 \times 10^6\text{ft}^3/\text{d}$。

解：

首先计算每种方案 120mile 管线的投资成本。

由式（13.4），NPS 14 的管线安装成本为：

$$\text{PMC} = \frac{10.68 \times (14 - 0.250) \times 0.250 \times 120 \times 800 \times 5280}{2000} = 930 \text{ 万美元}$$

同样地，NPS 16 的管线安装成本为：

$$\text{PMC} = \frac{10.68 \times (16 - 0.250) \times 0.250 \times 120 \times 800 \times 5280}{2000} = 1066 \text{ 万美元}$$

以及 NPS 18 的管线安装成本为：

$$\text{PMC} = \frac{10.68 \times (18 - 0.250) \times 0.250 \times 120 \times 800 \times 5280}{2000} = 1201 \text{ 万美元}$$

接下来，计算每种管径的压气站安装成本。

对于 NPS 14 的管线，压气站安装成本为：

$$8196 \times 2000 = 1639 \text{ 万美元}$$

对于 NPS 16 的管线，压气站安装成本为：

$$3875 \times 2000 = 775 \text{ 万美元}$$

对于 NPS 18 的管线，压气站安装成本为：

$$2060 \times 2000 = 412 \text{ 万美元}$$

下面计算每种方案的运行燃料成本。已知燃料气为 3 美元/10^3ft^3；运行时间为一年 350 天、一天 24h；由于维修或者任何操作失误等每年允许停机 15 天。

对于 NPS 14 的管线，燃料成本为：

$$1.64 \times 10^3 \times 350 \times 3 = 172 \text{ 万美元 /a}$$

对于 NPS 16 的管线，燃料成本为：

$$0.78 \times 10^3 \times 350 \times 3 = 82 \text{ 万美元 /a}$$

对于 NPS 18 的管线，燃料成本为：

$$0.41 \times 10^3 \times 350 \times 3 = 43 \text{ 万美元 /a}$$

实际操作成本除了燃料成本外还有很多其他类别的成本。为简单起见，只考虑燃料成本。项目周期 20 年的年度燃料成本在每个方案中将按 8% 折现。这将被添加到管线和压气站建设成本之和中得出一个现值（PV）。

NPS 14 管线的燃料成本现值为：

$$PV = \frac{1.72}{0.08}\left[1 - \frac{1}{(1 + 0.08)^{20}}\right] = 1.72 \times 9.8181 = 1689 \text{ 万美元}$$

NPS 16 管线的燃料成本的现值为：

$$PV = 0.82 \times 9.8181 = 805 \text{ 万美元}$$

NPS 18 管线的燃料成本的现值为：

$$PV = 0.43 \times 9.8181 = 422 \text{ 万美元}$$

因此，加上所有成本（管线成本 + 压气站安装成本 + 燃料成本），NPS 14 管线的现值为：

$$PV_{14} = 930 + 1639 + 1689 = 4258 \text{ 万美元}$$

NPS 16 的现值为：

$$PV_{16} = 1066 + 775 + 805 = 2646 \text{ 万美元}$$

NPS 18 的现值为：

$$PV_{18} = 1201 + 412 + 422 = 2035 \text{ 万美元}$$

可看出，最小成本选项是现值为 2035 万美元的 NPS 18 管线。

在上述的例子中，如果流量更低或更高，结果可能会有不同。对每一种管线尺寸如果计算不同流量下的功率需求和相应的燃料消耗，可生成图表表示总成本随流量的变化。显然，随着流量的增加，功率需求和燃料消耗也会增加。对不同的管线尺寸进行计算，将得到一个类似图 13.1 的曲线图。

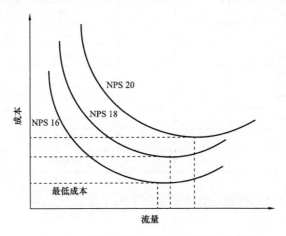

图 13.1 不同尺寸管线成本随流量变化曲线

下面的例子中，考虑 3 种管径（NPS 16，NPS 18 和 NPS 20）、计算投资成本及 O&M 成本，得出成本随流量变化的曲线，如图 13.1 所示。

【例 13.6】一条 120mile 长的天然气管线，对 3 种管件进行分析，流量范围为 $50 \times 10^6 \sim 500 \times 10^6 \text{ft}^3/\text{d}$，利用水力模拟软件 GASMOD，管径和流量分析如下：

NPS 16 的管线，流量范围为 $50 \times 10^6 \sim 200 \times 10^6 \text{ft}^3/\text{d}$；

NPS 18 的管线，流量范围为 $50 \times 10^6 \sim 300 \times 10^6 \text{ft}^3/\text{d}$；

NPS 20 的管线，流量范围为 $100 \times 10^6 \sim 500 \times 10^6 \text{ft}^3/\text{d}$。

NPS 16 管线壁厚为 0.25in，NPS 18 和 NPS 20 管线壁厚为 0.5in。

通过水力模拟，得到所需压气站输量和功率，燃料消耗列于表 13.5。

表 13.5 三种管线的水力模拟结果

管线	流量，$10^6 \text{ft}^3/\text{d}$	压气站数量	总功率，hp	燃料消耗，$10^6 \text{ft}^3/\text{d}$
NPS 16	50	1	49	0.01
	100	1	1072	0.21
	150	1	3875	0.78
	175	2	5705	1.14
	200	2	9203	1.84
NPS 18	50	1	49	0.01
	100	1	209	0.04
	150	1	2060	0.41
	175	1	3394	0.68
	200	1	4954	1
	250	2	9348	1.87
	300	2	17902	3.58

续表

管线	流量，$10^6 ft^3/d$	压气站数量	总功率，hp	燃料消耗，$10^6 ft^3/d$
NPS 20	100	1	98	0.02
	150	1	1053	0.21
	175	1	2057	0.41
	200	1	3281	0.66
	250	1	6312	1.26
	300	2	10519	2.1
	400	2	31401	6.28
	500	2	73207	14.64

利用如下假设，制订每种管径和流量条件下的年度成本方案。

管材成本按 800 美元/t。

对于管线安装成本，使用如下数据：NPS 16 管线，50 美元/ft；NPS 18 管线，60 美元/ft；NPS 20 管线，80 美元/ft。

对于压气站的安装成本按 2000 美元/hp，燃料气可以假设为 3 美元/$10^6 ft^3$。

项目周期是 20 年，现金流折现利率为 8%。

增加 40% 到管线和压缩机的投资成本，考虑到其他类别的成本，如计量站、阀门、ROW、环境、工程和建设管理及应急。管线运行时间按一年 350 天计算。

解：

使用列出的假设，从给定的水力模拟数据得出管线、压气站和其他成本的总投资。

按 800 美元/t 的管材成本，用式（13.4）计算各管线的管线安装成本：

NPS 16 的管线

$$管线成本 = \frac{10.68 \times (16 - 0.250) \times 0.250 \times 120 \times 800 \times 5280}{2000}$$

$$= 1066 \ 万美元$$

NPS 18 的管线

$$管线成本 = \frac{10.68 \times (18 - 0.250) \times 0.250 \times 120 \times 800 \times 5280}{2000}$$

$$= 1201 \ 万美元$$

NPS 20 的管线

$$管线成本 = \frac{10.68 \times (20 - 0.250) \times 0.250 \times 120 \times 800 \times 5280}{2000}$$

$$= 2639 \ 万美元$$

这些成本列于表 13.6 至表 13.8。

表 13.6　NPS 16 管线成本汇总表

流量 10⁶m³/d	压气站数量 座	总功率 hp	燃料消耗 10⁶m³/d	燃料费用 10⁶美元/a	管材成本 10⁶美元	管道安装费 10⁶美元	管道总投资 10⁶美元	压气站投资 10⁶美元	其他费用 10⁶美元	总投资 10⁶美元	运行维护费用 10⁶美元/a	年投资 10⁶美元	年总成本费用 10⁶美元	年度成本 10⁶美元/10³ft³
50	1	49	0.01	0.01	10.66	31.68	42.34	0.098	16.97	59.41	2.00	6.05	8.06	0.4607
100	1	1072	0.21	0.22	10.66	31.68	42.34	2.144	17.79	62.27	2.00	6.34	8.56	0.2447
150	1	3875	0.78	0.82	10.66	31.68	42.34	7.75	20.04	70.12	2.00	7.14	9.96	0.1897
175	2	5705	1.14	1.20	10.66	31.68	42.34	11.41	21.50	75.25	3.00	7.66	11.86	0.1937
200	2	9203	1.84	1.93	10.66	31.68	42.34	18.406	24.30	85.04	3.00	8.66	13.59	0.1942

注：管材费用为 800 美元/t；NPS 16 管道安装费为 50 美元/ft；压气站投资为 2000 美元/hp；其他费用为管道和压气站投资的 40%；运行费用按每年运行 350 天计；燃料费用为 3 美元/10³ft³；投资成本按管道 20 年生命周期，年收益率为 8%。

表 13.7　NPS 18 管线成本汇总表

流量 10⁶m³/d	压气站数量 座	总功率 hp	燃料消耗 10⁶m³/d	燃料费用 10⁶美元/a	管材成本 10⁶美元	管道总投资 10⁶美元	压气站投资 10⁶美元	其他费用 10⁶美元	总投资 10⁶美元	运行维护费用 10⁶美元/a	年投资 10⁶美元	年总成本费用 10⁶美元	年度成本 10⁶美元/10³ft³
50	1	49	0.01	0.01	12.01	50.03	0.098	20.05	70.18	2.00	7.15	9.16	0.5233
100	1	209	0.04	0.04	12.01	50.03	0.418	20.18	70.62	2.00	7.19	9.24	0.2639
150	1	2060	0.41	0.43	12.01	50.03	4.12	21.66	75.81	2.00	7.72	10.15	0.1934
175	1	3394	0.68	0.71	12.01	50.03	6.788	22.73	79.54	2.00	8.10	10.82	0.1766
200	1	4954	1.00	1.05	12.01	50.03	9.908	23.97	83.91	2.00	8.55	11.60	0.1657
250	2	9348	1.87	1.96	12.01	50.03	18.696	27.49	96.21	3.00	9.80	14.76	0.1687
300	2	17902	3.58	3.76	12.01	50.03	35.804	34.33	120.16	3.00	12.24	19.00	0.1809

注：管材费用为 800 美元/t；NPS 18 管道安装费为 50 美元/ft；压气站投资为 2000 美元/hp；其他费用为管道和压气站投资的 40%；运行费用按每年运行 350 天计；燃料费用为 3 美元/10³ft³；投资成本按管道 20 年生命周期，年收益率为 8%。

表 13.8 NPS 20 管线成本汇总表

流量 $10^6 m^3/d$	压气站数量 座	总功率 hp	燃料消耗 $10^6 m^3/d$	燃料费用 $10^6 m^3/a$	管材成本 10^6美元	管道安装费 10^6美元	管道总投资 10^6美元	压气站投资 10^6美元	其他费用 10^6美元	总投资 10^6美元	运行维护费用 10^6美元/a	年投资 10^6美元	年总成本费用 10^6美元	年度成本 10^6美元/$10^3 ft^3$
100	1	98	0.02	0.02	26.39	50.69	77.08	0.196	30.91	108.18	2.00	11.02	13.04	0.3726
150	1	1053	0.21	0.22	26.39	50.69	77.08	2.106	31.67	110.86	2.00	11.29	13.51	0.2574
175	1	2057	0.41	0.43	26.39	50.69	77.08	4.114	32.48	113.67	2.00	11.58	14.01	0.2287
200	1	3281	0.66	0.69	26.39	50.69	77.08	6.562	33.46	117.10	2.00	11.93	14.62	0.2089
250	1	6312	1.26	1.32	26.39	50.69	77.08	12.624	35.88	125.58	2.00	12.79	16.11	0.1842
300	2	10519	2.1	2.21	26.39	50.69	77.08	21.038	39.25	137.38	3.00	13.99	19.20	0.1828
400	2	31401	6.28	6.59	26.39	50.69	77.08	62.802	55.95	195.83	3.00	19.95	29.54	0.2110
500	2	73207	14.64	15.37	26.39	50.69	77.08	146.414	89.40	312.89	3.00	31.87	50.24	0.2871

注：管材费用为 800 美元/t；NPS 20 管道安装费为 50 美元/ft；压气站投资为 2000 美元/hp；其他费用为管道和压气站投资的 40%；运行费用按每年运行 350 天计；燃料费用为 3 美元/$10^3 ft^3$；投资成本按管道 20 年生命周期，年收益率为 8%。

3 种管径管线的人工安装成本计算如下：

$$NPS\ 16\ 管线安装成本 = 50 \times 5280 \times 120 = 3168\ 万美元$$

$$NPS\ 18\ 管线安装成本 = 60 \times 5280 \times 120 = 3802\ 万美元$$

$$NPS\ 16\ 管线安装成本 = 80 \times 5280 \times 120 = 5069\ 万美元$$

接下来，计算压缩机站的安装成本，按 2000 美元/hp。

NPS 16 的管线在输量为 $100 \times 10^6 ft^3/d$ 的情况下，需要的功率是 1072hp，安装成本为：

$$2000 \times 1072 = 214\ 万美元$$

同样地，计算每种情况下每个压气站的安装成本，列于表 13.6 至表 13.8。

其他成本占管线成本总和的 40%，压缩机站成本如下：

$$管材成本 = 1066\ 万美元$$

$$管线安装成本 = 3168\ 万美元$$

$$压气站成本 = 214\ 万美元$$

这样，对于 NPS 16 的管线在输量为 $100 \times 10^6 ft^3/d$ 时，其他成本是：

$$0.40 \times (1066 + 3168 + 214) = 1779\ 万美元$$

运营成本加上年度燃料成本得到总的年度成本。总投资成本按 8% 的利率折合 20 年，加上 O&M 成本和燃料成本。例如，NPS 16 的管线，输量 $100 \times 10^6 ft^3/d$，总投资成本为 6227 万美元，每年 634 万美元，加上 O&M 成本和燃料成本获得总年度成本为 856 万美元。每年的气体运输量除以年度成本，得到每 $10^6 ft^3$ 的年度成本为：

$$年度成本 = \frac{8.56 \times 10^6 \times 10^3}{100 \times 10^6 \times 350} = 0.2447\ 美元/10^6 ft^3$$

同样地，对于每种管径和流量，数值列于表 13.6 至表 13.8 中。

回顾表 13.6 中 NPS 16 管线的数值，可看到随着流量从 $50 \times 10^6 ft^3/d$ 增加到 $150 \times 10^6 ft^3/d$，年度成本从 0.4607 美元/$10^6 ft^3$ 减少到 0.1897 美元/$10^6 ft^3$。之后当流量到达 $200 \times 10^6 ft^3/d$ 时数值达到 0.1942 美元/$10^6 ft^3$。因此，对于 NPS 16 的管线，$150 \times 10^6 ft^3/d$ 是能使输送成本最少的最佳的流量。

同样，从表 13.7 中 NPS 18 的管道，随着流量从 $50 \times 10^6 ft^3/d$ 增加到 $200 \times 10^6 ft^3/d$，年度成本从 0.5233 美元/$10^6 ft^3$ 减少到 0.1657 美元/$10^6 ft^3$。之后，当流量增加到 $300 \times 10^6 ft^3/d$ 数值达到 0.1809 美元/$10^6 ft^3$。因此，对于 NPS 18 管线，$200 \times 10^6 ft^3/d$ 是能使输送成本最少的最佳的流量。

最后，从表 13.8 中 NPS 20 的管道，随着流量从 $100 \times 10^6 ft^3/d$ 增加到 $300 \times 10^6 ft^3/d$，年度成本从 0.3726 美元/$10^6 ft^3$ 减少到 0.1828 美元/$10^6 ft^3$。之后，当流量增加到 $500 \times 10^6 ft^3/d$，数值达到 0.2871 美元/$10^6 ft^3$。因此，对于 NPS 20 管线，$300 \times 10^6 ft^3/d$ 是能使输送成本最少的最佳的流量。

三种管径下年度成本随流量的变化如图 13.2 所示。

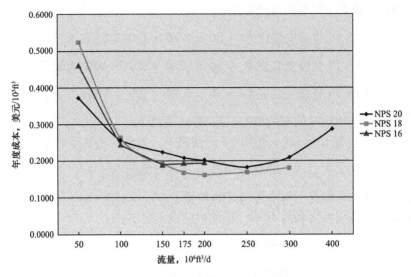

图 13.2   三种管径年度成本随流量变化曲线

在前面的计算中，为了简化，使用了一些假设。杂项成本的费用按管线和压气站成本的某个百分比来估算。同样，假定年度成本是不变的定值。更准确地计算年度成本要考虑到通货膨胀的关系，应按一定比例逐年上升，并使用消费者物价指数。不过，前面的计算阐述了一个确定最优管径的经济分析的方法。

【例 13.7】比较了扩大温莎（Windsor）到加迪夫（Cardiff）天然气管线输气能力的两个选项，安装中间压缩机站或安装管线回路。比较两种方案产生的投资成本、运行成本和燃料成本，项目周期考虑为 25 年。投资资金将以 8% 的利息贷款 70%。监管允许 30% 的回报率为 12%。税率将达到 35%。燃料消耗为 $0.2 \times 10^3 \mathrm{ft}^3 /$（$\mathrm{d} \cdot \mathrm{hp}$），燃料气成本为 3 美元/$10^3 \mathrm{ft}^3$。假设一年运行 350 天。计算每种方案的年度服务成本和运输关税。对于压气站方案预计第一阶段年度运行成本将增加 200 万美元，第二阶段增加 300 万美元。对于管线回路方案第一阶段运行管理成本增加 50 万美元，第二阶段增加 75 万美元。

解：

第一阶段增输：

本次增输输量达到 $238.41 \times 10^6 \mathrm{ft}^3/\mathrm{d}$，且需要安装的压气站功率为：Windsor 压气站 8468hp，Avon 压气站 3659hp。

$$总功率 = 8648 + 3659 = 12127\mathrm{hp}$$

第一阶段增加的功率计算如下：

$$\Delta\mathrm{HP} = 12127 - 7064 = 5063\mathrm{hp}$$

基于 2000 美元/hp 的安装费增加的成本为：

$$增加费用 = 5063 \times 2000 = 1013 \ 万美元$$

5063hp 增加的燃料成本为：

增加燃料成本 $= 5063 \times 0.2 \times 3 \times 350 = 106$ 万美元 /a

增加的 1013 万美元投资成本将贷款 70%，30% 的股权。

$$贷款资金 = 1013 \times 0.7 = 709 万美元$$

$$分期还款成本 = \frac{1013 \times 0.7 \times 0.08}{1 - \left(\frac{1}{1 + 0.08}\right)^{25}} = 66 万美元 /a$$

剩余资本 304 万美元（1013 万美元 – 709 万美元）是股权净值，按照监管允许可有 12% 的收益率。

股权净值的年度收益资本是：

$$304 \times 0.12 = 36 万美元$$

考虑到 35% 的税率，调整后的年度股权收益是：

$$\frac{36}{1 - 0.35} = 55 万美元$$

接下来加上每年增加的 200 万美元运营管理成本和 106 万美元的燃料成本到借贷和净值的年度成本，仅计算年度的服务费用如下：

$$年度支付剩余贷款 = 66 万美元$$

$$年度净值收入 = 36 万美元$$

$$年度运营成本 = 200 万美元$$

$$年度燃料成本 = 106 万美元$$

因此，压气站方案第一阶段的年度服务成本为：

$$66 + 36 + 200 + 106 = 408 万美元$$

这个金额是在初始流量 $188.41 \times 10^6 \mathrm{ft}^3/\mathrm{d}$ 基础上扩能后增加的年度服务成本。

第一阶段输量增加 $50 \times 10^6 \mathrm{ft}^3/\mathrm{d}$ 后增加的关税为：

$$\frac{4.08 \times 10^6 \times 10^3}{50 \times 10^6 \times 350} = 0.2331 美元 /10^3 \mathrm{ft}^3$$

接下来计算管线回路方案服务成本和关税。

第一阶段中，需要 50.03mile 的管线，花费为 2502 万美元。除这条管线的成本外，也要包括第一阶段温莎站输量增加需要的功率，计算得出需要 1404hp。

安装需要的成本为 2000 美元/hp，由于增加了功率额外的成本为 281 万美元。

因此，第一阶段，Cardiff 站上游的环状管线总成本和 Windsor 压气站增加的功率成本计算如下：

$$2502 + 281 = 2783 万美元$$

额外的 1404hp 增加的燃料成本是：

$$1404 \times 0.2 \times 3 \times 350 = 30 \text{ 万美元} / a$$

管线回路方案增加的 2738 万美元同样贷款 70%，30% 的股权。

$$贷款资金 = 2783 \times 0.7 = 1948 \text{ 万美元}$$

$$分期偿还贷款的费用 = \frac{1948 \times 0.08}{1 - \left(\frac{1}{1 + 0.08}\right)^{25}} = 182 \text{ 万美元} / a$$

剩余资本 835 万美元（2783 万美元 – 1948 万美元）是股权净值，按照监管允许可有 12% 的收益率。

年度允许的股权收益是：

$$835 \times 0.12 = 100 \text{ 万美元}$$

考虑到 35% 的税率，调整后的年度股权收益是：

$$\frac{100}{1 - 0.35} = 154 \text{ 万美元}$$

接下来加上每年增加的 50 万美元运营管理成本和 30 万美元的燃料成本到借贷和净值的年度成本，仅计算年度的服务费用如下：

$$年度支付剩余贷款 = 182 \text{ 万美元}$$

$$年度净值收入 = 100 \text{ 万美元}$$

$$年度运营成本 = 50 \text{ 万美元}$$

$$年度燃料成本 = 30 \text{ 万美元}$$

因此，管线回路方案第一阶段增加的年度服务成本为：

$$182 + 100 + 50 + 30 = 362 \text{ 万美元}$$

这个金额是在初始流量 $188.41 \times 10^6 \text{ft}^3/\text{d}$ 基础上扩能后增加的年度服务成本。

第一阶段输量增加 $50 \times 10^6 \text{ft}^3/\text{d}$ 后增加的关税为：

$$\frac{3.62 \times 10^6 \times 10^3}{50 \times 10^6 \times 350} = 0.2069 \text{ 美元} / 10^3 \text{ft}^3$$

可总结计算如下：

对于第一阶段增输，压气站方案：

$$增加的年度服务费用 = 408 \text{ 万美元}$$

$$增加的关税 = 0.2331 / 10^3 \text{ft}^3$$

管线回路方案：

$$增加的年度服务费用 = 362\ 万美元$$

$$增加的关税 = 0.2069/10^3 ft^3$$

可以看出，在增输的第一阶段，增加的年度服务成本和关税，管线回路方案少于压气站方案。对于增输的第一阶段，管线回路方案是较好的选择。

增输第二阶段，输量在第一阶段增输的基础上再增加 $50 \times 10^6 ft^3/d$。由于增输第一阶段较优的选择是管线回路方案，必须考虑第二阶段所要增加的 50.03mile 管线回路已经安装。在例 5.1 的第二阶段，计算得出需要的管线回路是 76.26mile，Windsor 站需要增加 1775hp。同样，增加的回路需求和增加功率的成本在 Windsor 站计算为 1666 万美元，在第一阶段的值之上。

额外的 1775hp 增加的燃料成本是：

$$1775 \times 0.2 \times 3 \times 350 = 37\ 万美元/a$$

第二阶段管线回路方案增加的 1666 万美元同样贷款 70%，30% 的股权。

$$贷款资金 = 1666 \times 0.7 = 1166\ 万美元$$

$$分期偿还贷款的费用 = \frac{1166 \times 0.08}{1 - \left(\dfrac{1}{1 + 0.08}\right)^{25}} = 109\ 万美元/a$$

剩余资本 500 万美元（1666 万美元 – 1166 万美元）是股权净值，按照监管允许可有 12% 的收益率。

年度股权收益是：

$$500 \times 0.12 = 60\ 万美元$$

考虑到 35% 的税率，调整后的年度股权收益是：

$$\frac{60}{1 - 0.35} = 92\ 万美元$$

接下来加上每年增加的 75 万美元运营管理成本和 37 万美元的燃料成本到借贷和净值的年度成本，仅计算管线回路方案第二阶段的年度服务费用如下：

$$年度支付剩余贷款 = 109\ 万美元$$

$$年度净值收入 = 60\ 万美元$$

$$年度运营成本 = 75\ 万美元$$

$$年度燃料成本 = 37\ 万美元$$

因此，第二阶段增加的年度服务成本为：

$$109 + 60 + 75 + 37 = 281\ 万美元$$

这个数值是除了第一阶段流量 $238.41 \times 10^6 \, \text{ft}^3/\text{d}$ 的服务成本外，增加的年度服务成本。

流量增加 $50 \times 10^6 \, \text{ft}^3/\text{d}$ 后增加的关税是：

$$\frac{2.81 \times 10^6 \times 10^3}{50 \times 10^6 \times 350} = 0.1606 \ \text{美元} / 10^3 \, \text{ft}^3$$

总结如下：

增输的第二阶段，管线回路方案：

$$\text{增加的年度服务成本} = 281 \ \text{万美元}$$

$$\text{增加的关税} = 0.1606 \ \text{美元} / 10^3 \, \text{ft}^3$$

增加的成本是第一阶段外的数值。

必须说明的是，这里没有考虑压气站方案第二阶段的增输，是因为第一阶段时的最优方案是安装管线回路。由于大约 50mile 的管线在第一阶段已经安装，简单看下在管段 2 增加大约 26mile 的管线回路，进行对照，可以确定在第二阶段需要增加压气站代替扩充回路。这个问题留给读者作为练习。

13.9　小结

本章回顾了由管道和泵站等组成的管道系统的主要成本组成部分，并举例说明了估算这些项目成本的方法。对典型管线的电费、O&M 等年度成本进行确定和计算。在项目各自特定的寿命和利息等信息的基础上，用资金成本和运营成本等来计算管道的年服务费。然后才可以确定该工程收取多少管道运输费用。同样地，也解释了如何应用现值来如何确定最优管径的方法。针对三种不同管径的管线，对三种不同工况的现值进行比较，确定了最优管径。

前面的章节介绍了通过管道将天然气从一个地方输送到另一个地方时不同管径和压力的组合方案。计算各种压降公式、增压需求和所需功率时，不需要过多考虑设施费用。本章回顾了管道的经济性。特定输量下的最经济管径，要通过考虑管道系统各构成部分的成本因素来确定。管道及附属设施的初始资金成本与年度 O&M 成本一起进行讨论。由于天然气管道运营涉及多家公司，因此，要分析确定管道输送费的计算方法。

建设天然气管道的目的通常有三种：第一种是为管道业主输送天然气，第二种是将天然气销售给其他公司，第三种是为天然气公司提供管道服务，这三种情况代表了天然气管道运输的三种主要用途。管径、压气站和相关设施的选择所涉及的经济性考量会因不同方案而略有不同。作为输送自家天然气的业主公司，需要建造的设施可能是最少的，但仍要遵守交通运输部的天然气输送规范及其他规定要求，以保证管道安全运行，不会危及人和环境。第二种情况下，天然气公司建设管道将自家的天然气输送到终点并销售给用户时，会建设最少的设施，而不必过多考虑规范约束。第三种情况下，管道公司建设和运营管道的目的是为了输送其他公司的天然气，这时就必须遵循 FERC 或像加利福尼亚公共设施委员会或得克萨斯铁路委员会等州政府机构的管辖，跨州管道——管道穿过一个或多个州界——受 FERC 的管辖约束。在某个州内的管道，例如完全在加利福尼亚州内的管道将受公共设施委员会规范的制约而不是 FERC 的制约。这样的监管要求会对设施的类型、数量和将来转嫁给消费者的成本费用等给出严格的指南。这些管理规定会禁止过高投资设施的建设，并控制分摊到消费者身上的成本。

鉴于私有管道业主在输送自家天然气时可能会设置备用压缩机组，以保障设备失效时不间断输气，但 FERC 要求管道公司不得如此。如此一来，管道经济学在不同情况下会略有差异。

本章没有讨论其他天然气运输方式（如汽车运输加压的天然气容器）。这里所讨论的一般性经济原理既适用于无章可循的私人管线，也适用于 FERC 规范下的跨州天然气管道。

在本章中，对天然气管道运输的经济方面进行了综述。对管输流体的流量和最优管径之间的关系的确定方法进行了讨论研究。介绍了管道和压缩气站的基本建设费用和年运行维护费用。对燃料消耗计算做了解释。考虑到金钱的时间价值和投资收益率 ROR（管道设施的股权投资所允许的），计算了天然气的年运输成本。从年运输成本中，计算出管道运输费。通过三种不同管径、估算初始资金成本和年度运营成本，对某类型的最经济管径的计算进行了研究。对典型管道是选择设置压缩机还是管道复线，也已经用经济性原则进行了解释。另外，还讨论了典型管道系统的资金成本的主要构成。

13.10 问题

（1）一条天然气管道负荷系数 95%，输量 $120 \times 10^6 \text{ft}^3/\text{d}$，其资金成本估算值为 7000 万美元，年运行成本 600 万美元，工程寿命 20 年时分期偿还资本利率为 8%，计算本管道的服务费和管道运输费。

（2）建设一条新的天然气管道，起点为处理厂，终点为 150mile 外的电厂，分为初始阶段和延续阶段。在 10 年的初始阶段中，预期不间断输送天然气的输量为 $100 \times 10^6 \text{ft}^3/\text{d}$、管道负荷 95%，为达到这个输量，则要求管道的管径为 NPS 18，壁厚 0.250in，以及总功率为 5000hp 的两座压气站。管道总成本估算约为 750000 美元/mile，压气站建设成本为 2000 美元/hp。

年运营成本估算是 600 万美元，工程建设施工资金来源为 75% 贷款、利率 6%，自有资金允许的监管性 ROR 为 13%，考虑管道寿命 25 年，总税率 36%。

① 计算该管道的年服务费和管道运输费，单位为美元/10^3ft^3；

② 在接下来第二阶段的 10 年里，预期增输到 $150 \times 10^6 \text{ft}^3/\text{d}$，考虑到投资增加 3000 万美元、年成本增加 400 万美元、负荷系数与之前相同的情况下，计算第二阶段的管道运输费。

（3）要建一条从 Jackson 到 Columbus 的天然气管道，长 180mile，输量 $200 \times 10^6 \text{ft}^3/\text{d}$，考虑三种管径：NPS 18、NPS 20 和 NPS 24，管材均为 API 5LX52，壁厚满足最大操作压力 1400psi（表），兼顾管材成本、压气站成本和燃料成本，来选取最经济管径。

可在管道 30 年寿命和贴现率 6%/a 的现值基础上选取管径。管材成本为 750 美元/t，压气站成本为 2000 美元/hp，燃料气成本约为 3 美元/10^3ft^3。

第14章 案 例 分 析

14.1 引言

本章将会讨论输送气体或液体的管线所需要的压气站或泵站的数量和管径。

这些研究需要计算管道液压、泵或压缩机的功率及其他成本分析，以确定最优管径和功率要求，从而使生产成本最低。

下面来讨论几个输送液体和天然气的长输管道，包括输送加热原油和成品油（汽油、航煤、柴油）的管道，有些应用减阻剂（DRA）提高油品输量，批量输送、传热及等温流，用不变速或变速电动机驱动输油泵或压缩机来提供动力。

最后，用 Hazen – Williams 计算方法来分析一下为中小型城市输水的水管道。

14.2 案例分析1：菲尼克斯（Phoenix）—拉斯维加斯（Las Vegas）成品油（等温流动）管线

如图 14.1 所示，计划在亚利桑那州菲尼克斯市（Phoenix）和内华达州拉斯维加斯市（Las Vegas）之间铺设一条管道，距离为 420mile。预计顺序输送以下成品油：汽油、航煤、柴油。输送地点已经列出，中间分输到金曼（Kingman）、哈瓦苏湖城（Lake Havasu City，LHC）和布尔黑德市（Bullhead City，BHC）。此管道将按顺序输送各油品的模式运行，来满足终端用户的需求。

在首站（Pheonix）和末站（Las Vegas）将设置适当的油罐组，油罐储备不少于 10 天的储备量，同时设置一个混油罐来容纳混油段。

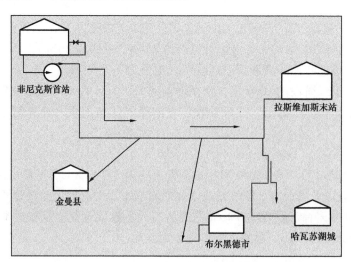

图 14.1 菲尼克斯—拉斯维加斯成品油管线示意图

菲尼克斯首站的输量为 400×10^6 bbl/d，金曼县站输量为 80×10^6 bbl/d，哈瓦苏湖城站输量为 80×10^6 bbl/d，布尔黑德市站输量为 70×10^6 bbl/d，剩下的 170×10^6 bbl/d 输到拉斯维加斯末站。预期操作压力不高于 1400psi（表）。

在年平均温度 70℉ 的前提下，油品物性见表 14.1。

表 14.1　案例分析 1 油品物性表

产品	相对密度（70℉）	70℉黏度，cSt	批次体积，bbl
汽油	0.746	1.2	50000
柴油	0.850	5.9	50000
航空煤油	0.815	2.5	50000

最优管径的确定是基于满足首站 400×10^6 bbl/d 输量的需求，而不用考虑中间分输站分流后输量减小的管径变化。计算所有泵站、管道和主要设施（如收发球筒、干线阀门、油罐及进出口计量装置）的总资金成本。做了防腐并包装好的管道成本按 1500 美元/t 计，安装好的泵站按 1800 美元/hp 计，安装好的计量装置 50 万美元/套，干线阀室为 20 万美元。允许道路使用权的成本为 1500 万美元。

本工程资产构成为自有资本 20%、银行贷款 80%，寿命周期为 30 年，所允许的监管性收益率（ROR）自有资本为 15%、贷款利率为 10%。假定以收入税为 40% 来计算所允许的监管性管道运输费。

这条管道长 420mile，首先研究将一条 36in 长、0.500in 壁厚的管道作为备选方案 1。然后计算管径增加到 38in 和 40in 的费用并进行水力核算，增大管径是为了使流速降低至常用的 $3 \sim 5$ ft/s，并推荐费用最少的最优方案。

输送密度最大的柴油时，输量为 400×10^6 bbl/d，平均流速和雷诺数为：

$$v = 0.0119 \times 400000/(35 \times 35) = 3.89\text{ft/s}$$

$$Re = 92.24 \times 400000/(5.9 \times 35) = 178673$$

因此，此段管道内的流体处于紊流区。

然后计算科尔布鲁克 – 怀特（Colebrook – White）摩擦系数。

$e/D = 0.002/35.0 = 0.0000571$，假设初始 $f = 0.01$　Colebrook – White 摩擦系数从式（5.21）开始估算如下：

$$1/\sqrt{f} = -2\lg\left[(e/3.7D) + 2.51/(Re\sqrt{f})\right]$$

$$= -2\lg\left[(0.0000571/3.7) + 2.51/(178673\sqrt{f})\right]$$

以 $f = 0.0168$ 为插值进行计算。

下面，由式（5.27）来计算此输量下的压降：

$$p_m = 0.0605 \times 0.0168(400000)^2(0.850/35^5) = 2.6275\text{psi/mile}$$

因此，第一段管道（菲尼克斯—金曼）的总压降为：

$$2.6275 \times 190 = 499.23 \text{psi}(\text{表})$$

同样地，下面将计算输量 $320 \times 10^6 \text{bbl/d}$ 下，金曼—哈瓦苏湖城这第二段管道的 R、f 和 p_m：

柴油的输量为 $320 \times 10^6 \text{bbl/d}$ 时，得出雷诺数为：

$$Re = 92.24 \times 320000/(5.9 \times 35) = 142938$$

因此，第二段管道内流体处于紊流区。

下面计算 Colebrook – White 摩擦系数：

$e/D = 0.002/35.0 = 0.0000571$，假设初始 $f = 0.01$，Colebrook – White 摩擦系数由式（5.21）估算如下：

$$1/\sqrt{f} = -2\lg[(e/3.7D) + 2.51/(R\sqrt{f})]$$

$$= -2\lg[(0.0000571/3.7) + 2.51/(142938\sqrt{f})]$$

以 $f = 0.0175$ 为插值进行计算。

下面来计算第二段管道金曼—哈瓦苏湖城的压降：

$$p_m = 0.0605 \times 0.0175(320000)^2(0.85/35^5) = 1.7525 \text{psi/mile}$$

因此得到金曼—哈瓦苏湖城的总压降：

$$1.7525 \times 60 = 105.2 \text{psi}(\text{表})$$

输送柴油时，在输量 $240 \times 10^6 \text{bbl/d}$ 下，计算得出雷诺数为：

$$Re = 92.24 \times 240000/(5.9 \times 35) = 107204$$

下面计算 Colebrook – White 摩擦系数。

$e/D = 0.002/35.0 = 0.0000571$，假设初始 $f = 0.01$，Colebrook – White 摩擦系数从式（5.21）估算如下：

$$1/\sqrt{f} = -2\lg[(e/3.7D) + 2.51/(R\sqrt{f})]$$

$$= -2\lg[(0.0000571/3.7) + 2.51/(107204\sqrt{f})]$$

以 $f = 0.0185$ 为插值进行计算。

$$p_m = 0.0605 \times 0.0185(240000)^2(0.85/35^5) = 1.042 \text{psi/mile}$$

哈瓦苏湖城—布尔黑德市管道的总压降为：

$$1.042 \times 85 = 88.6 \text{psi}(\text{表})$$

那么在输量 $170 \times 10^6 \text{bbl/d}$ 下，最终计算出布尔黑德市—拉斯维加斯的最后一段管道的 Re、f 和 p_m。

输送柴油时，在输量 $170 \times 10^6 \text{bbl/d}$ 下，计算得出雷诺数为：

$$Re = 92.24 \times 170000/(5.9 \times 35) = 75936$$

下面计算 Colebrook – White 摩擦系数。

$e/D = 0.002/35 = 0.000057$，假设初始 $f = 0.01$，Colebrook – White 摩擦系数从式 (5.21) 估算如下：

$$1/\sqrt{f} = -2\lg[(e/3.7D) + 2.51/(R\sqrt{f})]$$

$$= -2\lg[(0.0000571/3.7) + 2.51/(75936\sqrt{f})]$$

以插值 $f = 0.0185$ 进行计算。

$$p_m = 0.0605 \times 0.0198(170000)^2(0.85/35^5) = 0.5606 \text{psi/mile}$$

得出管道布尔黑德市—拉斯维加斯段的总压降为：

$$0.5606 \times 85 = 47.7 \text{psi}(表)$$

因此，柴油从菲尼克斯到拉斯维加斯需要经泵增加的压力为：

$$p_T = 500 + 106 + 89 + 48 + 50 = 793 \text{psi}$$

注意，管道在各管段输量减少时并没缩径，这样处理是为了简化计算。接下来的问题是，要把各管段的管径减小到适合其分输的输量。

420mile 管道 1500 美元/t 的管材费，管道质量为：

$$420 \times 5280 \times 10.68 \times 0.5(36 - 0.5)/2000 = 210195 \text{t}$$

那么，防腐并包装好的管道成本 $= 210195 \times 1500 = 31530$ 万美元

当然需要因管道运输和税费而对管道成本增加一定的百分比。

增加 15% 的管道运输和税费后，得到 36260 万美元。

基于菲尼克斯站的压力得出所需功率：

$$(793 - 50) \times 400000/(58776 \times 0.75) = 6743 \text{hp}$$

即需要 8000hp 的电动机。

若按 1800 美元/hp 安装，则泵站的总资金成本是 $8000 \times 1800 = 1440$ 万美元。

另外，需对阀门、管件、储罐和计量装置增加投资：

流体计量装置投资

$$500000 \text{美元} \times 4 = 200 \text{万美元}$$

主阀投资

$$200000 \text{美元} \times 25 = 500 \text{万美元}$$

在 4 种油品价格为 5 美元/bbl 时，储罐投资为：

$$5 \text{美元}/\text{bbl} \times 4 \times 10^6 \text{bbl} \times 4 = 8000 \text{万美元}$$

各种管材、管件和清管指示器等（总成本的 10%）为 4700 万美元。

道路许可费为 1500 万美元，以及 10% 意外支出预备费。

所需总投资为：

$$36260 + 1440 + 200 + 500 + 8000 + 4700 + 1500 + 5300 \approx 58000 \text{ 万美元}$$

泵及电动机运营成本为：

$$8000\text{hp} \times 0.746 \times 24 \times 365 \times 0.10 \approx 528 \text{ 万美元} /a$$

增加一项一般性的行政费用：500 万美元/a。

年总运营成本为 1030 万美元（图 14.2）。

用 LIQTHERM 软件程序，计算得出费率为 0.72 美元/bbl

前面的分析中，全线管径取为 36in，下面根据像金曼和哈瓦苏湖城等沿线各站点输送油品的情况对管道进行缩径。先从菲尼克斯—金曼管段开始，管径 36in，然后将金曼—哈瓦苏湖城的管径缩至 34in，再把哈瓦苏湖城—布尔黑德市间管道管径减少到 32in，最后布尔黑德市—拉斯维加斯的管径设为 30in。

菲尼克斯—金曼管道的计算仍保持之前的计算结果。

在输送密度最大的柴油时，输量 400×10^6bbl/d 下的平均流速和雷诺数等参数为：$v_{el} = 3.89$ft/s，$Re = 178673$，$f \approx 0.0168$，$p_m = 2.6275$psi/mile。

因此第一段管道菲尼克斯—金曼管段的总压降是：

$$2.6275 \times 190 = 499.23\text{psi}(\text{表})$$

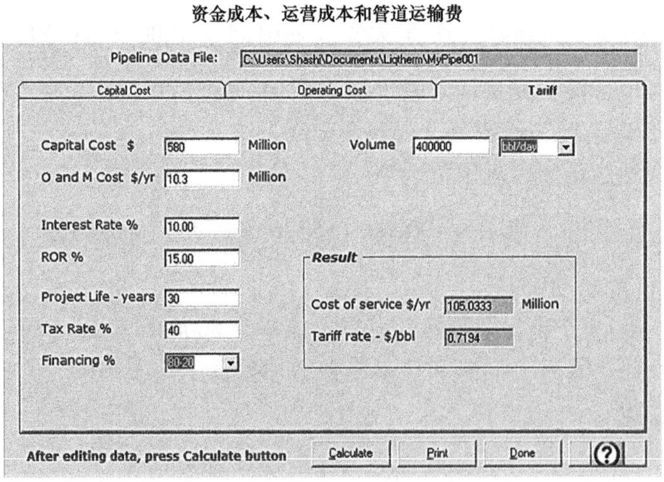

资金成本、运营成本和管道运输费

图 14.2 管道采用同一管径时管道运输费的计算结果

同样地，在输量 320×10^6bbl/d、管径 34in 时，继续计算第二段管道金曼—哈瓦苏湖城管段的参数（管段计算用 LIQTHERM 软件）为：$v_{el} = 3.44$ft/s，$Re = 150462$，$f = 0.0173$，$p_m = 2.2455$psi/mile。

因此，金曼—哈瓦苏湖城管段的总压降为：

$$2.2455 \times 60 = 134.73\text{psi}(\text{表})$$

接下来，在输量 $240 \times 10^6 \, \mathrm{bbl/d}$、管径 32in 的情况下，计算第三段管道哈瓦苏湖城—布尔黑德市管段的参数：$v_{\mathrm{el}} = 2.92 \, \mathrm{ft/s}$，$Re = 120069$，$f = 0.0181$，$p_{\mathrm{m}} = 1.7998 \, \mathrm{psi/mile}$。

因此，哈瓦苏湖城—布尔黑德市管段的总压降为：

$$1.7998 \times 85 = 152.98 \, \mathrm{psi}(\text{表})$$

最后，在输量 $170 \times 10^6 \, \mathrm{bbl/d}$、管径 30in 的情况下，计算最后一段管道布尔黑德市—拉斯维加斯管段的参数：$v_{\mathrm{el}} = 2.36 \, \mathrm{ft/s}$，$Re = 90864$，$f = 0.0191$，$p_{\mathrm{m}} = 1.3291 \, \mathrm{psi/mile}$。

所以，BHC – Las Vegas 管段的总压降为：

$$1.3291 \times 85 = 112.98 \, \mathrm{psi}(\text{表})$$

故，将柴油从菲尼克斯用泵输送到拉斯维加斯所需总压力为：

$$p_{\mathrm{T}} = 500 + 135 + 153 + 113 + 50 = 951 \, \mathrm{psi}$$

各段管道的质量为：

菲尼克斯—金曼

$$190 \times 5280 \times 10.68 \times 0.5(36 - 0.5)/2000 = 95089 \mathrm{t}$$

金曼—哈瓦苏湖城

$$60 \times 5280 \times 10.68 \times 0.5(34 - 0.375)/2000 = 28728 \mathrm{t}$$

哈瓦苏湖城—布尔黑德市

$$80 \times 5280 \times 10.68 \times 0.5(32 - 0.375)/2000 = 38301 \mathrm{t}$$

布尔黑德市—拉斯维加斯

$$80 \times 5280 \times 10.68 \times 0.5(30 - 0.375)/2000 = 35904 \mathrm{t}$$

420mile 管道总重为：

$$95089 + 28728 + 38301 + 35904 = 198022 \mathrm{t}$$

这样一来预先防腐并包装好的管道成本为：

$$198022 \times 1500 = 29703 \, \text{万美元}$$

同样地，需要为管道运输和税费再增加一定的系数。

增加 15% 的管道运输和税费系数，得到 34160 万美元。

基于菲尼克斯站的压力，所需泵功率为：

$$(951 - 50) \times 400000/(58776 \times 0.75) = 8176 \mathrm{hp}$$

即需要 10000hp 的电动机。

按 1800 美元/hp 的安装费用，本泵站总投资成本为：

$$10000 \times 1800 = 1800 \, \text{万美元}$$

另外，应增加阀门、管件、储罐和计量设备的投资部分：

计量投资

$$500000 \text{ 美元} \times 4 = 200 \text{ 万美元}$$

主阀投资

$$200000 \text{ 美元} \times 25 = 500 \text{ 万美元}$$

4 种油品价格为 5 美元/bbl 时，储罐投资为 5 美元/bbl×4×10^6 bbl×4 = 8000 万美元，各种管材、管件和清管器等投资（总投资的 10%）为 4700 万美元，以及 10% 的意外支出预备费。

需要总投资为：

$$34200 + 1800 + 200 + 500 + 8000 + 4700 + 1500 + 5100 = 5.6 \text{ 亿美元}$$

泵及电动机的运行费用为：

$$10000\text{hp} \times 0.746 \times 24 \times 365 \times 0.10 = 660 \text{ 万美元/a}$$

增加 500 万美元/a 的一般性和行政性费用：年总运营成本 = 1160 万美元（图 14.3），管道运输费率为 0.71 美元。

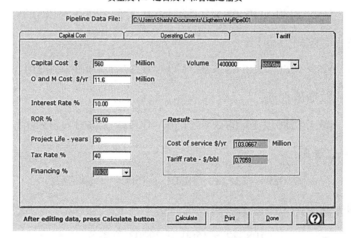

图 14.3 不同管径管输费计算示例

14.3 案例分析 2：2mile 长、无加热的重油原油管线

一条输送重油的原油管道，起自 Anaheim 站、终于 Cuiaba 罐区，长 2mile，管径 16in、壁厚 0.25in。假设原油在 60℉ 下相对密度为 0.895，黏度为 100cSt；100℉ 下相对密度为 0.815，黏度为 25cSt。管道将输送重油，初始输量为 5000bbl/h，最大允许操作压力（MAOP）为 300psi（表），不额外进行加热，在 Anaheim 站设置一台泵进行增压。

Cuiaba 站的来油压力需要达到 100psi（表），通过计量设备的压降为 15psi（表）。将管道按 0.25mile/段分成管段，在起始点 Anaheim 的入口油温为 100℉情况下，确定管道沿线的油温变化。假设土壤和保温材料的导热系数分别为 $K_{土壤}=0.6$，$K_{保温材料}=0.02$，全线地温恒定在 50℉。

（1）在不考虑黏度和剪切对常速泵的影响时，Anaheim 站需要的出口压力和泵功率是多少？

（2）假设管道经泵增压后顺序输送重质原油和轻质原油，重质原油 25000bbl、轻质原油 30000bbl，其他条件与（1）相同的情况下，确定 Anaheim 站所需出口压力和泵功率。

轻质原油物性为：温度为 60℉时，相对密度为 0.830，黏度为 15cSt；温度为 100℉时，相对密度为 0.805，黏度为 5cSt。

以粗糙度 $e=0.002$in、Colebrook－White 公式计算压降。

首先，计算入口油品温度下的雷诺数：

$$Re = 92.24 \times 5000 \times 24/(5.0 \times 15.5) = 142823$$

然后，计算 Colebrook－White 摩擦系数：

$$e/D = 0.002/35.0 = 0.0000571 \quad （假设初始 f = 0.01）$$

Colebrook－White 摩擦系数由式（5.21）估算如下：

$$1/\sqrt{f} = -2\lg[(e/3.7D)+2.51/(R\sqrt{f})]$$
$$= -2\lg[(0.000129/3.7)+2.51/(403455\sqrt{f})]$$

以插值 $f=0.012$ 进行计算。

然后，利用式（5.27）计算此输量下的摩阻压降：

$$p_m = 0.0605 \times 0.012 \times f(5000)^2(0.815/15.5^5) = 61.57\text{psi/mile}$$

现在先对 2mile 管道按等温流考虑，那么此输量下 Anaheim 站所需出站压力为：

$$p_1 = 61.57 \times 2 + 100 + 15 + 400 \times 0.815/2.31 = 380\text{psi（表）}$$

由于 Anaheim 与 Cuiba 之间的高程差为（500－100）ft。若流体是等温的，Anaheim 站需要的压力约为 380psi（表）。因此，所需泵功率为：

$$(5000 \times 0.7) \times (380 - 20) \times (2.31/0.815) \times 1/(3960 \times 0.75) = 1203\text{hp}$$

考虑泵吸入压力为 20psi、泵效率为 75%。实际上，随着原油流往 Cuiba，其温度是逐渐降低的，因此油品黏度逐渐增大。这样一来结果会导致雷诺数变化，也引起 p_m 变化。

因此，将对管道参数进行微分处理，计算传热流体的温度和压力。

这个计算将利用 LIQTHERM 软件（www.systek.us）完成。计算结果和截屏如图 14.4 至图 14.11 所示。

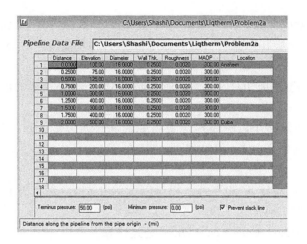

图 14.4 案例分析 2 管线数据 LIQTHERM 软件输入界面

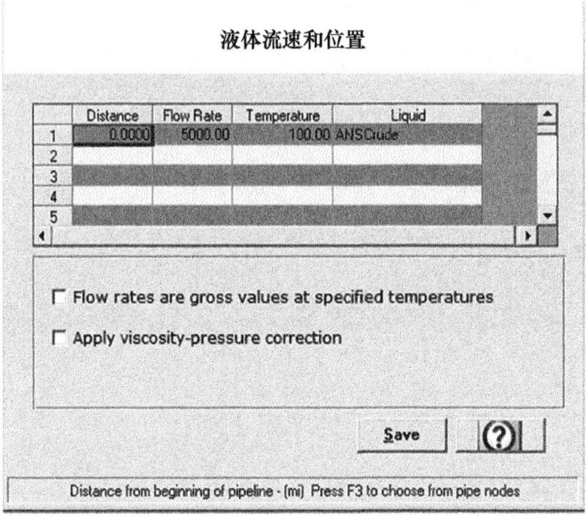

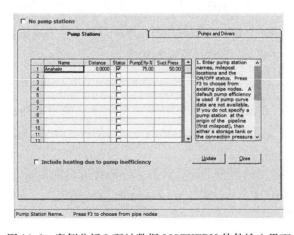

图 14.5 案例分析 2 流量数据 LIQTHERM 软件输入界面

图 14.6 案例分析 2 泵站数据 LIQTHERM 软件输入界面

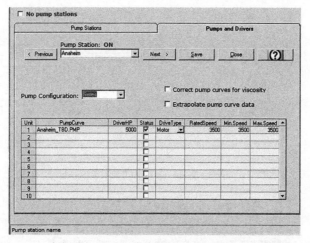

图 14.7 案例分析 2 泵机曲线数据 LIQTHERM 软件输入界面

导热性、隔热和土壤数据

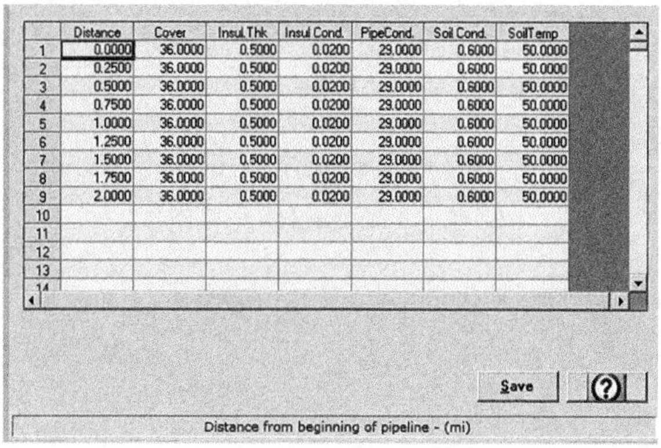

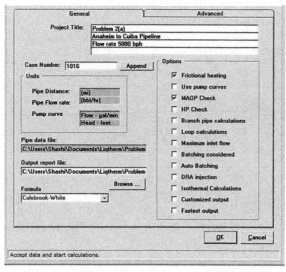

图 14.8 案例分析 2 导热性数据输入界面

图 14.9 案例分析 2 LIQTHERM 软件计算开始界面

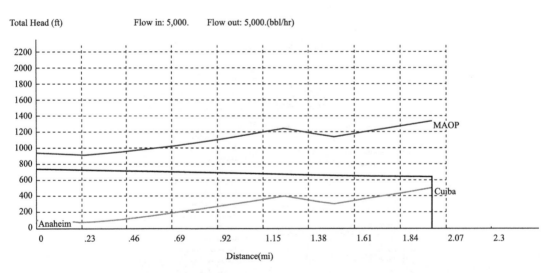

图 14. 10 案例分析 2 LIQTHERM 软件作图界面
(X 轴和 Y 轴范围及作图范围)

HYDRAULIC PRESSURE GRADIENT　　　　12-December-2013　　07:44:33

PIPE DATA FILE: Problem2a　　　　　　　　　　　　　　　　CaseNumber: 1015

Total Head (ft)　　　　　　Flow in: 5,000.　　Flow out: 5,000.(bbl/hr)

图 14. 11 案例分析 2 Anaheim—Cuiba 管段的液压梯度界面

```
******* LIQTHERM  STEADY STATE PIPELINE HYDRAULIC SIMULATION REPORT *********
DATE: 12-December-2013       TIME:  07:44:19

PROJECT:                     Problem 2(a)
                             Anaheim to Cuiba Pipeline
                             Flow rate 5000 bph

Pipeline data file:          C:\Documents\Liqtherm\Problem2a

******* LIQTHERM - LIQUID PIPELINE STEADY STATE HYDRAULIC SIMULATION ********
****************** Version 6.00.820*************

CASE NUMBER:                     1015

CALCULATION OPTIONS:
Thermal Calculations:            NO
Frictional Heating:              YES
Use Pump Curves:                 NO
MAOP Check:                      YES
Horsepower Check:                NO
Heating due to pump inefficiency:  NO
Valves/Fittings and Devices:     NO
Branch pipe calculations:        NO
Loop pipe calculations:          NO
Maximum Inlet Flow:              NO
Batching Considered:             NO
DRA Injection:                   NO
Correct volumes for temperature: NO
Slack Line Calculations:         NO
Customized Output:               NO


Inlet flow rate:                 5,000.    (bbl/hr)
Outlet flow rate:                5,000.    (bbl/hr)
Inlet flow temperature:          100.00    (degF)
Outlet flow temperature:         99.52     (degF)

Minimum Pipe pressure:           0.00      (psi)
Pipe delivery pressure:          50.00     (psi)


Pressure drop formula used:      Colebrook-White equation

Calculation sub-divisions:        2
Iteration Accuracy:              MEDIUM



********** LIQUID PROPERTIES **********

Liquid properties file: C:\Users\Shashi\my documents\Liqtherm\Liquid Properties
Database

PRODUCT:                 ANSCrude
Specific gravity:        0.8950 at   60.0(degF)
                         0.8250 at  100.0(degF)

Viscosity:               43.00 CST at 60.0(degF)
                         15.00 CST at 100.0(degF)


********** LIQUID FLOW RATES AND LOCATIONS **********

Location      Flow rate    Inlet Temp.   Product
(mi)          (bbl/hr)     (degF)
0.00          5,000.       100.0         ANSCrude
```

```
************ Pump Curve Data Not Considered ***********
Pump Sta.          Pump Efficiency(%)
Anaheim            75.00

NOTE: When not using pump curve data, an average pump efficiency
is used to calculate HP at each pump station.


********** PUMP STATIONS **********
```

Pump station (Active)	Distance (mi)	Pump suct pressure (psi)	Pump disch pressure (psi)	Sta. disch pressure (psi)	Throttled pressure (psi)	BHP Reqd by pump	TotHPinst. KW
Anaheim	0.00	50.00	228.52	228.52	0.00	486.	5000. 363.
Total active pump stations: 1				TOTAL Power:		486.	5,000. 363.

```
NOTE: Throttle pressures are zero because pump curve data is not used.

Pump Station: Anaheim
Requires pump with following condition: Head : 499.86 (ft) at Flow : 3500.00(gal/min)


********* Heater Stations not Active *************

********** PIPELINE PROFILE DATA **********
```

Distance (mi)	Elevation (ft)	Diameter (in)	Wall Thk. (in)	Roughness (in)	MAOP (psi)	Location
0.0000	100.00	16.000	0.250	0.0020	300.	Anaheim
0.2500	75.00	16.000	0.250	0.0020	300.	
0.5000	125.00	16.000	0.250	0.0020	300.	
0.7500	200.00	16.000	0.250	0.0020	300.	
1.0000	300.00	16.000	0.250	0.0020	300.	
1.2500	400.00	16.000	0.250	0.0020	300.	
1.5000	300.00	16.000	0.250	0.0020	300.	
1.7500	400.00	16.000	0.250	0.0020	300.	
2.0000	500.00	16.000	0.250	0.0020	300.	Cuiba

```
********** THERMAL CONDUCTIVITY PROFILE DATA **********
```

Distance Location (mi)	Burial depth (Cover) (in)	Insul.Thk (in)	Insulation	Pipe (Btu/hr/ft/degF)	Soil	Soil Temp (degF)
0.00	36.00	0.500	0.02	29.00	0.60	50.00
0.25	36.00	0.500	0.02	29.00	0.60	50.00
0.50	36.00	0.500	0.02	29.00	0.60	50.00
0.75	36.00	0.500	0.02	29.00	0.60	50.00
1.00	36.00	0.500	0.02	29.00	0.60	50.00
1.25	36.00	0.500	0.02	29.00	0.60	50.00
1.50	36.00	0.500	0.02	29.00	0.60	50.00
1.75	36.00	0.500	0.02	29.00	0.60	50.00
2.00	36.00	0.500	0.02	29.00	0.60	50.00

```
********** VELOCITY, REYNOLD'S NUMBER AND PRESSURE DROP **********
```

Distance (mi)	Diameter. (in)	FlowRate (bbl/hr)	Velocity (ft/sec)	Reynolds number	Press.drop (psi/mi)	Location
0.0000	16.00	5,000.00	5.94	47,606.	17.77	Anaheim
0.2500	16.00	5,000.00	5.94	47,542.	17.78	
0.5000	16.00	5,000.00	5.94	47,478.	17.78	
0.7500	16.00	5,000.00	5.94	47,415.	17.79	

```
1.0000    16.00    5,000.00    5.94    47,352.    17.80
1.2500    16.00    5,000.00    5.94    47,289.    17.80
1.5000    16.00    5,000.00    5.94    47,226.    17.81
1.7500    16.00    5,000.00    5.94    47,164.    17.82
2.0000    16.00    5,000.00    5.94    47,164.    17.82    Cuiba


********** TEMPERATURE AND PRESSURE PROFILE **********
Distance    Elevation FlowRate        Temp.    SpGrav   Viscosity Pressure    MAOP
Location
  (mi)        (ft)    (bbl/hr)        (degF)            CST       (psi)       (psi)
Name

0.0000      100.00   5,000.00        100.00   0.8250   15.00     50.00       300.00
Anaheim

0.0000      100.00   5,000.00        100.00   0.8250   15.00     228.52      300.00
Anaheim
0.2500      75.00    5,000.00        99.94    0.8251   15.02     233.01      300.00
0.5000      125.00   5,000.00        99.88    0.8252   15.04     210.71      300.00
0.7500      200.00   5,000.00        99.82    0.8253   15.06     179.47      300.00
1.0000      300.00   5,000.00        99.76    0.8254   15.08     139.29      300.00
1.2500      400.00   5,000.00        99.70    0.8255   15.10     99.11       300.00
1.5000      300.00   5,000.00        99.64    0.8256   15.12     130.40      300.00
1.7500      400.00   5,000.00        99.58    0.8257   15.14     90.20       300.00
2.0000      500.00   5,000.00        99.52    0.8258   15.16     50.00       300.00
Cuiba
```

14.4　案例分析 3：Joplin—Beaumont 的重质原油管线（传热流动，带加热站，无批输）

一条输送重油的管道，管径 14in、壁厚 0.25in，起于 Joplin，到达 Beaumont 末站，设有 Joplin 泵站和热站，参数如下：Joplin 泵站，吸入压力为 25psi（表）需安装的电动机总功率为 1800hp；Joplin 热站，入口温度为 100℉，出口温度为 150℉，换热器效率为 82%。

Joplin 泵站设三台相同的泵（每台 600hp），串联安装。泵曲线由 Joplin 定义给出，见表 14.2。

表 14.2　案例分析 3 泵站数据

流率, gal/min	扬程, ft	效率,%
0.0	2020	0.0
400	2070	54.2
600	2060	68.2
800	2000	76.9
1100	1820	82.0
1200	1725	81.1
1400	1500	76.1

原油及管线相关参数见表 14.3。

表 14.3　案例分析 3 原油参数

温度,℉	相对密度	黏度, cP
60	0.925	500
120	0.814	215

表 14.4　案例分析 3 管道参数

参数	数据
管道输送压力，psi（表）	75
管道埋深，in	36
绝热层厚度，in	0.0（未保温绝热）
绝热层导热系数，Btu/（h·ft·℉）	0.02
管道导热系数，Btu/（h·ft·℉）	29.0
土壤导热系数，Btu/（h·ft·℉）	0.54
土壤温度，℉	60

表 14.5　案例分析 3 管线高程

里程，mile	高程，ft	里程，mile	高程，ft
0.00	50.00	50.00	112.00
10.00	75.00	65.00	152.00
25.00	125.00	75.00	423.00
35.00	89.00	80.00	300.00
40.00	67.00	100.00	240.00

　　在原油输量 1500bbl/h 时，考虑到泵曲线参数的情况下，确定所需压力、温度和功率。管道绝对粗糙度取 0.002in，管线的 MAOP 为 1800psi（表）（图 14.12 至 图 14.14）。

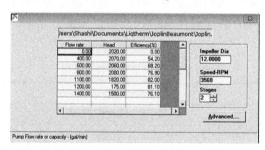

图 14.12　案例分析 3 泵机曲线输入界面（泵机数据文件）

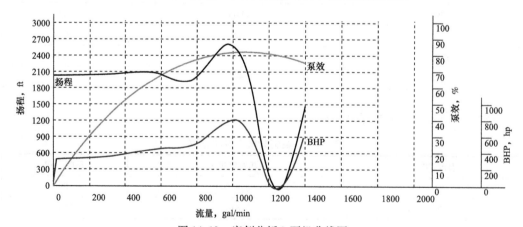

图 14.13　案例分析 3 泵机曲线图

```
******* LIQTHERM  STEADY STATE PIPELINE HYDRAULIC SIMULATION REPORT *********


DATE: 29-December-2013      TIME:  10:53:24

PROJECT:                    Joplin to Beaumont Pipeline with heavy crude
                            Problem 3
                            One pump station and one heater at Joplin


Pipeline data file:         \JoplinBeaumont\JoplintoBeaumont


******* LIQTHERM - LIQUID PIPELINE STEADY STATE HYDRAULIC SIMULATION ********
****************** Version 6.00.820*************


    CASE NUMBER:                    1045

    CALCULATION OPTIONS:
    Thermal Calculations:           NO
    Frictional Heating:             YES
    Use Pump Curves:                YES
    Pump Curves Corrected for Viscosity:  NO
    MAOP Check:                     YES
    Horsepower Check:               NO
    Heating due to pump inefficiency:     NO
    Valves/Fittings and Devices:    NO
    Branch pipe calculations:       NO
    Loop pipe calculations:         NO
    Maximum Inlet Flow:             NO
    Batching Considered:            NO
    DRA Injection:                  NO
    Correct volumes for temperature:      NO
    Slack Line Calculations:        NO
    Customized Output:              NO


    Inlet flow rate:                1,500.    (bbl/hr)
    Outlet flow rate:               1,500.    (bbl/hr)
    Inlet flow temperature:         100.00    (degF)
    Outlet flow temperature:        65.42     (degF)

    Minimum Pipe pressure:          0.00      (psi)
    Pipe delivery pressure:         75.00     (psi)


    Pressure drop formula used:     Colebrook-White equation
    Calculation sub-divisions:      2
    Iteration Accuracy:             MEDIUM


********** LIQUID PROPERTIES **********
Liquid properties file: \Liqtherm\Liquid Properties Database

PRODUCT:                    Product-A
Specific gravity:           0.9250 at  60.0(degF)
                            0.8140 at  120.0(degF)
Viscosity:                  500.00 CP at 60.0(degF)
                            215.00 CP at 120.0(degF)


********** LIQUID FLOW RATES AND LOCATIONS **********

Location     Flow rate     Inlet Temp.    Product
(mi)         (bbl/hr)      (degF)

0.00         1,500.        100.0          Product-A
```

```
********** PUMP STATIONS **********

Pump         Distance   Pump suct  Pump disch Sta. disch Throttled  BHP Reqd
TotHPinst.   KW
station                 pressure   pressure   pressure   pressure   by pump
(Active)
             (mi)       (psi)      (psi)      (psi)      (psi)

Joplin       0.00       25.00      2364.84    1724.50    640.34     1749.
1800.        1305.

       Total active pump stations: 1           TOTAL Power:        1,749.
1,800.       1305.


********** PUMP AND DRIVER DATA **********

PumpSta.        Config.    Pump Curves        Status   Driver   RPM      Pump BHP
HPInstalled

Joplin          Series     JOPLIN.PMP         ON       Motor    3,560.   583.     600
                           JOPLIN.PMP         ON       Motor    3,560.   583.     600
                           JOPLIN.PMP         ON       Motor    3,560.   583.     600


Pump Station:    Joplin
Pump curve file: JOPLIN.PMP
Constant Speed Pump(s): 3,560. RPM
Pump curve: JOPLIN.PMP          Pump Status:ON
Pump impeller : 12.000(in)   Number of stages: 2
Operating point: 1050.00(gal/min)  2375.31(ft)  81.93(%)


Flow rate       Head       Efficiency   WaterHP
(gal/min)       (ft)       (%)          (HP)

0               2020       0.01         0.00
400             2070       54.2         385.78
600             2060       68.2         457.66
800             2000       76.9         525.41
1100            1820       82           616.53
1200            175        81.1         65.39
1400            1500       76.1         696.85


Resultant Pump Curve:   Joplin  Pump station
Constant Speed Pump(s): 3,560. RPM
Operating point: 1050.00(gal/min)  7125.93(ft)  81.93(%)

Flow rate       Head       Efficiency   WaterHP
(gal/min)       (ft)       (%)          (HP)

0.01            6060.00    0.01         153.03
400.00          6210.00    54.20        1157.33
600.00          6180.00    68.20        1372.97
800.00          6000.00    76.90        1576.23
1100.00         5460.00    82.00        1849.59
1200.00         525.00     81.10        196.17
1400.00         4500.00    76.10        2090.55


********** HEATER STATIONS **********

Heater          Distance      Heater Inlet   Heater Outlet  HeaterEffy
HeaterDuty      HeatingCost
Station         (mi)          Temp.          Temp.          (%)
(MMBtu/hr)      ($/MMBtu)

Joplin          0.00          100.00         150.00         82.00      11.87
5.00
```

********** PIPELINE PROFILE DATA **********

Distance Location (mi)	Elevation (ft)	Diameter (in)	Wall Thk. (in)	Roughness (in)	MAOP (psi)	
0.0000	50.00	14.000	0.250	0.0020	1800.	Joplin
10.0000	75.00	14.000	0.250	0.0020	1800.	
25.0000	125.00	14.000	0.250	0.0020	1800.	
35.0000	89.00	14.000	0.250	0.0020	1800.	
40.0000	67.00	14.000	0.250	0.0020	1800.	
50.0000	112.00	14.000	0.250	0.0020	1800.	
65.0000	152.00	14.000	0.250	0.0020	1800.	
75.0000	423.00	14.000	0.250	0.0020	1800.	
80.0000	300.00	14.000	0.250	0.0020	1800.	
100.0000	240.00	14.000	0.250	0.0020	1800.	
Beaumont						

********** THERMAL CONDUCTIVITY PROFILE DATA **********

Distance Temp Location (mi)	Burial depth (Cover) (in)	Insul.Thk (in)	Thermal Conductivity Insulation (Btu/hr/ft/degF)	Pipe	Soil	Soil (degF)
0.00	36.00	0.000	0.02	29.00	0.54	60.00
10.00	36.00	0.000	0.02	29.00	0.54	60.00
25.00	36.00	0.000	0.02	29.00	0.54	60.00
35.00	36.00	0.000	0.02	29.00	0.54	60.00
40.00	36.00	0.000	0.02	29.00	0.54	60.00
50.00	36.00	0.000	0.02	29.00	0.54	60.00
65.00	36.00	0.000	0.02	29.00	0.54	60.00
75.00	36.00	0.000	0.02	29.00	0.54	60.00
80.00	36.00	0.000	0.02	29.00	0.54	60.00
100.00	36.00	0.000	0.02	29.00	0.54	60.00

********** VELOCITY, REYNOLD'S NUMBER AND PRESSURE DROP **********

Distance Location (mi)	Diameter. (in)	FlowRate (bbl/hr)	Velocity (ft/sec)	Reynolds number	Press.drop (psi/mi)	
0.0000	14.00	1,500.00	2.35	747.	12.76	Joplin
10.0000	14.00	1,500.00	2.35	929.	9.81	
25.0000	14.00	1,500.00	2.35	697.	13.85	
35.0000	14.00	1,500.00	2.35	619.	15.94	
40.0000	14.00	1,500.00	2.35	591.	16.80	
50.0000	14.00	1,500.00	2.35	552.	18.21	
65.0000	14.00	1,500.00	2.35	518.	19.61	
75.0000	14.00	1,500.00	2.35	505.	20.18	
80.0000	14.00	1,500.00	2.35	501.	20.38	
100.0000	14.00	1,500.00	2.35	501.	20.38	Beaumont

********** TEMPERATURE AND PRESSURE PROFILE **********

Distance Location (mi) Name	Elevation (ft)	FlowRate (bbl/hr)	Temp. (degF)	SpGrav	Viscosity CP	Pressure (psi)	MAOP (psi)
0.0000 Joplin	50.00	1,500.00	100.00	0.8510	280.37	25.00	1800.00
0.0000 Joplin	50.00	1,500.00	150.00	0.7585	147.98	25.00	1800.00
0.0000 Joplin	50.00	1,500.00	150.00	0.7585	147.98	1724.50	1800.00
10.0000	75.00	1,500.00	119.80	0.8144	215.58	1648.93	1800.00
25.0000	125.00	1,500.00	94.05	0.8620	304.28	1484.12	1800.00
35.0000	89.00	1,500.00	84.07	0.8805	350.12	1359.06	1800.00
40.0000	67.00	1,500.00	80.37	0.8873	369.19	1287.76	1800.00

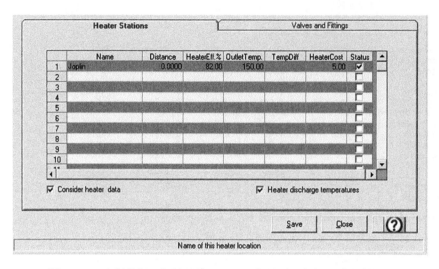

图 14.14 案例分析 3 加热站输入界面（加热站、阀门及配件数据）

```
50.0000     112.00     1,500.00          74.87    0.8975    399.98    1102.44    1800.00
65.0000     152.00     1,500.00          69.86    0.9068    430.73     813.81    1800.00
75.0000     423.00     1,500.00          67.94    0.9103    443.27     511.38    1800.00
80.0000     300.00     1,500.00          67.26    0.9116    447.82     458.98    1800.00
100.0000    240.00     1,500.00          65.42    0.9150    460.39      75.00    1800.00
Beaumont


Simulation started at:   10:53:09
Simulation completed at: 10:53:25
Total time taken: 16 seconds
Simulation Date:   29-December-2013
Output file: \JoplinBeaumont\JoplintoBeaumont.OUT
```

14.5 案例分析 4：重质原油管线（有加热设施和减阻剂 DRA 的传热流动）

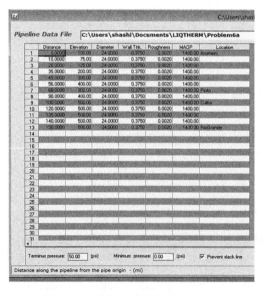

图 14.15 案例分析 4 管线输入界面

从 Anaheim 到 Rio Grande 的一条管道，输送经过加热的原油（出口油温 160 ℉），加热后会降低油品黏度，这样易于用泵输送。

考虑 NPS 16 和 NPS 24 的管线，确定不同管径下的设施费用、运营成本、泵站功率（VFD 电动机）和设置加热的战略性位置。也将考虑使用减阻剂 DRA 来降低成本（图 14.15 至图 14.20）。

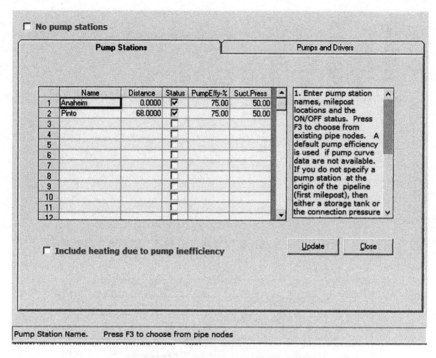

图 14.16 案例分析 4 泵站界面

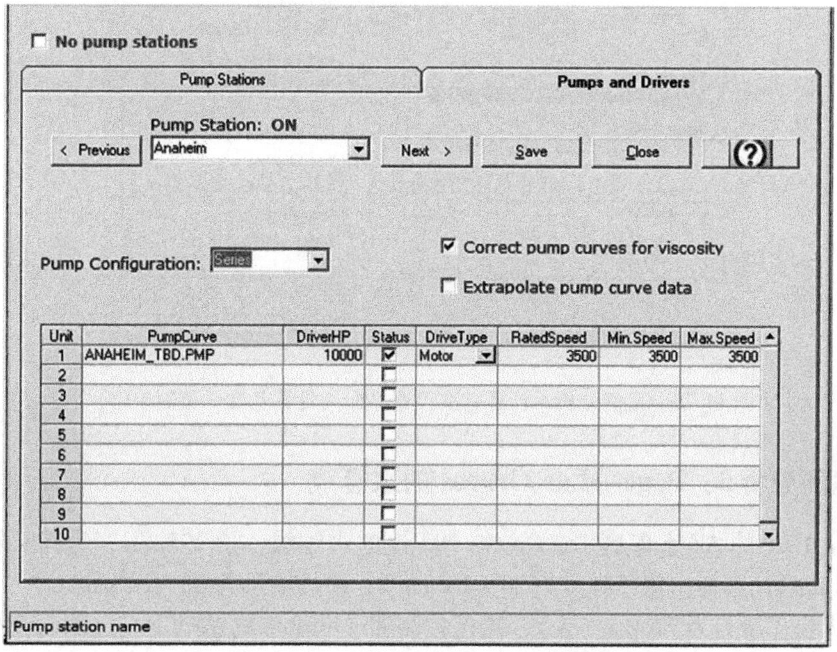

图 14.17 案例分析 4 Anaheim 站泵机详情界面

	Distance	Cover	Insul.Thk	Insul Cond.	PipeCond.	Soil Cond.	SoilTemp
1	0.0000	36.0000	0.5000	0.0200	29.0000	0.6000	50.0000
2	10.0000	36.0000	0.5000	0.0200	29.0000	0.6000	50.0000
3	20.0000	36.0000	0.5000	0.0200	29.0000	0.6000	50.0000
4	35.0000	36.0000	0.5000	0.0200	29.0000	0.6000	50.0000
5	45.0000	36.0000	0.5000	0.0200	29.0000	0.6000	50.0000
6	56.0000	36.0000	0.5000	0.0200	29.0000	0.6000	50.0000
7	68.0000	36.0000	0.5000	0.0200	29.0000	0.6000	50.0000
8	90.0000	36.0000	0.5000	0.0200	29.0000	0.6000	50.0000
9	100.0000	36.0000	0.5000	0.0200	29.0000	0.6000	50.0000
10	120.0000	36.0000	0.5000	0.0200	29.0000	0.6000	50.0000
11	135.0000	36.0000	0.5000	0.0200	29.0000	0.6000	50.0000
12	140.0000	36.0000	0.5000	0.0200	29.0000	0.6000	50.0000
13	150.0000	36.0000	0.5000	0.0200	29.0000	0.6000	50.0000

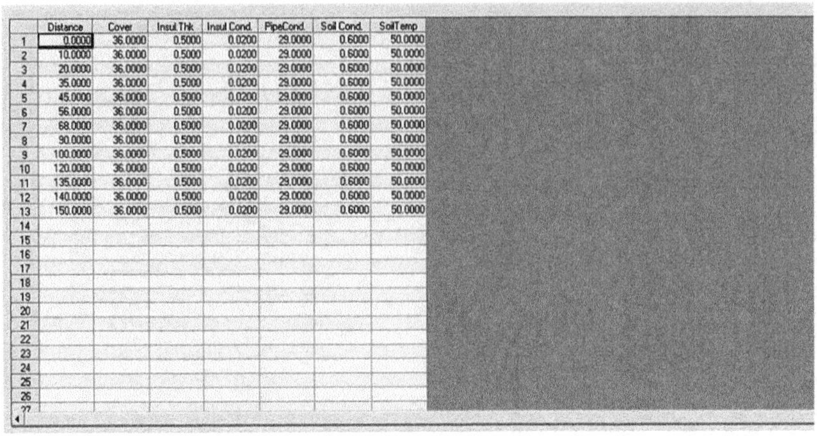

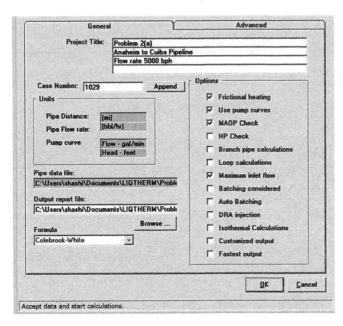

图 14.18　案例分析 4 导热性数据界面（导热性、隔热和土壤数据）

图 14.19　案例分析 4 计算基准设置界面（计算基准—英制单位）

14.6　案例分析 5：Page—Las Cruces 的水管线

一条从 Page 的 AZ 水库到 Las Cruces NM 镇的水管线，长 295mile，为新墨西哥州的 Las Cruces 市居民服务。估计容量为 20×10^8gal/a，平均输量为 60×10^8gal/a。

在最大操作压力为 720psi（表）、流速控制在 3～5ft/s 的基础上，选取合适管径和壁厚，备选方案是采用水泥管，并且为这两种管材考虑推荐的 Hazen－Williams *C* 系数。估计所需动力、泵站数和主阀数量以及资金和运营成本。假定采用定转速电动机驱泵，并设置可储备 7 天供水需求的水罐。钢材的 *C* 系数取 130，水泥的 *C* 系数取 120。图 14.20 为该管线液压梯度曲线。

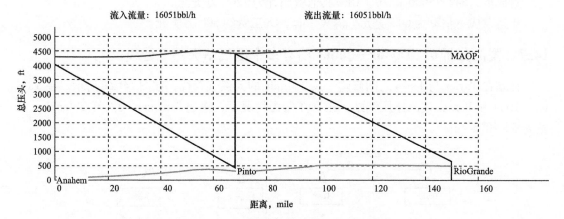

图 14.20　案例分析 5 管线液压梯度曲线

采用 Hazen – Williams 方程，有：

$$Q(\mathrm{bbl/d}) = 0.1482 \times C \times D^{2.63}(p_m/\gamma)^{0.54}$$

$$Q(\mathrm{gal/min}) = 6.7547 \times 10^{-3} \times C \times D^{2.63}(h_L)^{0.54}$$

h_L 单位为 $\mathrm{ft/10^3 ft}$。钢管的管径为 36in、壁厚 0.500in。

$$平均流速 = 0.0119 \times 60 \times 10^8/(42 \times 365 \times 35.0 \times 35.0)$$

$$= 3.8\mathrm{ft/s}$$

上述设置合理。

$$60 \times 10^8/(365 \times 24 \times 60) = 6.7547 \times 10^{-3} \times 130 \times 35.0^{2.63} h_L^{0.54}$$

得：

$$h_L = 1.2538\mathrm{ft/10^3 ft}$$

所需起始总压力为 $1.2538 \times 5.28 \times 295 = 1953\mathrm{psi}$。

由于 MAOP 是 720psi（表），泵站数为：

$$1953\mathrm{psi}/720\mathrm{psi} \approx 3\ 座$$

3 座泵站所需功率为：

$$3 \times (1953/3 - 50) \times (1/2.31) \times (6 \times 109) \times (1/(365 \times 24 \times 60)/(3960 \times 0.75) = 3000\mathrm{hp}$$

安装成本 1800 美元/hp 的泵和电动机费用为：

$$1800\ 美元 \times 3000 = 540\ 万美元$$

水罐费用（7 天，按 20 美元/bbl 计）为：

$$7 \times 60 \times 10^8/(365 \times 42) \times 20 = 5600\ 万美元$$

干线阀门（每 20mile 一个）共 $295/20 = 16$ 套，按 20 万美元/套计，为 320 万美元。

总成本 = 540 + 5600 + 320 + 10% 其他费用计为 7200 万美元。

年运营成本估算为 600 美元/（kW·h），人工费约 500 万美元。

14.7 案例分析 6：Taylor—Jenks 的有多个压气站天然气管线

计划在 Taylor 与 Jenks 之间修建一条 220mile 的天然气管线，如图 14.21 所示。在 Taylor、Trent 和 Beaver 建三座压气站。在 70℉ 等温情况下，输送 San Juan 天然气到 Jenks，输量为 $5 \times 10^8 ft^3/d$。

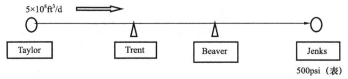

图 14.21　Taylor 与 Jenks 之间一条配置多个压缩机站的输气管线

采用 Colebrook - White 等式计算压降、Standing Katz 计算 Z 因数，并在计算各压气站的压力和功率时考虑 Joule - Thompson 效应，也要计算燃料消耗。Jenks 的来气压力为 500psi（表）（图 14.22 和图 14.23）。

维持输送压力。

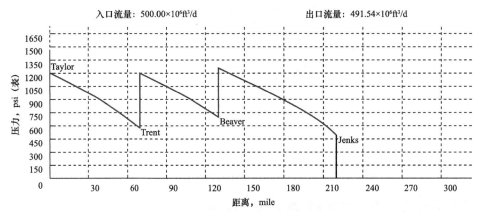

图 14.22　案例分析 6 管线液压梯度曲线

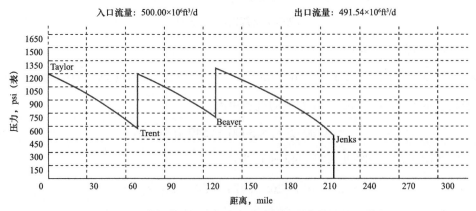

图 14.23　案例分析 6 配备多个压缩机站时管线的液压梯度

```
************ GASMOD - GAS PIPELINE HYDRAULIC SIMULATION ***********
************ Version 6.00.780 ************
DATE:                           28-December-2013    TIME:  09:13:26
PROJECT DESCRIPTION:
Pipeline from Taylor to Jenks
24 in pipeline - 220 miles long
3 compressor stations
Case Number:                    1055
Pipeline data file:             C:\Users\Shashi\My
Documents\Gasmod\TaylorJenksPipeline.TOT


Pressure drop formula:          Colebrook-White
Pipeline efficiency:            1.00
Compressibility Factor Method:  Standing-Katz


Inlet Gas Gravity(Air=1.0):     0.67883
Inlet Gas Viscosity:            0.0000068(lb/ft-sec)
Gas specific heat ratio:        1.26
Polytropic compression index:   1.30


******** Calculations Based on Specified Thermal Conductivities of Pipe, Soil and
Insulation ********


Base temperature:               60.00(degF)
Base pressure:                  14.70(psia)

Origin suction temperature:     70.00(degF)
Origin suction pressure:        800.00(psig)
Pipeline Terminus Delivery  pressure:  495.32(psig)
Minimum pressure:               400.0(psig)
Maximum gas velocity:           50.00(ft/sec)

Inlet  Flow rate:               500.00(MMSCFD)
Outlet Flow rate:               491.54(MMSCFD)

CALCULATION OPTIONS:
Polytropic compression considered:    YES
Branch pipe calculations:             NO
Loop pipe calculations:               NO
Compressor Fuel Calculated:           YES
Joule Thompson effect included :      YES
Customized Output:                    NO

ALL PRESSURES ARE GAUGE PRESSURES, UNLESS OTHERWISE SPECIFED AS ABSOLUTE PRESSURES


**************** PIPELINE PROFILE DATA ***********

   Distance     Elevation      Diameter      Thickness     Roughness
   (mi)         (ft)           (in)          (in)          (in)

   0.00         620.00         24.000        0.500         0.000700
   10.00        620.00         24.000        0.500         0.000700
   15.00        620.00         24.000        0.500         0.000700
   22.00        620.00         24.000        0.500         0.000700
   35.00        620.00         24.000        0.500         0.000700
   70.00        620.00         24.000        0.500         0.000700
   80.00        620.00         24.000        0.500         0.000700
   92.00        620.00         24.000        0.500         0.000700
   110.00       620.00         24.000        0.500         0.000700
   130.00       620.00         24.000        0.500         0.000700
   142.00       620.00         24.000        0.500         0.000700
   157.00       620.00         24.000        0.500         0.000700
   163.00       620.00         24.000        0.500         0.000700
   200.00       620.00         24.000        0.500         0.000700
   220.00       500.00         16.000        0.375         0.000700
```

```
************** THERMAL CONDUCTIVITY AND INSULATION DATA ****************
```

Distance (mi)	Cover (in)	Thermal Conductivity (Btu/hr/ft/degF)			Insul.Thk (in)	Soil Temp (degF)
		Pipe	Soil	Insulation		
0.000	36.000	29.000	0.600	0.200	1.000	60.00
10.000	36.000	29.000	0.600	0.200	1.000	60.00
15.000	36.000	29.000	0.600	0.200	1.000	60.00
22.000	36.000	29.000	0.600	0.200	1.000	60.00
35.000	36.000	29.000	0.600	0.200	1.000	60.00
70.000	36.000	29.000	0.800	0.200	1.000	50.00
80.000	36.000	29.000	0.800	0.200	1.000	50.00
92.000	36.000	29.000	0.800	0.200	1.000	50.00
110.000	36.000	29.000	0.800	0.200	1.000	50.00
130.000	36.000	29.000	0.700	0.200	1.000	40.00
142.000	36.000	29.000	0.700	0.200	1.000	40.00
157.000	36.000	29.000	0.500	0.200	1.000	50.00
163.000	36.000	29.000	0.500	0.200	1.000	50.00
200.000	36.000	29.000	0.500	0.200	1.000	50.00
220.000	36.000	29.000	0.500	0.200	1.000	50.00

```
**************** LOCATIONS AND FLOW RATES ****************
```

Location GasName	Distance (mi)	Flow in/out (MMSCFD)	Gravity	Viscosity (lb/ft-sec)	Pressure (psig)	GasTemp. (degF)
Taylor SAN JUAN GAS	0.00	500.0000	0.6788	0.00000684	800.00	70.00
Jenks	220.00	-491.5423	0.6877	0.00000693	495.32	41.25

```
****************  COMPRESSOR STATION DATA **************
```

FLOW RATES, PRESSURES AND TEMPERATURES:

Name MaxPipe Temp (degF)	Flow Rate (MMSCFD)	Suct. Press. (psig)	Disch. Press. (psig)	Compr. Ratio	Suct. Loss. (psia)	Disch. Loss. (psia)	Suct. Temp. (degF)	Disch. Temp (degF)
Taylor 140.00	498.00	795.00	1210.00	1.5125	5.00	10.00	70.00	125.58
Trent 140.00	494.30	569.55	1210.00	2.0962	5.00	10.00	55.40	155.45
Beaver 140.00	491.54	700.73	1271.80	1.7982	5.00	10.00	52.90	130.57

Gas Cooling required at compressor station: Trent to limit station discharge
temperature to 140 (degF)

```
************* COMPRESSOR EFFICIENCY, HP AND FUEL USED ****************
```

Name Installed (HP)	Distance (mi)	Compr Effy. (%)	Mech. Effy. (%)	Overall Effy. (%)	Horse Power	Fuel Factor (MCF/day/HP)	Fuel Used (MMSCFD)
Taylor 5000	0.00	85.00	98.00	83.30	10,010.49	0.2000	2.0021
Trent 5000	70.00	85.00	98.00	83.30	18,492.03	0.2000	3.6984
Beaver 5000	130.00	85.00	98.00	83.30	13,786.15	0.2000	2.7572

Total Compressor Station Horsepower: 42,288.67
15,000.

Total Fuel consumption: 8.4577 (MMSCFD)

WARNING!
Required HP exceeds the installed HP at compressor station: Taylor
Required HP exceeds the installed HP at compressor station: Trent
Required HP exceeds the installed HP at compressor station: Beaver

```
************** REYNOLD'S NUMBER  AND  HEAT TRANSFER COEFFICIENT **************
```

Distance CompressibilityFactor (mi) Katz)	Reynold'sNum.	FrictFactor (Darcy)	Transmission Factor	HeatTransCoeff (Btu/hr/ft2/degF)	(Standing-
0.000	29,024,499.	0.0100	19.97	0.2671	0.8490
10.000	29,024,499.	0.0100	19.97	0.2671	0.8459
15.000	29,024,499.	0.0100	19.97	0.2671	0.8431
22.000	29,024,499.	0.0100	19.97	0.2671	0.8421
35.000	29,024,499.	0.0100	19.97	0.2671	0.8515
70.000	29,024,499.	0.0100	19.97	0.3436	0.8556
80.000	29,024,499.	0.0100	19.97	0.3436	0.8444
92.000	29,024,499.	0.0100	19.97	0.3436	0.8339
110.000	29,024,499.	0.0100	19.97	0.3436	0.8355
130.000	29,024,499.	0.0100	19.97	0.3060	0.8392
142.000	29,024,499.	0.0100	19.97	0.3060	0.8235
157.000	29,024,499.	0.0100	19.97	0.2267	0.8153
163.000	29,024,499.	0.0100	19.97	0.2267	0.8199
200.000	29,024,499.	0.0100	19.97	0.2267	0.8553
220.000	29,024,499.	0.0100	19.97	0.2267	0.8553

```
******************* PIPELINE TEMPERATURE AND PRESSURE PROFILE *********************
```

Distance Location (mi)	Diameter (in)	Flow (MMSCFD)	Velocity (ft/sec)	Press. (psig)	GasTemp. (degF)	SoilTemp. (degF)	MAOP (psig)
0.00 Taylor	24.000	497.9979	24.22	1200.00	125.58	60.00	1440.00
10.00	24.000	497.9979	25.76	1127.38	111.03	60.00	1440.00
15.00	24.000	497.9979	26.63	1090.11	104.57	60.00	1440.00
22.00	24.000	497.9979	27.98	1036.62	96.38	60.00	1440.00
35.00	24.000	497.9979	31.09	931.59	83.41	60.00	1440.00
70.00 Trent	24.000	497.9979	49.55	574.55	55.40	50.00	1440.00
70.00 Trent	24.000	494.2995	24.04	1200.00	140.00	50.00	1440.00
80.00	24.000	494.2995	25.60	1126.05	117.31	50.00	1440.00
92.00	24.000	494.2995	27.81	1035.46	95.66	50.00	1440.00
110.00	24.000	494.2995	32.23	891.23	72.34	50.00	1440.00
130.00 Beaver	24.000	494.2995	40.31	705.73	52.90	40.00	1440.00
130.00 Beaver	24.000	491.5423	22.75	1261.80	130.57	40.00	1440.00
142.00	24.000	491.5423	24.29	1180.80	105.85	40.00	1440.00
157.00	24.000	491.5423	26.58	1077.85	83.53	50.00	1440.00
163.00	24.000	491.5423	27.65	1035.35	78.16	50.00	1440.00
200.00	24.000	491.5423	38.96	730.62	52.87	50.00	1440.00
220.00 Jenks	16.000	491.5423	129.51	495.32	41.25	50.00	1440.00

```
Gas velocity exceeds  50(ft/sec)  @ location: 220.00(mi)
```

```
******************* LINE PACK VOLUMES AND PRESSURES ********************
```

Distance (mi)	Pressure (psig)	Line Pack (million std.cu.ft)
0.00	1200.00	0.0000
10.00	1127.38	12.9978
15.00	1090.11	6.3401
22.00	1036.62	8.6562
35.00	931.59	15.2169
70.00	574.55	32.8134
80.00	1126.05	9.2624
92.00	1035.46	14.8480
110.00	891.23	20.9852
130.00	705.73	20.1910
142.00	1180.80	12.6136
157.00	1077.85	20.2506
163.00	1035.35	7.8613
200.00	730.62	41.8639
220.00	495.32	15.7852

```
Total line pack in main pipeline =   239.6856(million std.cubic ft)

Started simulation at:  09:13:20
Finished simulation at: 09:13:26
Time elapsed       :  6 seconds
DATE:  28-December-2013
```

```
************ GASMOD - GAS PIPELINE HYDRAULIC SIMULATION ***********
************ Version 6.00.780 ************

DATE:                                28-December-2013    TIME:  09:15:20
PROJECT DESCRIPTION:
Pipeline from Taylor to Jenks
24 in pipeline - 220 miles long
3 compressor stations
Holding delivery pressure

Pipeline data file:                  C:\Users\Shashi\My
Documents\Gasmod\TaylorJenksPipeline.TOT

Pressure drop formula:               Colebrook-White
Pipeline efficiency:                 1.00
Compressibility Factor Method:       Standing-Katz

Inlet Gas Gravity(Air=1.0):          0.67883
Inlet Gas Viscosity:                 0.0000068(lb/ft-sec)
Gas specific heat ratio:             1.26
Polytropic compression index:        1.30


******** Calculations Based on Specified Thermal Conductivities of Pipe, Soil and
Insulation ********


Base temperature:                    60.00(degF)
Base pressure:                       14.70(psia)

Origin suction temperature:          70.00(degF)
Origin suction pressure:             800.00(psig)
Pipeline Terminus Delivery  pressure: 499.54(psig)
Minimum pressure:                    400.0(psig)
Maximum gas velocity:                50.00(ft/sec)

Inlet  Flow rate:                    500.00(MMSCFD)
Outlet Flow rate:                    491.54(MMSCFD)

CALCULATION OPTIONS:
Polytropic compression considered:   YES
Branch pipe calculations:            NO
Loop pipe calculations:              NO
Compressor Fuel Calculated:          YES
Joule Thompson effect included :     YES
Customized Output:                   NO
Holding Delivery Pressure at terminus

ALL PRESSURES ARE GAUGE PRESSURES, UNLESS OTHERWISE SPECIFED AS ABSOLUTE PRESSURES

**************** PIPELINE PROFILE DATA **********

  Distance     Elevation      Diameter       Thickness      Roughness
  (mi)         (ft)           (in)           (in)           (in)

  0.00         620.00         24.000         0.500          0.000700
  10.00        620.00         24.000         0.500          0.000700
  15.00        620.00         24.000         0.500          0.000700
  22.00        620.00         24.000         0.500          0.000700
  35.00        620.00         24.000         0.500          0.000700
  70.00        620.00         24.000         0.500          0.000700
  80.00        620.00         24.000         0.500          0.000700
  92.00        620.00         24.000         0.500          0.000700
  110.00       620.00         24.000         0.500          0.000700
  130.00       620.00         24.000         0.500          0.000700
  142.00       620.00         24.000         0.500          0.000700
  157.00       620.00         24.000         0.500          0.000700
  163.00       620.00         24.000         0.500          0.000700
  200.00       620.00         24.000         0.500          0.000700
  220.00       500.00         16.000         0.375          0.000700
```

************** THERMAL CONDUCTIVITY AND INSULATION DATA *****************

Distance (mi)	Cover (in)	Thermal Conductivity (Btu/hr/ft/degF)			Insul.Thk (in)	Soil Temp (degF)
		Pipe	Soil	Insulation		
0.000	36.000	29.000	0.600	0.200	1.000	60.00
10.000	36.000	29.000	0.600	0.200	1.000	60.00
15.000	36.000	29.000	0.600	0.200	1.000	60.00
22.000	36.000	29.000	0.600	0.200	1.000	60.00
35.000	36.000	29.000	0.600	0.200	1.000	60.00
70.000	36.000	29.000	0.800	0.200	1.000	50.00
80.000	36.000	29.000	0.800	0.200	1.000	50.00
92.000	36.000	29.000	0.800	0.200	1.000	50.00
110.000	36.000	29.000	0.800	0.200	1.000	50.00
130.000	36.000	29.000	0.700	0.200	1.000	40.00
142.000	36.000	29.000	0.700	0.200	1.000	40.00
157.000	36.000	29.000	0.500	0.200	1.000	50.00
163.000	36.000	29.000	0.500	0.200	1.000	50.00
200.000	36.000	29.000	0.500	0.200	1.000	50.00
220.000	36.000	29.000	0.500	0.200	1.000	50.00

**************** LOCATIONS AND FLOW RATES ****************

Location GasName	Distance (mi)	Flow in/out (MMSCFD)	Gravity	Viscosity (lb/ft-sec)	Pressure (psig)	GasTemp. (degF)
Taylor SAN JUAN GAS	0.00	500.0000	0.6788	0.00000684	800.00	70.00
Jenks	220.00	-491.5425	0.6877	0.00000693	499.54	41.35

**************** COMPRESSOR STATION DATA **************

FLOW RATES, PRESSURES AND TEMPERATURES:

Name MaxPipe Temp (degF)	Flow Rate (MMSCFD)	Suct. Press. (psig)	Disch. Press. (psig)	Compr. Ratio	Suct. Loss. (psia)	Disch. Loss. (psia)	Suct. Temp. (degF)	Disch. Temp (degF)
Taylor 140.00	498.00	795.00	1210.00	1.5125	5.00	10.00	70.00	125.58
Trent 140.00	494.30	569.55	1210.00	2.0962	5.00	10.00	55.40	155.45
Beaver 140.00	491.54	700.73	1273.25	1.8003	5.00	10.00	52.90	130.52

Gas Cooling required at compressor station: Trent to limit station discharge
temperature to 140 (degF)

************* COMPRESSOR EFFICIENCY, HP AND FUEL USED ****************

Name	Distance (mi)	Compr Effy. (%)	Mech. Effy. (%)	Overall Effy. (%)	Horse Power	Fuel Factor (MCF/day/HP)	Fuel Used (MMSCFD)	Installed (HP)
Taylor	0.00	85.00	98.00	83.30	10,010.66	0.2000	2.0021	5000
Trent	70.00	85.00	98.00	83.30	18,500.49	0.2000	3.7001	5000
Beaver	130.00	85.00	98.00	83.30	13,776.30	0.2000	2.7553	5000

Total Compressor Station Horsepower: 42,287.45   15,000.

Total Fuel consumption: 8.4575 (MMSCFD)

WARNING!
Required HP exceeds the installed HP at compressor station: Taylor
Required HP exceeds the installed HP at compressor station: Trent
Required HP exceeds the installed HP at compressor station: Beaver

```
*************** REYNOLD'S NUMBER  AND  HEAT TRANSFER COEFFICIENT ***************
```

Distance	Reynold'sNum.	FrictFactor	Transmission	HeatTransCoeff	CompressibilityFactor
(mi)		(Darcy)	Factor	(Btu/hr/ft2/degF)	(Standing-Katz)
0.000	29,024,499.	0.0100	19.97	0.2671	0.8490
10.000	29,024,499.	0.0100	19.97	0.2671	0.8459
15.000	29,024,499.	0.0100	19.97	0.2671	0.8431
22.000	29,024,499.	0.0100	19.97	0.2671	0.8421
35.000	29,024,499.	0.0100	19.97	0.2671	0.8515
70.000	29,024,499.	0.0100	19.97	0.3436	0.8556
80.000	29,024,499.	0.0100	19.97	0.3436	0.8444
92.000	29,024,499.	0.0100	19.97	0.3436	0.8339
110.000	29,024,499.	0.0100	19.97	0.3436	0.8355
130.000	29,024,499.	0.0100	19.97	0.3060	0.8390
142.000	29,024,499.	0.0100	19.97	0.3060	0.8233
157.000	29,024,499.	0.0100	19.97	0.2267	0.8150
163.000	29,024,499.	0.0100	19.97	0.2267	0.8195
200.000	29,024,499.	0.0100	19.97	0.2267	0.8546
220.000	29,024,499.	0.0100	19.97	0.2267	0.8546

```
******************** PIPELINE TEMPERATURE AND PRESSURE PROFILE ********************
```

Distance Location (mi)	Diameter (in)	Flow (MMSCFD)	Velocity (ft/sec)	Press. (psig)	GasTemp. (degF)	SoilTemp. (degF)	MAOP (psig)
0.00 Taylor	24.000	497.9979	24.22	1200.00	125.58	60.00	1440.00
10.00	24.000	497.9979	25.76	1127.38	111.03	60.00	1440.00
15.00	24.000	497.9979	26.63	1090.11	104.57	60.00	1440.00
22.00	24.000	497.9979	27.98	1036.62	96.38	60.00	1440.00
35.00	24.000	497.9979	31.09	931.59	83.41	60.00	1440.00
70.00 Trent	24.000	497.9979	49.55	574.55	55.40	50.00	1440.00
70.00 Trent	24.000	494.2978	24.04	1200.00	140.00	50.00	1440.00
80.00	24.000	494.2978	25.60	1126.05	117.31	50.00	1440.00
92.00	24.000	494.2978	27.81	1035.46	95.66	50.00	1440.00
110.00	24.000	494.2978	32.23	891.23	72.34	50.00	1440.00
130.00 Beaver	24.000	494.2978	40.31	705.73	52.90	40.00	1440.00
130.00 Beaver	24.000	491.5425	22.72	1263.25	130.52	40.00	1440.00
142.00	24.000	491.5425	24.26	1182.38	105.82	40.00	1440.00
157.00	24.000	491.5425	26.53	1079.61	83.52	50.00	1440.00
163.00	24.000	491.5425	27.60	1037.20	78.15	50.00	1440.00
200.00	24.000	491.5425	38.82	733.37	52.90	50.00	1440.00
220.00 Jenks	16.000	491.5425	128.44	499.54	41.35	50.00	1440.00

```
Gas velocity exceeds  50(ft/sec)  @ location: 220.00(mi)
```

```
******************** LINE PACK VOLUMES AND PRESSURES ********************

    Distance    Pressure      Line Pack
    (mi)        (psig)        (million std.cu.ft)

    0.00        1200.00       0.0000
    10.00       1127.38       12.9977
    15.00       1090.11       6.3400
    22.00       1036.62       8.6561
    35.00       931.59        15.2168
    70.00       574.55        32.8132
    80.00       1126.05       9.2624
    92.00       1035.46       14.8479
    110.00      891.23        20.9851
    130.00      705.73        20.1908
    142.00      1182.38       12.6278
    157.00      1079.61       20.2865
    163.00      1037.20       7.8773
    200.00      733.37        41.9847
    220.00      499.54        15.8791


    Total line pack in main pipeline =   239.9654(million std.cubic ft)
```

14.8 案例分析 7：有注入和分输的天然气管线水力分析

一条管径为 16in 和 18in、长 420mile 的埋地天然气管道，起点是康普顿（Compton），末站是哈维（Harvey），输量为 $150 \times 10^6 \text{ft}^3/\text{d}$。沿线在康普顿（Compton）、丁普顿（Dimpton）、普林普顿（Plimpton）设三座压气站，各站分别设置 1 台燃驱离心压缩机（图 14.24）。管线不保温，因管道外涂层材质限制最高温度上限为 140℉，MAOP 为 1440psi（表）。确定每个压气站温度、压力分布以及所需功率。

管道高程里程等分布见表 14.6。

表 14.6 案例分析 7 管道高程与里程分布数据

里程，mile	高程，ft	管径，in	壁厚，in	粗糙度，in
0.0	620	18	0.375	0.000700
45	620	18	0.375	0.000700
48	980	18	0.375	0.000700
85	1285	16	0.375	0.000700
160	1500	16	0.375	0.000700
200	2280	16	0.375	0.000700
238	950	16	0.375	0.000700
250	891	16	0.375	0.000700
295	670	16	0.375	0.000700
305	650	16	0.375	0.000700
310	500	16	0.375	0.000700
320	420	16	0.375	0.000700
330	380	16	0.375	0.000700
380	280	16	0.375	0.000700
420	500	16	0.375	0.000700

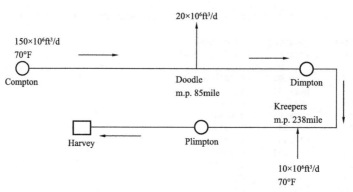

图 14.24　Compton—Harvey 之间的管线

管线相关参数见表 14.7。

表 14.7　案例分析 7 管线相关参数

参数	数据	参数	数据
气体比热比	1.26	基础压力，psi（绝）	14.70
最大气体流速，ft/s	50	压力降公式	AGA fully turbulent
管线效率	1.00	压缩系数	Standing – Katz
基础温度，℉	60	多变指数	1.3

Compton 来气 $150 \times 10^6 \mathrm{ft}^3/\mathrm{d}$（里程：0.0mile），注入点为 Doodle（里程：85mile），分输输量为 $20 \times 10^6 \mathrm{ft}^3/\mathrm{d}$。此外，还有一个天然气注入点在 Kreepers（里程：238mile），输量为 $10 \times 10^6 \mathrm{ft}^3/\mathrm{d}$。管线内剩余的其他天然气输送到管道末端。两个注入点的天然气入口温度均为 70℉。入口天然气相对密度（空气：1.00）为 0.600，入口天然气黏度为 $0.000008 \mathrm{lb}/(\mathrm{ft} \cdot \mathrm{s})$。

压气站分布数据见表 14.8。

表 14.8　案例分析 7 压气站分布数据

压气站	所处位置，m	排气压力，psi（表）
康普顿	0.00	1400
丁普顿	160.0	1400
普林普顿	295.0	1400

每个压气站安装的功率为 5000hp，相关参数见表 14.9。

表 14.9　案例分析 7 压气站相关参数

起始抽吸压力，psi（表）	800	站场排气压损，psi（表）	10
管道输送压力，psi（表）	500	压缩机绝热效率，%	85
最小管道压力，psi（表）	400	压缩机机械效率，%	98
站场抽吸压损，psi（表）	5	燃料消耗，$10^3 \mathrm{ft}^3/(\mathrm{d} \cdot \mathrm{hp})$	0.2

```
************ GASMOD - GAS PIPELINE HYDRAULIC SIMULATION ************
************ Version 6.00.780 ************
DATE:                             4-January-2013      TIME:   07:08:01
PROJECT DESCRIPTION:
Problem 1
Pipeline from Compton to Harvey
18"/16" pipeline - 420 miles long
3 compressor stations

Pipeline data file:               C:\Users\Shashi\My
Documents\Gasmod\Problem1.TOT

Pressure drop formula:            AGA Turbulent
Pipeline efficiency:              1.00
Compressibility Factor Method:    Standing-Katz

Inlet Gas Gravity(Air=1.0):       0.60000
Inlet Gas Viscosity:              0.0000080(lb/ft-sec)
Gas specific heat ratio:          1.26
Polytropic compression index:     1.30

**** Calculations Based on Specified Thermal Conductivities of Pipe, Soil and Insulation ******

Base temperature:                 60.00(degF)
Base pressure:                    14.70(psia)

Origin suction temperature:       70.00(degF)
Origin suction pressure:          800.00(psig)
Pipeline Terminus Delivery  pressure: 851.27(psig)
Minimum pressure:                 400.0(psig)
Maximum gas velocity:             50.00(ft/sec)

Inlet  Flow rate:                 150.00(MMSCFD)
Outlet Flow rate:                 137.82(MMSCFD)

CALCULATION OPTIONS:
Polytropic compression considered:  YES
Branch pipe calculations:           NO
Loop pipe calculations:             NO
Compressor Fuel Calculated:         YES
Joule Thompson effect included :    NO
Customized Output:                  NO

ALL PRESSURES ARE GAUGE PRESSURES, UNLESS OTHERWISE SPECIFED AS ABSOLUTE PRESSURES

**************** PIPELINE PROFILE DATA ***********

Distance      Elevation      Diameter      Thickness      Roughness
(mi)          (ft)           (in)          (in)           (in)

0.00          620.00         18.000        0.375          0.000700
45.00         620.00         18.000        0.375          0.000700
48.00         980.00         18.000        0.375          0.000700
85.00         1285.00        16.000        0.375          0.000700
160.00        1500.00        16.000        0.375          0.000700
200.00        2280.00        16.000        0.375          0.000700
238.00        950.00         16.000        0.375          0.000700
250.00        891.00         16.000        0.375          0.000700
295.00        670.00         16.000        0.375          0.000700
305.00        650.00         16.000        0.375          0.000700
310.00        500.00         16.000        0.375          0.000700
320.00        420.00         16.000        0.375          0.000700
330.00        380.00         16.000        0.375          0.000700
380.00        280.00         16.000        0.375          0.000700
420.00        500.00         16.000        0.375          0.000700

************** THERMAL CONDUCTIVITY AND INSULATION DATA ****************

Distance   Cover      Thermal Conductivity         Insul.Thk       Soil Temp
(mi)       (in)       (Btu/hr/ft/degF)             (in)            (degF)
                      Pipe    Soil    Insulation

0.000      36.000     29.000  0.800   0.020        0.000           65.00
45.000     36.000     29.000  0.800   0.020        0.000           65.00
```

```
48.000    36.000    29.000  0.800  0.020      0.000      65.00
85.000    36.000    29.000  0.800  0.020      0.000      65.00
160.000   36.000    29.000  0.800  0.020      0.000      65.00
200.000   36.000    29.000  0.800  0.020      0.000      65.00
238.000   36.000    29.000  0.800  0.020      0.000      65.00
250.000   36.000    29.000  0.800  0.020      0.000      65.00
295.000   36.000    29.000  0.800  0.020      0.000      65.00
305.000   36.000    29.000  0.800  0.020      0.000      65.00
310.000   36.000    29.000  0.800  0.020      0.000      65.00
320.000   36.000    29.000  0.800  0.020      0.000      65.00
330.000   36.000    29.000  0.800  0.020      0.000      65.00
380.000   36.000    29.000  0.800  0.020      0.000      65.00
420.000   36.000    29.000  0.800  0.020      0.000      65.00
```

**************** LOCATIONS AND FLOW RATES ****************

Location	Distance (mi)	Flow in/out (MMSCFD)	Gravity	Viscosity (lb/ft-sec)	Pressure (psig)	GasTemp. (degF)
Compton	0.00	150.0000	0.6000	0.00000800	800.00	70.00
Doodle	85.00	-20.0000	0.6000	0.00000800	1172.79	65.01
Kreepers	238.00	10.0000	0.6000	0.00000800	1142.82	65.01
Harvey	420.00	-137.8152	0.6057	0.00000808	851.27	65.00

**************** COMPRESSOR STATION DATA **************

FLOW RATES, PRESSURES AND TEMPERATURES:

Name	Flow Rate (MMSCFD)	Suct. Press. (psig)	Disch. Press. (psig)	Compr. Ratio	Suct. Loss. (psia)	Disch. Loss. (psia)	Suct. Temp. (degF)	Disch. Temp (degF)	MaxPipe Temp (degF)
Compton	149.13	795.00	1410.00	1.7595	5.00	10.00	70.00	147.11	140.00
Dimpton	128.48	840.04	1410.00	1.6668	5.00	10.00	65.00	133.67	140.00
Plimpton	137.82	861.17	1410.00	1.6266	5.00	10.00	65.00	130.22	140.00

Gas Cooling required at compressor station: Compton to limit station discharge
temperature to 140 (degF)

************* COMPRESSOR EFFICIENCY, HP AND FUEL USED ****************

Name	Distance (mi)	Compr Effy. (%)	Mech. Effy. (%)	Overall Effy. (%)	Horse Power	Fuel Factor (MCF/day/HP)	Fuel Used (MMSCFD)	Installed (HP)
Compton	0.00	85.00	98.00	83.30	4,329.48	0.2000	0.8659	5000
Dimpton	160.00	85.00	98.00	83.30	3,275.63	0.2000	0.6551	5000
Plimpton	295.00	85.00	98.00	83.30	3,318.70	0.2000	0.6637	5000

Total Compressor Station Horsepower: 10,923.81   15,000.

Total Fuel consumption: 2.1847 (MMSCFD)

************** REYNOLD'S NUMBER AND HEAT TRANSFER COEFFICIENT **************

Distance (mi)	Reynold'sNum.	FrictFactor (Darcy)	Transmission Factor	HeatTransCoeff (Btu/hr/ft2/degF)	CompressibilityFactor (Standing-Katz)
0.000	8,758,087.	0.0102	19.84	0.4624	0.8323
45.000	8,758,087.	0.0102	19.84	0.4624	0.8206
48.000	8,758,087.	0.0102	19.84	0.4624	0.8263
85.000	8,578,128.	0.0104	19.63	0.4992	0.8500
160.000	8,578,128.	0.0104	19.63	0.4992	0.8321
200.000	8,578,128.	0.0104	19.63	0.4992	0.8282
238.000	9,242,408.	0.0104	19.63	0.4993	0.8367
250.000	9,242,408.	0.0104	19.63	0.4993	0.8529
295.000	9,242,408.	0.0104	19.63	0.4993	0.8513
305.000	9,242,408.	0.0104	19.63	0.4993	0.8306
310.000	9,242,408.	0.0104	19.63	0.4993	0.8224
320.000	9,242,408.	0.0104	19.63	0.4993	0.8186
330.000	9,242,408.	0.0104	19.63	0.4993	0.8289
380.000	9,242,408.	0.0104	19.63	0.4993	0.8542
420.000	9,242,408.	0.0104	19.63	0.4993	0.8542

******************** PIPELINE TEMPERATURE AND PRESSURE PROFILE ********************

Distance (mi)	Diameter (in)	Flow (MMSCFD)	Velocity (ft/sec)	Press. (psig)	GasTemp. (degF)	SoilTemp. (degF)	MAOP (psig)	Location
0.00	18.000	149.1341	11.07	1400.00	140.00	65.00	1440.00	Compton
45.00	18.000	149.1341	11.96	1294.52	65.73	65.00	1440.00	
48.00	18.000	149.1341	12.14	1275.15	65.52	65.00	1440.00	
85.00	16.000	129.1341	14.61	1172.79	65.01	65.00	1440.00	Doodle
160.00	16.000	129.1341	20.08	845.04	65.00	65.00	1440.00	Dimpton
160.00	16.000	128.4790	12.20	1400.00	133.67	65.00	1440.00	Dimpton
200.00	16.000	128.4790	13.77	1238.91	65.70	65.00	1440.00	
238.00	16.000	138.4790	16.08	1142.82	65.01	65.00	1440.00	Kreepers
250.00	16.000	138.4790	16.83	1090.68	65.00	65.00	1440.00	
295.00	16.000	138.4790	21.02	866.17	65.00	65.00	1440.00	Plimpton
295.00	16.000	137.8152	13.09	1400.00	130.22	65.00	1440.00	Plimpton
305.00	16.000	137.8152	13.45	1361.65	87.96	65.00	1440.00	
310.00	16.000	137.8152	13.59	1347.75	78.21	65.00	1440.00	
320.00	16.000	137.8152	13.95	1312.39	69.27	65.00	1440.00	
330.00	16.000	137.8152	14.36	1274.95	66.36	65.00	1440.00	
380.00	16.000	137.8152	17.16	1064.61	65.00	65.00	1440.00	
420.00	16.000	137.8152	21.38	851.27	65.00	65.00	1440.00	Harvey

******************** LINE PACK VOLUMES AND PRESSURES ********************

Distance (mi)	Pressure (psig)	Line Pack (million std.cu.ft)
0.00	1400.00	0.0000
45.00	1294.52	38.8174
48.00	1275.15	2.7536
85.00	1172.79	32.1715
160.00	845.04	41.2678
200.00	1238.91	20.7075
238.00	1142.82	25.0119
250.00	1090.68	7.3423
295.00	866.17	23.7981
305.00	1361.65	5.4573
310.00	1347.75	3.5963
320.00	1312.39	7.2528
330.00	1274.95	7.1750
380.00	1064.61	32.2835
420.00	851.27	20.6483

Total line pack in main pipeline =　268.2833(million std.cubic ft)

14.9 案例分析8：有2座压气站和2条支线的天然气管线

一条 Davis—Harvey 的天然气管线，管径为 12in 和 14in，长 180mile。在 Davis（里程 0.0mile）和 Frampton（里程 82.0mile）分别设置压气站，每个压气站的最高出口压力为 1200psi（表）。在 Davis，来气输量为 $100 \times 10^6 \mathrm{ft}^3/\mathrm{d}$（相对密度为 0.600），介质温度 80℉。一个分输支线（1 支线管：NPS 8）位于里程 25.0mile 处。

此支线是从干线中分输 $30 \times 10^6 \mathrm{ft}^3/\mathrm{d}$ 天然气到 32mile 外的分输点。位于里程 90.0mile 处，有一注入支线（2 支线），用来将另外的 $50 \times 10^6 \mathrm{ft}^3/\mathrm{d}$ 天然气（相对密度 0.615）注入干线，介质温度 80℉，支线管径 NPS 10、长 40mile。干线不设保温层，最高温度上限为 140℉。地温假定为 60℉，总传热系数（U 因数）采用 0.500，用 Colebrook – White 等式计算压降。管道的 MAOP 为 1440psi（表），基础压力和温度分别为 14.73psi（表）和 60℉。末站 Harvey 的来气压力为 400psi，要求的最低压力为 300psi（表）。起点处天然气压力为 850psi（表）。

计算各压气站的温度、压力分布和所需功率、燃料气消耗量。用报告中的干线、支线数据建模（图 14.25）。

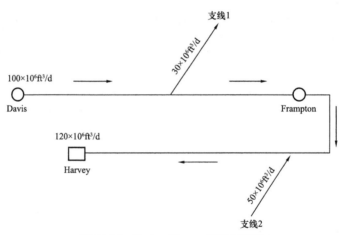

图 14.25 Davis—Harvey 天然气管线

```
************* GASMOD - GAS PIPELINE HYDRAULIC SIMULATION ************

************* Version 6.00.780 *************

DATE:                          4-January-2013    TIME:  09:23:25
PROJECT DESCRIPTION:
Problem 2
Pipeline from Davis to Harvey
12"/14" pipeline - 180 miles long
2 compressor stations
Branch in and Branch out

Pipeline data file:            C:\Users\Shashi\MyDocuments\Gasmod\Problem2.TOT

Pressure drop formula:         Colebrook-White
Pipeline efficiency:           1.00
Compressibility Factor Method: CNGA

Inlet Gas Gravity(Air=1.0):    0.60000
Inlet Gas Viscosity:           0.0000080(lb/ft-sec)
Gas specific heat ratio:       1.29
Polytropic compression index:  1.30
```

**** Calculations Based on Specified Thermal Conductivities of Pipe, Soil and Insulation ****

Base temperature: 60.00 (degF)
Base pressure: 14.73 (psia)

Origin suction temperature: 80.00 (degF)
Origin suction pressure: 850.00 (psig)
Pipeline Terminus Delivery pressure: 445.83 (psig)
Minimum pressure: 300.0 (psig)
Maximum gas velocity: 50.00 (ft/sec)

Inlet Flow rate: 100.00 (MMSCFD)
Outlet Flow rate: 119.36 (MMSCFD)

CALCULATION OPTIONS:
Polytropic compression considered: YES
Branch pipe calculations: YES
Loop pipe calculations: NO
Compressor Fuel Calculated: YES
Joule Thompson effect included :   NO
Customized Output: NO

ALL PRESSURES ARE GAUGE PRESSURES, UNLESS OTHERWISE SPECIFED AS ABSOLUTE PRESSURES

**************** PIPELINE PROFILE DATA ***********

Distance (mi)	Elevation (ft)	Diameter (in)	Thickness (in)	Roughness (in)
0.00	220.00	12.750	0.250	0.000700
12.00	340.00	12.750	0.250	0.000700
25.00	450.00	12.750	0.250	0.000700
35.00	189.00	12.750	0.250	0.000700
82.00	225.00	12.750	0.250	0.000700
90.00	369.00	14.000	0.250	0.000700
112.00	412.00	14.000	0.250	0.000700
125.00	518.00	14.000	0.250	0.000700
152.00	786.00	14.000	0.250	0.000700
180.00	500.00	14.000	0.250	0.000700

************** THERMAL CONDUCTIVITY AND INSULATION DATA ****************

Distance (mi)	Cover (in)	Thermal Conductivity (Btu/hr/ft/degF)			Insul.Thk (in)	Soil Temp (degF)
		Pipe	Soil	Insulation		
0.000	36.000	29.000	0.800	0.020	0.000	60.00
12.000	36.000	29.000	0.800	0.020	0.000	60.00
25.000	36.000	29.000	0.800	0.020	0.000	60.00
35.000	36.000	29.000	0.800	0.020	0.000	60.00
82.000	36.000	29.000	0.800	0.020	0.000	60.00
90.000	36.000	29.000	0.800	0.020	0.000	60.00
112.000	36.000	29.000	0.800	0.020	0.000	60.00
125.000	36.000	29.000	0.800	0.020	0.000	60.00
152.000	36.000	29.000	0.800	0.020	0.000	60.00
180.000	36.000	29.000	0.800	0.020	0.000	60.00

**************** LOCATIONS AND FLOW RATES ****************

Location	Distance (mi)	Flow in/out (MMSCFD)	Gravity	Viscosity (lb/ft-sec)	Pressure (psig)	GasTemp. (degF)
Davis	0.00	100.0000	0.6000	0.00000800	850.00	80.00
BranchOut	25.00	-30.0000	0.6000	0.00000800	1023.06	63.42
BranchIn	90.00	50.0000	0.6150	0.00000800	1170.30	77.05
Harvey	180.00	-119.3557	0.6077	0.00000802	445.83	60.00

**************** COMPRESSOR STATION DATA **************
FLOW RATES, PRESSURES AND TEMPERATURES:

Name	Flow Rate (MMSCFD)	Suct. Press. (psig)	Disch. Press. (psig)	Compr. Ratio	Suct. Loss. (psia)	Disch. Loss. (psia)	Suct. Temp. (degF)	Disch. Temp (degF)	MaxPipe Temp (degF)
Davis	99.64	845.00	1210.00	1.4246	5.00	10.00	80.00	132.60	140.00
Frampton	69.36	800.57	1210.00	1.5022	5.00	10.00	60.00	118.60	140.00

```
************** COMPRESSOR EFFICIENCY, HP AND FUEL USED ****************
```

Name	Distance (mi)	Compr Effy. (%)	Mech. Effy. (%)	Overall Effy. (%)	Horse Power	Fuel Factor (MCF/day/HP)	Fuel Used (MMSCFD)	Installed (HP)
Davis	0.00	85.00	98.00	83.30	1,823.24	0.2000	0.3646	5000
Frampton	82.00	85.00	98.00	83.30	1,398.23	0.2000	0.2796	5000

```
Total Compressor Station Horsepower:            3,221.47                  10,000.

Total Fuel consumption:                   0.6442(MMSCFD)
```

```
************** REYNOLD'S NUMBER  AND  HEAT TRANSFER COEFFICIENT **************
```

Distance (mi)	Reynold'sNum.	FrictFactor (Darcy)	Transmission Factor	HeatTransCoeff (Btu/hr/ft2/degF)	CompressibilityFactor (CNGA)
0.000	8,256,276.	0.0114	18.76	0.5000	0.8729
12.000	8,256,276.	0.0114	18.76	0.5000	0.8574
25.000	5,770,328.	0.0115	18.65	0.5000	0.8582
35.000	5,770,328.	0.0115	18.65	0.5000	0.8699
82.000	5,770,328.	0.0115	18.65	0.5000	0.8636
90.000	9,089,641.	0.0112	18.93	0.5452	0.8463
112.000	9,089,641.	0.0112	18.93	0.5452	0.8542
125.000	9,089,641.	0.0112	18.93	0.5452	0.8720
152.000	9,089,641.	0.0112	18.93	0.5452	0.9054
180.000	9,089,641.	0.0112	18.93	0.5452	0.9054

```
******************* PIPELINE TEMPERATURE AND PRESSURE PROFILE ********************
```

Distance (mi)	Diameter (in)	Flow (MMSCFD)	Velocity (ft/sec)	Press. (psig)	GasTemp. (degF)	SoilTemp. (degF)	MAOP (psig)	Location
0.00	12.750	99.6354	17.08	1200.00	132.60	60.00	1440.00	Davis
12.00	12.750	99.6354	18.37	1115.01	77.76	60.00	1440.00	
25.00	12.750	69.6354	13.97	1023.06	63.42	60.00	1440.00	BranchOut
35.00	12.750	69.6354	14.37	994.40	60.54	60.00	1440.00	
82.00	12.750	69.6354	17.61	805.57	60.00	60.00	1440.00	Frampton
82.00	12.750	69.3557	11.89	1200.00	118.60	60.00	1440.00	Frampton
90.00	14.000	119.3557	17.27	1170.30	77.05	60.00	1440.00	BranchIn
112.00	14.000	119.3557	19.34	1043.57	61.08	60.00	1440.00	
125.00	14.000	119.3557	21.02	959.00	60.20	60.00	1440.00	
152.00	14.000	119.3557	26.74	750.59	60.01	60.00	1440.00	
180.00	14.000	119.3557	44.44	445.83	60.00	60.00	1440.00	Harvey

```
******************** LINE PACK VOLUMES AND PRESSURES ********************
```

Distance (mi)	Pressure (psig)	Line Pack (million std.cu.ft)
0.00	1200.00	0.0000
12.00	1115.01	4.3364
25.00	1023.06	4.7278
35.00	994.40	3.4912
82.00	805.57	14.5681
90.00	1170.30	2.5028
112.00	1043.57	10.1587
125.00	959.00	5.4912
152.00	750.59	9.6160
180.00	445.83	6.8828

```
Total line pack in main pipeline =   61.7750(million std.cubic ft)


************* PIPE BRANCH CALCULATION SUMMARY ***********

Number of Pipe Branches = 2

 BRANCH TEMPERATURE AND PRESSURE PROFILE:

 Outgoing Branch File:  C:\Users\Shashi\My Documents\Gasmod\BRANCHOUT.TOT

 Branch Location: BranchOut  at  25 (mi)
 Minimum delivery pressure: 300 (psig)
```

```
Distance Elevation Diameter   Flow    Velocity  Press.   Gas Temp. Amb Temp. Location
 (mi)      (ft)      (in)    (MMSCFD)  (ft/sec)  (psig)    (degF)    (degF)

0.00      450.00    8.625    30.000    13.68    1023.06    63.42     60.00    MP25
5.00      200.00    8.625    30.000    13.97    1002.05    60.38     60.00
8.00      278.00    8.625    30.000    14.23     983.27    60.10     60.00
12.00     292.00    8.625    30.000    14.57     959.99    60.02     60.00
20.00     358.00    8.625    30.000    15.35     910.55    60.00     60.00
32.00     420.00    8.625    30.000    16.78     831.48    60.00     60.00    End
```
Total line pack in branch pipeline C:\Users\Shashi\My Documents\Gasmod\BRANCHOUT.TOT =
4.5212(million std.cubic ft)
Incoming Branch File: C:\Users\Shashi\My Documents\Gasmod\BRANCHIN.TOT

  Branch Location: BranchIn at 90 (mi)

```
Distance Elevation Diameter   Flow    Velocity  Press.   Gas Temp. Amb Temp. Location
 (mi)      (ft)      (in)    (MMSCFD)  (ft/sec)  (psig)    (degF)    (degF)


0.00      250.00    10.750   50.000    11.05    1331.69   140.00     80.00    BranchIn
12.00     389.00    10.750   50.000    11.05    1280.75    83.12     80.00
23.00     465.00    10.750   50.000    11.89    1236.11    80.17     80.00
34.00     520.00    10.750   50.000    12.34    1190.53    80.01     80.00
40.00     369.00    10.750   50.000    12.55    1170.40    80.00     80.00    MP90
```
Total line pack in branch pipeline C:\Users\Shashi\My Documents\Gasmod\BRANCHIN.TOT =
11.5694(million std.cubic ft)

Compressor Power reqd. at the beginning of branch: 1,386.23 HP
Compression ratio: 1.65
Suction temperature: 80.00 (degF)
Suction pressure: 814.70 (psig)
Suction piping loss: 5.00 (psig)
Discharge piping loss: 10.00 (psig)

14.10 案例分析 9：有 2 座压气站、2 条支线、第二管段有 1 条复线（用来处理增加的输量）的天然气管线

本管线除了在里程 112~152mile 处增设了一条复线（NPS 14，壁厚 0.25in）之外，其他所有参数与前面管道的相同，复线是用来帮助降低支线 2 的注入点压力和所需功率，注入点位于里程 90mile 处，注入量为 $80 \times 10^6 ft^3/d$。

在里程 90mile 处注入天然气后，为了将此新增输量送到末站，Frampton 压气站的压缩机运行会更加困难。但是，在有了 Frampton—Harvey 间的 40mile 复线后，所需压力和功率降了下来，原因是在干线和复线共同分担了 $150 \times 10^6 ft^3/d$ 的总输量（图 14.26）。

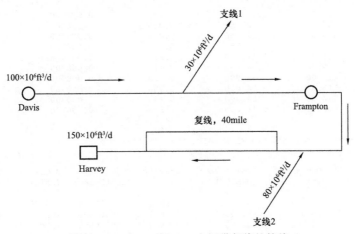

图 14.26 Davis—Harvey 之间带复线的管线

387

```
************ GASMOD - GAS PIPELINE HYDRAULIC SIMULATION ***********
************ Version 6.00.780 ************
DATE:                           4-January-2013      TIME:  10:23:33
PROJECT DESCRIPTION:
Problem 3
Pipeline from Davis to Harvey
12"/14" pipeline - 180 miles long
2 compressor stations
Branch in and Branch out and Loop
Case Number:                    1004
Pipeline data file:             C:\Users\Shashi\MyDocuments\Gasmod\Problem3.TOT


Pressure drop formula:          Colebrook-White
Pipeline efficiency:            1.00
Compressibility Factor Method:  CNGA


Inlet Gas Gravity(Air=1.0):     0.60000
Inlet Gas Viscosity:            0.0000080(lb/ft-sec)
Gas specific heat ratio:        1.29
Polytropic compression index:   1.30



******** Calculations Based on Specified Fixed Overall Heat Transfer Coefficient ********

Base temperature:               60.00(degF)
Base pressure:                  14.73(psia)

Origin suction temperature:     80.00(degF)
Origin suction pressure:        850.00(psig)
Pipeline Terminus Delivery  pressure: 375.77(psig)
Minimum pressure:               300.0(psig)
Maximum gas velocity:           50.00(ft/sec)

Inlet  Flow rate:               100.00(MMSCFD)
Outlet Flow rate:               149.36(MMSCFD)

CALCULATION OPTIONS:
Polytropic compression considered:  YES
Branch pipe calculations:           YES
Loop pipe calculations:             YES
Compressor Fuel Calculated:         YES
Joule Thompson effect included :    NO
Customized Output:                  NO

ALL PRESSURES ARE GAUGE PRESSURES, UNLESS OTHERWISE SPECIFED AS ABSOLUTE PRESSURES


**************** PIPELINE PROFILE DATA ***********

Distance     Elevation      Diameter        Thickness     Roughness
(mi)         (ft)           (in)            (in)          (in)


0.00         220.00         12.750          0.250         0.000700
12.00        340.00         12.750          0.250         0.000700
25.00        450.00         12.750          0.250         0.000700
35.00        189.00         12.750          0.250         0.000700
82.00        225.00         12.750          0.250         0.000700
90.00        369.00         14.000          0.250         0.000700
112.00       412.00         14.000          0.250         0.000700
125.00       518.00         14.000          0.250         0.000700
152.00       786.00         14.000          0.250         0.000700
180.00       500.00         14.000          0.250         0.000700


**************** LOCATIONS AND FLOW RATES ****************


Location      Distance    Flow in/out   Gravity  Viscosity    Pressure   GasTemp.
              (mi)        (MMSCFD)                (lb/ft-sec)  (psig)     (degF)


Davis         0.00        100.0000      0.6000   0.00000800   850.00     80.00
BranchOut     25.00       -30.0000      0.6000   0.00000800   1023.06    63.42
BranchIn      90.00       80.0000       0.6150   0.00000800   1170.30    77.70
Harvey        180.00      -149.3557     0.6092   0.00000801   375.77     60.00
```

```
*************** COMPRESSOR STATION DATA **************
FLOW RATES, PRESSURES AND TEMPERATURES:
```

Name	Flow Rate (MMSCFD)	Suct. Press. (psig)	Disch. Press. (psig)	Compr. Ratio	Suct. Loss. (psia)	Disch. Loss. (psia)	Suct. Temp. (degF)	Disch. Temp (degF)	MaxPipe Temp (degF)
Davis	99.64	845.00	1210.00	1.4246	5.00	10.00	80.00	132.60	140.00
Frampton	69.36	800.57	1210.00	1.5022	5.00	10.00	60.00	118.60	140.00

```
************* COMPRESSOR EFFICIENCY, HP AND FUEL USED ****************
```

Name	Distance (mi)	Compr Effy. (%)	Mech. Effy. (%)	Overall Effy. (%)	Horse Power	Fuel Factor (MCF/day/HP)	Fuel Used (MMSCFD)	Installed (HP)
Davis	0.00	85.00	98.00	83.30	1,823.24	0.2000	0.3646	5000
Frampton	82.00	85.00	98.00	83.30	1,398.23	0.2000	0.2796	5000

```
Total Compressor Station Horsepower:          3,221.47                10,000.

Total Fuel consumption:              0.6442(MMSCFD)
```

```
************** REYNOLD'S NUMBER  AND  HEAT TRANSFER COEFFICIENT **************
```

Distance (mi)	Reynold'sNum.	FrictFactor (Darcy)	Transmission Factor	HeatTransCoeff (Btu/hr/ft2/degF)	CompressibilityFactor (CNGA)
0.000	8,256,276.	0.0114	18.76	0.5000	0.8729
12.000	8,256,276.	0.0114	18.76	0.5000	0.8574
25.000	5,770,328.	0.0115	18.65	0.5000	0.8582
35.000	5,770,328.	0.0115	18.65	0.5000	0.8699
82.000	5,770,328.	0.0115	18.65	0.5000	0.8636
90.000	11,401,803.	0.0111	18.98	0.5457	0.8512
112.000	5,700,901.	0.0113	18.78	0.5000	0.8607
125.000	5,700,901.	0.0113	18.78	0.5000	0.8678
152.000	11,401,803.	0.0111	18.98	0.5000	0.9010
180.000	11,401,803.	0.0111	18.98	0.5000	0.9010

```
****************** PIPELINE TEMPERATURE AND PRESSURE PROFILE ********************
```

Distance (mi)	Diameter (in)	Flow (MMSCFD)	Velocity (ft/sec)	Press. (psig)	GasTemp. (degF)	SoilTemp. (degF)	MAOP (psig)	Location
0.00	12.750	99.6354	17.08	1200.00	132.60	60.00	1440.00	Davis
12.00	12.750	99.6354	18.37	1115.01	77.76	60.00	1440.00	
25.00	12.750	69.6354	13.97	1023.06	63.42	60.00	1440.00	BranchOut
35.00	12.750	69.6354	14.37	994.40	60.54	60.00	1440.00	
82.00	12.750	69.6354	17.61	805.57	60.00	60.00	1440.00	Frampton
82.00	12.750	69.3557	11.89	1200.00	118.60	60.00	1440.00	Frampton
90.00	14.000	149.3557	21.61	1170.30	77.70	60.00	1440.00	BranchIn
112.00	14.000	74.6779	13.08	964.39	61.96	60.00	1440.00	LOOP
125.00	14.000	74.6779	13.60	926.81	60.17	60.00	1440.00	
152.00	14.000	149.3557	29.87	842.64	60.00	60.00	1440.00	ENDLOOP
180.00	14.000	149.3557	65.58	375.77	60.00	60.00	1440.00	Harvey

```
NOTE: On looped portion of pipeline, the flow rate and velocity shown
above correspond to the portion of flow through the mainline only.
The remaining flow goes through the pipe loop.

Gas velocity exceeds  50(ft/sec)  @ location: 180.00(mi)
```

```
****************** LINE PACK VOLUMES AND PRESSURES ********************
```

Distance (mi)	Pressure (psig)	Line Pack (million std.cu.ft)
0.00	1200.00	0.0000
12.00	1115.01	4.7855
25.00	1023.06	4.8517
35.00	994.40	3.5088
82.00	805.57	14.5793
90.00	1170.30	2.7077
112.00	964.39	9.7483
125.00	926.81	5.1399
152.00	842.64	9.9456
180.00	375.77	7.2152

```
Total line pack in main pipeline =   62.4820(million std.cubic ft)
```

```
************* PIPE LOOP CALCULATION SUMMARY ***********

Number of Pipe loops:  1

Pipe loop-1: C:\Users\Shashi\My Documents\Gasmod\LOOP1.TOT
Loop starts on main pipeline at:  112.00 (mi)
Loop ends on main pipeline at:    152.00 (mi)
Total mainline length looped:      40.00 (mi)

PIPE LOOP TEMPERATURE AND PRESSURE PROFILE:

  Distance  Elev.    Dia.     FlowRate  Velocity  Pressure  GasTemp  SoilTemp  MAOP    Location
   (mi)     (ft)     (in)     (MMSCFD)  (ft/sec)  (psig)    (degF)   (degF)    (psig)

  0.00     412.00   14.00    74.6779   13.08     964.39    61.96    60.00     1000.00  BeginLoop
 10.00     500.00   14.00    74.6779   13.48     935.43    60.30    60.00     1000.00
 20.00     600.00   14.00    74.6779   13.92     905.39    60.05    60.00     1000.00
 30.00     700.00   14.00    74.6779   14.40     874.40    60.01    60.00     1000.00
 40.00     786.00   14.00    74.6779   14.94     842.64    60.00    60.00     1000.00  EndLoop


Total line pack in loop pipeline C:\Users\Shashi\My Documents\Gasmod\LOOP1.TOT =
15.1410(million std.cubic ft)

************* PIPE BRANCH CALCULATION SUMMARY ***********

Number of Pipe Branches = 2

BRANCH TEMPERATURE AND PRESSURE PROFILE:

Outgoing Branch File:  C:\Users\Shashi\My Documents\Gasmod\BRANCHOUT.TOT

Branch Location: BranchOut  at  25 (mi)
Minimum delivery pressure:  300 (psig)

  Distance Elevation  Diameter   Flow      Velocity   Press.    Gas Temp.  Amb Temp. Location
   (mi)     (ft)       (in)      (MMSCFD)   (ft/sec)   (psig)    (degF)     (degF)

  0.00     450.00     8.625     30.000     13.68      1023.06   60.05      60.00     MP25
  5.00     200.00     8.625     30.000     13.96      1002.19   60.01      60.00
  8.00     278.00     8.625     30.000     14.23      983.42    60.00      60.00
 12.00     292.00     8.625     30.000     14.57      960.15    60.00      60.00
 20.00     358.00     8.625     30.000     15.35      910.72    60.00      60.00
 32.00     420.00     8.625     30.000     16.78      831.66    60.00      60.00     End

Total line pack in branch pipeline C:\Users\Shashi\My Documents\Gasmod\BRANCHOUT.TOT =
4.5268(million std.cubic ft)

  Incoming Branch File: C:\Users\Shashi\My Documents\Gasmod\BRANCHIN.TOT

  Branch Location: BranchIn  at  90 (mi)

  Distance Elevation  Diameter   Flow      Velocity   Press.    Gas Temp. Amb Temp. Location
   (mi)     (ft)       (in)      (MMSCFD)   (ft/sec)   (psig)    (degF)    (degF)

  0.00     250.00     10.750    80.000     15.30      1540.96   140.00    80.00     BranchIn
 12.00     389.00     10.750    80.000     15.30      1432.35   89.54     80.00
 23.00     465.00     10.750    80.000     17.65      1333.14   81.58     80.00
 34.00     520.00     10.750    80.000     19.16      1227.01   80.26     80.00
 40.00     369.00     10.750    80.000     20.08      1170.39   80.10     80.00     MP90

Total line pack in branch pipeline C:\Users\Shashi\My Documents\Gasmod\BRANCHIN.TOT =
12.6391(million std.cubic ft)

Compressor Power reqd. at the beginning of branch: 2,904.54 HP
Compression ratio: 1.90
Suction temperature: 80.00 (degF)
Suction pressure: 814.70 (psig)
Suction piping loss: 5.00 (psig)
Discharge piping loss: 10.00 (psig)
```

14.11 案例分析 10：San Jose—Portas 有注入和分输天然气管线

一条管径 450mm/400mm（壁厚 10mm）、长 680km 的 San Jose—Portas 间的埋地管线，输量为 $4.5 \times 10^6 \mathrm{m}^3/\mathrm{d}$。沿线在 San Jose、Tapas 和 Campo 设 3 座压气站，压缩机为燃驱离心式。管线不设保温层，由于管道外涂层材质的限制，管道最高温度不超过 60℃。管道的最大允许操作压力（MAOP）为 9.9MPa。确定各压气站的温度、压力分布及所需功率（图 14.27）。该管线相关参数见表 14.10。

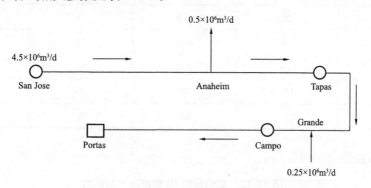

图 14.27　San Jose—Portas 之间有注入和分输的输送管线

表 14.10　案例分析 10 管线相关参数

参数	数据	参数	数据
气体比热比	1.26	基础温度，℃	15
最大气体流速，m/s	15	基础压力，kPa	101
管道效率	1.0	压降公式	Colebrook – White
多变指数	1.2	压缩系数	Standing – Katz

管线起点 San Jose（里程 0.0km）处来气量为 $4.5 \times 10^6 m^3/d$，在中间 135km 处的 Anaheim 设有分输点，分输输量为 $0.5 \times 10^6 m^3/d$。另外，在 380km 处的 Grande 设一注入点，注入量为 $0.25 \times 10^6 m^3/d$。然后，剩余的输量继续输往管道末端。起点和注入点的气源温度均为 20℃。

入口处天然气相对密度（空气：1.00）为 0.600，入口处天然气黏度为 0.000119P

管线高程与里程数据见表 14.11。

表 14.11　案例分析 10 管线高程与里程数据

里程，km	高程，m	直径，mm	壁厚，mm	粗糙度，mm
0	200	450	10	0.02
72	200	450	10	0.02
77	300	400	10	0.02
135	392	400	10	0.02
260	457	400	10	0.02
320	695	400	10	0.02
380	290	400	10	0.02
402	272	400	10	0.02
475	204	400	10	0.02
490	198	400	10	0.02

里程，km	高程，m	直径，mm	壁厚，mm	粗糙度，mm
500	150	400	10	0.02
515	128	400	10	0.02
532	116	400	10	0.02
612	85	400	10	0.02
680	152	400	10	0.02

压气站参数见表 14.12。

表 14.12　案例分析 10 管线压气站参数

压气站	位置，km	排气压力，kPa
San Jose	0.00	9600
Tapas	260.0	9600
Campo	475.0	9000

每个压气站安装电动机功率为 4000kW，相关参数见表 14.13。

表 14.13　案例分析 10 管线压气站相关参数

参数	数据
起始抽吸压力，psi（表）	5500
管道输送压力，psi（表）	3500
最小管道压力，psi（表）	2000
站场抽吸压损，psi（表）	35
站场排气压损，psi（表）	70
压缩机绝热效率，%	85
压缩机机械效率，%	98
燃料消耗，$m^3/$（d·kW）	7.59
管道埋深，mm	915
管道导热系数，W/（m·℃）	50
土壤导热系数，W/（m·℃）	1.4
环境土壤温度，℃	15
起始抽吸温度，℃	20

```
************ GASMOD - GAS PIPELINE HYDRAULIC SIMULATION ***********
************ Version 6.00.780 *************


DATE:                             4-January-2013      TIME:  11:37:19
PROJECT DESCRIPTION:
Problem 4
Pipeline from SanJose to Portas
3 compressor stations
Case Number:                      1004
Pipeline data file:               C:\Users\Shashi\MyDocuments\Gasmod\Problem4.TOT


Pressure drop formula:            Colebrook-White
Pipeline efficiency:              1.00
Compressibility Factor Method:    Standing-Katz


Inlet Gas Gravity(Air=1.0):       0.60000
Inlet Gas Viscosity:              0.0001190(Poise)
Gas specific heat ratio:          1.26
Polytropic compression index:     1.20


**** Calculations Based on Specified Thermal Conductivities of Pipe, Soil and Insulation ********


Base temperature:                 15.00(degC)
Base pressure:                    101.00(kPa)abs

Origin suction temperature:       20.00(degC)
Origin suction pressure:          5500.00(kPa)
Pipeline Terminus Delivery  pressure:  3578.25(kPa)
Minimum pressure:                 2000.0(kPa)
Maximum gas velocity:             15.00(m/sec)

Inlet  Flow rate:                 4.50(Mm3/day)
Outlet Flow rate:                 4.16(Mm3/day)

CALCULATION OPTIONS:
Polytropic compression considered:     YES
Branch pipe calculations:              NO
Loop pipe calculations:                NO
Compressor Fuel Calculated:            YES
Joule Thompson effect included :       NO
Customized Output:                     NO


ALL PRESSURES ARE GAUGE PRESSURES, UNLESS OTHERWISE SPECIFED AS ABSOLUTE PRESSURES


    **************** PIPELINE PROFILE DATA ***********


    Distance      Elevation      Diameter      Thickness      Roughness
    (km)          (meters)       (mm)          (mm)           (mm)


    0.00          200.00         450.000       10.000         0.020000
    72.00         200.00         450.000       10.000         0.020000
    77.00         300.00         400.000       10.000         0.020000
    135.00        392.00         400.000       10.000         0.020000
    260.00        457.00         400.000       10.000         0.020000
    320.00        695.00         400.000       10.000         0.020000
    380.00        290.00         400.000       10.000         0.020000
    402.00        272.00         400.000       10.000         0.020000
    475.00        204.00         400.000       10.000         0.020000
    490.00        198.00         400.000       10.000         0.020000
    500.00        150.00         400.000       10.000         0.020000
    515.00        128.00         400.000       10.000         0.020000
    532.00        116.00         400.000       10.000         0.020000
    612.00        85.00          400.000       10.000         0.020000
    680.00        152.00         400.000       10.000         0.020000
```

```
*************** THERMAL CONDUCTIVITY AND INSULATION DATA ****************
```

Distance (km)	Cover (mm)	Thermal Conductivity (W/m/degC)			Insul.Thk (mm)	Soil Temp (degC)
		Pipe	Soil	Insulation		
0.000	915.000	50.000	1.400	0.030	0.000	15.00
72.000	915.000	50.000	1.400	0.030	0.000	15.00
77.000	915.000	50.000	1.400	0.030	0.000	15.00
135.000	915.000	50.000	1.400	0.030	0.000	15.00
260.000	915.000	50.000	1.400	0.030	0.000	15.00
320.000	915.000	50.000	1.400	0.030	0.000	15.00
380.000	915.000	50.000	1.400	0.030	0.000	15.00
402.000	915.000	50.000	1.400	0.030	0.000	15.00
475.000	915.000	50.000	1.400	0.030	0.000	15.00
490.000	915.000	50.000	1.400	0.030	0.000	15.00
500.000	915.000	50.000	1.400	0.030	0.000	15.00
515.000	915.000	50.000	1.400	0.030	0.000	15.00
532.000	915.000	50.000	1.400	0.030	0.000	15.00
612.000	915.000	50.000	1.400	0.030	0.000	15.00
680.000	915.000	50.000	1.400	0.030	0.000	15.00

```
*************** LOCATIONS AND FLOW RATES ****************
```

Location	Distance (km)	Flow in/out (Mm3/day)	Gravity	Viscosity (Poise)	Pressure (kPa)	GasTemp. (degC)
SanJose	0.00	4.5000	0.6000	0.00011900	5500.00	20.00
Anaheim	135.00	-0.5000	0.6000	0.00011900	7260.35	15.01
Grande	380.00	0.2500	0.6000	0.00011900	7619.17	15.01
Portas	680.00	-4.1633	0.6088	0.00012075	3578.25	15.00

```
*************** COMPRESSOR STATION DATA ****************
```

FLOW RATES, PRESSURES AND TEMPERATURES:

Name	Flow Rate (Mm3/day)	Suct. Press. (kPa)	Disch. Press. (kPa)	Compr. Ratio	Suct. Loss. (kPa)abs	Disch. Loss. (kPa)abs	Suct. Temp. (degC)	Disch. Temp (degC)	MaxPipe Temp (degC)
SanJose	4.47	5465.00	9670.00	1.7555	35.00	70.00	20.00	62.49	60.00
Tapas	3.94	3726.59	9670.00	2.5528	35.00	70.00	15.00	87.37	60.00
Campo	4.16	5143.02	9070.00	1.7488	35.00	70.00	15.00	56.47	60.00

Gas Cooling required at compressor station: SanJose to limit station discharge temperature to 60 (degC)
Gas Cooling required at compressor station: Tapas to limit station discharge temperature to 60 (degC)

```
************* COMPRESSOR EFFICIENCY, POWER AND FUEL USED ****************
```

Name	Distance (km)	Compr Effy. (%)	Mech. Effy. (%)	Overall Effy. (%)	Power (KW)	Fuel Factor (m3/day/KW)	Fuel Used (Mm3/day)	Installed (KW)
SanJose	0.00	85.00	98.00	83.30	3,321.91	7.5900	0.0252	4000
Tapas	260.00	85.00	98.00	83.30	5,096.19	7.5900	0.0387	4000
Campo	475.00	85.00	98.00	83.30	3,003.43	7.5900	0.0228	4000

Total Compressor Station Power: 11,421.53 (KW)   12,000. (KW)

Total Fuel consumption: 0.0867(Mm3/day)

WARNING!
Required power exceeds the installed power at compressor station: Tapas

```
*************** REYNOLD'S NUMBER  AND  HEAT TRANSFER COEFFICIENT ***************
```

Distance (km)	Reynold'sNum.	FrictFactor (Darcy)	Transmission Factor	HeatTransCoeff (W/m2/degC)	CompressibilityFactor (Standing-Katz)
0.000	9,443,126.	0.0110	19.09	2.6824	0.8297
72.000	9,443,126.	0.0110	19.09	2.6824	0.8147
77.000	10,685,642.	0.0111	18.95	2.8976	0.8264
135.000	9,491,659.	0.0112	18.92	2.8959	0.8692
260.000	9,491,659.	0.0112	18.92	2.8959	0.8314
320.000	9,491,659.	0.0112	18.92	2.8959	0.8227
380.000	10,088,651.	0.0112	18.93	2.8971	0.8340
402.000	10,088,651.	0.0112	18.93	2.8971	0.8566
475.000	10,088,651.	0.0112	18.93	2.8971	0.8600
490.000	10,088,651.	0.0112	18.93	2.8971	0.8377
500.000	10,088,651.	0.0112	18.93	2.8971	0.8270
515.000	10,088,651.	0.0112	18.93	2.8971	0.8239
532.000	10,088,651.	0.0112	18.93	2.8971	0.8396
612.000	10,088,651.	0.0112	18.93	2.8971	0.8823
680.000	10,088,651.	0.0112	18.93	2.8971	0.8823

```
******************* PIPELINE TEMPERATURE AND PRESSURE PROFILE *********************
```

Distance (km)	Diameter (mm)	Flow (Mm3/day)	Velocity (m/sec)	Press. (kPa)	GasTemp. (degC)	SoilTemp. (degC)	MAOP (kPa)	Location
0.00	450.000	4.4748	3.73	9600.00	60.00	15.00	9900.00	SanJose
72.00	450.000	4.4748	4.07	8801.88	15.56	15.00	9900.00	
77.00	400.000	4.4748	5.29	8669.43	15.40	15.00	9900.00	
135.00	400.000	3.9748	5.60	7260.35	15.01	15.00	9900.00	Anaheim
260.00	400.000	3.9748	10.56	3761.59	15.00	15.00	9900.00	Tapas
260.00	400.000	3.9361	4.21	9600.00	60.00	15.00	9900.00	Tapas
320.00	400.000	3.9361	4.79	8410.44	15.86	15.00	9900.00	
380.00	400.000	4.1861	5.62	7619.17	15.01	15.00	9900.00	Grande
402.00	400.000	4.1861	5.99	7139.99	15.00	15.00	9900.00	
475.00	400.000	4.1861	8.17	5178.02	15.00	15.00	9900.00	Campo
475.00	400.000	4.1633	4.74	9000.00	56.47	15.00	9900.00	Campo
490.00	400.000	4.1633	4.91	8690.06	31.72	15.00	9900.00	
500.00	400.000	4.1633	5.00	8525.02	23.76	15.00	9900.00	
515.00	400.000	4.1633	5.17	8244.51	18.23	15.00	9900.00	
532.00	400.000	4.1633	5.39	7909.97	16.03	15.00	9900.00	
612.00	400.000	4.1633	7.03	6038.71	15.00	15.00	9900.00	
680.00	400.000	4.1633	11.73	3578.25	15.00	15.00	9900.00	Portas

```
******************* LINE PACK VOLUMES AND PRESSURES *********************
```

Distance (km)	Pressure (kPa)	Line Pack (million std.cu.m)
0.00	9600.00	0.0000
72.00	8801.88	1.0538
77.00	8669.43	0.0784
135.00	7260.35	0.6409
260.00	3761.59	0.9399
320.00	8410.44	0.4561
380.00	7619.17	0.6655
402.00	7139.99	0.2222
475.00	5178.02	0.6053
490.00	8690.06	0.1241
500.00	8525.02	0.1118
515.00	8244.51	0.1692
532.00	7909.97	0.1881
612.00	6038.71	0.7599
680.00	3578.25	0.4340

```
Total line pack in main pipeline =   6.4492(million std.cubic m)
```

附　　录

A.1　单位与换算

项目	英制单位	国际标准单位	转换：英文到国际标准单位
质量	斯勒格（slug）	千克（kg）	$1\mathrm{lb}=0.45359\mathrm{kg}$
	磅（lb）		$1\mathrm{slug}=14.594\mathrm{kg}$
	美吨	吨（t）	$1\mathrm{US\ ton}=0.9072\mathrm{t}$
	英吨		$1\mathrm{long\ ton}=1.016\mathrm{t}$
长度	英寸（in）	毫米（mm）	$1\mathrm{in}=25.4\mathrm{mm}$
	英尺（ft）	米（m）	$1\mathrm{ft}=0.3048\mathrm{m}$
	英里（mile）	千米（km）	$1\mathrm{mile}=1.0609\mathrm{km}$
面积	平方英尺（ft²）	平方米（m²）	$1\mathrm{ft}^2=0.0929\mathrm{m}^2$
体积	立方英寸（in³）	立方毫米（mm³）	$1\mathrm{in}^3=16387\mathrm{mm}^3$
	立方英尺（ft³）	立方米（m³）	$1\mathrm{ft}^3=0.02832\mathrm{mm}^3$
	加仑（gal）	升（L）	$1\mathrm{gal}=3.785\mathrm{L}$
	桶（bbl）		$1\mathrm{bbl}=42\mathrm{US\ gal}$
密度	斯勒格每立方英尺（slug/ft³）	千克每立方米（kg/m³）	$1\mathrm{slug/ft}^3=515.38\mathrm{kg/m}^3$
比重	磅力每立方英尺（lbf/ft³）	牛顿每立方米（N/m³）	$1\mathrm{lbf/ft}^3=157.09\mathrm{N/m}^3$
黏度（运动学）	ft²/s	m²/s	$1\mathrm{ft}^2/\mathrm{s}=0.092903\mathrm{m}^2/\mathrm{s}$
瞬时流量	加仑每分钟（gal/min）	升每分钟（L/min）	$1\mathrm{gal/min}=3.7854\mathrm{L/min}$
	桶每小时（bbl/h）	立方米每小时（m³/h）	$1\mathrm{bbl/h}=0.159\mathrm{m}^3/\mathrm{h}$
	桶每天（bbl/d）		
力	磅力（lbf）	牛顿（N）	$1\mathrm{lbf}=4.4482\mathrm{N}$
压力	磅力每平方英尺（psi） lbf/in²	千帕（kPa）	$1\mathrm{psi}=6.895\mathrm{kPa}$
		千克力每平方厘米（kgf/cm²）	$1\mathrm{psi}=0.0703\mathrm{kgf/cm}^2$
速度	英尺每秒（ft/s）	米每秒（m/s）	$1\mathrm{ft/s}=0.3048\mathrm{m/s}$
热量	英制热量单位（Btu）	焦耳（J）	$1\mathrm{Btu}=1055.0\mathrm{J}$
功率	英制热单位每小时（Btu/h）	瓦特（W） 焦耳每秒（J/s）	$1\mathrm{Btu/h}=0.2931\mathrm{W}$
	马力（hp）	千瓦（kW）	$1\mathrm{hp}=0.746\mathrm{kW}$

续表

项目	英制单位	国际标准单位	转换：英文到国际标准单位
温度	华氏度（℉）	摄氏度（℃）	1℉＝9/5℃＋32
	兰金度（°R）	开氏度（K）	1°R＝℉＋460 1K＝℃＋273
导热系数	Btu/（h·ft·℉）	W/（m·℃）	1Btu/（h·ft·℉）＝1.7307W/（m·℃）
比热容	Btu/（lb·℉）	kJ/（kg·℃）	1Btu/（lb·℉）＝4.1869kJ/（kg·℃）

A.2 石油流体的一般性质

	产品	黏度（60℉） cSt	API 重度 °API	相对密度 （60℉）	雷德蒸汽压
普通汽油	夏季汽油	0.7	62	0.7313	9.5
	季节性汽油	0.7	63	0.7275	11.5
	冬季汽油	0.7	65	0.7201	13.5
高级汽油	夏季汽油	0.7	57	0.7467	9.5
	季节性汽油	0.7	58	0.7165	11.5
	冬季汽油	0.7	66	0.7711	13.5
	1 号燃料油	2.57	42	0.8155	
	2 号燃料油	3.9	37	0.8392	2.7
	煤油	2.17	50	0.7796	
	喷气燃料 JP－4	1.4	52	0.7711	
	喷气燃料 JP－5	2.17	44.5	0.804	

A.3 相对密度和 API 重度

液体	相对密度（60℉）	API 重度（60℉），°API
丙烷	0.5118	
丁烷	0.5908	
汽油	0.7272	63
煤油	0.7796	50
柴油	0.8398	37
轻质原油	0.8348	38
重质原油	0.8927	27
超级重质原油	0.9218	22
水	1	10

A.4　黏度转换

赛氏通用黏度（SSU）	运动黏度，cSt	赛氏重油黏度（SSF）
31.0	1.00	
35.0	2.56	
40.0	4.30	
50.0	7.40	
60.0	10.30	
70.0	13.10	12.95
80.0	15.70	13.70
90.0	18.20	14.44
100.0	20.60	15.24
150.0	32.10	19.30
200.0	43.20	23.50
250.0	54.00	28.0
300.0	65.00	32.5
400.0	87.60	41.9
500.0	110.00	51.6
600.0	132.00	61.4
700.0	154.00	71.1
800.0	176.00	81.0
900.0	198.00	91.0
1000.0	220.00	100.7
1500.0	330.00	150
2000.0	440.00	200
2500.0	550.00	250
3000.0	660.00	300
4000.0	880.00	400
5000.0	1100.00	500
6000.0	1320.00	600
7000.0	1540.00	700
8000.0	1760.00	800
9000.0	1980.00	900
10000.0	2200.00	1000
15000.0	3300.00	1500
20000.0	4400.00	2000

A.5 导热系数

物质	导热系数，Btu／（h·ft·℉）
耐火黏土（2426℉燃烧）	0.6~0.63
耐火黏土（2642℉燃烧）	0.74~0.81
耐火黏土（密苏里州）	0.58~1.02
硅酸盐水泥	0.17
水泥砂浆	0.67
混凝土	0.47~0.81
煤渣混凝土	0.44
玻璃	0.44
花岗岩	1.0~2.3
石灰石	0.73~0.77
大理石	1.6
砂岩	0.94~1.2
软木板	0.025
纤维绝缘板	0.028
硅，气凝胶	0.013
煤，无烟煤	0.15
煤炭，粉	0.067
冰	1.28
沙质土壤，干	0.25~0.40
沙质土壤，潮湿	0.50~0.60
沙质土壤，湿透	1.10~1.30
黏土土壤，干	0.20~0.30
黏土土壤，潮湿	0.40~0.50
黏土土壤，湿透	0.60~0.90
河水	2.00~2.50
空气	2.00

A.6 管道的绝对粗糙度

管道材料	绝对粗糙度	
	mm	in
铆接钢	0.9~9.0	0.0354~0.354

管道材料	绝对粗糙度	
	mm	in
混凝土	0.3～3.0	0.0118～0.118
木板	0.18～0.9	0.0071～0.0354
铸铁	0.26	0.0102
镀锌	0.15	0.0059
沥青铸铁	0.12	0.0047
普通钢	0.045	0.0018
熟铁	0.045	0.0018
拉制管	0.0015	0.000059

A.7 典型的海澄—威廉（Hazen – Williams）系数

管道材料	Hazen – Williams 系数
光滑管道（全金属）	130～140
光滑木板	120
光滑砖石	120
陶土	110
铸铁（旧）	100
铁（磨损）	60～80
聚氯乙烯（PVC）	150
砖	100

A.8 阀门摩擦损失

描述	L/D	不同公称管径对应的阻力系数 K											
		1/2in	3/4in	1in	1¼in	1½in	2in	2½～3in	4in	6in	8～10in	12～16in	18～24in
闸阀	8	0.22	0.2	0.18	0.18	0.15	0.15	0.14	0.14	0.12	0.11	0.1	0.1
截止阀	340	9.2	8.5	7.8	7.5	7.1	6.5	6.1	5.8	5.1	4.8	4.4	4.1
球阀	3	0.08	0.08	0.07	0.07	0.06	0.06	0.05	0.05	0.05	0.04	0.04	0.04
蝶阀							0.86	0.81	0.77	0.68	0.63	0.35	0.3
直通旋塞阀	18	0.49	0.45	0.41	0.4	0.38	0.34	0.32	0.31	0.27	0.25	0.23	0.22
三通旋塞阀													
分支旋塞阀	30	0.81	0.75	0.69	0.66	0.63	0.57	0.54	0.51	0.45	0.42	0.39	0.36

A.9 阀门和管件的等效长度

描述	长径比 L/D
闸阀	8
截止阀	340
球阀	3
旋启式止回阀	50
标准弯头（90°）	30
标准弯头（45°）	16
长半径弯头（90°）	16

例：14in 闸阀的 $L/D=8$，等效长度 $=8\times14\text{in}=112\text{in}=9.25\text{ft}$。

A.10 管道的接缝系数

规范	管道种类	接缝系数 E
ASTM A53	无缝管	1.00
	电阻焊接	1.00
	炉圈焊接	0.80
	对接焊接	0.60
ASTM A106	无缝管	1.00
ASTM A134	电熔弧焊	0.80
ASTM A135	电阻焊接	1.00
ASTM A139	电熔焊接	0.80
ASTM A211	螺旋焊管	0.80
ASTM A333	无缝管	1.00
ASTM A333	焊接	1.00
ASTM A381	双埋弧焊接	1.00
ASTM A671	电熔焊接	1.00
ASTM A672	电熔焊接	1.00
ASTM A691	电熔焊接	1.00
API 5L	无缝管	1.00
	电阻焊接	1.00
	电光焊接	1.00
	埋弧焊接	1.00
	炉圈焊接	0.80

续表

规范	管道种类	接缝系数 E
	炉对接焊接	0.60
API 5LX	无缝管	1.00
	电阻焊接	1.00
	电光焊接	1.00
	埋弧焊接	1.00
API 5LS	电阻焊接	1.00
	埋弧焊接	1.00

A. 11 ANSI 压力等级

压力级别（Class）	允许压力，psi
150	275
300	720
400	960
600	1440
900	2160
1500	3600

A. 12 管道近似建设成本

管径，in	平均成本，美元/（in·mile）
8	18000
10	20000
12	22000
16	14900
20	20100
24	33950
30	34600
36	40750

参 考 文 献

[1] Code of Federal Regulations, CFR 49, Part 192, transportation of natural or other gas by pipeline: minimum federal safety standards, US Government Printing Office, Washington, D. C.

[2] Code of Federal Regulations, CFR 49, Part 195, transportation of hazardous liquids by pipeline: minimum federal safety standards, US Government Printing Office, Washington, D. C.

[3] ASME 31. 4 – 2006, 2006. Pipeline transportation system for liquid hydrocarbon and other liquids. American Society of Mechanical Engineers, New York, N. Y.

[4] ASME 31. 8 – 2007, 2007. Gas transportation and distribution piping systems. American Society of Mechanical Engineers, New York, N. Y.

[5] Shashi Menon, E. , 2005. Piping calculations manual. McGraw Hill, New York, NY.

[6] Mohitpour, M. , Botros, K. , Van Hardeveld, T. , 2008. Pipeline pumping and compression systems, a practical approach. ASME Press, New York, NY.

[7] Shashi Menon, E. , 2005. Gas pipeline hydraulics. CRC Press, Taylor & Francis, Boca Raton, FL.

[8] Guo, B. , Song, S. , Chacko, J. , Ghalambor, A. , 2005. Offshore pipelines. Gulf Professional Publishing, Burlington, MA.

[9] Silowash, B. , 2010. Piping systems manual. McGraw Hill, New York, NY.

[10] Shashi Menon, E. , Ozanne, H. , Bubar, B. , Bauer, W. , Wininger, G. , 2011. Pipeline planning and construction field manual. Elsevier Publishing Company, Waltham, MA.